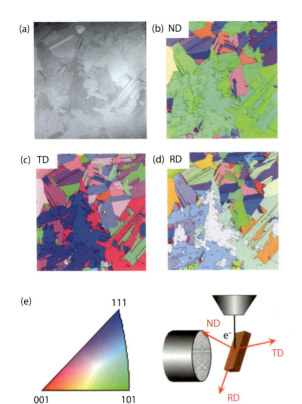

口絵 1 太陽電池に用いられるシリコン多結晶基板における面方位の分布（図 10.6 参照）［試料提供：兵庫県立大学新船幸二先生］

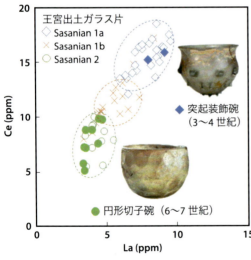

口絵 4 岡山市立オリエント美術館所蔵のサーサーン・ガラスの分析結果と王宮都市跡出土ガラス片の比較（図 13.8 参照）

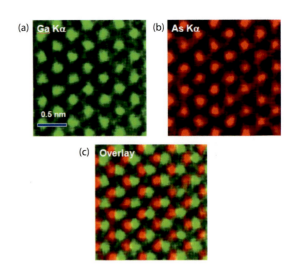

口絵 2 STEM-EDS による GaAs の原子分解能元素マップ（左上：Ga Kα 像，右上：As Kα 像，下：合成像）（図 10.21 参照）

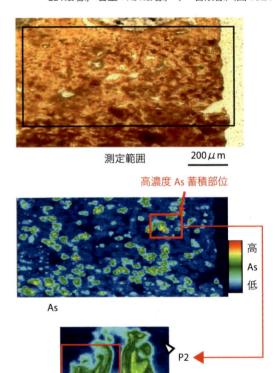

口絵 3 鉱石試料（上）と As の XRF イメージング（中・下）下図：ビームサイズ $1.8\mu m \times 2.8\mu m$（13.1 節参照）

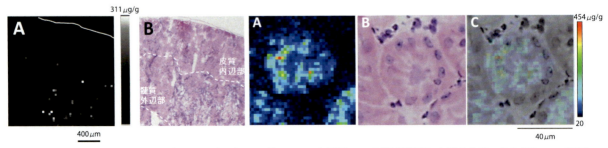

口絵 5 ラット腎臓のウラン分布（図 13.16 参照）　　口絵 6 ラット腎臓の S3 近位尿細管におけるウラン分布（図 13.17 参照）

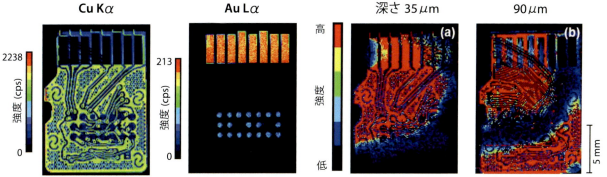

口絵 7 ポリキャピラリー X 線レンズを組み込んだ微小部蛍光 X 線分析装置によるマイクロ SD メモリーカードの分析例（図 14.8 参照）

口絵 8 共焦点型微小部蛍光 X 線分析装置によるマイクロ SD メモリーカードの分析例（図 14.15 参照）

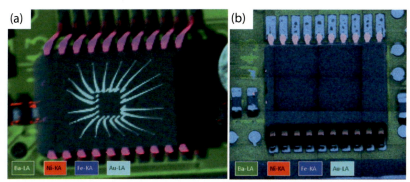

口絵 9 PcB による同一視野での (a) X 線励起面分析結果と (b) 電子線面分析結果（図 15.43 参照）

口絵 10 ゴッホ『ドービニーの庭』に隠されていた"黒猫"の発見（15.11 節参照）
ゴッホ『ドービニーの庭』：(a) バーゼル作品, (b) ひろしま作品. 元素のマッピング像：(c) クロム, (d) クロムと鉄, (e) 亜鉛, (f) 鉛.

蛍光X線分析の実際 第2版

中井　泉［編集］

日本分析化学会X線分析研究懇談会［監修］

朝倉書店

執 筆 者

青 山 朋 樹	(株)堀場製作所 第2製品開発センター科学・半導体開発部 Elemantal Analysis チーム
阿 部 善 也	東京理科大学理学部第一部応用化学科
池 田 　 智	(株)リガク X線機器事業 SBU EDX
泉 山 優 樹	(株)日立ハイテクサイエンス 応用技術部大阪応用技術課
河 合 　 潤*	京都大学大学院工学研究科材料工学専攻
駒 谷 慎太郎*	(株)堀場テクノサービス グローバル戦略本部
桜 井 健 次	(国研)物質・材料研究機構 先端材料解析研究拠点高輝度光解析グループ
柴 田 康 博	ブルカー・エイエックスエス(株)X線事業部営業本部
下 山 　 進	デンマテリアル(株)色材科学研究所非破壊分析研究室
髙 橋 秀 之*	日本電子(株)SA事業ユニット
武 田 志 乃	(国研)量子科学技術研究開発機構 放射線医学総合研究所放射線障害治療研究部
谷 口 一 雄	(株)テクノエックス
田 村 浩 一*	(株)日立ハイテクサイエンス 分析設計部
辻 　 幸 一*	大阪市立大学大学院工学研究科化学生物系専攻
中 井 　 泉*	東京理科大学理学部第一部応用化学科
永 井 宏 樹	アワーズテック(株)研究開発部
中 野 和 彦*	(公財)地球環境産業技術研究機構 CO_2 貯留研究グループ
西 埜 　 誠*	(株)島津製作所 分析計測事業部グローバルマーケティング部
沼 子 千 弥	千葉大学大学院理学研究科化学コース
野 上 太 郎*	(株)リガク 携帯分析機器事業部
菱 山 慎太郎	ブルカー・エイエックスエス(株)ナノ分析事業部
深 井 隆 行	(株)日立ハイテクサイエンス 応用技術部東京応用技術一課
古 澤 衛 一	(株)リガク X線機器事業部 SBU WDX 大阪分析センター
本 間 　 寿*	(株)リガク X線機器事業部 SBU WDX 大阪分析センター
松 山 智 至	大阪大学大学院工学研究科精密科学・応用物理学専攻
水 平 　 学	ブルカー・エイエックスエス(株)X線事業部営業本部
牟 田 史 仁*	(株)リガク 携帯分析機器事業部
村 松 康 司	兵庫県立大学大学院工学研究科応用化学専攻
森 川 敦 史	(株)リガク X線機器事業部 SBU EDX
山 内 和 人	大阪大学大学院工学研究科精密科学・応用物理学専攻
山 路 　 功*	スペクトリス(株)パナリティカル事業部プロダクト&アプリケーション部
吉 井 　 裕	(国研)量子科学技術研究開発機構 放射線医学総合研究所計測・線量評価部

(五十音順：*は独立章担当執筆者)

は じ め に

　蛍光 X 線分析は，1948 年に H. Friedman と L S. Birks によって市販用の波長分散型蛍光 X 線分析装置のプロトタイプがつくられて以来，今日に至るまで研究室から産業分野まで広く普及し，一般にはすでに確立された分析技術とみなされている．以前は，X 線の発生に水冷式の大型装置を必要とし，X 線を用いるという特殊性からユーザーも限られていた．ところが，近年の要素技術の進歩によって装置の小型化が進み，手のひらにのるようなポータブル分析装置も市販されるようになった．また，最近は環境分野における有害重金属元素の分析に蛍光 X 線分析の有用性が広く認められ，社会的ニーズが追い風となり蛍光 X 線分析装置の高感度化，低価格化も進んでいる．一方，光源技術の革命的な進歩である SPring-8 に代表される放射光の利用分野では，数十ナノメーターサイズのマイクロビームによる微小領域の蛍光 X 線分析が実現するなど，蛍光 X 線分析に質的転換がもたらされつつある．

　蛍光 X 線分析は，非破壊分析法の代表とされ，試料の分解，溶解といった化学的前処理が不要で，化学実験設備を必要としないことから，装置の設置条件を選ばないという利点がある．特にエネルギー分散型の蛍光 X 線分析装置は，冷却水を必要としない小型の卓上型装置が普及し，だれでも気軽に多元素同時分析ができるようになった．また，従来は微量分析法として蛍光 X 線分析は感度の点でやや物足りなさがあったが，最近の X 線源，光学系，検出器の進歩，改良により，ppb レベルの微量重元素を分析できる装置も出現している．

　蛍光 X 線分析装置の取り扱い操作は容易で，それほど熟練も必要とせず迅速に分析できることから，最近の傾向として，精密な分析を行う前のスクリーニングに用いられるケースも増えている．たとえば，多数の工業製品に含まれる有害元素のスクリーニング，原材料の品質評価，土壌中の有害規制物質のその場分析など，特定の元素濃度がある基準値を超えるかどうか，迅速に判定するのに用いられている．もし基準値を超えていることがわかれば，ICP 発光・質量分析などにより時間をかけてじっくり分析を行えばよい．前述のように蛍光 X 線分析は非破壊分析なので，1 つの試料を何度でも分析することができ，他の方法でさらに分析することも容易である．

　このような背景から，今後さらに蛍光 X 線分析のニーズが高まることが予想される．蛍光 X 線分析法を十分に活用するには，X 線を用いるため通常の湿式の化学分析と異なる物理化学的基礎知識を必要とし，分析装置や試料，データの取扱いの注意事項などについて知っておくことが必要である．本書は，日本分析化

学会X線分析研究懇談会が主催して行った講習会「蛍光X線分析の実際」の講師が中心になって執筆している．本書は，その分野の第一線で活躍中の執筆者らが実践的な内容をわかりやすく解説し，蛍光X線分析法に必要なあらゆる事項を網羅しており，蛍光X線分析に携わる人の座右の書として活用されることを期待している．また初心者の方が，本書を読むことによって蛍光X線分析の魅力の一端を理解され新たなユーザーとなられるならば，著者らにとって大きな喜びである．

本書を出版するに当たり，朝倉書店の編集担当者の方に多大なご尽力をいただいた．深く感謝する．また，本書の原稿を編者の研究室の学生諸君にも読んでもらい，わかりづらい点をできるだけなくすよう心がけた．本書の改良に協力してくれた学生諸君に感謝する．おわりに，宇宙をイメージする美しい表紙をデザインし，校正も手伝ってくださった当研究室卒業生の白井恭子さんに厚く御礼申し上げる．

2005年9月

中井　泉

第2版はしがき

この本の初版が刊行されてはやくも11年近くになり，9刷を重ねることができた．この間，蛍光X線分析の装置技術の発展や応用分野の拡大はめざましいものがあり，本書の改訂を常々思っていたが，このたび朝倉書店のご協力を得て，ここに実現することができた．特に進歩のめざましい分野はEDX分析で，これまで液体窒素の交換が煩わしかった半導体検出器が，SDDの普及により，液体窒素の利用から解放されたことである．もう一つの技術革新は，ハンディタイプの蛍光X線分析装置（ハンドヘルド蛍光X線分析計）の普及により，だれもが簡便にいつでも，どこでも蛍光X線分析できるようになったことである．その結果，応用分野は拡大し，貴金属の分析，廃棄物のリサイクル，環境汚染のフィールド分析など，今まで思いもかけぬ場所で蛍光X線分析ができるようになった．以上のような背景のもとに，今回の改訂では本書全体のみなおしを行うとともに，ハンドヘルド蛍光X線分析計の章を新たに設けた．また，放射光利用，要素技術，様々な蛍光X線分析の応用事例を紹介した第13, 14, 15章は内容を一新した．最近需要の多い，RoHS/ELV/WEEE指令関連物質や土壌試料，食品などの環境関連試料の分析のノウハウも随所に記した．これらの分析では，装置技術の進歩により有害重金属元素（Cd, Hg, Pb, Asなど）の分析感度が向上し，サブppmレベルの分析が可能となっており，蛍光X線分析の利用は今後ますます拡大することが期待される．本改訂により，蛍光X線分析のさらなる普及とレベルアップに本書が貢献できることを祈念している．

2016年7月

中井　泉

本書の特徴と使い方

　各章はそれぞれ独立しており，蛍光X線分析（XRF）の経験者は本書のどこから読み始めてもかまわない．第1章は蛍光X線分析の理解に必要な物理化学的基礎概念を，可能な範囲で近似できるところは近似して平易に解説した．第2章を読めばスペクトル線に関する本格的な理解が可能となるであろう．あらゆる機器分析法と同様に，蛍光X線分析でもよいデータを得るには，使用する装置の原理をよく理解し，分析目的にかなった望ましい試料調製を行い，正しい測定を心がけることが重要である．第3, 4, 5章では，これらのことについて豊富なノウハウを含めて詳述した．第6章では，蛍光X線による定量分析で用いられる，検量線法とファンダメンタルパラメーター（FP）法を説明した．特にブラックボックスで使われることの多いFP法の徹底理解を目指した．第7章では定量分析に必要な標準物質について解説した．続いて，第8章では超微量分析が可能で，特に半導体産業界で広く用いられている全反射蛍光X線分析について，また第9章では微小領域の分析が可能なX線顕微鏡について解説した．

　一方，第10章では，走査電子顕微鏡の元素分析装置として広く普及しているSEM-EDSについて解説した．X線顕微鏡と対照的な装置であるので，電子線励起とX線励起の特徴と違いを知っておくことは，両装置を使いこなす上で有効であろう．SEMによる像観察のコツについても解説されており，SEM-EDSのコンパクトな解説書としても有用であろう．

　第11章では，蛍光X線分析の応用が有用なめっき・薄膜の分析を紹介した．第12章では，近年急速に普及している，ハンドヘルド蛍光X線分析計についてわかりやすく解説した．ハンドヘルド分析計は，様々な新しい応用が可能で，本書の裏表紙で応用事例の写真が紹介されている．

　蛍光X線分析は放射光の活用が最も有効な分析法の一つである．わが国は放射光利用の先進国で，わが国の研究者らによって国際的に優れた先駆的研究がなされている．第13章を通読することで，放射光蛍光X線分析の魅力を概観できるようにした．第14章ではポリキャピラリーやSDDなど，蛍光X線分析の要素技術のトピックを紹介した．

　蛍光X線分析装置を使ったことのない人には，本を読むことで原理的なことは理解できるが，どんな試料が分析できて，どんな情報が得られるかを理解することは容易ではない．そこで，本書では様々な応用事例を第15章で紹介した．環境試料，食品，機能性材料，絵画などの幅広い対象へのXRFの応用例を見開き2頁の読みやすい形で解説した．すでにXRFユーザーの方には，新しい

応用分野の開拓に役立つであろう．なお，第2版で取り扱った応用事例は，初版とは重複を避けたので，初版をお持ちの方はあわせてご活用いただきたい．

本書では，読者に役立つ情報を満載したことも特色である．各章の内容は，できるだけ実践的であるようにこころがけた．さらに独立して「分析結果を論文・報告書に書くときの注意事項」，「法令と届出」の章を設け，付録には，JIS，蛍光X線分析に役立つ情報，数学，そして波長表などを掲載した．

密度の高い解説の中に，息抜きとなるコラムを設けたので，ご覧いただきたい．コラムは，蛍光X線分析でこんなことができるのか，こんなところで使えるのか等の興味深い話題を気楽に読めるように，1頁にまとめた．

蛍光X線分析のよい点は，使いやすい点である．専門的知識がなくても，だれでも試料をセットし，スイッチをおすだけで測定ができる．ハンドヘルド分析計は特に簡便で，すぐに定量結果が表示される．初めての方は，まず使ってみて，その手軽さを実感していただきたい．ただ，定量分析でFP法を用いると，その使い方が正しくなくても何らかの分析結果が定量値として出てしまうので，注意が必要である．非破壊で，固体試料の正確な定量値を得るということは，どんな分析法を使っても容易ではないことを前提として理解しておくべきであろう．大きな間違いを避けるには，あらかじめ化学組成が既知の，分析試料と同種の認証標準物質を未知試料と同条件ではかって，認証値との一致度を確認することが有用である．

蛍光X線分析の経験者の方は，本書の随所に紹介されている色々な実践的ノウハウを読むことにより，測定のポイントを押さえたワンランクアップの分析を行うことができるようになるだろう．日本分析化学会X線分析研究懇談会では，本書をテキストとする実習を含んだ3日間の講習会を隔年で開催し，今年で第9回を数える．今後も企画していく予定であるので，本書とあわせて活用いただければ幸いである．

目　　次

1章　蛍光 X 線分析の基礎 ……………………………………………………………[中井　泉]… 2
- 1.1　X 線とは ………………………………… 2
- 1.2　X 線と物質の相互作用 ………………… 2
- 1.3　X 線の吸収 ……………………………… 3
  - 1.3.1　吸収係数 …………………………… 3
  - 1.3.2　X 線吸収スペクトル ……………… 4
- 1.4　原子の電子構造 ………………………… 4
  - 1.4.1　電子をみる ………………………… 4
  - 1.4.2　物質と電子 ………………………… 4
  - 1.4.3　ボーアモデル ……………………… 5
  - 1.4.4　エネルギーの吸収と光の発生 …… 6
- 1.5　蛍光 X 線 ……………………………… 6
  - 1.5.1　蛍光 X 線の発生原理 …………… 6
  - 1.5.2　X 線の吸収端 ……………………… 6
  - 1.5.3　吸収端とフィルター ……………… 7
  - 1.5.4　電子遷移と原子のエネルギー準位 … 7
- 1.5.5　オージェ電子 ……………………… 7
- 1.5.6　蛍光 X 線スペクトル …………… 7
- 1.5.7　蛍光 X 線の強度と定量分析 …… 9
- 1.6　X 線の散乱と回折 …………………… 9
  - 1.6.1　コンプトン散乱 ………………… 10
  - 1.6.2　トムソン散乱—X 線回折 ……… 10
- 1.7　蛍光 X 線分析装置 ………………… 11
  - 1.7.1　X 線管とその X 線スペクトル … 11
  - 1.7.2　蛍光 X 線スペクトルの測定 …… 11
  - 1.7.3　蛍光 X 線の強度をはかる ……… 13
- 1.8　蛍光 X 線分析 ……………………… 13
  - 1.8.1　蛍光 X 線分析の特徴 …………… 13
  - 1.8.2　他の分析法との比較 …………… 13
  - 1.8.3　固体試料の非破壊分析について … 14
  - 1.8.4　応用分野 ………………………… 14

2章　蛍光 X 線スペクトル ……………………………………………………………[河合　潤]… 20
- 2.1　スペクトル線のよび方 ……………… 20
- 2.2　蛍光収率 ……………………………… 22
- 2.3　原子番号と波長の関係 ……………… 23
- 2.4　電子遷移による蛍光 X 線の発生と選択則 … 23
- 2.5　サテライトピークの起源 …………… 24
- 2.6　スペクトルの意味 …………………… 26
- 2.7　スペクトルの実際 …………………… 27
- 2.8　散乱線 ………………………………… 27
- 2.9　X 線源からの不純線 ………………… 27
- 2.10　EDX スペクトルにおける特殊問題 … 28
- 2.11　WDX スペクトルにおける特殊問題 … 29

3章　蛍光 X 線分析装置 ………………………………………………………………[本間　寿]… 32
- 3.1　蛍光 X 線分析装置の構成 …………… 32
  - 3.1.1　波長分散型装置（WDX）の構成 … 32
  - 3.1.2　エネルギー分散型装置（EDX）の構成 … 33
- 3.2　X 線発生部 …………………………… 34
  - 3.2.1　高圧電源 ………………………… 34
  - 3.2.2　X 線管 …………………………… 34
  - 3.2.3　1 次 X 線フィルター …………… 38
  - 3.2.4　2 次ターゲット ………………… 39
- 3.3　分光・検出部 ………………………… 40
  - 3.3.1　光学系 …………………………… 40
  - 3.3.2　検出器 …………………………… 46
- 3.4　信号処理部（計数回路）……………… 51
  - 3.4.1　波高分析器（PHA, Pulse Height Analyzer）……………………………… 52
  - 3.4.2　マルチチャンネルアナライザー（MCA）… 54
  - 3.4.3　デジタルシグナルプロセッサ（DSP）… 55
  - 3.4.4　信号処理部の校正 ……………… 55

4章 よりよいスペクトルの測り方，読み方 ……………………………………[山路 功]… 58

- 4.1 ピーク強度と分解能 …………………… 58
  - 4.1.1 分光結晶の選択（WDX）………… 58
  - 4.1.2 コリメーター（ソーラスリット）の選択（WDX）……………………………… 58
  - 4.1.3 P/B 比の向上 ……………………… 58
- 4.2 測定時間の設定 ………………………… 59
  - 4.2.1 定量分析時の測定時間の設定 …… 59
  - 4.2.2 定性分析時の測定時間の設定 …… 59
- 4.3 定性分析時のステップ幅の選択 ……… 59
- 4.4 1次フィルターの選択 ………………… 61
- 4.5 X線管と2次ターゲット ……………… 62
- 4.6 偏光光学系 ……………………………… 63
- 4.7 測定雰囲気 ……………………………… 63
- 4.8 元素の定性分析 ………………………… 64
  - 4.8.1 手動操作による定性分析（WDX）…… 64
- 4.9 自動定性分析 …………………………… 64
  - 4.9.1 平滑化（スムージング）…………… 64
  - 4.9.2 バックグラウンドフィット ……… 64
  - 4.9.3 自動ピークサーチ ………………… 65
  - 4.9.4 自動定性分析 ……………………… 66
- 4.10 定性分析の注意点 ……………………… 66
  - 4.10.1 WDX の定性分析の注意点 ……… 66
  - 4.10.2 EDX の定性分析の注意点 ……… 67
  - 4.10.3 定性分析が上手くいかない場合 …… 68

5章 試料調製法 ……………………………………………………………………[本間 寿]… 70

- 5.1 蛍光X線強度に与える試料調製の影響 …… 71
  - 5.1.1 試料の表面状態 …………………… 71
  - 5.1.2 分析深さと試料厚み ……………… 73
  - 5.1.3 分析用高分子フィルム …………… 76
  - 5.1.4 その他 ……………………………… 77
- 5.2 試料調製法とそのコツ ………………… 78
  - 5.2.1 金属試料 …………………………… 78
  - 5.2.2 粉体試料 …………………………… 79
  - 5.2.3 液体試料 …………………………… 85
  - 5.2.4 その他 ……………………………… 86

6章 定量分析 ……………………………………………………………………[西埜 誠]… 90

- 6.1 検量線法による定量分析 ……………… 90
  - 6.1.1 検量線法とは ……………………… 90
  - 6.1.2 標準試料 …………………………… 90
  - 6.1.3 蛍光X線強度の測定条件 ………… 91
  - 6.1.4 検量線の作成および定量値の評価 …… 92
  - 6.1.5 検量線の形状 ……………………… 93
  - 6.1.6 定量分析の手順および各種強度補正 …… 94
  - 6.1.7 共存元素補正 ……………………… 96
  - 6.1.8 内標準法 …………………………… 101
  - 6.1.9 標準添加法 ………………………… 102
- 6.2 FP法による定量分析 ………………… 102
  - 6.2.1 FP法とは ………………………… 102
  - 6.2.2 理論強度計算の概要 ……………… 103
  - 6.2.3 理論強度の計算法 ………………… 103
  - 6.2.4 定量計算方法 ……………………… 104
  - 6.2.5 元素感度係数とは ………………… 105
  - 6.2.6 FP法による定量分析 …………… 106
  - 6.2.7 測定条件と元素感度係数の関係 …… 106
  - 6.2.8 FP法による定量分析における注意点 …… 107
  - 6.2.9 理論強度計算を利用したシミュレーション …………………………………… 108
  - 6.2.10 バルク試料の理論強度の計算法（詳細）…………………………………… 108
  - 6.2.11 薄膜試料の理論強度の計算法（詳細）… 109
  - 6.2.12 パラメーターについて …………… 110
  - 6.2.13 理論強度計算の例題 ……………… 112
- 6.3 散乱X線を用いた定量分析 …………… 112
  - 6.3.1 散乱X線の理論強度計算 ………… 112
  - 6.3.2 散乱X線を利用した検量線法による定量分析 ……………………………… 113
  - 6.3.3 散乱X線を利用したFP法による定量分析 ……………………………… 114
- 6.4 正しい定量値を得るための工夫 ……… 114
  - 6.4.1 分析値の管理 ……………………… 114
  - 6.4.2 スペクトル形状，ピークシフトおよび回折線 …………………………… 116
- 6.5 スクリーニング ………………………… 117
  - 6.5.1 RoHS 試験法における蛍光X線分析によるスクリーニング法 …………… 117
  - 6.5.2 JIS K0119：2008 蛍光X線分析方法通則における定義 …………………… 119

7章　標 準 物 質　……［中野和彦］… 120

- 7.1　標準物質とは ……………………… 120
- 7.2　標準物質に対する国際的な取り組み …… 121
- 7.3　標準物質の種類とその使用目的 ……… 121
- 7.4　標準物質の調べ方と入手方法 ………… 122
- 7.5　蛍光X線分析用標準物質 …………… 122
- 7.6　標準物質の適切な使い方 …………… 127

8章　全反射蛍光X線分析法　……［辻　幸一］… 130

- 8.1　全反射蛍光X線分析法の概要 ……… 130
- 8.2　X線の全反射現象 ………………… 130
- 8.3　TXRF装置の構成 ………………… 131
- 8.4　試料保持基板と試料準備法 ………… 133
- 8.5　TXRF定量分析 …………………… 134
  - 8.5.1　半導体ウェーハのTXRF定量分析 … 134
  - 8.5.2　内標準法による定量分析 ……… 134
  - 8.5.3　検 出 限 界 ……………………… 135
- 8.6　応　用　例 ………………………… 135
  - 8.6.1　半導体ウェーハ表面汚染の微量分析 … 135
  - 8.6.2　環境・生体試料などの微量分析 … 136
- 8.7　関 連 手 法 ………………………… 138
- 8.8　国 際 標 準 化 ……………………… 139
- 8.9　お わ り に ………………………… 140

9章　X 線 顕 微 鏡　……［駒谷慎太郎］… 142

- 9.1　X線の微細化 ……………………… 142
  - 9.1.1　X線集光技術 ………………… 142
  - 9.1.2　X線集光素子 ………………… 143
  - 9.1.3　キャピラリー ………………… 143
  - 9.1.4　ゾーンプレート集光素子 ……… 145
- 9.2　X線顕微鏡 ………………………… 145
  - 9.2.1　結像型X線顕微鏡 …………… 145
  - 9.2.2　走査型X線顕微鏡 …………… 146
  - 9.2.3　各種キャピラリーの比較 ……… 147
  - 9.2.4　走査型X線顕微鏡とSEM-EDSの比較 … 147
  - 9.2.5　走査型X線顕微鏡の機能 ……… 148
- 9.3　X線顕微鏡を用いた分析例 ………… 149
  - 9.3.1　異 物 分 析 ……………………… 149
  - 9.3.2　材 料 分 析 ……………………… 149
  - 9.3.3　故 障 解 析 ……………………… 149
  - 9.3.4　含水試料分析 ………………… 150
  - 9.3.5　埋蔵品，貴重品分析 …………… 150
- 9.4　X線顕微鏡の今後の展開 …………… 150

10章　SEM-EDS　……［髙橋秀之］… 152

- 10.1　SEM-DESとは …………………… 152
- 10.2　装置の全体構成 …………………… 152
- 10.3　SEMによる像観察 ………………… 152
  - 10.3.1　SEMの原理 ………………… 153
  - 10.3.2　空間分解能 ………………… 154
  - 10.3.3　装置の構成要素と役割 ……… 155
  - 10.3.4　試料作製法 ………………… 155
  - 10.3.5　像観察技術 ………………… 156
- 10.4　EDSによる分析 …………………… 159
  - 10.4.1　電子線励起による特性X線と連続X線 …………………………… 159
  - 10.4.2　EDSとWDS ………………… 160
  - 10.4.3　試料作製法 ………………… 160
  - 10.4.4　定 性 分 析 …………………… 160
  - 10.4.5　定 量 分 析 …………………… 161
- 10.5　SEM-EDSとXRFの比較 ………… 164
  - 10.5.1　試料の種類，形状 …………… 164
  - 10.5.2　分 析 元 素 …………………… 164
  - 10.5.3　分 析 領 域 …………………… 164
  - 10.5.4　バックグラウンド …………… 165
  - 10.5.5　エネルギー分解能 …………… 165
  - 10.5.6　検出限界，定量値 …………… 165
- 10.6　低真空SEM ……………………… 166
- 10.7　TEMのEDS分析 ………………… 166
  - 10.7.1　SUS分析に見るSEM-DES，XRF-EDS，TEM-EDSの比較 ……………… 166
  - 10.7.2　定 量 分 析 …………………… 166
  - 10.7.3　原子分解能元素分析 ………… 167

11章　めっき・薄膜の分析 ……［田村浩一］… 170

- 11.1 薄膜分析の原理 …… 170
  - 11.1.1 膜厚と蛍光X線強度の関係 …… 170
  - 11.1.2 膜厚測定可能範囲 …… 171
- 11.2 薄膜の定量方法 …… 172
  - 11.2.1 励起法と吸収法 …… 172
  - 11.2.2 検量線法 …… 172
  - 11.2.3 薄膜FP法 …… 172
- 11.3 装置の構成 …… 173
  - 11.3.1 マイクロビームX線膜厚測定装置 …… 173
  - 11.3.2 検出器による違い …… 173
  - 11.3.3 X線管の種類と測定感度 …… 174
  - 11.3.4 1次X線フィルターの効果 …… 174
- 11.4 測定における注意点 …… 175
  - 11.4.1 蛍光X線分析法による膜厚の定義 …… 175
  - 11.4.2 照射面積 …… 175
  - 11.4.3 試料の位置合わせと誤差 …… 176
  - 11.4.4 試料の置き方による誤差 …… 176
  - 11.4.5 針状試料の測り方 …… 177
- 11.5 測定時間とばらつき …… 177
- 11.6 めっき・薄膜の分析例 …… 177
  - 11.6.1 比例計数管による測定例 …… 177
  - 11.6.2 集光光学系とSDDを用いた測定例 …… 178

12章　ハンドヘルド蛍光X線分析計 ……［野上太郎・牟田史仁］… 180

- 12.1 発達過程と現在の技術 …… 180
- 12.2 装置の主要構成要素 …… 180
- 12.3 ハンドヘルド型の特長と役割 …… 181
- 12.4 最新の性能・機能の活用 …… 181
  - 12.4.1 金属材料品質管理 …… 181
  - 12.4.2 金属廃材の分別 …… 183
  - 12.4.3 工業材料の品質管理用機能 …… 184
  - 12.4.4 環境関連におけるスクリーニング分析 …… 185
  - 12.4.5 産業生成物および産業生成物中有価元素のリサイクル …… 186
  - 12.4.6 鉱山関連 …… 186
  - 12.4.7 学術研究分野 …… 187
- 12.5 ハンドヘルド蛍光X線分析計での分析に関する注意事項 …… 187

13章　放射光利用 …… 190

- 13.1 放射光蛍光X線分析 ……［中井　泉］… 190
- 13.2 超微量分析 ……［桜井健次］… 192
- 13.3 放射光高エネルギー蛍光X線分析 ……［阿部善也］… 194
- 13.4 高空間分解能化のための光学技術 ……［山内和人・松山智至］… 196
- 13.5 放射光蛍光XAFS法による機能性材料の非破壊状態分析 ……［沼子千弥］… 198
- 13.6 腎臓内に蓄積したウランの非破壊放射光蛍光X線分析 ……［武田志乃］… 200

14章　新しいアプローチと特殊応用 …… 202

- 14.1 斜出射X線分析 ……［辻　幸一］… 202
- 14.2 ポリキャピラリーX線集光素子と微小部蛍光X線分析 ……［辻　幸一］… 204
- 14.3 共焦点型微小部蛍光X線分析 ……［辻　幸一］… 206
- 14.4 超伝導検出器 ……［谷口一雄］… 208
- 14.5 波長分析技術を用いたエネルギー分散型蛍光X線分析 ……［谷口一雄］… 210
- 14.6 SDDの最新技術 ……［谷口一雄］… 212
- 14.7 蛍光X線分析装置のキット ……［河合　潤］… 214

15章　蛍光X線分析の実際：応用事例集 …… 216

- 15.1 高感度蛍光X線分析装置による農産物中のカドミウムとヒ素の迅速定量 ……［深井隆行］… 216
- 15.2 微小部蛍光X線分析装置による異物の分析 ……［泉山優樹］… 218
- 15.3 卓上型EDX装置による炭素〜フッ素分析 ……［柴田康博］… 220
- 15.4 ポータブル蛍光X線装置によるコンクリート塩害の分析 ……［永井宏樹］… 222
- 15.5 合金化溶融亜鉛めっき鋼板の分析 ……［古澤衛一］… 224
- 15.6 蛍光X線分析装置によるPM2.5捕集フィルター

	試料の成分分析 ……………［森川敦史］… 226		から深部の同時元素分析…［菱山慎太郎］… 232
15.7	残分推定機能を用いたFP法による半定量分析 ……………………………［池田　智］… 228	15.10	高輝度X線光学素子を用いた大型絵画などの元素マッピング分析例 ……［水平　学］… 234
15.8	動植物試料のX線分析顕微鏡による観察・研究 ……………………………［青山朋樹］… 230	15.11	ゴッホ「ドービニーの庭」に隠されていた"黒猫"の発見 ……………［下山　進］… 236
15.9	電子線とX線を用いた,試料同一カ所の表面		

16章　分析結果を論文・報告書に書くときの注意事項 ……………………………………［西埜　誠］… 238

16.1	X線の統計変動（理論変動）………… 238	16.5.1	ブランク試料を実測する方法 ……… 241
16.1.1	統計変動（理論変動）…………… 238	16.5.2	検量線から理論計算する方法 ……… 241
16.1.2	バックグラウンド補正した場合の統計変動 ……………………………… 239	16.5.3	1点の試料を用いて理論計算する方法 ……………………………………… 241
16.1.3	対比法を用いた場合の統計変動 …… 239	16.5.4	検出下限を下げる方法 ……………… 242
16.2	再現精度の評価方法 ………………… 239	16.5.5	定量下限 ……………………………… 242
16.3	分析値の正確度の評価方法 ………… 240	16.6	トレーサビリティー ………………… 242
16.3.1	検量線法 ……………………………… 240	16.7	検出下限を計算してみよう ………… 242
16.3.2	FP法 ………………………………… 240	16.8	再現精度を計算してみよう ………… 242
16.4	分析結果の表記方法 ………………… 241	16.9	論文・報告書に用いる蛍光X線分析の用語
16.5	検出下限および定量下限 …………… 241		……………………………………… 243

17章　法令と届出 ……………………………………………………………………［野上太郎・牟田史仁］… 244

17.1	遵守しなければならない法令 ……… 244	17.5.7	立 入 禁 止 ……………………………… 247
17.2	装置設置にあたり必要な届出 ……… 244	17.5.8	緊 急 措 置 ……………………………… 247
17.3	蛍光X線分析装置と管理区域 ……… 245	17.5.9	X線作業主任者の選任および職務 …… 247
17.4	労働安全衛生法・施行令・規則 …… 245	17.5.10	線量当量（率）の測定 ……………… 248
17.5	電離放射線障害防止規則 …………… 245	17.5.11	健 康 診 断 ……………………………… 248
17.5.1	管理区域の明示等 …………………… 246	17.5.12	健康診断の結果の記録 ……………… 248
17.5.2	放射線業務従事者の被ばく限度 …… 246	17.5.13	健康診断の結果についての医師からの意見聴取 ……………………………… 248
17.5.3	被ばく線量の測定 …………………… 246	17.5.14	健康診断結果の通知 ………………… 248
17.5.4	線量の測定結果の確認,記録等 …… 247	17.5.15	放射線測定器の備付け ……………… 248
17.5.5	放射線装置室 ………………………… 247	FAQ	…………………………………………… 248
17.5.6	警報装置等 …………………………… 247		

付録A　蛍光X線分析に関するJIS, ISOおよびIEC規格 ………………………………………［西埜　誠］… 250
付録B　知っていると便利な蛍光X線分析の関連情報 ………………………………………［阿部善也］… 252
付録C　蛍光X線分析のための数学 ……………………………………………………………［水平　学］… 256
付録D　特性X線と吸収端のエネルギー表 ……………………………………………………［西埜　誠］… 257

索　　引 …… 261

━━ コラム ━━
1	ポータブル蛍光X線分析装置による国宝の分析 ……………………[中井　泉]…	19
2	姫路城いぶし瓦の耐久性 ……………………………………………[村松康司]…	31
3	蛍光X線分析による創傷部アクチニド汚染の迅速定量評価…………[吉井　裕]…	57
4	放射光高エネルギー蛍光X線分析による土砂法科学データベースの開発	
	……………………………………………………………………[中井　泉]…	69
5	ポータブル全反射蛍光X線分析装置による微量元素分析 ……[永井宏樹]…	129
6	放射光マイクロビームX線を用いた福島原発事故由来放射性大気粉塵の正体解明	
	……………………………………………………………………[阿部善也]…	169
7	SDDを用いた開放型EDXによる鉱物および鋼板のオンライン分析……[水平　学]…	179
8	放射光蛍光XAFS法による生体濃縮元素の非破壊状態分析………[沼子千弥]…	189

蛍光 X 線分析の実際
第 2 版

レントゲン（Wilhelm Conrad Röntgen；1845-1923）．
1895 年に X 線を発見．2016 年は発見 121 周年に当たる．

1章　蛍光X線分析の基礎

1.1　X 線 と は

　X線は太陽光などと同じ電磁波で，図1.1に示すように，その波長は紫外線より短く，γ線より長い光である．X線は，波としての性質と粒子としての性質をもち，前者は波長λの波として，後者はエネルギーEをもつ光子（粒子）として特徴づけられる（補注1参照）．波長λをÅの単位（1Å＝0.1 nm）で，エネルギーEをkeVの単位で表すと，λとEの間には次の簡単な関係式が成り立つ．ここでhとcは定数で，それぞれプランク定数，光の速度である．

$$E = \frac{hc}{\lambda} = \frac{12.398}{\lambda} \quad (1.1)$$

　X線の波としての性質は，1.6.2で説明するようにX線を結晶に当てると干渉による回折現象を示すことから，一方，X線の粒子として性質は，1.5.1で説明するX線を原子に当てると軌道電子がはじきとばされて光電子が飛び出す光電効果から，それぞれ理解できるであろう．なお，同じX線でも，空気により容易に吸収されるような波長の長いX線（波長数Å以上，エネルギー数keV以下）を軟X線とよび，波長の短いX線を硬X線とよんで区別することがある．蛍光X線分析で通常用いるX線は硬X線が多い．

1.2　X線と物質の相互作用

　X線を物質に照射すると，どのような相互作用をするかをまとめたのが図1.2である．まず，基本的なことは，X線の一部は物質により吸収され，残りは透過するということである．

　吸収されたX線の一部によって，物質を構成する原子の軌道電子がはじき飛ばされ光電子が飛び出す．図1.2に示すように，これを光電効果という（A）．光電子を放出すると，原子はイオン化し不安定な励起状態になる．安定化には図1.2のBとCの二通りの道筋があり，蛍光X線が発生（B）するか，オージェ電子を放出（C）する．

　光電吸収されなかったX線は，原子の中の電子によって散乱される（D）．このときの散乱にも2種類あり，波長が変化しないで方向のみ変えるものをトムソン（レイリー）散乱（E），電子に運動エネルギーを与え自身はエネルギーを一部失って波長が長くなるものをコンプトン散乱（F）という．

　X線の吸収の現象や，図1.2のAからEまでの相互作用を利用すると物質の諸性質を知ることができ，X線分析として用いられている．参考までにX線分析法として現在広く用いられている機器分析法の名称を略称で図1.2の（　）内に記した．本書は，試料か

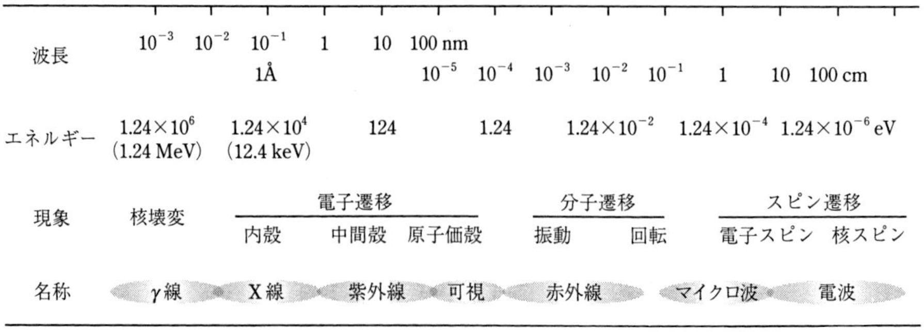

波長	10^{-3}	10^{-2}	10^{-1}	1	10	100 nm					
		1Å			10^{-5}	10^{-4}	10^{-3}	10^{-2}	10^{-1}	1	10　100 cm
エネルギー	1.24×10^{6} (1.24 MeV)	1.24×10^{4} (12.4 keV)	124		1.24		1.24×10^{-2}		1.24×10^{-4}	1.24×10^{-6} eV	
現象	核壊変	電子遷移			分子遷移		スピン遷移				
		内殻	中間殻	原子価殻	振動	回転	電子スピン	核スピン			
名称	γ線	X線		紫外線	可視	赤外線	マイクロ波	電波			

図 1.1　電磁波の種類と関係する現象

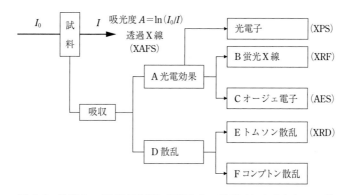

図1.2 強度 I_0 のX線が試料に吸収されて強度 I になるときのX線と物質の相互作用
（ ）内は相互作用を利用する機器分析法の一般的略称.

ら発生する蛍光X線（B）を使って試料の化学組成を分析する"蛍光X線分析（XRF: X-ray fluorescence analysis）"について学ぶ．本章では，蛍光X線分析の理解に必要な，図1.2に示すX線と物質の相互作用に関する基礎的概念を，順を追って平易に解説する．その後，蛍光X線分析の全体像を概観する．

1.3 X線の吸収

1.3.1 吸収係数

物質がX線を吸収した結果，蛍光X線が発生するので，まずX線の物質による吸収について学ぶことが重要である．あるエネルギー E のX線が，厚み t (cm)の物質を透過するとき，入射X線の強度を I_0，透過X線の強度を I で表すと次の関係式が成り立つ．

$$\frac{I}{I_0} = \exp(-\mu_M \rho t) = \exp(-\mu t) \quad (1.2)$$

ここで，μ_M：質量吸収係数（cm²/g），ρ：試料の密度（g/cm³），μ：線吸収係数（cm⁻¹）．

X線がどのくらい吸収されるかを表す吸光度 A は，(1.2)式の両辺の逆数の自然対数をとることで得られ，以下のように表される．

$$A = \ln \frac{I_0}{I} = \mu_M \rho t = \mu t \quad (1.3)$$

(1.3)式は，X線は吸収係数が大きい物質ほど，また厚み t が大きいほどより吸収されるという，当たり前のような式である．可視，紫外光などの光の吸収ではこのような関係はランベルト-ベールの法則としてよく知られていて，X線の吸収においても同様に成り立っている．μ は線吸収係数で，それを密度 ρ で割

ったものが，質量吸収係数 μ_M で両者は定数である．いずれも，試料があるエネルギーのX線をどのくらい吸収するかを示す尺度である．その値は，各元素に固有でX線のエネルギーによって変化し，波長の長いX線ほど一般に吸収係数は大きくなる傾向がある．各元素について種々のエネルギーに対する質量吸収係数の表が文献[1]に与えられている．

質量吸収係数には加成性があり，ある物質の質量吸収係数は，その成分元素の質量吸収係数にその成分の重量分率（重量%を100で割った値）をかけて和をとった以下の式で表すことができる．

$$\mu_M = \sum \mu_{Mi} w_i \quad (1.4)$$

ここで，μ_{Mi}：成分元素 i の質量吸収係数，w_i：成分元素 i の重量分率で $\sum w_i = 1$.

上記の式は，特定のエネルギー E のX線に対して成り立つ．

1.2節で述べたように，X線の吸収には，真の吸収によるものと散乱によるものとが含まれている．そこで，光電吸収に基づく吸収係数を τ，トムソン散乱に基づく係数を σ_1，コンプトン散乱に基づく係数を σ_2 とすれば，

$$\mu = \tau + \sigma_1 + \sigma_2 \quad (1.5)$$

の関係が成り立つ．同一波長では，重元素ほど τ の影響が強く現れ，1つの元素についてはX線の波長が短くなると，σ_2 の影響が大きく現れてくる．

さて，以上の説明で物質によるX線の吸収現象についての定量的な側面を説明したが，吸収によって蛍光X線が発生する現象はまだ説明できていない．そこで，まずどのようなときに蛍光X線の発生が起こるかをX線の吸収の現象からみてみよう．

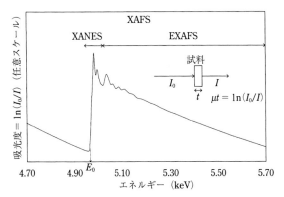

図 1.3 TiO の Ti-K 吸収端 XAFS スペクトル

1.3.2 X 線吸収スペクトル

吸収係数は X 線のエネルギーによって変化し，吸収係数のエネルギーに対する変化を表した図が X 線吸収スペクトルとなる．一例として図 1.3 に酸化チタン TiO という物質の X 線吸収スペクトルを示した．測定方法は，X 線の光路に TiO を置き入射 X 線のエネルギーを変えながら，入射 X 線の強度 I_0 と試料を透過した X 線の強度 I を測定する（図 1.3 の中に構成を示した）．吸光度 $A(=\mu t)$ のエネルギー E に対する変化をみると，E の増加と共に吸光度は次第に減少するが，ある臨界エネルギー E_0（ここでは 4.966 keV）で急激に増大している．ここを吸収端という．吸光度が増大するということは，X 線の吸収が増え X 線のエネルギーが何かに使われたことを意味する．実は，X 線はここで光電子の放出に使われていて，その結果として蛍光 X 線が発生する．ただし，この現象を正しく理解するには，原子の電子構造について知っておくことが不可欠である．そこで，次節では，原子の電子構造についてやや詳しく説明する．

なお，図 1.3 の吸収端のエネルギーは吸収原子の酸化数によってわずかに変化し，吸収端スペクトルの微細構造から吸収原子の電子状態の情報も得られる．また，吸収端の高エネルギー側には，吸光度の変動がみられる．この振動構造を解析すると吸収原子のまわりの局所構造についての知見が得られる．両者の構造は，それぞれ XANES（X 線吸収端近傍構造），EXAFS（拡張 X 線吸収微細構造）と名づけられ（図 1.3），両者は総称して XAFS（X 線吸収微細構造）とよばれ，状態分析や局所構造解析に広く用いられている．一方，X 線の吸光度を測定するかわりに，蛍光 X 線の収量を測定しても同様なスペクトルが得られること

から，蛍光 XAFS として広く用いられている（13.5 節参照）

1.4 原子の電子構造

1.4.1 電子をみる

蛍光 X 線分析の対象となる原子は，原子核とそのまわりを運動する電子からなることは高校で習った．しかし，原子のなかの電子は眼にみえるわけではないので実感は伴わないだろう．我々の生活で最も身近に電子の存在を実感できる電子の発生装置に，テレビのブラウン管がある．電子銃から発生した電子の方向は，映像信号と呼応する磁場によって曲げられ，蛍光体が塗られたブラウン管に照射され，電子が当たると発光する．ブラウン管では，陰極と陽極の間に電位差（V）がかけられているので，電子銃から出たマイナスの電荷（e）をもつ電子はプラスの陽極に向かって，その電場によって加速され，運動エネルギー $E(=eV)$ を受けとる．したがって，電子の運動エネルギー E は電場によって自由に変えることができる．原子のなかの電子とブラウン管の電子との大きな違いは，前者の電子は，後者のようにそのエネルギーを自由に変えることができないことである．では，原子の中の電子はいつからそのエネルギーを自由に変えることができなくなったのだろうか．

1.4.2 物質と電子

この物質世界は約 140 億年前に起こったビッグバンに端を発するといわれているが，ビッグバンの始まりには原子（物質）はなく光（エネルギー）しかなかった．アインシュタインの式 $E=mc^2$（m は質量）で知られるように，エネルギーと質量は等価である．そこで，宇宙が膨張し温度が冷えるとエネルギーが素粒子に変わり，素粒子が集まって陽子，中性子，電子などができ，電子と陽子のクーロン引力の方が熱エネルギーに打ち勝つようになると，電子は陽子にトラップされて水素原子ができた．トラップされた電子は，この時点でもはやテレビのブラウン管のなかを走る電子のようにそのエネルギーを自由に変えることはできなくなった．

水素原子では，原子核には 1 つの陽子があり，その周囲にマイナスの電荷をもつ電子が運動している．これが最も軽い原子で，さらに重い原子では，原子核に

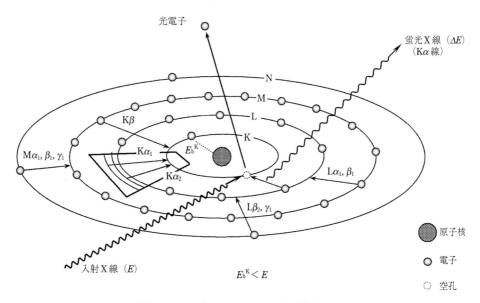

図 1.4 ボーアモデルで示した電子構造

p 個の陽子と n 個の中性子が含まれ，そのまわりに p 個の電子がトラップされている．中性の原子では，陽子と電子の数は同一でその数 p を原子番号 Z という．元素の化学的性質は原子番号で決まり，He では $Z=2$，Li は $Z=3$，C は $Z=6$ というように原子番号とともに電子の数が増えていく．天然に存在する最も原子番号の大きな元素はウラン U で，$Z=92$ であり，92 個もの多数の電子が原子核のまわりを運動している．

さて，ここで次のような疑問がわくかもしれない．

(1) マイナスの電子とプラスの原子核は，なぜひきあってぶつからないのだろうか？

(2) ウランでは原子核のまわりに，92 個も電子が運動しているのに電子は互いにぶつかりあうことはないのだろうか．

(3) なぜ，電子は永久に運動し続けることができるのだろう．

1.4.3 ボーアモデル

1913 年ボーアは，このような原子の電子構造の仕組みを説明するのに，電子は図 1.4 に示すような原子核の回りの特定の円形の軌道に沿って運動していると考えた．これをボーアモデルといい，高校の化学の教科書に載っている．電子はプラスの原子核のまわりの特定の軌道を周回しているので，原子核とくっつきあうこともなく，電子どうしぶつかりあうこともなく，定常状態で運動し続けるというのが上記 (1) と (2)

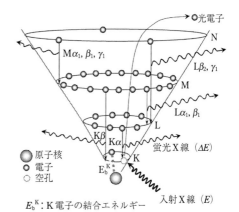

E_b^K: K 電子の結合エネルギー

図 1.5 蛍光 X 線の発生原理と電子のエネルギー準位

の疑問に対する説明となる．

このモデルでは，円形の軌道は電子殻とよばれ，原子核からの距離によって分類され，内側から順に K 殻，L 殻，M 殻，……という．それぞれの殻に属する電子は，K 電子，L 電子，M 電子とよばれエネルギー状態は，外側にいくほど高くなる．エネルギー準位がわかるように表示すると図 1.5 となる．同一の軌道の電子のエネルギーは同一である．このように，原子の中の電子は図 1.4，図 1.5 の電子軌道に対応する，特定のとびとびの（量子化された）エネルギー状態にある．

マイナスの電荷をもつ軌道電子とプラスの原子核は

クーロン力によって結び付けられていて，そのエネルギーを電子の結合エネルギー（記号 E_b で表す）とよぶ．E_b は原子からその電子１つを取り除くのに必要な原子のイオン化エネルギーに等しい．内側の軌道の電子ほど原子核と強く結びついているので E_b は大きく，エネルギー準位で表すと図1.5のように低（深）い（補注２参照）．K殻の電子が原子核と一番強く結びついているので，一番深いところにある．また，このエネルギー準位 E_b は，原子核のプラスの電荷（＝陽子数＝原子番号）が増えると，当然増えるので，元素の種類によって変化し固有の値をもつ．

1.4.4 エネルギーの吸収と光の発生

ボーアは，定常状態にある原子が，１つの定常状態から他の定常状態に移るとき，その前後のエネルギー差に相当する振動数をもつ光が放射あるいは吸収されるとした．エネルギーが系から失われることがなければ電子は運動し続けるであろう．したがって，前述の(3)の疑問に対しては，定常状態にある原子は，外からエネルギーを与えないかぎりけっしてそのエネルギー状態は変化せず，エネルギーを失うことはないということで間接的に説明される．

原子が光を放射するときは，外からエネルギーを与えたときである．たとえば，高校の物理で，真空放電で電子と気体原子がぶつかると原子が発光することを習った．ネオンサインがその例である．一方，高校の化学では，原子を炎のなかに入れて熱エネルギーを加えると，炎色反応が起こりナトリウムはオレンジ色，銅は緑色に発光することを習った．花火も原子に熱エネルギーを与えた事による原子の発光である．これらは，外界から加えられたエネルギーを原子が吸収することにより電子は励起状態になり，元に戻るときエネルギーの放出が起こり発光する．

このことを図示すると図1.6のようになる．横線が電子のエネルギー準位を表す．エネルギー E_0 をもつ基底状態の電子は，外からエネルギーを与えられると励起されて E_1 のエネルギーの状態になる．その後，E_0 の状態に戻るとき，そのエネルギー差 ΔE が余り，次式で与えられる振動数 ν（波長 λ）の光を放出する．この関係を，ボーアの振動数条件という．

$$\Delta E = E_0 - E_1 = h\nu = \frac{hc}{\lambda} \tag{1.6}$$

さて，炎色反応では熱による励起はエネルギーが小

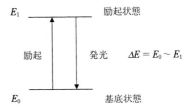

図1.6 原子の軌道電子の量子化されたエネルギー状態と電子遷移

さいので，励起される電子は浅い所にある外殻電子である．したがって，発生する光はX線に比べエネルギーの小さな電磁波である可視光や紫外光となる（図1.1）．機器分析ではこの発光現象を利用してフレーム分析が行われ，発生する光の波長から元素の種類を，その強度から元素の量を知ることができる．

1.5 蛍 光 X 線

1.5.1 蛍光X線の発生原理

では，原子にエネルギーの大きなX線を照射するとどうなるだろうか．図1.1に示すようにX線のエネルギーは数keV〜数十keVであるので，これはちょうど内殻電子と原子核との結合エネルギー E_b に相当する．そこで，照射X線のエネルギーがある軌道電子の結合エネルギー Eb より大きいと，その軌道電子は原子核との束縛から離れて光電子として原子の外に飛び出す．これを光電効果という（図1.2）．図1.4に示すように，ちょうどX線光子によって，軌道電子が玉突きのようにはじき飛ばされると考えてよい．これが，いわゆるX線の粒子性を示す現象である．

1.5.2 X線の吸収端

ここでもう一度，図1.3の酸化チタン TiO の吸収スペクトルに戻ろう．この図は酸化チタンに当てるX線のエネルギーを4.7から5.7 keVまで変化させたときの吸収度の変化を表したグラフである．吸収端（$E_0 = 4.966$ keV）ではX線照射により，試料に含まれるTiのK殻の電子が励起され光電子となる．この E_0 はまさに前述の電子の結合エネルギー E_b に相当し，元素に固有である．したがって，ある元素の蛍光X線を発生させるには，その元素の吸収端のエネルギー E_0 より大きなエネルギー E のX線を照射せねばならない．どんなに強いX線を照射しても，$E_b > E$ の場合はその電子は励起できない．Tiの場合，4.966

keV より大きなエネルギーの X 線を照射しないと，Ti の Kα 線は発生しないことがわかる．なお，厳密には吸収端のエネルギーは，その元素の化学状態（酸化状態など）によりわずかにシフトする．このシフトを測定して，XANES 分析では，吸収原子の化学状態を知ることができる．

1.5.3 吸収端とフィルター

蛍光 X 線分析では，ある元素の吸収端の高エネルギー側では吸収係数が著しく大きいことを利用して，その元素の金属箔をフィルターとして用いて不要な X 線を吸収して除去する方法がある．たとえば Ni 箔のフィルターは，図 1.3 の TiO の例と同じように，Ni の K 吸収端（8.333 keV）から高エネルギー側 1 keV くらいまでの X 線を効率よく吸収する．Ni の K 吸収端は Cu の Kα 線（8.041 keV）と Kβ 線（8.906 keV）のエネルギーのちょうど間にあり，Ni 箔は Cu Kα 線はあまり吸収しないが Kβ 線を強く吸収することになり，Cu の Kβ 線を除去するフィルターとして用いられる．蛍光 X 線分析におけるフィルターの活用例は，3.2 節および 4.4 節に紹介されている．

1.5.4 電子遷移と原子のエネルギー準位

さて，X 線照射により光電子が放出されると，原子は電荷を帯びたイオンとなる．この状態は，原子の最低準位の電子軌道が空で，その他の高い準位が電子で満たされた不安定な状態で，もとの基底状態より，イオン化エネルギーに相当するだけ高く励起された状態である．

K 電子を 1 つ失った励起状態のエネルギー準位を K 準位とよびそのエネルギーを E^K で表すとする．その後，K 軌道の空孔へ L 殻から電子が落ちてきて，L 殻に空孔ができた状態を L 準位とよび，そのエネルギーを E^L で表すとする．2 つの状態のエネルギー差 ΔE は，

$$\Delta E = E^K - E^L = h\nu = \frac{hc}{\lambda} \quad (1.7)$$

の関係がある．その結果振動数 ν（波長 λ）の電磁波が発生する．このエネルギー差 ΔE は，ちょうど X 線のエネルギーの領域であることから，このとき発生する電磁波を蛍光 X 線という．

E^K，E^L 等は各元素に固有であるので，発生する蛍光 X 線のエネルギー ΔE も元素に固有な値となる．K 殻の空位を，L，M，N 電子が補充するとき発生する特性 X 線を K 系列 X 線または単に K 線，L 殻の空位を電子が補充するとき発生する X 線を L 系列 X 線または L 線という．各元素のそれぞれの K 線，L 線のエネルギーは，波長表（巻末付録 D）として与えられている．したがって，蛍光 X 線のエネルギーを測定して波長表と比較すればどの元素のどの準位間の遷移から放出された蛍光 X 線かが容易にわかる．

蛍光 X 線がこのように線スペクトル（スペクトル上で単一のエネルギーをもつピーク）を与えるという事実は，電子のエネルギー状態がボーアモデルで示したように，とびとびである（量子化されている）ということを支持する実験的証拠にほかならないともいえる．蛍光 X 線スペクトルは，まさに原子のなかの電子のエネルギー準位を直接見ているといってよいであろう．

ボーアモデルというのは，実は原子の電子状態の表現としては，粗い近似で補注 2 で解説するように，それぞれの殻に存在する複数の電子は，さらに色々なエネルギー状態をとっている．たとえば，K 殻に落ちる L 殻の電子状態には 2 つの電子状態があり，それに対応して異なるエネルギーの蛍光 X 線が発生し，それぞれ図 1.4 に示すように $K\alpha_1$，$K\alpha_2$ と名前がついている．この詳細については，第 2 章で詳述される．

1.5.5 オージェ電子

さて，蛍光 X 線が発生するかわりに，余ったエネルギー ΔE によって外殻電子が殻外に飛び出すことも起こる．このような過程で原子から飛び出した電子をオージェ電子とよぶ（第 2 章参照）．K 殻に生じた空孔に L 殻の電子が遷移し，その余ったエネルギーで L 殻の電子がオージェ電子となる場合，KLL オージェ遷移とよぶ．

1.5.6 蛍光 X 線スペクトル

X 線を試料に照射すると以上のような原理で，試料からその成分元素に応じて，いろいろなエネルギーの蛍光 X 線が発生する．この蛍光 X 線を検出器で測定して，横軸に蛍光 X 線のエネルギー（波長）を，縦軸に強度をプロットしたグラフを蛍光 X 線スペクトルという．

スペクトルの実例として図 1.3 で吸収スペクトルを示した酸化チタン TiO と，重金属（Cr，Pb，Hg，

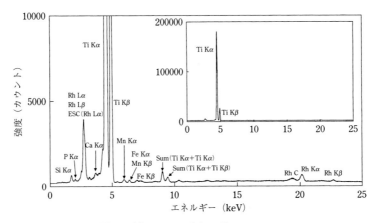

図 1.7(a)　TiO の蛍光 X 線スペクトル

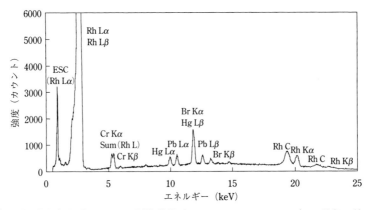

図 1.7(b)　重元素を含むプラスチック標準試料（Cr, Hg, Pb, Cd 1000 ppm）の蛍光 X 線スペクトル

Cd）を 1000 ppm 含むプラスチックの蛍光 X 線スペクトルの実例を，それぞれ図 1.7(a)，(b) に示す．測定では検出器は Si(Li) 半導体検出器を用い，励起源には Rh 管球を励起電圧 30 kV で用いた．横軸が蛍光 X 線のエネルギー（keV 単位），縦軸がその強度（カウント）で試料から発生して検出器に飛び込んできた蛍光 X 線の光子数（単位カウント，cps は 1 秒あたりのカウント数）を表す．図 1.7(a) の内部の図は，Ti Kα 線のピークがグラフの中に入るように縦軸を 20 万カウントとした図で，Ti のピーク以外は見えなくなっている．外側の図は縦軸を 1 万カウントと拡大して表示したものである．図 1.7 のそれぞれのスペクトルのピーク位置のエネルギーを読み，波長表と比較することで元素が同定できる．

次に，スペクトルにはどのような情報が含まれているかみてみよう．図 1.7 の 2 つのスペクトルの右端の 20～25 keV にみえるピークは，励起 X 線である Rh の Kα と Kβ のピークである．これが，1.2 節で述べた励起 X 線の核外電子による弾性散乱でトムソン（レーリー）散乱とよぶ．その左側にコンプトン散乱線（RhC として C をつけて表した）がみられ，励起 X 線よりやや波長が長くなっている．波長が長くなるのは，X 線光子が電子との衝突により，エネルギーの一部を電子に奪われたためである（図 1.9）．

図 1.7 では，励起電圧に相当する 30 keV 付近（図では 25 keV まで表示）までなだらかなバックグラウンドがあり，これは X 線管球から発生した連続（白色）X 線成分（1.7.1 参照）の散乱で，バックグラウンドとなっている．蛍光 X 線のピークはこのバックグラウンドの上にのった形である．図 1.7(a) は，純度 99.9％の酸化チタン TiO の試薬を測定した結果であるが，主成分の Ti の K 線のほかに，不純物として Si, P, Ca, Mn, Fe の K 線が観測されている．K 線では Kα 線が強いと Kβ 線がペア（両者の強度比は

10：1程度）でみられる．Sum と書かれた線は，サムピークで検出器が2つのX線光子を同時に計数したことにより出現する．ESC はエスケープピークで，半導体検出器のシリコン（Si）素子を励起するのに蛍光X線のエネルギーが使われたため，強い蛍光X線のピークがあると，その位置に対して Si の Kα 線のエネルギー1.74 keV だけ低いエネルギーの位置に出現する．いずれも，第2章で詳しく説明されている．

図1.7(b) はプラスチックに 1000 ppm 含まれる，Cr, Hg, Pb が検出されている．もともとプラスチックに含まれる Br も認められる．Hg や Pb などの重元素は，L線が検出されL線ではLα線とLβ線のペア（強度比は1：1〜0.5）が出現している．励起光のRh の L 線の散乱が強く認められ，L 線のエスケープピークも明瞭に検出されている．

K線が検出されていれば，L線も検出される可能性が高いが逆はかならずしも成り立たない．Lα線とLβ線が同定されればLγ線も強度は低いが同定できることもある．このようにどのような元素が試料に含まれているかを調べることを定性分析という．そして測定した蛍光X線スペクトルをもとに，装置付属の定性ソフトを使って，一般に高エネルギー側の強度の高い線から，順次同定していく．残ったピークは重元素のM線や，後述の高次線，サムピーク，エスケープピークとなり，さらに詳細に検討する．

1.5.7 蛍光X線の強度と定量分析

さて，一定強度のX線を物質に照射したとき発生するある元素の蛍光X線の強度は，第一近似として，そこに存在するその元素の原子数に比例する．したがって，蛍光X線のピーク強度を測定することにより定量分析が可能となる．これが蛍光X線分析による定量の基本原理である．

そこで，蛍光X線強度に影響を与える要因を正しく理解することが重要である．発生する蛍光X線の強度は，励起X線のエネルギーと強度の両方によって変化し，どの程度，蛍光X線が発生するかを励起効率という．単色X線（一定エネルギーのX線）を照射したときの励起効率は，X線のエネルギーが励起する電子の結合エネルギー E_b より少し大きいときが最も効率がよく，E_b から離れるほど効率が悪くなる．

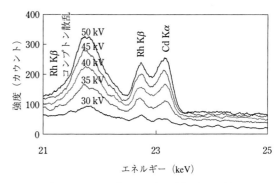

図 1.8 Cd のピーク強度の励起電圧依存性

すでに述べたように，励起X線のエネルギーが，分析目的元素の吸収端エネルギー以下では，どんなに強いX線を照射しても目的元素を励起することはできない．たとえば，図1.7(b)では，試料のなかにCdが1000 ppm 入っているが，CdのKα線のエネルギーである 23.1 keV には Cd の明瞭なピークは認められない．それは，このスペクトルの測定に励起X線源として Rh の管球を用いているが，Rh の Kα 線のエネルギーは 20.17 keV であるのに，Cd の K 吸収端のエネルギーは 26.711 keV と高く，Rh の Kα 線では Cd の K 線を励起できないためである．

次に，同試料について X 線管球にかける電圧を 30 → 50 kV まで上げたときの，Cd の Kα ピークの変化を図 1.8 に示す．電圧の上昇に伴い，Cd のピークが明瞭にみえてくる．これは，いくら電圧をあげても，Rh の Kα 線では，Cd の K 線を励起することはできないが，電圧を上げると X 線管球からの白色X線成分（1.7.1 参照）の強度が増すので，白色X線による Cd の励起効率が上がるためである．各元素の各吸収端のエネルギーが，付録Dの波長表に与えられている．測定元素に応じて，X線管の励起電圧を選択することにより，効率よい励起が可能となる．その詳細は 3.2.2 に述べられている．また，スペクトルの解釈において，自分が使用する装置の励起X線のエネルギーから，あらかじめ励起可能な元素の蛍光X線を知っておくと，間違った解釈を避けることができる．

1.6 X線の散乱と回折

物質に吸収されるX線の一部は光電吸収に使われ，残りは電子によって散乱される（図1.2参照）．1.2

節で述べたように,散乱 X 線にはトムソン散乱とコンプトン散乱がある.以下に蛍光 X 線分析と関連づけて両者を解説する.

1.6.1 コンプトン散乱

図 1.9 は X 線光子の Al 原子によるコンプトン散乱を表したものである.波長 λ (Å) の X 線が原子核とゆるく結合している(結合エネルギーの小さい)最外殻電子に当たると,最外殻電子は,跳ね飛ばされ,X 線光子はエネルギーの一部を失って,角 φ の方向に散乱され,この散乱をコンプトン散乱という.玉突きのようにエネルギー保存則が成り立ち,入射 X 線のエネルギーは,散乱 X 線のエネルギーと反跳電子のエネルギーの和に等しい.そして,散乱 X 線の波長を λ' (Å) とすると,λ,λ',φ の間に以下の関係が成り立つ.すなわちコンプトン散乱線の波長は,入射 X 線の波長より $\Delta\lambda$ だけ長くなる.

$$\lambda' - \lambda = \Delta\lambda = 0.0243(1 - \cos\phi) \quad (1.8)$$

散乱角 φ が大きいほど,試料の平均原子番号が低いほど,コンプトン散乱強度は相対的に増加する.したがって,軽元素が主成分であるプラスチックや生体試料の分析ではその寄与が大きい.図 1.7 の蛍光 X 線スペクトルでは,Rh 管球からでた Rh ターゲットからの Kα 線と Kβ 線のピーク(トムソン散乱)の長波長側($\Delta\lambda$ 離れた所)にコンプトン散乱線が現れている(Rh C と記述).図 1.7 で試料が酸化チタン (a) とプラスチック (b) の場合を比較すると,(a) ではトムソン散乱がコンプトン散乱より強度が強いが,軽元素からなるプラスチック (b) では逆転している.

コンプトン散乱 X 線の強度は,入射 X 線のエネルギーの増大(波長の減少)とともに,増大する.コンプトン散乱は,定量分析において,試料の厚みや表面形状の違いを補正するのに用いることができ,各元素の蛍光 X 線強度をコンプトン散乱線の強度で除することで規格化が可能である(第 6 章参照).

1.6.2 トムソン散乱―X 線回折

図 1.7 で Rh の Kα と Kβ のピークは管球からの励起 X 線が試料でトムソン散乱したものである.散乱により波長が変化しない弾性散乱なので,試料が結晶の場合はある条件を満たすと互いに干渉し,X 線回折として広く用いられている.蛍光 X 線分析では,分光結晶の理解に不可欠であるので,以下にその概要を説明する.

結晶に X 線を照射すると,電磁波である X 線は構成原子の軌道電子の振動を引き起こし,その結果トムソン散乱として同じ波長の X 線が原子(電子)から発生する.結晶のなかで,原子は 1 Å~数 Å の間隔で周期的に配列している.このような結晶に対して,波長が結晶周期と同程度の X 線を入射させると,原子の周期的配列が回折格子の役目を果たし,条件が満たされると散乱 X 線は互いに干渉して特定の方向へ回折現象を示す.

互いに同一波長の波と波の干渉では,2 つの波の山と山とが重なる(位相がそろう)と,合成波の振幅はもとの 2 倍になる(補注 1 参照).結晶では,原子が周期的に規則正しく配列しており,その周期を一定方向に等間隔で配列している格子面 (hkl) で表すことができる.hkl は面指数といい,3 つの整数の組み合わせで面の方向を表し,その面間隔は d_{hkl} で表す.

さて,図 1.10 のように互いに平行で,d_{hkl} だけ隔たっている面指数 (hkl) の格子面 P_1 と P_2 を想定してみよう.このような面に角 θ で入射した X 線が,

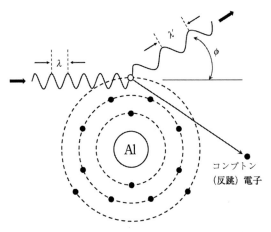

図 1.9 X 線光子の Al 原子によるコンプトン散乱

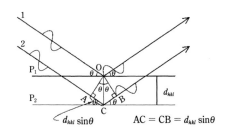

図 1.10 結晶による X 線の回折とブラッグの条件

角 θ で散乱（鏡面反射）するとき，波 1 と波 2 は，波 2 の方が $\overline{AC}+\overline{CB}$（$=2d_{hkl}\sin\theta$）だけ長い距離を進むので，$2d_{hkl}\sin\theta$ だけ位相が遅れて出射する．この光路差 $2d_{hkl}\sin\theta$ が X 線の波長 λ の整数倍のとき，(1.9)式が成り立ち，図 1.10 のように出射した波 1 と 2 の位相が一致し，互いに強めあうことになる：

$$n\lambda = 2d_{hkl}\sin\theta \qquad (1.9)$$

ここで n は整数である．これをブラッグの条件といい，結晶に入射する X 線波がこの式を満たすとき散乱 X 線は互いに位相が一致し強めあう．1 つの原子からの散乱 X 線は微弱でも，ブラッグの条件が満たされると，その結晶を構成するアボガドロ数オーダーの原子から発生する散乱波の位相がすべてそろうため，合成波の振幅はきわめて大きくなることが想像できよう．

さて蛍光 X 線分析では，試料から発生した蛍光 X 線の波長を知るのに，X 線回折を用いる方式がある．蛍光 X 線を格子面間隔 d の結晶に，格子面に対して入射角 θ で入射したとき，回折角 θ で回折が起これば，その X 線の波長は，(1.9)式より λ であることがわかる．このような分光方式を波長分散型とよび，用いる結晶は分光結晶とよばれる．詳細は，以下の 1.7.2 a および 3.1.1 にて説明する．

さて以上で，蛍光 X 線分析に必要な X 線と物質の相互作用の基礎について理解できたであろう．次は，実際の蛍光 X 線分析についてその概要を説明する．

1.7 蛍光 X 線分析装置

蛍光 X 線分析は，試料に X 線を照射して発生する蛍光 X 線のエネルギーと強度を測定して，そこに存在する元素の種類や濃度を知る方法である．したがって，蛍光 X 線分析装置の構成は，試料に X 線を照射するための X 線源と，蛍光 X 線のエネルギーを選別する分光器（スペクトロメーター）と強度を測定する X 線検出器からなる．それぞれの詳細は第 3 章で説明されているので，ここでは全体像をつかむための概要を述べる．

1.7.1 X 線管とその X 線スペクトル

X 線源としては，電子を加速して金属ターゲットにぶつけて，X 線を発生させる X 線管を通常用いる．X 線管からの X 線のスペクトルを図 1.11 に示した．

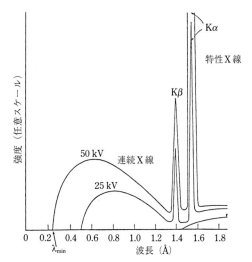

図 1.11 X 線管の励起電圧と発生する X 線のスペクトル[2]

連続した分布のスペクトルと線状のスペクトル（Kα，Kβ）から成り立っていて，前者を連続（白色）X 線，後者を特性（固有）X 線という．連続 X 線は金属ターゲットにぶつかった電子の制動放射で発生し，最短波長 $\lambda_{\min}$（Å）は X 線管の加速電圧 V（kV）で決まり，式(1.1)を変形した

$$\lambda_{\min} = \frac{12.398}{V} \qquad (1.10)$$

で与えられる．図 1.11 では，加速電圧が 25 kV と 50 kV の例が示されている．連続 X 線の強度は X 線管電流 i，管電圧 V，対陰極物質の原子番号 Z とすると，ZiV^2 に比例する．連続 X 線の最大強度の波長は，$\lambda_{\min}$ の 1.5 倍付近にある．

一方，特性（固有）X 線は X 線管のフィラメントからの電子がターゲットの金属原子に衝突し，内殻電子がはじき飛ばされてその緩和過程で発生する X 線である．蛍光 X 線と同様の原理で発生し，Kα，Kβ 等の名称も同一であるが，電子線励起の場合は蛍光 X 線という言葉は使わず，特性 X 線とよぶ．

1.7.2 蛍光 X 線スペクトルの測定

試料に含まれるさまざまな元素から種々の波長（エネルギー）の蛍光 X 線が発生することから，蛍光 X 線分析では，精度よく蛍光 X 線の波長（エネルギー）と強度をすなわち，蛍光 X 線スペクトルを測定することが必要である．この目的のために波長分散型分光

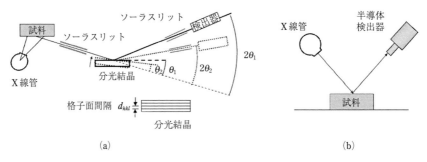

図 1.12 蛍光 X 線の分光方式
(a) WDX と (b) EDX の比較

法（WDX または WDS：Wavelength Dispersive (X-ray) Spectrometry 図1.12(a)）とエネルギー分散型分光法（EDX または EDS：Energy Dispersive (X-ray) Spectrometry 図1.12(b)）という 2 つの方式の分光法が広く用いられておりその基本原理を以下に示す．

a. 波長分散型（WDX）

蛍光 X 線の波長（エネルギー）を測定するのに，分光結晶を用いる方法である．分光結晶の基本原理については 1.6.2 で説明した．分光結晶は，LiF などの単結晶の特定の結晶面（hkl）を切り出したものである．格子面間隔 d_{hkl} の分光結晶に対して，X 線が θ_1 の角度で入射するとき，(1.9)式のブラッグの条件を満たす波長 λ_1（$=2d\sin\theta_1$）の X 線のみが回折を起こす．試料から発生したさまざまな波長の X 線を，分光結晶で分光するには，図1.12(a)のように蛍光 X 線をスリットで平行にして分光結晶に一定角度で入射させ，結晶の角度を連続的に変化させて検出器で逐次 X 線強度を測定する．得られた回折角 θ を横軸に X 線強度を縦軸にとって図示すると蛍光 X 線スペクトルが得られる．

分光結晶にはその反射面を表す面指数 hkl の情報が不可欠である．たとえば LiF(200) は格子面間隔 d_{200} の面を使って分光することを表している．標準的に使う面が 1 種類の時は明示されない．hkl 面の格子面間隔 d_{hkl} は，その結晶の格子定数から簡単に計算でき，たとえば LiF は等軸晶系で格子定数は $a=4.028$ Å であるので，LiF(200) 分光結晶の格子面間隔は，$d_{200}=d_{100}/2=a/2=2.014$ Å である．種々の分光結晶があり，測定したい蛍光 X 線の波長によって結晶を選択する（3.3.1c 参照）．測定可能な最長波長は，$\sin\theta\leq 1$ という三角関数の制約条件から，分光できる波長範囲は 0 から $2d_{hkl}$ の範囲で，LiF(200) 分光結晶では $0\leq\lambda\leq 4.028$ Å となる．さらに長い波長の X 線を分光するには，さらに格子面間隔の大きな分光結晶を用いる必要がある．WDX 型の装置では，測定する蛍光 X 線の波長に応じて複数の分光結晶を利用できるようになっているので，自動的に結晶を交換しながら Be から U までのすべての元素の分析が可能である．

b. エネルギー分散型（EDX）

EDX では，X 線検出器に自身が高いエネルギー分解能をもっている半導体検出器を用い，蛍光 X 線のエネルギーと強度を同時に計測する．図1.12(b)に示すように試料からの蛍光 X 線を分光結晶を介さずに半導体検出器で直接検出する．したがって，WDX のように分光結晶を動かす機構を必要とせず小型化が可能である．

半導体検出器の原理（詳細は 3.3 節参照）は，まず X 線光子が半導体結晶（Si など）に飛び込むとそのエネルギーに比例した数の電子―正孔対がつくられる．このとき発生した電子を電流として集め，増幅器でエネルギーに比例した電圧パルスに変換し，その電圧をデジタル化してエネルギーに対応するメモリーに蓄える．図1.7 のスペクトルの横軸はそのメモリーに相当し，縦軸は蓄えられた信号強度を表している．

c. WDX と EDX

EDX では，広いエネルギー範囲を一度に計測でき，多元素同時分析を数十秒〜数百秒と迅速に行うことができる．X 線源も検出器も小型であるため，X 線源と検出器を試料の近傍におくことで微弱な X 線も検出でき，照射する X 線の強度も弱くできるので，試料に与えるダメージも小さい．ただし，EDX では半導体検出器のエネルギー分解能は百数十 eV と低く，スペクトル線の重なりが著しい．よって，多数成分の

分析にはピーク分離等の工夫が必要になる．EDX は小型化が可能であり，最近の装置はほとんどが卓上型である．ポータブル装置も普及し，特に手のひらに入る大きさのハンドヘルドタイプの進歩と普及は著しく，第 12 章で紹介した．

一方，WDX では結晶により分光するため，高分解能スペクトルが得られ，微量成分の分析や複雑な組成をもつ試料の分析に適している．また，WDX は軽元素の分析にも適している．ただし，WDX では試料からの十分な蛍光 X 線強度が必要であり，より強力な X 線源と結晶分光器が必要なため装置は EDX に比べて大型になる．

1.7.3 蛍光 X 線の強度をはかる

試料から発生する蛍光 X 線の強度から，定量分析を行うので，強度を正確にはかることが重要である．WDX では，分光結晶からの回折 X 線の強度を X 線検出器で検出するが，EDX では，半導体検出器でエネルギーと強度を同時に測定する．

発生する蛍光 X 線の強度は
1) 試料の組成，共存元素
2) 蛍光 X 線分析装置の性能，状態
　ⅰ) 分光方式
　ⅱ) 励起 X 線源の種類，状態
　ⅲ) 蛍光 X 線検出器の性能，状態
3) 試料の形状，表面状態

によって変化する．正しい強度を得るには，吸収補正を始めさまざまな注意が必要である．装置については第 3 章に，正しいスペクトルを得るためのテクニックについては第 4 章に，試料調製法については第 5 章に，そして定量分析については第 6 章にそれぞれ詳述されている．これらを理解することで，正しい分析結果を得ることができるであろう．

1.8 蛍光 X 線分析

詳細は，次章以降に解説されるが，ここでは蛍光 X 線分析を概観し，その特徴を述べ種々の機器分析法のなかでの位置づけを行った．

1.8.1 蛍光 X 線分析の特徴

蛍光 X 線分析の特徴と用途について以下に列挙する．放射光を光源に用いるとさらに格段に性能が向上する．

1) 非破壊多元素同時分析であることが大きな特徴である．非破壊が要求される，文化財，宝石，貴金属などの分析には最適である．
2) 簡便である．ハンドヘルド蛍光 X 線分析計では，検体に当てるだけで，定量値が得られる．試料前処理が簡便で，化学的前処理を必要としないので化学実験室が不要で，化学の知識がなくても分析ができ応用対象が広い．
3) 小型軽量で，ハンドヘルド装置やポータブル装置は場所をえらばず分析ができる．
4) 測定法と試料調製法を工夫することで，主成分から数十 ppb の極微量成分まで分析できる．
5) 試料自動交換機を利用できるので，多数の試料を無人で連続自動分析できる．
6) 原理的にはベリリウムより原子番号の大きいすべての元素を分析できる．
7) X 線を励起源とするので大気中で分析できることから，生体試料の分析に適していて試料の状態，形態，大きさを選ばない．

1.8.2 他の分析法との比較

表 1.1 に，組成分析に広く用いられている各種機器分析法の特徴を比較した．蛍光 X 線分析（XRF）は，試料の主成分から微量成分まで，多数の元素を精度よく簡便に定量したいときに有用な分析法である．

ICP-AES（発光分析）と XRF を比較すると，希薄溶液を用いるので前者の方が妨害が少なく検量線のダイナミックレンジが広く，より微量成分まで正確な分析ができる．したがって，ICP-AES の方が溶液化する試料調製をいとわなければ，微量成分の定量性はすぐれている．ただし，XRF でも希薄溶液を使えるなら全反射蛍光 X 線分析法（第 8 章）を用いれば，同様のレベルの高感度高精度分析が可能である．

超微量分析という点では，通常の XRF は ICP-MS や 2 次イオン化質量分析法 SIMS にかなわないが，全反射蛍光 X 線分析を用いると，それらに匹敵する高感度分析も可能である．

微小領域の分析という点では，第 9 章に示すように X 線を細く集光することができ，たとえば X 線顕微鏡では，10 μm 程度の微小領域に X 線を照射して 2 次元分析ができる．第 10 章で説明される SEM-EDS や EPMA と比較すると，後者では電子線を電磁レン

表 1.1 各種組成分析法の特徴と比較

機器分析法	主成分定量	微量分析	超微量分析	多元素同時分析	非破壊分析	2次元分析	微小部分析	微小試料分析	状態分析
蛍光X線分析	◎	◎	△	◎	◎	△	△	△	○
全反射蛍光X線分析	○	◎	◎	◎	○	△	×	×	×
X線顕微鏡	◎	◎	×	◎	◎	◎	○	◎	×
EPMA/XMA	◎	○	×	◎	○	◎	◎	◎	○
ICP-AES	◎	◎	○	◎	×	×	×	×	×
ICP-MS	△	◎	◎	◎	×	×	×	×	×
LA-ICP-MS	○	◎	◎	◎	○	○	○	○	×
AAS/フレーム分析	○	◎	◎	×	×	×	×	×	×
SIMS	△	◎	◎	◎	○	○	○	○	○
オージェ電子分光法	△	△	×	○	△	○	○	○	◎

EPMA：電子線マイクロアナライザー，XMA：X線マイクロアナライザー，ICP：誘導結合プラズマ，AES：原子発光分析，MS：質量分析，LA：レーザーアブレーション，AAS：原子吸光分析，SIMS：2次イオン質量分析．

ズで集光するので，より小さなサブミクロンの微小領域の分析ができる．また，微小領域の主成分の定量分析では，EPMA の方が正確である．反面，EPMA では試料は電子線照射により損傷しやすく，有機物は溶けたり，Na や水などの揮発性分を含む試料は揮発する可能性がある．微量成分については，電子線励起はバックグラウンドが高く，X線励起の方が感度がよい．また，X線顕微鏡は大気中非破壊で分析できる点が特徴である．電子線励起は軽元素に対して感度が高く，X線励起は重元素に対して感度が高い．なお，放射光を用いると，50 nm 程度まで細く絞ったX線で蛍光X線分析が可能になっている（13.4節参照）．

1.8.3 固体試料の非破壊分析について

一般的に機器分析法の感度や正確さは，対象とする試料の状態によって大きく異なり，試料としてマトリックスによる妨害の少ない希薄溶液を使う必要があるか，固体をそのまま非破壊で分析するかどうかの差は大きく，同一状態の試料で比較しないと，性能の差を一概に論ずることはできない．XRFをはじめ，レーザーアブレーション-ICP-MS や SIMS など，固体試料をそのまま分析する方法では複雑なマトリックス効果があるため，ICP-AES/MS のように検量線法で信号強度を直接濃度に変換するには，特別な工夫が必要となる．

一般的に固体試料の正確な化学組成を非破壊で得ることはいかなる分析法においても難しいことを理解しておく必要があるだろう．そのなかでも，蛍光X線分析は，第6章で詳述されるようにX線と物質の相互作用が理論的によく解明されており，FP法という方法を使うとまったく組成未知の物質を標準試料なしで分析できる魅力的な分析法である．もちろん，その場合の正確さは希薄溶液を用いた場合と比べて劣るのは当然と考えるべきである．それでも他の分析法に比べて，固体試料の非破壊分析においては，格段にすぐれた使いやすい分析法ということができる．

1.8.4 応用分野

蛍光X線分析は，セラミックス，金属，岩石，食品，セメント，ガソリン中のSの定量分析，薄膜の膜厚の分析，プラスチックや土壌中の有害重金属の迅速定量分析などに適していて，広く用いられている．また高感度な全反射蛍光X線分析を用いると，半導体ウェーハのppbレベルの不純物分析ができ，品質管理に用いられている．一方，ハンドヘルド型に代表されるポータブル蛍光X線分析装置は軽量小型なため，鉱石取引現場や貴金属やスクラップ金属の買い取り現場でのその場分析，環境汚染地域の土壌のフィールド分析，文化財のその場分析などに広く用いられている．蛍光X線分析装置の歴史は長いが，最近の進歩は著しくその魅力は尽きないものがある．本書のコラムや応用事例で色々なケースを参考にされたい．

■ 補注1　X線の強度とエネルギーの違い

X線に対して強いX線，弱いX線とかエネルギーが強い，弱いという表現があってまぎらわしいのでここで補足的説明を加える．X線の強度とは，X線を波として考えれば振幅となり，光子として考えると光

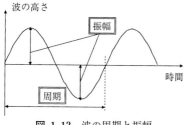

図 1.13 波の周期と振幅

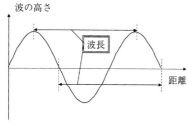

図 1.14 波の波長

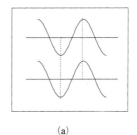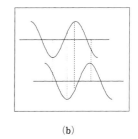

図 1.15 位相差
(a) 位相差がない，(b) 位相差がある．

子数である．

波を記述するには 2 通りの方法がある．波（正弦波）を図に表すとき，横軸に時間を，縦軸に波の高さを表現すると図 1.13 のようになる．振幅は波の振動する高さを表し，周期とは山の頂点が現れてから次の頂点が現れるまでの時間である．周波数は周期の逆数で，1 秒間に起こる波の数あるいは，何回振動するかを示す量である．

次に，横軸に距離を表現すると図 1.14 のようになる．このとき，山から山までの距離を波長という．波長に周波数をかけたものが波の速さ（1 秒間に進む距離）となる．

本章の分光結晶の説明のところで，位相という言葉が用いられている．位相とは，波の 1 周期内の進行段階を示す量である．2 つの波が干渉するとき，1 つの波の山の部分（山の位相）ともう 1 つの波の山の部分が図 1.15(a)のように一致すれば，位相が等しいということになる．位相が等しいと，波長の等しい 2 つの波の足し合わせた合成波の振幅は両者の振幅の和となる．分光結晶では，ブラッグの条件を満たすとき，個々の原子から発生する膨大な数の波の位相がそろうことから回折波が観察されることになる（図 1.10）．

X 線は粒子としての性質ももつ．このとき，ある波長の光は，その波長に反比例したエネルギーをもつ光の粒（＝光子）として考えることができる．波長とエネルギーは(1.1)式に示した $E=hc/\lambda=12.398/\lambda$ で表すことができる．明るい光，強い光とは，光子が多いということに，暗い光，弱い光とは光子が少ないことに相当し，エネルギーとは無関係である．波として表現した場合，明るい光は振幅が大きく，暗い光は振幅が小さいということになる．

この関係は，音波で考えるとわかりやすいであろう．高い音は波長が短く（エネルギーが高い），低い音は波長が長い（エネルギーが低い）．一方，大きな音は振幅が大きく，小さな音は振幅が小さい．光の強さとエネルギーの大きさとを是非区別して理解してほしい．光の強度とエネルギーは蛍光 X 線スペクトル（たとえば図 1.7）をみれば，縦軸と横軸の関係にあるものということが理解できるであろう．

放射光の説明が第 13 章にあるが，放射光は実験室系の X 線発生装置から得られる X 線に比べて桁違いに強い X 線が得られる．ところが，そのエネルギーは幅広く低い方は赤外線から高い方は硬 X 線領域までの光が得られる．SPring-8 の放射光は，強いだけでなく 300 keV という高いエネルギーの X 線も得られることが特徴で，本書でもその特徴を活かした高エネルギー蛍光 X 線分析の説明が 13.3 節にある．

■ 補注 2　原子の電子構造と蛍光 X 線の発生

蛍光 X 線の発生原理の概要を理解するには，原子の中の電子の状態を，K, L, M, …で区別するボーアモデルで十分であるが，実際の蛍光 X 線スペクトルに現れる多数の線を理解するには，もう少し説明が必要となる．原子の中の電子の状態について，さらに詳しく記述する方法を以下に説明する．

電子が原子核のまわりの円軌道を周回するボーアモデルというのは，粗い近似である．実際の原子中の電子の振る舞い（運動）は，量子力学という学問によりより厳密に記述できる．量子力学では電子は波として扱われ波動方程式によって数学的に表現され，その解

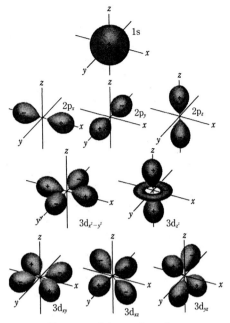

図 1.16 電子オービタル[3]

が波動関数である.量子力学は,本書の範囲を超えるので,ここでは,量子力学の成果のみ定性的に利用して原子の中の電子のふるまいをやや詳しくみてみよう.

ボーアモデルでは電子は円軌道上を運動するとしたが,量子力学によれば電子は,空間的に多様な広がりをもったオービタル(軌道)で表される空間を運動していることになる.そして,原子内の電子の定常状態を表す波動関数(軌道)は次の4種の量子数で規定される.すなわち,主量子数 n,方位量子数 l,磁気量子数 m,スピン量子数 s である.

主量子数($n=1,2,3,\cdots$)は電子の空間的広がりの大小を規定しボーアモデルの電子殻と以下のように対応する.

n	1	2	3	4	5	6	7
電子殻の記号	K	L	M	N	O	P	Q

方位量子数($l=0,1,2,3,\cdots,n-1$)は電子の軌道運動の角運動量を規定し,軌道(オービタル)の形状に関係がある.方位量子数 l はオービタルを表す記号 s, p, d, f と以下のように対応し,s, p, d オービタルの形は,図 1.16 に示す通りである.

l	0	1	2	3
	s	p	d	f

磁気量子数は,1つの方位量子数 l に対して,$(2l+1)$ 個の磁気量子数で表される電子の状態が存在し,原子が磁場のなかにおかれたとき,わずかにエネルギーの異なる $(2l+1)$ 個の準位に分裂する.磁場の存在しないときはすべて等しいエネルギー状態になる.

スピン量子数 s は電子が自転していることに基づくもので,自転による角運動量を規定し $+1/2$ と $-1/2$ の2つの状態しかない.

1つの原子において,電子はこのような4種の量子数で決まるただ1つの状態しかとりえない.これをパ

表 1.2 電子状態を記述するための量子数と蛍光X線の発生

n	電子殻	l	オービタル	m	s	収容しうる電子数		蛍光X線発生に関する電子状態	
								$j=l+s$	記号
1	K	0	1s	0	±1/2	2	$2(2\times1^2)$	1/2	K
2	L	0	2s	0	±1/2	2	$8(2\times2^2)$	1/2	L_1
		1	2p	−1	±1/2	6		1/2	L_2
				0	±1/2				
				+1	±1/2			3/2	L_3
3	M	0	3s	0	±1/2	2	$18(2\times3^2)$	1/2	M_1
		1	3p	−1	±1/2	6		1/2	M_2
				0	±1/2				
				+1	±1/2			3/2	M_3
		2	3d	−2	±1/2	10		3/2	M_4
				−1	±1/2				
				0	±1/2				
				+1	±1/2			5/2	M_5
				+2	±1/2				

ウリの排他原理という．

表1.2に主量子数 $n=1$ から3の電子のとり得る状態を一覧表に示した．たとえば，$n=1$ のK殻には，$s=\pm 1/2$ の2つの状態の電子しかない．$l=0$ であるので，電子軌道の形は図1.16のように球対称の軌道で，1s軌道という．$n=2$ のL殻は，$l=0$ と1の2つの状態があり，それぞれ2s軌道，2p軌道に対応し，$l=1$ の2p軌道は，$m=-1, 0, +1$ の3通りの状態がある．2p軌道はオービタルの形は同じであるが，その向きが異なる3つの軌道 $2p_x, 2p_y, 2p_z$ が存在する．

水素原子と水素類似原子（電子の数が1である Li^{2+} など）では，電子軌道のエネルギー E_n は主量子数 n と核の電荷 Z だけで決まり

$$E_n = -\frac{Z^2 e^2}{2a_0} = -\frac{13.60 \times Z^2}{n^2} \quad (1.11)$$

で与えられる．ここで，a_0 は $n=1$ のときの電子軌道（K軌道）の半径で，ボーア半径とよばれ $a_0=0.529$ Å である．多電子原子の場合，そのエネルギー E_n は他の量子数にも依存することから，(1.11)式の右辺はさらに複雑になるが，発生する蛍光X線のエネルギーは2つの量子化された状態間のエネルギー差 ΔE で表されることには違いない．すなわち，主量子数 $n=1$ の始状態 E_1 と $n=2$ の終状態 E_2 の遷移はKα線の発生に相当し，そのエネルギー ΔE と波長 λ は

$$\Delta E = E_1 - E_2 = h\nu = \frac{hc}{\lambda} \quad (1.12)$$

で与えられる．ここで h はプランク定数，ν は振動数，c は光速度である．

次に，電子が複数ある多電子原子の電子構造の表記法について説明する．基底状態にある多電子原子では，電子は最もエネルギーの低い軌道にまず入り，その軌道が電子で満たされれば，その次にエネルギー準位の低い軌道へと順次充填されていく．このとき，パウリの排他原理に従って，すべて量子数の異なった状態に入っていく．多電子原子では電子のもつエネルギーは主量子数 n と方位量子数 l によって決まり，そのエネルギー準位を，n は数字で，l は s, p, d の記号を組み合わせて表すことができる．そして，そのエネルギー準位の順序は

1s, 2s, 2p, 3s, 3p, (4s, 3d), 4p, (5s, 4d)

となる．括弧内はほぼ同じエネルギーで，原子によっては逆転することがある．そして，各中性原子の基底状態での電子配置はたとえば，

H 1s
He $1s^2$
Li $1s^2 2s^1$
Be $1s^2 2s^2$
B $1s^2 2s^2 2p^2$
……
Ti $1s^2 2s^2 2p^6 3s^2 3p^6 3d^2 4s^2$

……のように表される．

水素以外の実際の原子では，このように電子が複数個あって電子どうしが相互作用することから，蛍光X線の発生を考えるときは全角運動量子数 j という新たな量子数を導入して，電子の状態を記述する必要がある．これは電子のスピンベクトルと軌道の角運動量ベクトルのカップリング（相互作用）によるもので以下のベクトル和で表される電子状態である．

$$j = l + s$$

各電子のとり得る j の値を表1.2に示す．その結果，L殻の電子は電子遷移に関して，L_1, L_2, L_3 の3つの準位があり，M殻の電子は，M_1, M_2, M_3, M_4, M_5 の5つの準位が存在する．蛍光X線の発生は2つの電子状態間の遷移に基づくが，電子の遷移には制限があって，失われた電子の空位を任意のほかの電子が遷移することは許されない．この制限を選択則という．選択則によれば，電子の遷移は2つの状態間の量子数の差が次の条件を満足するときのみ許容されて蛍光X線が発生し，これ以外の遷移補充は起こらない．

$\Delta l = \pm 1$
$\Delta j = 0, \pm 1$
Δn：制限なし

たとえば，K殻の1s電子がはじき飛ばされてその空いた軌道にL殻の電子が遷移するときは，K殻の電子は $l=0$ であるので，$l=1$ の L_2 と L_3 の状態のL殻の電子が $\Delta l = 1$ であるためK殻に遷移でき

$L_2 \rightarrow K \quad K\alpha_2$ 線
$L_3 \rightarrow K \quad K\alpha_1$ 線

の2本が蛍光X線として出現する．一方，L_1 の状態の電子は $l=0$ であるので，$\Delta l = 0$ となってK殻への遷移は起こらない．選択則については具体例とともに第2章で詳しく説明されている．

原子の殻外電子のエネルギー準位は，K, L_1, L_2, L_3, M_1, M_2, ……等に区別されるが，吸収端もこれに応じて現れ，それぞれK吸収端，L_1 吸収端，L_2 吸収端等とよぶ．付録Dの波長表にそれぞれのエネルギ

ーが与えられている. [中井 泉]

参考文献

合志陽一・佐藤公隆編, "エネルギー分散型X線分析", 学会出版センター (1989).

日本分析化学会編, "機器分析ガイドブック", 丸善 (1996).

日本分析化学会九州支部編, "機器分析入門", 南江堂 (1996).

宇田川康夫編, "X線吸収微細構造", 学会出版センター (1995).

R. Jenkins, ed., "X-Ray Fluorescence Spectrometry", John Wiley & Sons (1999).

Rudolf Muller, "Spectrochemical Analysis by X-ray Fluorescence", Springer (1972).

E. P. Bertin, "Introduction to X-ray Spectrometric Analysis", Plenum Press (1978).

引用文献

1) S. Sasaki X-Ray Absorption Coefficients of the Elements (Li to Bi, U). KEK Report 1990-16, pp. 1-142. 以下のHPでデータ表をみることができる. http://lipro.msl.titech.ac.jp/abcoeff/abcoeff2.html

2) Ron Jenkins, and R. L. Snyder, "Introduction to X-ray Powder Diffractometry", p. 4 John Wiley & Sons, (1996).

3) R. A. Alberty 著／妹尾 学・黒田春雄訳, "アルバーティ物理化学 第7版 (上)", p.397, 東京化学同人 (1991).

コラム 1

ポータブル蛍光X線分析装置による国宝の分析

a. 国宝の分析

国宝は日本の文化財保護法によって国が指定した重要文化財のうち，世界文化の見地から価値の高いものでたぐいない国民の宝たるものであるとして文部科学大臣が指定したものである．文化財で国宝指定されている美術工芸品の数は現在 874 点ある．

筆者らは，尾形光琳「紅白梅図屏風」，東大寺法華堂「執金剛神像」，不空羂索観音菩薩立像「宝冠」など5つの国宝のX線分析を行った．国宝は，われわれ分析者はふれることも許されず，非破壊非接触が条件となるので，蛍光X線分析が唯一の化学組成分析法となる．以下では「宝冠」の分析結果を紹介する．

b. 「宝冠」の分析

宝冠は，東大寺法華堂の本尊，不空羂索観音立像の頭上におかれている．宝冠は8世紀中頃の作とされ，高さ88 cmの銀製で，頂上部には火焔宝珠，正面には銀製の阿弥陀の化仏がある．さらにこれら全体を1万数千個のガラス，コハク，ヒスイなどの宝石類で装飾され，奈良時代のガラス工芸品として最高傑作といえる．このような，多量のガラスがほぼ制作当初の姿のまま伝存してきた唯一の貴重な例といえ，そこには古代のガラス製造技術が凝縮されている．

この，宝冠のガラスがどのようなガラスかについて，蛍光X線分析による分析調査を行った．古代ガラスは，海や砂漠の石英の砂に植物の灰や塩湖の塩（ナトロン：炭酸ナトリウム）などのアルカリを加えて融かしてできるアルカリガラスと，ケイ砂にアルカリ分の代わりに鉛を融剤として加えてつくる鉛ガラスがある．前者は，西アジアや地中海沿岸で，後者は中国で発達し日本に伝えられた．ガラスを蛍光X線分析して得られる化学組成は，つくられた地域や時代によって特徴があるので，分析によりガラスの起源がわかる．

日本にはじめてガラスが伝わったのは，およそ2000年前の弥生時代であるが，古墳時代になると住居跡や古墳から，首飾りなどのアクセサリーに使われたガラス玉がたくさん見つかっている．実は，これらのガラスは，東南アジアや西アジアなどからはるばる日本にやってきた外国のガラスで，その組成はアルカリガラスであった．飛鳥・奈良時代の頃になると，日

図1 宝冠を蛍光X線分析装置で分析中の写真

本でもガラスが作られるようになり，現在確認されている最古のガラス工房は奈良県飛鳥池遺跡（7世紀後半）で，ガラス玉とともに，ガラスの原料やガラスを作るるつぼ・型なども見つかっていて，そこで作られたのが鉛ガラスであった．

宝冠の起源に関する情報を得るため，独自に開発したポータブル蛍光X線分析装置（Ourstex 100FA）を用いてガラス玉や宝玉類の非破壊化学組成分析を行った．図1は分析風景で，資料から2 mm程度離れたところに装置をセットして測定した．分析の結果，鉛ガラスとアルカリガラスの2種類がみつかり，さらに重要な成果として，アルカリガラスに3種類の異なる組成タイプのガラスがあることがわかった．一方，ガラス以外の宝玉には硬玉（ヒスイ），真珠，コハク，瑪瑙，水晶があることを科学的にはじめて明らかにすることもできた．

多くを占める鉛ガラス玉は，国産品であることが判明している正倉院のガラス玉と共通する材質，色，形の特徴をもち，奈良時代の国産ガラスと考えて矛盾がない．一方，アルカリガラスにみられる3種の組成は，弥生時代や古墳時代を通じて多量に輸入されていたガラス玉の組成と共通性があることが判明した．さらに，宝冠に装飾された前時代を象徴する勾玉がアルカリガラスであったことも重要な知見である．複数の技術系統を示すアルカリガラスが奈良時代に同時に国内で作られた，あるいは輸入されていたことを示す積極的な証拠は乏しく，前時代に入手されていた玉を利用した可能性が高いと現状では推定する． ［中井 泉］

引用文献

1) 中井 泉，阿部善也，井上曉子，栄原永遠男・佐藤 信・吉川真司編，「東大寺の新研究 1. 東大寺の美術と考古」p. 271, 法蔵館（2016）.

2章　蛍光X線スペクトル

2.1　スペクトル線のよび方

原子の電子構造は，太陽系型をしており，内側から順にK殻，L殻，M殻，N殻，O殻とよばれている（図1.5参照）．K系列よりももっとエネルギーの高いX線スペクトル系列があるかもしれないということで，アルファベットのJ以前はそういうX線スペクトルのために取っておいたものの，実際にはなかったので途中のKから始まっている．K殻は1つ，L殻はL_1，L_2，L_3の3個の副殻に，M殻は5つ，N殻は7つに分かれている．ちょうど，1, 3, 5, 7, …という奇数列となり，これが原子の周期構造の根本理由である．量子力学の整数的美しさを反映している．

大文字で表記したKやLは，電子が1個不足した「状態」を意味している．したがってK吸収端というのは1s電子が1個不足した原子の電子状態のエネルギーに対応している．上付き数字を使うのはあまり厳密な表し方ではないが，$K=1s^1=1s^{-1}$および$L_3=2p_{3/2}{}^3=2p_{3/2}{}^{-1}$を意味している．ここで下付きの3/2は空孔の「全角運動量量子数」（jという記号で表され，スピン$s=1/2$と軌道角運動量$l=1$の和）とよばれるやや複雑な量子数である．ミュンヘン大学のゾンマーフェルトという数理物理学者が，スペクトルの解釈をするうえで発見した量子数である．量子力学ができる数年前の1923年に発見された．X線のスペクトル線はjによって分類するとよく記述できるという程度のことを知っていれば十分である．量子力学を学んだ物理専攻のよくできる学生でも角運動量にjに関しては，あまりよく理解していないと思ってよい．上付きの3は電子が3個入っていることを表す．1sは$1s_{1/2}$だけなのでjを意味する1/2をつけない．L_2は$2p_{1/2}$に空孔が1つある状態を表す．X線スペクトルを理解するためには空孔が1個あると考えずに，電子が1個だけあると考えてもよい．

スペクトルの相対強度に関係のある概念として「軌道の多重度」がある．多重度は電子数と解釈してもよい．式$2j+1$で計算できる．この式も難しいが，$2j+1$ということを覚えておけばスペクトルの強度比が簡単に計算できる．多重度から1を引いたものをうえでは$1s^1$および$2p_{3/2}{}^3$というように上付きの数字で表したことになり，電子数に等しくなったわけである．$2p_{3/2}$と$2p_{1/2}$の多重度は，式$2j+1$に$j=3/2$または1/2を代入してそれぞれ4と2になるので，$2p_{3/2} \to 1s(K\alpha_1)$と$2p_{1/2} \to 1s(K\alpha_2)$の強度比は大ざっぱには多重度の比2：1となる．$2p_{1/2}$と$2p_{3/2}$とに対応する$L_2$，$L_3$を，昔は$L_{II}$，$L_{III}$などと時計数字で表した．IUPAC[1)]はオージェ電子スペクトルと同じ方式でX線スペクトルを表記することに決めたので，いまではL_2，L_3と表した方が正式となっている．2p軌道に電子が6個とも入っているときには波動関数は球対称になって，L_2とL_3の分裂は生じない．L_2とL_3に分裂するのはあくまでも電子が1個不足した場合である．Lや2pのpをイタリック（斜体字）で表す場合があるのは，分光学の記号として考えるからである．

X線スペクトルは，$2p \to 1s$という電子遷移が生ずると考える代わりに，$1s^{-1} \to 2p^{-1}$という空孔遷移が生じると考えれば，多電子を考えずに1電子（1空孔）で考えることができるので，解釈は大変簡単になる．$2p \to 1s$は「$K\alpha$線」とよばれるが，$1s^{-1} \to 2p^{-1}$だからIUPACの推奨では「K-L線」と記述することになっている．このIUPACの記述方式はK-LLオージェ遷移などというようにオージェスペクトルと統一したよび方である．オージェ遷移に関しては

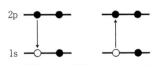

図 2.1　電子が遷移する（左）と考えるより空孔が遷移する（右）と考える

後述する．IUPACの推奨は1991年に出版された[1]がほとんど使われていない．

Kα線というよび方はシーグバーン方式という．電子がK殻に落ちる遷移によって発生するスペクトル線をK線といい，隣接するL殻からK殻へ落ちてくるものが一番強いのでα，M殻からくるものは1桁弱くなりβ，それより弱い線をγと名づける．Kα線を詳しく測定すると，分裂しているので，強い順番に1，2と添え字をつける．1だけを添え字にする$K\alpha_1$という方式とαも1も添え字にする$K_{\alpha 1}$という方式の2種類が使われている．1を添え字αの二重添え字にする場合も間違いではないが，小さくなりすぎて読みづらい．プリンターの都合でギリシャ文字をプリントアウトできなかったり，添え字にできない場合には，Ka1やKA1のようにローマ字で代用する決まりである．

α，β，γくらいまでは上述の規則がだいたい成り立つが，それ以外は必ずしもこの規則通りには名づけられていない．Kηは後述するラジエーティブ・オージェ効果による多電子効果を反映したスペクトルである．同じα系列，β系列でも，強度順に数字が割り振られているわけでもない．またLlやLsのようにlやsがギリシャ文字の代わりに用いられる場合もある．lは長波長側（long wavelength），sは短波長側（short wavelength）の意味である．価電子帯（valence）から内殻への電子遷移によって発生するX線スペクトルは，IUPAC方式ではK-V線とよばれ，価電子帯の電子状態密度を反映した複雑なスペクトル形状となる（たとえば遷移金属元素の$K\beta_5$線，図2.2）．これは価電子が含まれるオージェスペクトルをK-VVなどとよぶのと同じである．

図2.2は2結晶型高分解能蛍光X線分光器[3]で測定したスペクトルで，通常の分光器ではここまで詳しい微細構造をみることはできない．$K\beta_{1,3}$線の高エネルギー側には$K\beta''$線があり，その高エネルギー側に価電子の電子状態を反映した$K\beta_5$線が観測できる．$K\beta_5$線の強度は15倍してプロットしてある．$K\beta_{1,3}$線の高エネルギー側の弱い「サテライト線」（2.5節参照）にはその原因が何であれ「″」をつけ，低エネルギー側のサテライト線には「′」をつける習慣がある．1，3という下付数字を書くのは，Kβ線が$3p_{3/2} \to 1s(K\beta_1)$と$3p_{1/2} \to 1s(K\beta_3)$の2つから構成されていることを示す．原子番号が大きくなるとはっきりと

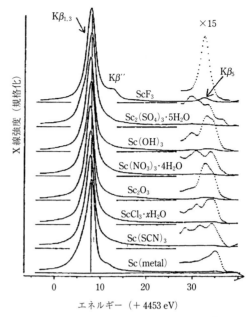

図2.2 スカンジウムのKβスペクトル[2]

表2.1 特性X線スペクトルのよび方
（たとえばK-L_3遷移を$K\alpha_1$とよぶ）

	K	L_1	L_2	L_3
L_1				
L_2	$K\alpha_2$			
L_3	$K\alpha_1$			
M_1			$L\eta$	Ll
M_2	$K\beta_3$	$L\beta_4$		Lt
M_3	$K\beta_1$	$L\beta_3$	$L\beta_{17}$	Ls
M_4	$K\beta_5$	$L\beta_{10}$	$L\beta_1$	$L\alpha_2$
M_5	$K\beta_5$	$L\beta_9$		$L\alpha_1$
N_1			$L\gamma_5$	$L\beta_6$
N_2	$K\beta_2$	$L\gamma_2$		
N_3	$K\beta_2$	$L\gamma_3$		
N_4	$K\beta_4$		$L\gamma_1$	$L\beta_{15}$
N_5	$K\beta_4$			$L\beta_2$
N_6				
N_7				

2本に分離する．図2.2からわかるように，化学状態によって$K\beta''$が出現したり，$K\beta_5$線の形が変わるので，標準となる化合物のKβスペクトルを測定しておき，未知試料のスペクトルを標準試料と比較することによって化学状態分析が可能となる．Scは金属以外すべて3価の化合物であるので$K\beta_{1,3}$線のケミカルシフト（ピークの位置が化合物の変化によってシフトすること）はお互いにほとんどないこともわかる．Tiのように2価，3価，4価と価数が変化する場合には，

ケミカルシフトを測定することによって価数が判別できる．

蛍光X線分析装置では，コンピュータのデータベースとしてスペクトル線の情報が蓄えられており，専門家であってもスペクトル記号のすべてを知っているわけではない．表2.1に代表的なX線スペクトルをシーグバーン方式で示した．

2.2 蛍 光 収 率

前節の「多重度」は，同じK系列やL系列のなかのスペクトル強度比を理解するのに有用であったが，「蛍光収率」は蛍光X線がどの程度効率よく発生するかを示すパラメーターとなる．

測定対象試料中のある同一種の元素100原子に注目する．K殻空孔が生じる事象を100回観測したと考えてもよい．内殻空孔が生じても，この100個の原子全部からX線が放射されるわけではない．その元素がCuならば40個くらいの原子では$2p \to 1s$電子遷移が生じてKα線が発生する．40個のうちKα$_1$($2p_{3/2} \to 1s$)が生じて埋まるのが26個，Kα$_2$($2p_{1/2} \to 1s$)が13個である．100個中の4個くらいの原子では$3p \to 1s$遷移によってKβ線が発生する．原子番号にもよるが，KαとKβの強度はだいたい1桁くらいの違いがある（この場合は39：4）．残り57個のK空孔は，K-LL，K-LVなどのオージェ遷移が生じてL電子が放出される（図2.3）．この例では，K殻空孔にL_2殻から電子が遷移し，その差のエネルギーをL_3殻電子がもらって電離される場合を表している．このようなオージェ遷移はKLL，KLVなどのようにハイフン抜きで示すこともある．

K-LLオージェ電子は，X線光電子スペクトルを測定していると酸素などで目立つピークをみることが多い．2sまたは2p電子が1s軌道へ遷移し，その結合エネルギー差に相当するエネルギーを別のL殻の電子が受け取って電離する．したがって，K-Lのエネルギー差よりもL殻電子の結合エネルギーが浅くなければならない．

X線が発生するための電子遷移は$2p \to 1s$，$3d \to 2p$のように軌道角運動量（s, p, d, f）が1つ変化しなければならないという選択則があるので（$\Delta l = \pm 1$，第1章 補注2参照），$2s \to 1s$遷移は起こらない．オージェ遷移の場合には，$2s \to 1s$のエネルギーを2p電子がもらって電離する遷移もありうる．オージェ遷移の場合には軌道角運動量lによる選択則は存在しない．

K殻空孔がもっと外側の殻の電子によって埋められる道筋には，オージェ電子放出と特性X線放出の2種類の道筋しかない．その割合をそれぞれオージェ電子収率と蛍光収率とよび，両者の和は1となる．L殻空孔が生ずると，L-LMコスター-クロニッヒ遷移も生じるので，L-MMなどのオージェ遷移収率，L-LMなどのコスター-クロニッヒ遷移収率，および蛍光収率の3つの和が1になる．コスター-クロニッヒ遷移はオージェ遷移の特別な場合である．X-YZオージェ遷移において，特にXとYが同じ殻のオージェ遷移をコスター-クロニッヒ遷移とよぶ．L-MMオージェ遷移は，遷移金属のX線電子スペクトルで3つの幅の広いスペクトル群が観測されることでよく知られている（図2.4）．

K殻空孔の場合，原子番号30くらいでオージェ電子収率と蛍光収率が拮抗する．原子番号が大きくなると蛍光収率が大きくなり，原子番号が小さくなるとオージェ電子収率が大きくなる．軽元素の蛍光X線分析感度がわるいのは，軽元素の蛍光X線は波長が長い軟X線領域であるため，軟X線が装置の窓材や空気で吸収されるという実験的な制約にもよるが，内殻に空孔を生成させても，蛍光X線は発生せず，オージェ電子ばかりになってしまうという原理的な要因も大きい．

原子番号が30より大きくなると，蛍光X線収率が大きくなるので蛍光X線は強くなるが，同時に，発生するK線のエネルギーが高くなるのでX線が検出器を突き抜けてしまい感度がわるくなる．メーカーのカタログでは最も感度のよい原子番号30前後の測定データが示されている場合が多い．

今度はL殻の場合を考えてみよう[4,5]．100個の原子について考える．電子はL_1に2個，L_2に2個，L_3

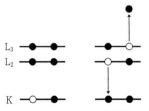

図2.3 K-L_2L_3オージェ遷移の初期（左）と終状態（右）

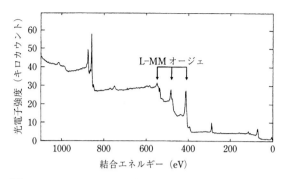

図 2.4 Ni の XPS スペクトルに現れた L-MM オージェピーク（400〜600 eV の間の3つのピーク）
詳しくは $L_3M_{45}M_{45}$ が 391 eV, $L_2M_{23}M_{45}$ が 408 eV (^1P), $L_3M_{23}M_{45}$ が 473 eV (^3P), $L_3M_{23}M_{45}$ が 479 eV (^1P), $L_2M_{23}M_{23}$ が 539 eV, $L_3M_{23}M_{23}$ が 545 eV, M_{45} は $M_{4,5}$ と同じ意味

表 2.2 銅の蛍光収率，オージェ収率，コスター-クロニッヒ収率

ω_K	0.440
ω_1	0.0016
ω_2	0.010
ω_3	0.011
f_1	0.839
$f_{1,2}$	0.30
$f_{1,3}$	0.54
$f_{1,3}'$	0.000026
$f_{2,3}$	0.028

に4個入っていると考える（本当は空孔が1個できた状態を L_1, L_2, L_3 とよぶので電子の個数は-1引くべきであるが，ここでもまた多重度 $2j+1$ を電子数と考えることにする）．

X線を照射すると大ざっぱに電子の数の割合で各L殻に空孔が生じる．L_1 に空孔ができる原子は25個，L_2 が25個，L_3 が50個である．蛍光収率，オージェ収率，コスター-クロニッヒ収率は銅原子の場合，表2.2のようになることがわかっている．表2.2の ω_1, ω_2, ω_3 は L_1, L_2, L_3 殻の蛍光収率である．$f_{1,2}$, $f_{1,3}$, $f_{2,3}$ は，それぞれ $L_1 \rightarrow L_2$, $L_1 \rightarrow L_3$, $L_2 \rightarrow L_3$ という空孔移動がX線放射を伴わずに生じる割合である．f_1 は L_1 殻のコスター-クロニッヒ収率なので，$f_1 = f_{1,2} + f_{1,3}$ という関係が成立する．$f_{1,3}'$ は $2p \rightarrow 2s$ 遷移によってX線（そのエネルギー差は約 170 eV なので軟X線に相当する）が放射される割合である．

今度は，L_2 殻に空孔ができた100個の原子を観測した場合を考えてみよう．$\omega_2 = 0.01$ なので，そのうち1個だけが $3d \rightarrow 2p$ 遷移によって Lβ 線を放射する．$f_{2,3} = 0.023$ なので，3個は L_2L_3M コスター-クロニッヒ遷移によって埋まる．残りは LMM オージェ遷移（図 2.4）になる．このように蛍光X線を測定する場合，必ずしも主な電子遷移過程を観測している場合だけとは限らないということを認識しておく必要がある．L線がK線に比べて弱い原因でもある．

2.3 原子番号と波長の関係

すでに第1章の (1.1) 式にあるように，X線の波長 $\lambda(Å)$ は，X線のエネルギー E(keV) と，$\lambda(Å) \cdot E$(keV) = 12.398419 の関係がある．ASTM の波長表[6]では Å* という星印のついた単位が使われており，星印のつかない Å とは約 5 ppm (0.0005%) の誤差がある．1946年以前の文献ではX単位 (Xu) およびキロX単位 (kXu) も使われた．1 kXu は約 1 Å である．詳細は『分析化学便覧』参照[7]．

蛍光X線の波長 λ と原子番号 Z とは $1/\sqrt{\lambda} = K \cdot (Z-\sigma)$ という大ざっぱな関係があり，モーズリーの法則として知られている．ここで K は各スペクトル系列ごとに決まる比例定数，σ は遮蔽効果によって原子核の有効電荷が Z から減少する分である．特性X線のエネルギーは原子番号の増加とともに増大する．系列が違う場合には，たとえば遷移金属では，Ti Kα 線のエネルギーが 4.5 keV で Lα 線が 450 eV となりちょうど1桁小さいことを記憶しておくとよい．

軽元素のK線は数百 eV の軟X線，重元素は数十 keV の硬X線になる．遷移金属のK線，希土類のL線は数 keV から十数 keV の範囲に入るので，X線分析を行ううえで最も扱いやすいエネルギーである．

2.4 電子遷移による蛍光X線の発生と選択則

蛍光X線を発生する電子遷移，たとえば $2p \rightarrow 1s$ 電子遷移によってKα線を発生する場合のように，軌道角運動量を s, p, d, f という順に表したときには，隣合う記号の間でのみ，X線を放射する電子遷移が起こる（前出の選択則 $\Delta l = \pm 1$）．s$\Leftrightarrow$p, p$\Leftrightarrow$d, d$\Leftrightarrow$f である．これを電気双極子遷移とよぶ．

たいていの強い蛍光X線スペクトル線は,電気双極子遷移であるが,原子番号が大きくなって,相対論的な効果が効く領域になると,たとえば2s→1sや3d→1sなどの電気双極子遷移以外の遷移によっても弱いX線が放出される.金のような重元素では2s→1sによるスペクトル線が弱いながら観測できるので不純物と間違わないように注意する.これはKα$_2$の低エネルギー側に観測できる.重元素のKβ$_5$線は3d→1s遷移である.これも電気双極子遷移ではない.ところが3d遷移金属のKβ$_5$線は逆に3d→1s遷移ではない.図2.2のスカンジウムのスペクトルのKβ$_5$線は,遷移金属の3p軌道が隣接原子のScや酸素などの3d軌道や2s,2p軌道と混成した価電子帯の分子軌道をつくることによるものである.図2.5はKβ$_5$線の相対強度を原子番号に対してプロットしたものである.3d遷移金属のKβ$_5$線が異様に強いのは分子軌道の3p成分が電子遷移に関与しているためである.異様に強いといっても実際には図2.2のように15倍してやっとKβ$_{1,3}$線と同じスケールで比較できる強度なので,本当は弱い.原子番号35以上では,3d→1sという遷移でX線が放出される.3d→1sは電気双極子遷移としては生じない禁制遷移である.このスペクトル線は図2.5からわかるように相当弱く普通は気づかないが,超微量分析では注意を要する.このようにスペクトルにつけられた記号が同じでも,X線発生の物理的過程が異なる場合も多い.

2.5 サテライトピークの起源

X線スペクトルにおいて強い線のそばに出現する弱い線で,それがどういう原因で出現するかよくわからない線を総称して「サテライト線」とよぶ.図2.6はアルミニウムのKα$_{1,2}$線の高エネルギー側に約10%の強度のKα$_{3,4}$サテライト線が出現する様子を示したものである.Kα$_{3,4}$は10倍に拡大してある.Kα$_{5,6}$はさらに拡大してある.図2.7に示すようにアルミニウムでKとLの電子が同時に励起されるKLという2重電離に続いて2p→1s電子遷移が生じるのがKα$_{3,4}$の原因である.原子全体としては,$1s^{-1}2p^{-1} \rightarrow 2p^{-2}$という電子遷移が生じることによる.したがってIUPAC式に表せば,KL-L^{2}と書くべきである.1s2pという2電子状態(2空孔状態)は分光学の記号で表すと^{3}Pと^{1}Pの2つの状態に分裂する(分光学の記号は複雑で理屈もわかりづらいのでとばして読んでもかまわない).それぞれ3重項P状態と1重項P状態とよぶ.一方2p2pという2電子状態は,^{3}P,^{1}D,^{1}Sという3つの状態へ分裂する.これらの間に許される電子遷移は,$^3P \rightarrow {}^3P : {}^1P \rightarrow {}^1D : {}^1P \rightarrow {}^1S$ の3つだけであ

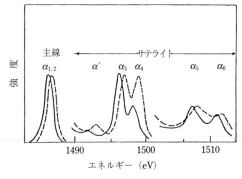

図 2.6 Kα$_{3,4}$とKα$_{5,6}$サテライトスペクトル[9]
実線は金属アルミニウム,破線は酸化アルミニウム.

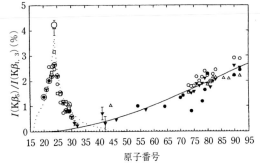

図 2.5 Kβ$_5$強度の原子番号依存性[8]
原子番号が大きいほど強くなるのは3d→1s遷移.遷移金属のKβ$_5$はたまたま分子軌道分裂したスペクトル成分が3d→1s遷移と同じエネルギー位置に出現したため.

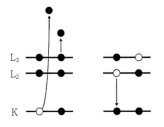

図 2.7 サテライト電子遷移
(左)X線発生前,(右)X線発生の電子遷移.

2.5 サテライトピークの起源

る.この遷移強度の計算は,量子力学を学んだ学生でも一筋縄ではできないが,ノート1冊分くらいの手計算を行うと9:1:5という強度比を得ることができる.$K\alpha': {}^1P \to {}^1S$, $K\alpha_3: {}^3P \to {}^3P$, $K\alpha_4: {}^1P \to {}^1D$ に対応する.$K\alpha_{5,6}$ は,KL^2-L^3 という3重電離に対応しておりさらに弱い(図2.6).このような弱いサテライト線に対しても,微量不純物と見間違わないよう注意することが大切である.

図2.6は酸化アルミニウムと金属アルミニウムのスペクトルを比較したものである.$K\alpha_{1,2}$線のケミカルシフトもあるが,小さすぎて通常の蛍光X線分光器では測定が難しい.$K\alpha'\alpha_{3,4}$サテライトの強度比の変化を用いれば,化学状態に関する知見を得ることが可能となる.α_4 の相対強度が,金属では弱く酸化物では強い.

サテライトとよばれる線で最も一般的なものは上述の多重電離によるものであるが,これ以外のサテライトとして,分子軌道に起因するもの,ラジエーティブ・オージェ効果によるもの,交換相互作用分裂によるものなどもある.

分子軌道によるサテライトは,図2.8に示した硫酸ナトリウムの硫黄$K\beta_{1,3}$スペクトルの低エネルギー側の$K\beta'$が代表例である.$K\beta_{1,3}$と$K\beta'$とは硫黄3p軌道と酸素2s軌道の間にできた,それぞれ,図2.8(d)の反結合性軌道($K\beta_{1,3}$)と結合性軌道($K\beta'$)に起因するものである.このサテライトの強度とエネルギー位置は,たいていのどんな分子軌道プログラムでも計算可能である.詳細な計算方法は文献[10]参照.$K\beta'$はSO_4^{2-}, SO_3^{2-}, SCN^-などの化学状態に応じて分裂したり強度や位置が変化する.文献[10]に述べられているように,分子軌道計算プログラムは最近では1500円くらいのCD付の本も売られており,そのようなプログラムでも図2.8のスペクトルが計算可能である.

ラジエーティブ・オージェ効果によるサテライトは,AlやSiの$K\alpha$線から2p軌道の結合エネルギー(約100 eV)くらいずれた位置に出現する1/100ないし1/1000くらいの相対強度の弱い線である.TiやCaなどの$K\beta$線ではそこそこ強く,$K\eta$線という名前もついている(図2.9).$K\eta$線は,$3p \to 1s$遷移と同時に別の3p電子が空準位へ励起されることにより,その分だけエネルギーロスしたX線が放射される現象である(図2.10).1990年代に,河合によってX線吸収スペクトルの微細構造と形状が一致することが指摘された[11].

ラジエーティブ・オージェサテライトを用いれば,化学状態の分析のみならず,EXAFSやXANESなどX線吸収微細構造法に匹敵するスペクトルを取得可能である.EXEFS法(EXAFS法のabsorptionのAをemissionのEに変えた呼び名)とよばれている.

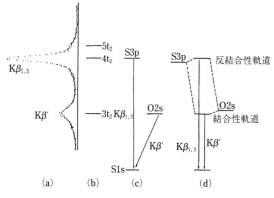

図 2.8 硫酸ナトリウムの硫黄$K\beta$, β'スペクトル[3]
(a) 実測スペクトル(上が高エネルギー), (b) 分子軌道による帰属, (c) $K\beta'$は酸素2s軌道からの原子間電子遷移とする古典的解釈(間違ってはいないが$K\beta'$の強度を定量的に見積もることができない), (d) 結合性分子軌道からの遷移とする解釈(最も定量的な解釈).

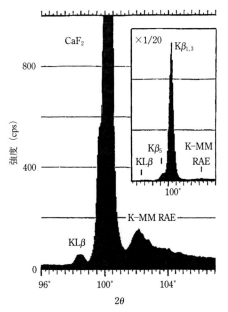

図 2.9 CaF_2の$K\beta$スペクトル[12]
K-MM RAEはラジエーティブ・オージェによる$K\eta$線を表す.

図 2.10 ラジエーティブ・オージェ効果による Kη の説明

電子が自転（スピン）すると棒磁石のような効果が生じて同じ向きのときには反発し，逆向きのときには引き合う．電子のこのような相互作用を交換相互作用とよぶ．交換相互作用によるサテライトの代表は，遷移金属 Kβ 線の低エネルギー側に出現する Kβ′ である（図2.11）．同じ Kβ′ でも硫黄とマンガンではその出現機構がまったく異なる．スピンをもつ遷移金属化合物では，3p→1s 遷移によって出現する Kβ 線のエネルギーが，3d 空孔スピンの影響によって $Kβ_{1,3}$ と Kβ′ との2つに分裂するという説明が一般的である．河合らの研究により，前期遷移金属化合物（Ti から Mn まで）はこの説明は正しいが，後期遷移金属化合物（Fe から Cu まで）では，電荷移動効果によって複数のピークが分裂するということがわかった．前期遷移金属では，ペアーをつくらない電子の自転方向によってピークが分裂するが（交換相互作用），後期遷移金属では，ペアーをつくらない空いた場所へ隣接原子から電子が移動したりしなかったりするために，2本以上のピークに分裂する．電荷移動サテライトとよぶ．電荷移動サテライトについては後出の図2.14のピーク a, b 参照．同じ遷移金属でもマンガンとニッケルでは Kβ′ の出現機構がまたしてもまったく異なるというわけである．

これらのサテライト線については，特に微弱な線については不純物と混同しないように注意する必要がある．またうまく使えば，高スピン・低スピンなどのスピン状態や酸化状態などの化学状態分析に使うことができる．化学状態分析の具体例としては，高分解能蛍光X線スペクトルによるリチウムイオン2次電池の分析例（本書第1版第15章C）などを参照．

2.6 スペクトルの意味

スペクトルは，ピーク位置，強度，線幅によって特徴づけられる．時には非対称性など高次のモーメントに対応した量を抽出する場合もある．1次のモーメントは重心である．2次のモーメントは標準偏差である．ピーク位置は，生データのピークトップの位置を読み取ることも多いが，コンピュータで数値的なスムージングを施したあとでピークトップ位置を読み取ったり，ピークトップより 9/10 強度の中央の位置とした方がさらにばらつきが小さくなる．いずれの場合にもまずスムージングを行うことを推奨したい．スムージングではピークの積分強度は変化しない．

スペクトル強度は，検出器やアンプの時間分解の原因による数え落としの効果や，検出器の効率のエネルギー依存性，分光結晶の反射率のエネルギー依存性を考慮せねばならない場合もある．分光結晶を変えたときに強度比が逆転する場合[2]や，比例計数管とシンチレーションカウンターで強度比が変化する場合には，分光・検出素子のエネルギー依存性を考慮する．装置のコントロールプログラムでは通常はこのような装置特有の現象を考慮ずみである．比例計数管の場合には，単にエネルギー依存性ばかりではなく，強度に依存したガス増幅率の変化も大きいので注意が必要である[15]．

線幅は，真のスペクトルの線幅と，分光器の装置関数とのコンボリューションになる．真のスペクトルの線幅は，空孔寿命が有限であることからハイゼンベルグの不確定性原理によって導かれる．しかし次のような例を考えてみるとこの説明が不完全であることは明らかである．

$Kα_1$ 線と $Kα_2$ 線の線幅はほぼ同じで高さが2倍ということは，誰しもが実験結果としてあるいは経験的に知っている．ハイゼンベルグの不確定性原理をそのまま適用すれば，$Kα_1$ に対応する電子数は $Kα_2$ に対応する電子数の倍なので，$Kα_1$ 線を発生する場合の方

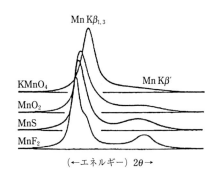

図 2.11 マンガン Kβ, β′ スペクトル[13]
横軸は 2θ なので X 線のエネルギーは左ほど高い．

がK空孔の寿命が短くなり，Kα_1線の線幅はKα_2の2倍でピークの高さは同じになるはずである．実際にはこうならない．この矛盾の説明は専門家でもしばしば間違うところであり，進んだ量子力学の教科書[16]にはこの点の間違いやすいことの注意が書かれている．物理の原理を深く理解せずに適用するときにはこのような間違いが起こりがちである．自然幅は遷移金属のKα線などでは数eVであるが，金など高い原子番号になると100eV程度になる．

分光器の装置関数（装置による広がりを表す関数）は，たとえば波長分散型蛍光X線分光装置では10eVくらい，エネルギー分散型検出器では140～200eVくらいといわれている．しかし，SSDでもKα線全体のケミカルシフトが検出できたという報告もあり，このエネルギー分解能を鵜呑みにすると説明のつかない実験例が多く報告されている．

2.7 スペクトルの実際

X線スペクトルを観測した場合，コンピュータによって自動的にピークの帰属が与えられるが，分光器をエネルギー校正してから時間がたつと，必ずしも正しくピークを帰属できず，周期表上の近隣の元素の別系列のスペクトル線と混同する場合が多い．そのようなとき，プログラムはピークを正しく指摘できないからというので，その装置はだめだとか，蛍光X線分析法は信用できないと思わないで，まず装置の校正を行うことと，間違った帰属をプログラムに教えるメニューを探すことが大切である．装置のプログラムを教育していくにつれて次第にプログラムが賢くなり，元素を正しく認識できるようになる．以下ではスペクトルを読むうえで間違いやすい点について説明する．

2.8 散　乱　線

散乱線には，入射X線がそのままのエネルギーで散乱されるもの，自由電子（束縛エネルギーが入射X線エネルギーに比べて無視できる）にエネルギーを部分的に奪われて散乱されるコンプトンピーク，内殻電子にエネルギーを部分的に奪われるラマン散乱ピークなどがある．ラマン散乱は，自由電子の代わりに内殻電子が関与するコンプトン散乱であるといい換えられる．

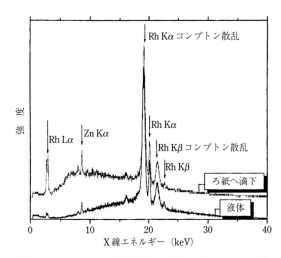

図 2.12 100 ppm 亜鉛水溶液の蛍光X線スペクトル[17]

図2.12は100ppmの亜鉛水溶液を，ろ紙に滴下して測定した場合と，液体セルに入れて測定した場合の比較である．この場合のように試料の原子番号が低いとき（水溶液のときHとO，ろ紙はC，H．液体セルの窓はマイラー膜なのでC，H），コンプトン散乱は入射X線（この場合はRh）の散乱線より何倍も強いということを記憶にとどめておくとよい．初心者はコンプトン散乱線をX線管の特性線と見間違えることが多い．

2.9　X線源からの不純線

X線管は，図2.12の場合Rhターゲットである．目的とする元素に応じてW，Cr，Scなどが使われている．ターゲット金属のX線のみがX線管から放射されると思いこみがちであるが，フィラメントにはWが使われているので，X線管が古くなるとともに，フィラメントのWがターゲットに蒸着し，Wのピークが出現する．このWの蒸着の効果は非常に大きい．昔の真空式電球では，Wの蒸着のためにすぐにガラスが黒くなったそうである．今の電球は，不活性ガスが入っているので蒸着を防いでいる．Wは十分に注意すべきスペクトル線である．

またX線管の表面を注意してみると，たとえばPANalytical製のX線管は，特殊な塗料で塗装してあることに気づく．蛍光X線分析を行っていると，粉末試料が真空中で飛散してX線管外壁に付着したりする．このようなX線管表面の汚れを落とすため

に，ときどきX線管外面をアセトンなどでふき取る人がいる．X線管の塗装が除去されてしまうと，X線管の金属外壁が露出し，ステンレス成分元素のバックグラウンドがきわめて高くなる．したがって，X線管外面の塗装は取らないように十分に注意する．

ラマン散乱は，X線管から照射されたRh Kα線（20.2 keV）が，試料内の元素の内殻電子（たとえばZn 1s電子）に衝突して，1s電子の結合エネルギー9.6 keVの分だけ低い10.6 keVにラマン散乱ピークを出現させるものである．また，試料内で発生したZn Kα線（8.6 keV）が，他のZn原子の2p電子（1 keV）に衝突して7.6 keVのピークが出現する可能性も考えられる．試料内でのラマン効果は，濃度依存性があり，ラマン散乱自体も断面積がきわめて小さいので，図2.12のような稀薄な試料では測定できない．しかし全反射蛍光X線分析のように超微量分析を行う際には，微量不純物と同程度の強度になることもあるので間違わないよう注意する．

単結晶試料からの回折線についても注意が必要である．試料を回転する機構のある装置の場合には利用する．

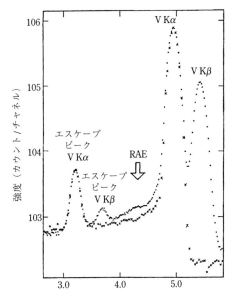

図 2.13　VのEDXスペクトル[18]
単色化したKα線のみを検出した場合（×）と単色化しない場合（●）の重ねたプロット．入射X線が妨害しないようPIXE法で測定してある．

2.10　EDXスペクトルにおける特殊問題

半導体検出器（SSD）で測定した金属バナジウムのEDXスペクトルを図2.13に示す．これはバナジウムから発生するすべてのX線スペクトルをSSDで検出した場合（●）と，分光結晶でV Kα線のみを取り出してSSDで測定したスペクトル（×）とを重ねて比較したものである．通常のスペクトルではKβ，Kα，その低エネルギー側のすそ，およびエスケープピークが観測される．V Kα線だけの単色X線を検出器に入れたときの応答は，やはり低エネルギー側にすそを引いて，エスケープピークも観測される．図2.13からわかることは，通常観測されるすそは，単に分光器の応答のみならず，図中RAEで示したラジエーティブ・オージェ効果による成分も混入しているということである．エスケープピークは，検出器のなかのSiを入射X線が励起してSi Kα線の分のエネルギー（1.7 keV）を損失したピークとして観測されるものである．必ずしもKα線のエネルギー分がずれるともいえない[19]．定量分析の場合には，このエスケープピークを入れるかどうかが問題となる．特に吸収端エネルギーの1.8 keVより低いエネルギーのスペクトル線にはエスケープピークが出ないので，出る場合と出ない場合の濃度を比較する場合には注意が必要である．原理的には各ピークのエスケープピークを含めた強度を使って濃度を求めるべきであるが，スペクトルの重なりなどのために必ずしも現実的ではない．

検出器の応答が低エネルギー側にすそを引くのは，半導体検出器の一般的な特性であり，同じ製品名でもばらつきが大きく，経時変化が大きいのも特徴である．半導体内部で電荷が拡散する効果によるものである．シリコンドリフト検出器（SDD）では，このすそが押さえられるように設計されている．X線が検出器の窓に対して直角に入射せず斜めに入射する場合にも，ピークが広がる．SSDでは，弱いX線で計数率を低くして測定すると線幅が狭くなり分解能がよくなる．計数率に応じてアンプの時定数を変化させると，なおいっそう分解能が向上する．

古いSSDでは，液体窒素補給後24時間以上経ってから電圧をかける必要があったが，液体窒素補給後30分で測定開始できるものが多くなった．Si-PIN型やドリフト型はペルチェ電子冷却で十分であり，冷却

後1分以内に測定開始可能である.

半導体検出器は一般に振動に弱く,SSDをペルチェ冷却するタイプでは,ペルチェの放熱ファンの振動によっても検出下限が下がらない場合がある.空気の振動(すなわち音)を介したノイズ伝搬効果も大きい.測定中は装置に振動を与えないように注意するとともに,液体窒素デューワーにゴム板を巻きつけるだけでも検出下限が大幅に改善されることがある.

検出器に2個の光子が同時に入射した場合にはサムピークとなってエネルギーの和の位置にピークが出現する.高濃度の試料を測定するとき起こりやすい.$K\alpha \times 2$の位置だけではなく,$K\alpha + K\beta$などにも注意が必要である[20].

2.11 WDXスペクトルにおける特殊問題

WDXスペクトルは,EDXよりスペクトルの分離がよい.X線スペクトルの形状変化を用いて化学結合状態を分析することも可能である.1keV以下の軟X線を測定する場合には,高次線,分光結晶の屈折効果,自己吸収について注意する必要がある.

高次線はブラッグの式 $2d\sin\theta = n\lambda$ においてnが2以上のピークが測定範囲内に混入してくる効果である.エネルギーが大きいので,アンプ出力のパルス波高を波高分析器で選別することによって分離できる.nが大きくなるに従ってブラッグ反射が弱くなるとは限らないので注意が必要である.手動でSCA(シングルチャネル波高分析器)を調節すれば見分けられる.たとえばNi Lα線にI Lβ線の5次線が混入するなどという例がある(図2.14).このように次数が大きくなると,ブラッグの式は成立せず,結晶面での屈折の効果を入れてθを補正する必要がある.屈折率を考慮したブラッグの式は,

$$2d\sin\theta\left(1 - \frac{\delta}{\sin^2\theta}\right) = n\lambda$$

である[21].ここでδはX線の屈折率の1からの差である.軟X線の場合10^{-4}程度である.詳細なデータは文献[22]に出版されている.この補正量は,次数が大きいほど大きく,単純なブラッグの式では,回折角を正しく計算できない場合がある.

軟X線領域では,スペクトルをWDXで測定する

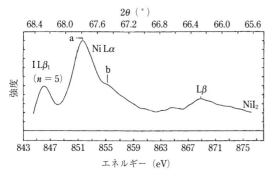

図2.14 NiI$_2$のWDXスペクトルに混じったIの5次線の例[21]
高次線でもけっして弱くはない.
aとbは電荷移動によって分裂したLα線.

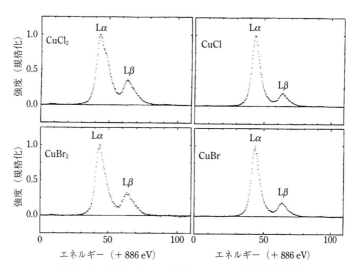

図2.15 個数によって変化するCuLα,β線強度比[23]

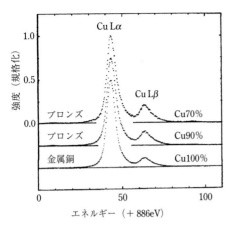

図 2.16 自己吸収によって見かけ上強度が変化する Lβ 線[21]

と化学効果が大きく観測できる．たとえば，スペクトルのピークシフト，スペクトルの形状変化，Lα 線と Lβ 線の強度比（図 2.15）が変化する．銅では 1 価と 2 価を比較すると，2 価の方が Lβ 線が強い．Mn などでは化合物によって Lα 線よりも Lβ 線の方が強くなる場合も報告されている．このような現象を用いて化学状態分析が可能となる．

軟 X 線領域では，吸収端と発光線のエネルギーが接近しているという特徴がある．たとえば遷移金属の場合，Lα 線と Lβ 線は 5〜20 eV 程度離れているが，その中央に L 吸収端が存在しており，化学状態のみならず，濃度に依存してスペクトルの凹みが観測できる．図 2.16 は銅の濃度の異なる青銅の測定結果である．Lβ 線は銅の濃度が高いほど弱くなるが，これは試料内で発生した Lβ 線が試料内のほかの銅に吸収されるために見かけ上弱く観測されるからである．自己吸収効果とよばれている．図 2.15 の Lβ 線強度変化には，化学結合効果のみならず，この自己吸収効果も含まれていると考えた方がよい．化学状態の違いによって Lβ 強度が変化したわけではないことに注意する必要がある．Lα 線は L 吸収端のエネルギーより低エネルギーのため自己吸収効果はない．希土類の場合には，1 本のピークが，そのピークと同じ位置にある吸収端のために 2 本に分裂したように観測できる．スペクトル形状を測定したり，強度を測定する場合には，自己吸収効果にも十分に注意する必要がある．

［河合 潤］

引用文献

1) R. Jenkins, R. Manne, J. Robin, and C. Senemaud, *Pure Appl. Chem.*, **63**, 735 (1991).
2) J. Kawai, E. Nakamura, Y. Nihei, K. Fujisawa, and Y. Gohshi, *Spectrochim. Acta*, **45B**, 463 (1990).
3) 河合 潤，合志陽一，二瓶好正，X 線分析の進歩，**19**，1 (1988).
4) 河合 潤，X 線分析の進歩，**32**，1 (2001).
5) J. Kawai, *The Rigaku Journal*, 18 (1), 31 (2001). http://www.rigakumsc.com/journal/Vol18.1.2001/kawai.pdf
6) X-Ray Emission and Absorption Wavelengths and Tow-Theta Tables, ASTM Data Series DS, **37A** (1970).
7) 日本分析化学会編，"分析化学便覧"（改訂六版），丸善 (2011)，p. 736.
8) I. Török, T. Papp, J. Pálinkás, M. Budnar, A. Mühleisen, M. Kavcic, J. Kawai, and J. L. Campbell, ATOMKI Annual Report (1996), Hungary, p. 38.
9) C. G. Dodd, and G. L. Glen, *J. Appl. Phys.*, **39**, 5377 (1968).
10) 河合 潤，劉振林，ぶんせき，11 (2004).
11) 河合 潤，ぶんせき，387 (1999).
12) 前田邦子，河合 潤，X 線分析の進歩，**25**，25 (1994).
13) Y. Gohshi, and A. Ohtsuka, *Spectrochim. Acta*, **28B**, 179 (1973).
14) J. Kawai, T. Nakajima, T. Inoue, M. Yamaguchi, H. Adachi, K. Maeda, and S. Yabuki, *Analyst*, **119**, 601 (1994).
15) 河合 潤，X 線分析の進歩，**35**，209 (2004).
16) V. B. Berestetskii, E. M. Lifshitz, L. P. Pitaevskii, "Quantum Electrodynamics, Landau and Lifshitz Course of Theoretical Physics", Vol.4, 2nd ed., translated by J. B. Sykes, and J. S. Bell, Butterworth-Heinemann (An Imprint of Elsevier) (1982), pp. 240-244.
17) 古谷吉章，真鍋晶一，河合 潤，X 線分析の進歩，**33**，345 (2002).
18) 前田邦子，河合 潤，X 線分析の進歩，**25**，25 (1994).
19) T. Papp, and J. L. Campbell, *X-Ray Spectrom.*, **30**, 77 (2001).
20) R. Tanaka, K. Yuge, J. Kawai, and H. Alawadhi, *X-Ray Spectrom.*, (2016)（web 出版済）.
21) J. Kawai, *Adv. X-Ray Anal.*, **34**, 91 (1991).
22) B. L. Henke, P. Lee, T. J. Tanaka, R. L. Shimabukuro, and B. K. Fujikawa, Atomic Data Nucl. Data Tables, **27**, 1, (1982).
23) J. Kawai, K. Nakajima, K. Maeda, and Y. Gohshi, *Adv. X-Ray Anal.*, **35**, 1107 (1992).

コラム2

姫路城いぶし瓦の耐久性

a. 平成の姫路城大天守保存修理

世界遺産姫路城では平成21〜26年に平成の大天守保存修理事業がなされ[1]，現在，"白鷺城"の名に相応しい漆喰総合塗籠造りの白い城壁と五層七階の大天守がその美しい姿を披露している（図1）．姫路城の大天守は慶長14（1609）年に建築され，約400年の歳月が経過した昭和31〜39年に「昭和の大修理」がなされた．このときはすべての部材を解体して組み立てなおす全解体修理が行われた．それから約50年が経過して漆喰壁や瓦の破損が生じてきたため，今回の「平成の保存修理」では，おもに漆喰の塗り替えと破損瓦の取り替え，および耐震性能評価に基づく構造補強を行った．

b. 姫路城いぶし瓦の化学状態分析

姫路城の瓦は日本古来の伝統的ないぶし瓦である．いぶし瓦とは焼結した粘土素地の上に厚さ数 μm の黒鉛系炭素（いぶし）膜を被覆した瓦であり，いぶし瓦が呈する光沢あるいぶし銀色は黒鉛の層状構造に起因し，被膜としての密着性はカーボンブラック様の非晶質構造が関与する[2]．

「平成の大修理」で扱ういぶし瓦は「昭和の大修理」時の昭和33年に製造された約8万枚の瓦である．これをすべて一旦大天守から取りはずし，物理的な割れや欠けで破損した数%の瓦を葺き替えた．破損のない大部分の瓦は再利用され，今後も長年そのまま姫路城の大天守で風雨日照に曝される．

いぶし瓦の劣化は物理的な損傷のほかに被覆された

図1 「平成の保存修理」を終えた姫路城（グランドオープン，平成27年3月27日）

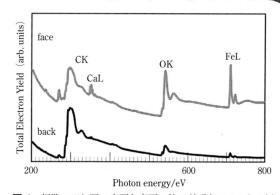

図2 姫路いぶし瓦の表面と裏面の軟X線吸収スペクトル例

いぶし膜の化学変化（風化）をもたらす．このような化学状態の観点から約50年間の風化を把握することは，いぶし瓦の耐久性を見込む際に重要である．そこで，「平成の大修理」において再利用されるいぶし瓦を化学状態の観点から評価するため，放射光軟X線吸収分光法による姫路城いぶし瓦の状態分析がなされた[3]．

軟X線吸収スペクトルにはC，Ca，O，Feなどの吸収ピークが観測されたが，その強度比は風雨日照に曝された瓦の表面と裏面で明らかに異なっていた（図2）．

各元素のX線吸収端近傍構造（XANES）と吸収ピーク強度比の詳細な解析から，姫路城いぶし瓦の風化の描像は次のように描ける．炭素膜は酸化されて黒鉛系炭素の層状構造が乱れる．これに伴い緻密な炭素膜が部分的に欠乏して焼結粘土素地の一部が表面に曝露する．その結果，焼結粘土素地由来の鉄成分が鉄酸化物となって表面に析出する．漆喰由来のカルシウムは風化によりカルシウム酸化物として付着する．これらの風化現象は，風雨日照に曝されることで促進される．ただし，約90%の瓦には十分な炭素膜が残存し，これは約50年の風化に対しても姫路城の瓦は炭素膜で被覆されたいぶし瓦として保持されていることを意味する．したがって，「平成の大修理」において再利用される多くの瓦は，いぶし瓦として今後もしばらく機能する．

［村松康司］

引用文献

1) 小林正治，化学と工業，**64**，323-325 (2012).
2) 元山宗之，村松康司，季刊 ROOF & ROOFING，**35**，34-38（日本屋根経済新聞社，2004）.
3) 村松康司，古川佳保，村上竜平，小林正治，Eric M. Gullikson，X線分析の進歩，**45**，149-171 (2014).

3章 蛍光X線分析装置

蛍光X線分析装置は，分析操作がより簡便な方向へ進化を続けている．近年は，ファンダメンタルパラメーター（FP）法によるスタンダードレスの組成分析機能が標準的に利用できることから，試料をおいて開始ボタンを押せば装置や原理を知らなくてもだれでも分析結果が得られる．しかし，簡便性向上の一方で，機器と分析技術を熟知した熟練者は減少しており，分析結果の評価や大きな誤差が生じた場合に対応できないなど問題は増えている．蛍光X線分析装置を構成する要素技術についてその原理原則を学び，使用装置の特性を理解すれば，分析結果を正しく評価し，より高精度な分析や多様な試料分析に対応することも可能になる．

本章では，蛍光X線分析を行ううえで，また，より精度の高い分析を目指すうえで必要な要素技術の原理と取り扱い，関連した分析時のポイントについて解説を行う．まず3.1節で装置の概要を述べ，ついで装置をX線発生部（3.2節），分光・検出部（3.3節），信号処理部（3.4節）の3つに分けて詳述する．

3.1 蛍光X線分析装置の構成

蛍光X線分析は，試料にX線を照射すると発生する蛍光X線を分光・検出し，計数することで分析を行う．発生する蛍光X線の波長（＝エネルギー）は元素に固有であり，その強度（X線光子数）は試料中の元素濃度に比例する．これにより定性分析と定量分析が可能となる．したがって，蛍光X線分析装置の基本構成は，試料へX線を照射するX線発生部と，試料から発生した蛍光X線を検出（分光・検出部）・計数（信号処理部）する部分とに大きく分けることができる（図3.1）．分光・検出部は試料室や隣接する分光室内に配置されており，これらの試料室や分光室は通常，大気，ヘリウムまたは数Pa～十数Pa程度の真空に保たれている．なお，蛍光X線分析装置は，試料室壁や分光室壁を構成する材質によってX線を遮蔽する仕様となっているため，照射X線や蛍光X線が外部に漏えいすることはない．ハンドヘルド型を除き，法令上は装置内部が電離放射線の管理区域となっている．

蛍光X線分析装置は，X線を分光・検出する方法によって波長分散型（WDX）とエネルギー分散型（EDX）装置があり，構成が大きく異なる．（第1章参照）．なお，WDX，EDXともにX線を下方から試料に照射する下面照射型と上方から照射する上面照射型がある．下面照射型は液体などの試料をセットするのが容易であるのに対し，上面照射型は粉体などの試料が内部で壊れてもX線管や光学系に影響を与えないなど，それぞれ使用上の利点はあるが，性能的な優劣はない．

3.1.1 波長分散型装置（WDX）の構成

図3.2に波長分散型装置（WDX）の内部構成を示す．試料から発生する蛍光X線は，広範囲の波長（エネルギー）領域にわたる．WDXは，分光結晶を用いて波長ごとにこれら蛍光X線スペクトルを分離し，検出器を用いて電気信号に変換する．装置の基本構成は，X線管（図3.2①）と複数の分光結晶（図3.2⑥），2つの検出器（図3.2⑦，⑧），信号処理回路となる．他に高圧電源，送水装置，真空ポンプ，試料交換機，各種制御回路，恒温化機構，安全スイッチ，PRガスボンベ（Heガスボンベ），パソコンなどが付随する．上位機種には，試料表面の微小スポットやマッピング分析に対応した装置もあり，その場合は

図 3.1 蛍光X線分析装置の基本構成

微小部分析用コリメーター(視野制限スリット),試料観察用カメラおよび可動式試料ステージが搭載される.

近年は卓上小型のWDXも市販されているが,WDXは一般にEDXと比較して大型である.これは広い波長範囲の蛍光X線に対応するため,複数の分光結晶を搭載した結晶交換機と分光器を収めた分光室をもつこと,さらに,分光結晶を用いることで生じる感度減少を補うため,強いX線源とその冷却機構が必要なためである.WDXはEDXに比べてスペクトルの分解能やS/N比にすぐれる.さらに,分光素子の発達によりBeからOといった軽元素に対しても高い分解能・感度で分析が可能である.このため,工程管理分析の分野では通常WDXが用いられる.

波長分散型には分光器の構成の違いによって走査型装置と多元素同時型装置がある(図3.3).多元素同時型は,測定する分析線ごとに分光器を備え同時に複数元素の測定が行えるため,工程管理などの迅速分析に向いている.走査型は,ゴニオメーターを動作させることでさまざまな波長の測定に対応でき,多品種の試料分析や定性分析が行える.測定の迅速性では多元素同時型に劣るが,汎用性が高いため研究開発など多目的な利用に向いている.

3.1.2 エネルギー分散型装置(EDX)の構成

図3.4にエネルギー分散型装置(EDX)の内部構成を示す.EDXは,X線の検出にエネルギー分解能(補注1参照)の高い半導体検出器を用い,試料からの蛍光X線を電気的に分光して同時に計数できる.そのため,基本的な装置構成はX線発生部(図3.4①)と半導体検出器(図3.4④)および信号処理回路となる.WDXのゴニオメーターのような機械動作機構がなく試料から検出器までを短く配置することができるため,装置全体も一般に小型・軽量化されている.半導体検出器の計数率上の制約から,通常,X線管は1〜50W程度の小出力のものが用いられるため,大型のX線発生装置や冷却のための送水装置は備えていない.半導体検出器は使用時に冷却が必要であるが,近年はペルチェ素子による電子冷却方式が普及したため,従来のような冷却用液体窒素(LN$_2$)容器(デュワー)もなくなり装置はよりコンパクトになっている.

EDXは,スペクトルの分解能やS/N比,軽元素や極微量成分の分析はWDXに比べ一般に劣るものの,

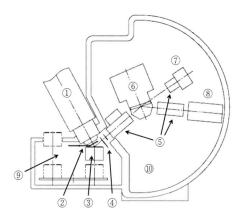

図 3.2 波長分散型蛍光X線分析装置(走査型)の内部構成
①:X線管,②:1次X線フィルター,③:試料,④:視野制限スリット,⑤:ソーラスリット,⑥:分光結晶および結晶交換機,⑦:検出器(比例計数管),⑧:検出器(シンチレーション計数管),⑨:試料室,⑩:分光室.
一般的な装置構成を示す.

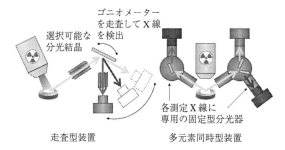

図 3.3 走査型装置と多元素同時型装置の比較

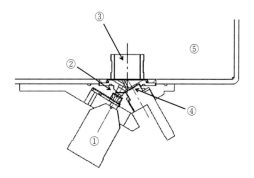

図 3.4 エネルギー分散型蛍光X線分析装置の構成
①:X線管,②:1次X線フィルター・コリメーター,③:試料,④:検出器(半導体検出器:SDD),⑤:試料室.
一般的な構成のEDX装置を示す.

広いエネルギー範囲を高効率で同時かつ短時間に分析できる特徴をもつ．EDX はそのシンプルな部品構成と各要素部品の発達によって多様化している．ハンドヘルド型 EDX はその1つでミニチュア X 線管とバッテリー搭載によって片手でもち歩きでき，分析対象物をそのまま測定可能である．ハンドヘルド型 EDX については第12章に詳述する．

微小部分析用 EDX は，微小部分析対応 WDX 同様，試料観察用カメラや可動式試料ステージを備える．WDX と異なるのは，試料と X 線管の間に X 線集光素子（第9章参照）を備えている点であり，一般には微小部分析専用装置となっている．集光素子を用いることで小出力の X 線管でも $10\,\mu m$ から $100\,\mu m$ といった微小領域を効率よく励起し，分析を可能としている．X 線の集光技術については第9章に詳しく解説されている．

3.2 X 線発生部

3.2.1 高圧電源
a. 構　成

高電圧ケーブルを通して X 線管に供給する直流高電圧を発生する装置（コンスタントポテンシャル型）で，一般に 20～60 kV の管電圧を供給する．高圧トランスと整流回路，平滑回路，安定化回路，コントローラー，各種保安回路からなり，安定化された電流・電圧を自動制御している．

安定化の方式としてはシリーズ型，高周波（スイッチング）型，サイリスタ（SCR）型があるが，現在はほとんどが高周波型である．高周波型は回路が複雑になる反面，周波数に反比例してトランスを小型化でき，リップル（整流後の出力電圧に残る交流成分．小さいほど特性がよい）も小さく，小型高性能化が図れるのが特徴である．

高圧トランスも従来の絶縁オイル式から樹脂に埋め込んだモールド式となり小型化されている[1]．

b. 取り扱い上の注意点と保守

高圧電源は装置システムに組み込まれているため，通常使用者が直接操作することはないが，保守点検が必要な場合は，装置への供給電源を切り，高圧の電荷を放電させる．電源遮断後十分な時間が経過してから作業に当たる．

3.2.2 X 線 管
a. X 線管の構造

X 線は，真空中で加速した電子をターゲット金属に衝突させることで発生させる．蛍光 X 線分析装置で一般的に用いられる X 線管は内部を真空で封じきったタイプで封入式 X 線管（封入管）とよばれる．基本的には電子を発生させるフィラメント（陰極）と X 線を発生させるターゲットを取りつけた陽極（対陰極，アノード）からなる2極真空管であり，これらをガラスやセラミック製の容器内で高真空に密封し，さらに X 線の取出口（窓）を設けた構造をしている（図 3.5）．この窓材には X 線をよく透過するベリリウムの薄膜が用いられる．

ターゲットから放射される X 線の全エネルギー量（ε）は，実験式（3.1）で示される．

$$\varepsilon = 1.1 \times 10^{-9} IZV^2 \qquad (3.1)$$

ここで，I：管電流，Z：ターゲットの原子番号，V：管電圧である．なお，ターゲットからは特性 X 線と連続 X 線が発生するが，式(3.1)は特性 X 線に比べて全強度が大きい連続 X 線の全エネルギーで代表させている．X 線の発生効率（η）は式(3.1)を電力 $I \times V$ で割った式(3.2)で示される．

$$\eta = 1.1 \times 10^{-9} ZV \qquad (3.2)$$

式(3.2)に示すように X 線の発生効率は非常に小さく，Rh ターゲット（管電圧：50 kV）で約 0.25％（$= 1.1 \times 10^{-9} \times 45 \times 50 \times 10^3$）である．このように，電子の運動エネルギー，すなわち X 線管の消費電力の大部分は熱に変換されている．したがって，ターゲットには高融点の素材が用いられる．さらに冷却も必要であるため，X 線管には必ず冷却機構が備わっている．この冷却効率が X 線管に対する最大負荷電力を左右している．WDX などで用いる高出力の X 線管（3～4 kW）では，冷却用送水装置が付属する．小出力の

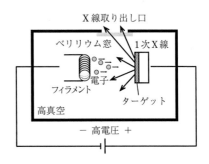

図 3.5 X 線管の基本構造

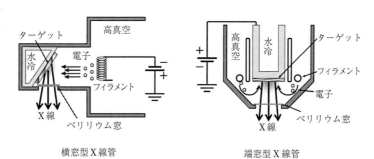

図 3.6 横窓型（サイドウィンドウ型）X線管と端窓型（エンドウィンドウ型）X線管の構造

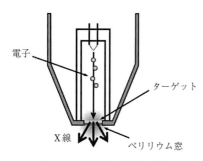

図 3.7 透過型X線管の構造

X線管（〜50 W）は基本的に空冷で外部からの冷却水は必要としない．

X線管にはターゲット・フィラメント・X線取出窓の配置の違いで横窓型（サイドウィンドウ型）と端窓型（エンドウィンドウ型）とがある（図3.6）．端窓型では，純水を循環させてX線管を冷却するとともに循環冷却水を外部からの水を用いて冷却する．横窓型は，純水による冷却が必要な端窓型と異なり水道水レベルの冷却水でよい．軽元素の励起効率向上のためには，ターゲットで発生した長波長X線が透過しやすいよう窓材を薄くする必要がある．しかし，横窓型はフィラメントが負電位に印加されており，加速された電子は取り出し窓へも達して窓材にダメージを与えるため，窓厚を薄くすることができない．そのため，軽元素の励起効率が端窓型に比べて劣る．端窓型は，ターゲットを正電位に印加することで取出窓へのダメージを防いでいる．そのため，端窓型は窓厚を薄くすることが可能で，特にBeからOといった超軽元素の励起に有効な長波長の1次X線を得ることができる．しかし，ターゲットが正電位に印加されているため，冷却水は絶縁されている必要がある．不純物が混入すると内部で放電が起こりX線管は使用不能となる．このため，端窓型の冷却水には比抵抗の高い純

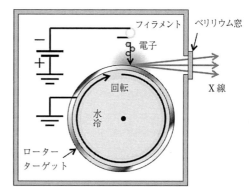

図 3.8 回転対陰極型X線管の基本構造

水を循環させて使用している．

b. 透過型X線管の構造

透過型X線管は，小型化が可能なX線管で，主にハンドヘルドEDXに用いられている．直管型ともいう．ハンドヘルドEDXで用いられる場合は，ミニチュアX線管ともよばれる[2]．

透過型X線管では，ベリリウム窓の内側にターゲット材が成膜されており，加速された電子はこのターゲット材に照射される．この電子源としてはフィラメント式とレーザー電子式がある[3]．ターゲットで発生したX線は窓を透過して外部へ放射される（図3.7）．放射されるX線の立体角が大きいことも特徴の1つで，この角度はターゲット上の熱電子照射径や窓の開口径で絞ることができる．最大出力はターゲットの熱伝導率に依存するため，一般的なEDXのX線管より小出力の5 W以下で用いられる．ハンドヘルドEDXで用いられる場合，冷却は自然空冷で行う．

c. 回転対陰極型X線管の構造

回転対陰極型X線管は，封入式X線管と異なり常に真空排気を行いながら使用する．単にローターないしローターターゲットともよばれる．封入式に対し開

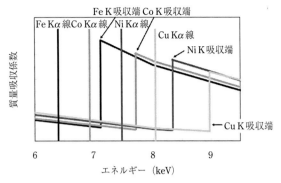

図 3.9 吸収端と励起エネルギーの関係
FeからCuまでの質量吸収曲線（吸収端）と各元素の特性X線（Kα線）エネルギーの例を示す（Kβ線やMnの質量吸収曲線は省略）．質量吸収曲線はX線エネルギーに対する質量吸収係数の変化をプロットしたもの．

放式ともいう．回転対陰極では，ターゲットがドラム状で高速回転しており，これによりフィラメントからの熱電子は常に冷却されたターゲット面に当たるため，非常に強いX線を得ることができる（図3.8）．

回転対陰極型X線管は，微小焦点であることと封入式X線管では困難な12〜18 kWといった大容量X線を得ることができることから，半導体プロセスの汚染分析モニターとして超微量分析が要求される全反射蛍光X線分析装置で用いられる．

d. ターゲット材の選択

ターゲット材には，Sc, Cr, Mo, Rh, Pd, Ag, Gd, W, Au, Ptなどがある．測定対象元素から蛍光X線を発生させるためには，測定元素（の蛍光X線）の励起エネルギー（＝励起電圧：$E=1.24/\lambda_{abs}$ (keV)，λ_{abs}：吸収端波長（nm））より高エネルギーのX線を照射すればよい（1.5参照）．これは測定元素の吸収端波長より短波長のX線を照射することと同じである．図3.9は，FeからCuまでの質量吸収係数曲線と各元素のKα線のエネルギーを図示したもので，吸収端と励起エネルギーの関係を示している．測定元素の吸収端より短波長のX線とは測定元素による吸収が大きい波長のX線のことであり，吸収端に近いほど励起効率が高い．ターゲットからの特性X線による励起に着目すれば図3.9から目的元素より原子番号が2〜3番大きな元素の特性X線を使うとよいことがわかる．しかし封入式X線管を用いる一般の蛍光X線分析装置では，測定元素に応じたターゲットの変更はX線管の交換と同義となる．X線管を交換すれば，

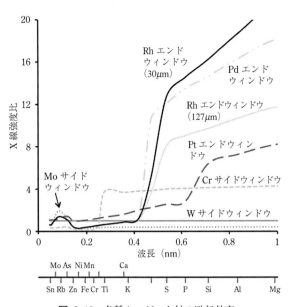

図 3.10 各種ターゲット材の励起効率
Wターゲット（サイドウィンドウ型）による強度を1として相対強度を表示．Rhエンドウィンドウの括弧内の数字はベリリウム窓の厚みを示す．

すでに作成した検量線や内蔵する装置感度係数など定量分析に関するパラメータをすべて変更することになり，実用性に乏しい．蛍光X線分析では重元素から軽元素まで広い元素範囲を測定対象として要求される場合が多く，特に軽元素に対する励起効率が良好（図3.10）な点からRhターゲットを用いたX線管が一般的に普及している．特定の元素範囲のみを分析対象とする場合は，分析元素（測定スペクトル）に合わせ，i）励起効率，ii）不純線や特性X線の重なり，iii）バックグラウンド，を考慮して選択する．

X線管からはターゲット材元素の特性X線と連続X線が放射される（図1.11）．試料から発生する蛍光X線強度は，励起に寄与する照射X線の強度と相関があるため，強度の強い特性X線が励起に寄与する方が有利となる．表3.1にRhとCrターゲットについて励起に寄与するX線を示す．Rhはその特性X線のK線もL線もそれぞれ試料中元素の励起に寄与でき，特にL線の関与によって図3.10にあるようにSより原子番号の小さい軽元素の励起効率が高い．

e. 元素の励起と管電流・管電圧の選択

一般的な蛍光X線分析装置の構成では，ターゲットが1種類のため，使用するX線管に固有の特性X線や連続X線を用いて励起を行うことになる．効率

3.2 X 線 発 生 部

表 3.1 各元素の励起に対する 1 次 X 線の寄与

原子番号			測定元素											
			9~16	17	18~21	22	23	24~42	43	44	45~55	56	57	58	59~92
スペクトル			F~S	Cl	Ar~Sc	Ti	V	Cr~Mo	Tc	Ru	Rh~Cs	Ba	La	Ce	Pr~U
			K 線									L 線			
ターゲット	Rh	特性X線 Kα			▓	▓	▓	▓							
		Kβ			▓	▓	▓	▓	▓						
		Lα	▓												
		Lβ	▓	▓											
		連続 X 線							▓	▓	▓	▓	▓	▓	▓
	Cr	特性X線 Kα	▓	▓	▓										
		Kβ	▓	▓	▓	▓									
		連続 X 線					▓	▓	▓	▓	▓	▓	▓	▓	▓

表中塗りつぶした部分が測定元素の励起に寄与する X 線を示す.

よく元素の励起を行うためには適切な管電流・管電圧条件の設定も必要である.

蛍光 X 線強度 I_f と管電圧 V (kV), 元素 j の励起電圧 V_j の関係は次の実験式 (3.3) で示される.

$$I_f = k(V - V_j)^n \cdot I \quad (3.3)$$

ここで k は比例定数, I は管電流 (mA) である. n は管電圧 V が励起電圧 V_j の 3 倍以上のとき約 1 で管電圧が励起電圧の 2~3 倍のとき約 2 となる定数である. 安定度の点から管電圧は励起電圧の 3 倍以上が望ましい. ただし X 線管からの連続 X 線は試料で散乱されバックグラウンドを増大させる. したがって必要以上に高い管電圧を印加しても S/N 比を悪化させることになる.

広く用いられている Rh ターゲットについて, X 線管の負荷を一定 (管電圧 kV×管電流 mA＝一定) とする条件で各元素の理論的な X 線強度を計算し, それぞれ最も理論 X 線強度の強い条件を 100 として規格化した結果を示す (図 3.11). 負荷一定とすると, 軽い元素ほど管電圧を低く, 管電流を高く設定する方が高い蛍光 X 線強度が得られ, 重い元素は管電圧が高い方が高い蛍光 X 線強度が得られることがわかる. 図 3.11 中の Cd は電圧に対する依存性が他の元素より大きい. これは表 3.1 にあるように, Rh ターゲットの場合, Cd Kα が連続 X 線のみで励起されるためである. このように, 高エネルギー連続 X 線で励起する元素はできるだけ高い管電圧を設定した方が励起効率がよい (図 1.8 参照). また, 図 3.11 より, 軽元素から重元素までの広い元素範囲に対して一定の管電圧で対応する場合には, 40~50 kV の管電圧が適していることがわかる. 管電流は検出器が数え落としをしない範囲で, できるだけ強度が得られるような設定にする.

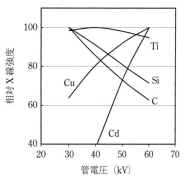

図 3.11 一定負荷条件での X 線強度

各元素の Kα に対する理論 X 線強度を電流×電圧＝一定の条件で計算した. 横軸は右ほど管電流が小さい.

走査型の WDX は元素毎に測定するため管電流・管電圧をその都度変更して測定することが可能であるが, 実際に多数の元素を分析する際には電流・電圧の変更のため余計に測定時間がかかる. また, X 線強度の安定性の点からも好ましくない. したがって, 1 元素だけ分析する場合には目的元素に対して励起効率の高い管電流・管電圧を設定すればよく, 複数の元素を定量する場合には, 測定元素の中で感度の低い元素 (たとえば微量元素や軽元素) に合わせて同一の管電流・管電圧を選択するとよい.

f. 分析時および取り扱い上の注意点と保守方法

分析の際には, X 線管からの不純線に注意する. X

線管からは Fe, Ni, Cu, Cr などの微小な不純線が検出されることがあり，不純線と同一の元素について ppm レベルといった微量分析を行う場合には，これら不純線が分析精度に影響することになる．この不純線を除去するには，1次X線フィルター（3.2.3 参照）を用いるとよいが，不純線が著しく強い場合はX線管の交換が必要である．また，X線管の劣化が著しくなると不純線強度が増加したり，今までみられなかった不純線が発生したりする．不純線の有無については，チェック用のブランク試料（たとえば厚いアクリル板など）を用意し，定性分析を行って確認しておくとよい．

分析時に注意が必要な試料は 5.2.4.c に述べられているが，ほかにも強力な磁石試料は，消磁してから測定しないとX線管を破損することがある．現在の装置は，高感度を得るためX線照射窓が試料のごく近傍となるよう配置されており，フィラメントからの電子が試料からの強力な磁力によってベリリウム窓に当たり窓を破損してしまう．なお，高出力のX線管を搭載した装置では，オゾンが発生して装置内部が腐食するおそれがあるので，大気雰囲気下でのX線照射は避けた方がよい．

X線管は長期にわたって使用すると徐々に強度が低下する．これはおもに電子の衝突によってターゲット面が荒れていくことによるもので，回復することはない．ほかにもベリリウム窓やターゲットへのフィラメント材の蒸着や内部真空度の悪化によっても強度が低下してゆく．したがって，このようなX線強度低下を踏まえてドリフト補正（標準化）など定量分析の管理を行うことが望ましい．

日常的な使用のうえでは，X線管への過大な負荷，急激な負荷変動は，X線管の寿命に影響するので避けた方がよい．X線管への負荷は通常，許容負荷内の管電流・管電圧のみ選択できるよう制御されているが，低電圧－大電流の条件はフィラメント加熱電流が増大し，X線管の寿命に影響を与えるので許容負荷内であっても注意を要する．実際には最大許容負荷の 7～8 割程度で使用するのがよいとされる．また，頻繁にX線のオン・オフを繰り返したり，長期間使用しなかった後に急激に管電流・管電圧を上昇させたりすることも避ける必要がある．新規に使用開始する際や，不使用期間が長かった場合は，必ずエージングを行い，毎日の使用でも簡単なエージングを行った上で使用することが望ましい．手動でエージングを行う際は，一定の時間間隔で管電圧→管電流→管電圧→…と交互に上昇させ，不使用時間が長い場合は間隔を長くするとよい．管電流・管電圧は，上げるときは管電圧から，下げるときは管電流からとすることが勧められている．

装置使用後は，X線をオフにしてもX線管は熱をもっているため，X線オフ後も冷却機構は動作している．したがって，本体電源はX線管が十分冷却してからオフにする．

水冷タイプのX線管では外部冷却水中の不純物を送水装置のフィルターで除去している．このフィルターは定期的に交換する．端窓型のように純水の循環水（X線管冷却水）を用いている場合は，イオン交換樹脂で水質を維持している．このイオン交換樹脂も経年劣化するため，定期的な交換が必要である．また，循環水の水量も少しずつ減少するため，定期的にチェックし規定量を下回る前に純水を補充する．

蛍光X線装置では，通常X線管に直接触れる機会は少ないが，X線管は衝撃に弱いので取り扱いには注意が必要である．また，窓材に薄い金属ベリリウムが用いられており，内部は真空に保たれているため，手や物がベリリウム窓に触れて穴があくと使用不能になる．なお，金属ベリリウムは酸化ベリリウムになると人体に有害である．試料室のメンテナンスやX線管の交換，装置の廃棄などの際，ベリリウム窓に直接触れてはならない．ベリリウム窓に試料粉末などが付着したときはメーカーのサービスに依頼するのが望ましいが，作業が必要な場合には，乾いた布にキシレンを浸して清掃する．アルコールのように水分を含む溶剤や酸化を引き起こす溶剤を用いてはならない．

3.2.3 1次X線フィルター

X線管からの特性X線は試料によって散乱されトムソン散乱線（レイリー散乱線）やコンプトン散乱線が生じる（図 1.2 参照）．散乱線とエネルギーが近い元素の分析の際にはこれら散乱線による重なりが生じて分析そのものが困難となるか，著しく S/N 比が悪くなって精度の高い分析を行うことができない．たとえば Rh ターゲットのX線管で Cd の分析を行う場合，Cd $K\alpha$ 線に Rh $K\beta_2$ 線が重なるため，微量 Cd の分析は困難である．

このような場合，X線管と試料との間に適切な厚

3.2 X線発生部

みをもった金属薄膜を挿入するとその吸収特性によってX線管からの特性X線，連続X線を減衰させることができる（1.5.3参照）．これを1次X線フィルターという．1次X線フィルターを用いると目的の測定線に対する特性X線やコンプトン散乱線の妨害を除去したり，連続X線を低減できるため，バックグラウンドが下がりS/N比が向上する[4]（図3.12）．相対的にX線強度は低下するものの，S/N比の向上によって微量成分の検出下限向上に効果がある．図3.12の図（b）には連続X線強度が高いため，S/N比のよくない微量Pb，Hg分析への効果が示されている．なお，1次X線フィルターの効果については第4章にも実例が紹介されている．

1次X線フィルターは，X線管からの特性X線のK線，L線低減用，連続X線低減用に加えX線管からの不純線除去用などもあり，分析目的に応じて選択する．1次X線フィルターは，フィルター材質の吸収特性を利用しているため，その効果はフィルター材質のK吸収端エネルギーより高エネルギー側のスペクトルが対象となる．質量吸収係数は吸収端よりエネルギーが高くなるにつれて小さくなるため（図3.9），フィルターの効果は小さくなる．よって装置に搭載可能なフィルターの種類と適用スペクトル範囲はよく理解しておく必要がある．また，装置によってはオプションとなっているため，装置導入時に必要なものをよく検討しておく．

1次X線フィルターは，1次X線のスペクトル分布を変える単色化技術の1つである[5]．この目的は試料に照射するX線の波長範囲を限定することで，測定するX線のバックグラウンドを低減（S/N比の向上）し，結果として特に微量元素分析に対する検出下限向上をはかることにある．1次X線のスペクトル分布を変える単色化の方法は，フィルターを用いる方法のほかに次項の2次ターゲットを用いる方法とモノクロメーター（分光結晶）を用いる方法がある．モノクロメーターを用いる方法は，半導体プロセス向けの全反射蛍光X線装置で用いられている．また二重湾曲結晶を用いて励起X線源の単色化と集光を行い，軽元素領域の励起効率向上をはかったEDXもある[6]．1次X線フィルターは単純な機構のためEDX，WDXの両装置で広く利用されている．

EDXには，1次フィルターと同様にフィルターによる吸収を利用して目的元素に対する妨害スペクトル

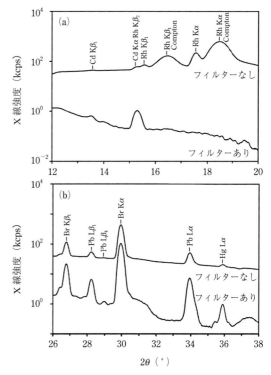

図 3.12　1次X線フィルターの効果
図（a）はRhターゲットからの特性X線の除去によってCd Kα線のピークが明瞭に検出されている（フィルター材質：Ni）．図（b）は連続X線（バックグラウンド）の低減によってS/N比の改善が著しい（フィルター材質：Ni）．両図ともにX線強度のスケールが対数であることに注意．

を軽減するため，2次フィルターを搭載する機種もある．2次フィルターは試料と半導体検出器の間に配置され，試料中の高含有率元素に起因する蛍光X線を減衰させることで，半導体検出器内で妨害ピーク（サムピーク）が発生するのを抑制する目的で用いる．

3.2.4　2次ターゲット

3.2.1dで述べたように，元素から蛍光X線を発生させるためには，励起エネルギーをこえるエネルギーのX線を照射すればよいが，これには目的元素より2～3番原子番号の大きい元素の特性X線を用いると励起効率が高い．したがって，元素範囲ごとに複数のターゲットを用意すれば励起の点では効果的であるが，ターゲットの異なるX線管を複数用意し交換することは現実的ではない．そこで，目的元素励起用のターゲットをX線管とは別に用意し，X線管からの1次X線を用いてターゲット材の特性X線を励起す

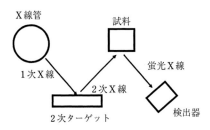

図 3.13 2次ターゲット方式の構成

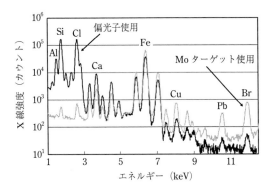

図 3.14 2次ターゲットの効果

れば、X線管を変更することなく測定元素に適した励起X線を得ることが可能になる。これを2次ターゲットという（図3.13）。2次ターゲットは、スペクトル分布を変える単色化の方法の1つであるが、測定元素に適した励起X線が得られることで励起効率が向上するとともに1次X線由来の連続X線は著しく低減する[7,8]ため、連続X線に起因するバックグラウンドを下げる効果もある。励起効率向上とバックグラウンド低減の両効果によってS/N比向上に効果がある。また、適切なターゲットを選択することで、X線管からの特性X線の影響を低減することもできるため、特性X線の重なりの影響を受ける分析元素への応用もできる。図3.14に2次ターゲットの種類による励起効率の違いを示す。なお、2次ターゲットによる実例については4.5節にも紹介されている。

2次ターゲットは、S/N比が不十分なために微量元素の検出下限が大きいEDXで有効である。また、2次ターゲットによる連続X線低減の効果も検出器の計数率に制約があるEDXに向いている。2次ターゲットを用いる装置には、通常目的元素に応じて複数の2次ターゲットが搭載されており、それらを自動で切り替えて測定が行える。

2次ターゲット方式は、直接励起方式に比べ得られる測定強度そのものは低下するが、S/N比の向上に効果が大きい。偏光光学系（3.3.1.a.(iii)）と組み合わせることでさらにバックグラウンドが低減しS/N比の向上が図れるため、通常偏光光学系とともに用いられる。

3.3 分光・検出部

3.3.1 光学系
a. 光学系、スリット

X線管から試料を経て検出器までのX線の光路とその光路を構成する機構を含めて光学系という。EDXでは、半導体検出器が分光器としても働くため、図3.15のように検出器を試料近傍に配置するという単純な光学系となっている。これに対し、WDXでは分光のためにスリットや分光結晶が検出器の前に配置されている。ここではWDXの光学系を中心に解説する。

WDXの光学系は分光室のなかにあり（図3.2参照）、分光室内部は通常真空に保たれている。この内部雰囲気は装置の仕様によって真空・ヘリウム（窒素）・大気の切替が可能である。

WDXでは、分光結晶を用いて蛍光X線スペクトルを分光し、検出器で検出するが、それら光学系は通常光路（光軸）を含む同一平面内で一定の幾何学的配置が達成されるように組み立てられており、これを分光器とよぶ。WDXのうち、走査型装置とよばれるタイプは、分光器による機械的動作によって分光結晶と検出器の幾何学的配置（角度）を連続的に変更（走査）できるようになっている。分光機器で分光角度を測定する機構をゴニオメーター（測角器）とよぶ。走査型装置のゴニオメーターは分光結晶と検出器をそれぞれの角度が θ, 2θ となる関係を保って動作する（図3.16）。一方、分光結晶、検出器が特定の分析線

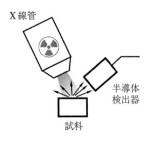

図 3.15 EDXの光学系

3.3 分光・検出部

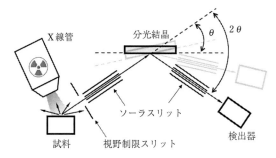

図 3.16 波長分散型装置（WDX）の光学系（平行光学系）

に対して最適となるよう配置された分光器もある．これは固定型分光器（固定チャンネル）とよばれる（図3.3参照）．多元素同時型のWDXは，この固定型分光器を測定線ごとに搭載している．

(i) 視野制限スリット 測定試料は通常，試料ホルダーへセットして装置内へ導入される．WDXではこの試料ホルダーも含めて1次X線が照射されている．視野制限スリットはソーラスリットの前に配置され，試料測定面からの蛍光X線のみをソーラスリットに導く役割をもつ．ダイアフラム，マスク，コリメーターマスクともよばれる．WDXの標準的な分析径は φ28～30 mm であるが，任意の大きさの試料分析に対応できるよう，通常は数種類のサイズの視野制限スリットが用意されている．小径のスリットを選択し，分析面積が小さくなると当然得られるX線強度は減少するため，微量成分などは分析精度に影響を受ける．なお，X線管からの照射X線には強度分布があるため視野制限スリットを変更した際のX線強度の減衰率は分析面積の比には一致しないので注意が必要である．EDXで分析面積を小さくする場合は，X線管と試料との間にコリメーターを入れ照射面積の方を制限している．

(ii) 平行光学系 平行光学系はソーラスリット（平行スリット，コリメーター）と平板分光結晶からなる平行法による光学系で，走査型装置の分光器や固定型分光器に用いられる（図3.16）．試料から発生する蛍光X線はあらゆる方向に放射されているため，ソーラスリットを用いて平行ビームにし分光結晶に導く．さらに分光結晶で回折された蛍光X線もソーラスリットを介して検出器に入射する．

ソーラスリットは，取り出し方向に平行に箔を並べたもので，垂直方向の発散をおさえ，スペクトルの分解能を高める働きをする．したがって，このスリットの長さ，箔間隔，組立精度はスペクトルの分解能，X線強度を大きく左右する．

ソーラスリットの性能は開角（分散角）α で表される．α はスリットの長さ l と箔間隔 S から式(3.4)で定義される．

$$\alpha = \frac{2S}{l} \quad (3.4)$$

開角 α を小さく（スリット長さ l を長く，または箔間隔 S を小さく）すれば分解能は向上するが，X線強度は減少する．このように分解能とX線強度はトレードオフの関係にある．実際の装置では，通常箔間隔の異なる（狭い：高分解能，広い：高感度）ソーラスリットが数種類取り付けられており，分析時は箔間隔の違い（例えばコーススリットとファインスリットなどと表示）で選択する仕様になっている．軽元素のように感度をあげることが優先される場合は，箔間隔の広いスリットを用い，スペクトル線が近接している重元素領域では，分解能を向上させるため箔間隔の狭いスリットを使用する．

(iii) 集中光学系 集中光学系は湾曲結晶とスリットを組み合わせた集中法による光学系をいう．湾曲結晶は集光効率に優れるが，波長と分光結晶の曲率の関係を固定させる必要があるため，多元素同時型装置の固定型分光器の光学系に用いられる．

集中光学系にはヨハン型，ヨハンソン型，ロガリズミック・スパイラル型（ログ・スパイラル型）があるが，蛍光X線分析では結晶の反射強度と分解能の点からヨハンソン型とログ・スパイラル型が利用されている（図3.17）．

(iv) 偏光光学系 ある面に対し自然光を入射する際，入射角度を垂直方向から変化させていくと，反射面（入射光と反射光がなす面）に平行な振動成分であるp偏光と反射面に垂直なs偏光では反射率が異なり，p偏光には反射を生じない入射角が存在する（図3.18）．これをブルースター角（偏光角）とよぶ．ブルースター角（θ_b）は式(3.5)のように媒質0，媒質1の屈折率の比で表される．

$$\tan \theta_b = \frac{n_1}{n_0} \quad (3.5)$$

ここで，n_0 は媒質0の屈折率，n_1 は媒質1の屈折率である．物質のX線に対する屈折率はほぼ1であるので，式(3.5)からX線の場合のブルースター角は45°となる．したがってX線を入射角45°で入射する

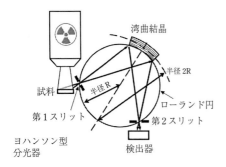

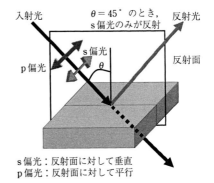

図 3.19 s 偏光の反射

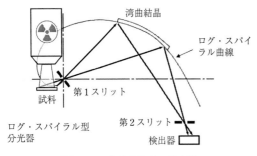

図 3.17 集中光学系の分光器

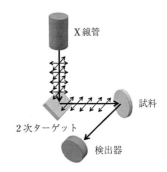

図 3.20 偏光光学系の 3 次元配置

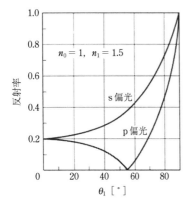

図 3.18 光の反射率の入射角度依存性[9]
図は空気（屈折率 $n_0=1$）とガラス（屈折率 $n_1=1.5$）の界面の例．ブルースター角は 56.3°．

と p 偏光の反射率は 0 となり s 偏光の一部のみが反射される（図 3.19）．

2 次ターゲットを用いた EDX などで図 3.20 のように X 線管，2 次ターゲット，測定試料，検出器をそれぞれブルースター角となるように入射角 45°，取出角 45° として 3 次元的に配置すると，2 次ターゲットからは s 偏光の X 線が放射し，試料には p 偏光となって照射されるため，バックグラウンドの原因となる散乱線が著しく減少し，S/N 比のよい蛍光 X 線の測定が可能となる．これを偏光光学系という．このような同一平面上にない光学系配置はカルテシアン配置とも呼ばれる[10]．4.6 節にも偏光光学系の解説がある．

b. 試料測定面の高さと強度変化

WDX では，試料からの蛍光 X 線を平行ビームとして分光結晶に導く必要があるため，X 線管－試料測定面－ソーラスリットの位置関係は，高い精度で再現される必要がある．試料への照射 X 線強度は，ターゲットの焦点と試料との距離の 2 乗に反比例するため，測定面に高さ変動があると観測される蛍光 X 線強度は影響を受ける．実際には測定面の高さが変わると照射 X 線強度だけでなく照射領域，検出領域も変わるため測定面の位置と X 線強度の関係は単調な変化とはならない（図 3.21）．これを距離特性という[1]．

試料高さによる強度変動が大きいと，試料測定面の平面性に起因する誤差が大きくなる．例えば，ガラスビード法で分析試料を作製する場合に，鋳型のルツボが歪んでいるとガラスビードの測定面がわずかに曲面となってこれが試料高さの変動として分析誤差となりうる．この距離特性は，機種，取り出し角，測定径，測定線といった測定条件によっても異なる[11~13]た

3.3 分光・検出部

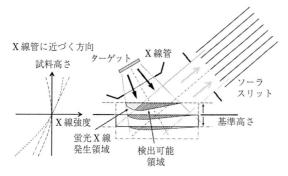

図 3.21 試料高さと X 線強度の変化

め，高い精度で分析するためには試料調製とその再現性が重要となる．WDX は分析面積も大きいことから試料前処理は注意深く行う必要がある．

c. 分光結晶とその選択

X 線のもつ粒子性と波動性のうち波動性を利用し，単結晶による回折現象を用いて分析に必要な元素の分析線だけを分離するのが分光結晶（分光素子）である．分光結晶による分光の原理については 1.6.2 に詳しく解説されている．

試料から発生した蛍光 X 線はブラッグの条件式(3.6)によって，ある回折角 θ で式(3.6)を満たす波長 λ の入射 X 線だけが回折され，2θ に配置された検出器へ入射する．

$$2d \sin\theta = n\lambda \quad n=1, 2, 3 \cdots, n \quad (3.6)$$

このとき n が 1 の回折線を 1 次線とよび分析に用いる．しかし n が 2 以上，すなわち目的の分析線の波長に対し 1/2, 1/3, …の波長をもつ X 線（分析線の整数倍のエネルギーをもつ X 線）も回折され検出器へ入射する．これは高次線とよばれ，バックグラウンドの増大・変動など測定時の妨害となる．高次線は分光結晶を用いる WDX に固有の妨害線であるが，後で述べる波高分析器を適切に設定することで影響を軽減することができる．

(i) 種 類 分光結晶は，分析対象とする蛍光 X 線の波長領域に応じたものを使用する（表 3.2）．また，分析目的に応じて，標準設定された分光結晶とは分解能や反射強度（感度）の異なる分光結晶を選択する．走査型の WDX では F から U までの元素範囲の測定が標準仕様となっている．この元素範囲の蛍光 X 線を分光するために 4 つ（LiF(200), PET, Ge, 多層膜分光素子）ないし 3 つ（LiF(200), PET, 多層膜分光素子）の分光結晶が搭載されている．これら分光結晶では高感度型が選択できる場合もある．高感度型結晶は，光軸面と垂直方向（分光結晶の短辺方向）に分光結晶を湾曲させた湾曲型結晶で，ソーラスリットの箔に平行な散乱成分も回折し検出器に導くことで感度を向上させている．高角度で使うほど効果が高く，平板結晶に対し 20％ から 30％ ほど感度が向上する[1]．

Be から O といった軽元素は，X 線の波長が長いことから大きな格子面間隔をもった分光結晶が必要となる．しかし，単結晶では適切なものがないため，重元素からなる反射層と軽元素からなるスペーサー層を積

表 3.2 走査型 WDX で用いられる代表的な分光結晶

原子番号 K線 L線	4 Be	5 B	6 C	7 N	8 O	9 F	11 Na	12 Mg	13 Al	14 Si	15 P	16 S	17 Cl	19 K 48Cd	20 Ca 56Ba	22 Ti	23 V	24 Cr	25 Mn	26 Fe	27 Co	28 Ni 74W	29 Cu 82Pb	30 Zn	33 As	~60 ~Nd	名称	分子式	2d (nm)	備考
LiF (200)	*													◎	◎	◎	◎	◎	◎	◎	◎	◎	◎	◎	◎	◎	フッ化 リチウム	LiF	0.4027	分解能・反射強度にすぐれる
LiF (220)																○	○	○	○	△	△	△	△	△	○		フッ化 リチウム	LiF	0.2848	上記より分解能にすぐれる
LiF (420)																				△	△	△					フッ化 リチウム	LiF	0.1081	上記より分解能にすぐれる
Ge	(*)								◎	◎	◎	◎	△	△													ゲルマニウム	Ge	0.6532	2 次線を反射しない
Graphite										○	○	○															グラファイト	C	0.6708	Ge の約 3 倍の感度
PET	*								◎	◎	◎	◎	○	△	△	△											ペンタエリ トリトール	C(CH$_2$OH)$_4$	0.8740	熱膨張係数が大きい・潮解性あり
InSb										◎																	インジウム アンチモン	InSb	0.7480	PET の約 2 倍の感度
TAP							◎	◎	◎																		フタル酸 タリウム	TlHC$_8$H$_4$O$_4$	2.5763	潮解性あり
多層膜分 光素子		*			○	○	◎	◎																			人工累積膜		約 3~20	分析元素ごとに膜構成・2d 値が異なるものを使い分ける 高次線を反射しないものもある
			○	○	○																									
		○	○																											

◎：最適，○：良，△：使用可　　*：標準搭載結晶　　同時型装置では分光角度の制約や反射強度から異なる分光結晶を用いることがある．

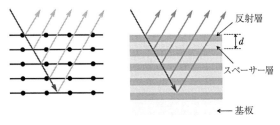

図 3.22 多層膜分光素子

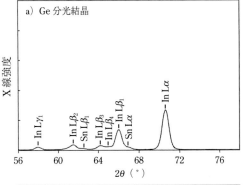

層することで，回折格子を模した多層膜分光素子（人工累積膜）を分光素子として用いる（図3.22）．多層膜分光素子は，分解能はそれほど高くないものの，反射層・スペーサー層の膜厚を変更することで波長に合わせて $2d$ 値を自由に設計でき，さらに構成元素の組み合わせを変更することで，長波長X線に対する反射強度をより向上させることも可能である．

多層膜分光素子では，反射層，スペーサー層の膜厚比を1:1にすると2次線が互いに打ち消し合って消滅する．この条件では，4次線，6次線も同様に消滅する．また，膜厚比を1:2にすると3次線，6次線，9次線が消滅する[14]．このように，成膜時に膜厚比を制御することで高次線を反射しない機能を付加することもできる．

多層膜分光素子は，化学的な耐性や温度特性に優れるため，従来型分光結晶に対する代替素子としての開発も行われている．現在はTAPに相当する分光素子が市販されており，高い安定性や高次線反射低減機能をもつため現行の走査型装置では各社とも多層膜分光素子に置き換えている．多層膜分光素子は現在も改良が行われており，長波長X線の検出感度は今後も向上が期待できる．

(ii) 分光結晶の選択　装置では，通常分析するX線の波長ごとに最適な分光結晶が設定されており，分析線を選択すれば分光結晶は自動で選択される．しかし，波長（スペクトル線）によっては複数の分光結晶を選択することができ，分析目的に適した分光結晶を選択することで精度の高い分析が行える．

分光結晶の分解能（角度分解能）はブラッグの式を微分して

$$\frac{d\theta}{d\lambda} = \frac{n}{2d\cos\theta} = \frac{\tan\theta}{\lambda} \quad (3.7)$$

で表される．これは 2θ が大きく，$2d$ 値が小さい方が分解能がよいことを示している．したがって，同じ波

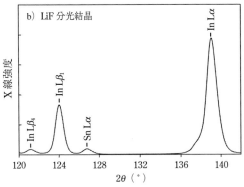

図 3.23　分光結晶による分解能の違い

長の分析線であれば高角度で分光可能な分光結晶を用いた方が高分解能で測定できる．表3.2のLiF(200)，LiF(220)ではLiF(220)の方が $2d$ 値が小さく分解能ではすぐれる．しかし，反射強度はLiF(200)の方がLiF(220)より強いため，実際の選択は測定精度との兼ね合いで決定する必要がある．また，PからCaの元素範囲では，複数の分光結晶で分光が可能であるが，P，SではGeの方がPETに比べ感度が高い．K，CaではLiF(200)をPC（比例計数管）と組み合わせて用いると，Geに比べて数倍感度よく測定できる．なお，Geは2次線を反射しないという特性ももつ．

図3.23にGeとLiF(200)を用いてITO膜を測定した場合の定性チャートを示す．ITO膜の膜厚組成分析では，InとSbの測定にL線を使用するが，それぞれ隣り合った元素のため，スペクトル線が近接する．LiF(200)を用いるとピークが明瞭に分離でき，重なりの影響なく測定が可能となる．図3.23のa）とb）は強度の目盛も合わせてあり，反射強度の違いも明らかである．

測定スペクトルの分解能や感度は，測定時に選択したソーラスリットや管電流・管電圧にも大きく依存す

表 3.3 分光結晶に影響を与える物質

	物 質 名	化 学 式
表面を侵す試料	ステアリン酸	$CH_3(CH_2)_{16}COOH$
	サリチル酸	HOC_6H_4COOH
	尿素	H_2NCONH_2
	リン酸二カリウム	K_2HPO_4
	リン酸二カリウム(三水塩)	$K_2HPO_4 \cdot 3H_2O$
	リン酸三カリウム	K_3PO_4
	リン酸三カリウム(三水塩)	$K_3PO_4 \cdot 3H_2O$
	安息香酸	C_6H_5COOH
	アジピン酸	$(CH_2)_4(COOH)_2$
	シュウ酸	$HOOCCOOH$
表面に大きく影響を与えない試料	マレイン酸	$HOOCC_2H_2COOH$
	ハイドロキノン	$C_6H_4(OH)_2$
	レゾルシン	$C_6H_4(OH)_2$
	クエン酸	$C(OH)(COOH)(COOHCH_2)_2$
	アセトアニリド	$C_6H_5NHCOCH_3$
	無水フタル酸	$C_6H_4(CO)_2O$
	過硫酸カリウム	$K_2S_2O_3$
	ピロ硫酸カリウム	$K_2S_2O_7$
	ピロ亜硫酸カリウム	$K_2S_2O_5$
	亜硫酸カリウム	$K_2SO_3 \cdot 2H_2O$
	メタリン酸カリウム	$(KPO_3)_n$
	リン酸一カリウム	KH_2PO_4
	ピロリン酸カリウム	$K_4P_2O_7$
	四ホウ酸カリウム	$K_2B_4O_7 \cdot 4H_2O$
	硝酸カリウム	KNO_3
	亜硝酸カリウム	KNO_2
	テレフタル酸	$C_6H_4(COOH)_2$
	酒石酸	$[COOHCH(OH)]_2$

る．したがって，実際の測定ではこれらの組み合わせを検討し，総合的に測定条件を判断することが必要である．

d. 分析時および取り扱い上の注意点と保守方法

WDX は試料から検出器までの光路が長いため，発生した蛍光 X 線は光路の内部雰囲気による吸収の影響を受け，強度が減衰する．波長の長い軽元素ほど吸収の影響が大きく，光学系の雰囲気は分析上重要である．その影響については 4.7 節を参照されたい．

分光結晶に入射した蛍光 X 線が分光結晶を構成する元素を励起し蛍光 X 線を発生させ，これが検出されることがある．TAP 結晶では Tl の M 線，Ge 結晶では Ge の L 線が発生しバックグラウンド成分となるため，特に微量成分を定量分析する場合には注意する．これらの妨害成分は波高分析器を適切に設定することで除去することができる．

PET や TAP といった分光結晶は，表面が化学的に変質しやすく，大気中に放置すると反射強度の低下，分解能の劣化が起きる．特に，TAP は水分の影響を受けやすく，装置を使用しない場合でも分光室内を真空に保っておく必要がある．長期間装置を停止する場合には，定期的に装置を立ち上げ真空引きを行った方がよい．なお，結晶表面の劣化は測定試料によっても引き起こされる．アルカリや酸，低温(100℃程度)で昇華する試料の分析は避ける．結晶表面に影響を与える可能性のある物質については表 3.3 に示した．分析の必要がある場合は，高分子フィルムで覆う，出力を下げて測定する，短時間で測定する，などを行うとよい．

分光結晶の格子面間隔は，熱膨張の温度依存性があり，$2d$ 値の変化によって分光角度が変化する．PET は熱膨張係数が特に大きく，±5℃変化すると X 線強度が 34.5 % 減少するとのデータも示されている[1]．このため装置は恒温化機構による温度管理がされてい

る．完全にシャットダウンした状態から装置を立ち上げた場合（コールドスタート），使用可能になるまで数時間かかることがある．

多層膜分光素子を用いてB，Cといった元素の長波長X線を測定する場合，一般の天然結晶に比べて分解能が劣り，バックグラウンドが高い．B，C用分光素子では，素子の層内で生じる散乱や吸収端の影響でBKα，CKαの2θ角度近傍にピーク状のバックグラウンドが観察される．したがって，測定品種ごとのブランク試料との比較なしに測定試料中にBやCが含有されているか否かを判断するのは困難と考えた方がよい．

3.3.2 検出器

検出器は，試料から発生した蛍光X線を適切な物質と相互作用させることで電荷に変換し，電気パルスとして出力する機能をもつ（パルス計数型検出器）．入射したX線光量子1個につき1つのパルスが出力され，このパルスの波高（電圧）は入射X線のエネルギーに比例する．出力されたパルスは後段の信号処理回路により加工・選別され計数される．パルスの波高からスペクトルの判別つまり定性分析が可能である．実際にパルス波高でスペクトル線の判別を行えるのはEDXであり，WDXでは分光角度でスペクトル線の判別を行う．単位時間あたりに出力されるパルスを計数することで蛍光X線強度を得ることができ，定量分析が可能となる．

蛍光X線分析装置に用いられる検出器は，比例計数管（PC），シンチレーション計数管（SC），半導体検出器の3種類である（表3.4）．半導体検出器は，検出器に入射した蛍光X線に対するエネルギー分解能がPCやSCと比較して非常に高い．そのため，分光素子を用いなくても入射X線を実用的なレベルでスペクトル判別可能である．検出器だけで入射X線のエネルギーを電気的に弁別できることからEDXの検出器として用いられる（図3.24）．PCとSCは，半導体検出器よりエネルギー分解能が低く，蛍光X線スペクトルの弁別には向かないため，分光結晶と組み合わせることで分光された蛍光X線を計数するための機器としてWDXで用いられる．

検出器のエネルギー分解能は，X線の入射によって検出器内部で生じる電荷（光電子や電子-正孔対）の個数nの統計変動に依存する．電荷の数nの標準偏差は$\sqrt{n}$で表されるので（第16章参照），変動係数$\sqrt{n}/n$が小さいほど，つまりnが大きいほど，エネルギー分解能は高くなる．検出器にFeKα線（6.4 keV）が入射した場合，半導体検出器（Si(Li)検出器）では約1700個の電子-正孔対が生じるのに対し，PCは約240個のイオン対，SCでは約24個の光電子が発生する．実際のエネルギー分解能は，電荷生成の揺らぎや周辺回路の要素も含まれるため，この比率通りにはならないが，検出器によるエネルギー分解能の違いは，理解できるであろう．

a. シンチレーション計数管（SC，Scintillation Counter）

(i) 原理 SCは固体の蛍光作用を利用した検出器であり，蛍光体（シンチレーター）と光電子増倍

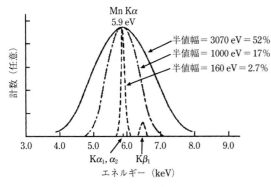

図3.24　検出器の分解能比較[14]
実線：シンチレーション計数管，1点破線：比例計数管，破線：Si(Li)半導体検出器

表3.4　蛍光X線分析装置で使用される検出器

検出器	検出するX線の波長		媒体	原理	装置
	短波長（重元素）	長波長（軽元素）			
比例計数管（PC）		○	気体	イオン化作用	WDX
シンチレーション計数管（SC）	○		固体	蛍光作用	WDX
半導体検出器（SSD，SDD，Si-PIN）	○	○	固体	イオン化作用	EDX

管で構成される（図3.25）．内部に光電子増倍管を用いているため，可視光の進入を防ぐため入射X線窓に金属ベリリウムの薄膜が用いられている．蛍光体は微量のTlで活性化されたNaI単結晶が用いられる．NaIは潮解性があるためガラスで封止されている．

NaI結晶にX線が入射すると電子-正孔対が発生しTlを励起する．励起されたTlは約3eVの蛍光を発生して基底状態に戻る．この発光量（＝光子数）は入射X線のエネルギーに比例する．発生した蛍光が次に光電子増倍管の光電陰極面に入射すると光電子が発生する．光電子は後続の10段前後のダイノードによって$10^5 \sim 10^7$倍に増幅され陽極に達しパルスとして出力される．蛍光体の発光量と入射X線のエネルギーは比例関係にあることからエネルギーの選別が可能である．

入射X線に対するNaIのシンチレーション効率は約11%[16]で，FeKα（6.4keV）はNaI中で3eVの光子を$6400/3 \times 0.11 = 235$個発生させる．しかし，光電陰極面での量子効率（約20%）と光子が陰極面へ達するまでの減衰を合わせると，結果として光電子の発生効率は約10%と低いため，ほかの検出器に比べエネルギー分解能が劣る．

NaIの発光寿命は230〜250nsである．蛍光体の発光寿命はSCの応答速度を左右する要素の一つであり，発光寿命が短ければより高計数率の測定が可能となる．SCは雑音が高いため，波長が0.3nmより長くなるとシグナルの波高がノイズと同程度となり選別が難しくなる．したがって，測定波長領域は0.02〜0.3nm（目安としてSc〜U）である．

(ii) 分析時の注意および取り扱い上の注意点 高含有率成分の分析など，高強度の入射X線に対しては数え落としが発生する．SCの計数直線性から，通常は1000〜1800kcps以下で使用する．計数率の上限は計数回路の仕様によって異なるので，使用装置の計数率はよく確認しておく．高強度のX線が発生する試料の場合は，装置の仕様に合わせ，アッテネーター（減衰機構）を使用する，管電流を下げる，測定径を小さくする，測定スペクトルを変更する，1次X線フィルターを減衰板として使用する，などの測定条件の変更を検討し，適切な強度で検出器にX線が入射するよう条件設定する．

SCのエネルギー分解能は40〜60%である．分解能が低下してきた場合，CuKαで60%程度が使用の限界である．

b. 比例計数管（PC, Proportional Counter）

(i) 原理 PCは，入射X線による計数管ガス（不活性ガス）のイオン化現象を利用した検出器である．蛍光X線分析では，一般に波長の長い（低エネルギーの）軽元素領域のX線の検出に使用される．比例計数管には，計数管ガスを流しながら使用するガスフロー型比例計数管（F-PC）とX線入射窓に金属箔を用いて計数管ガスを封入した封入型比例計数管（S-PC）があり，一般にそれぞれ走査型装置，多元素同時型装置の検出器に用いられている．なお，S-PCはX線入射窓に金属箔を用いているため，約1keV以上（Na以上）の蛍光X線の検出に用いられる．最近では，X線入射窓に特殊高分子フィルムを使用したS-PCもあり，この場合は1keV以下の蛍光X線も測定できる．PCの原理はどちらも同じであるため，ここではF-PCについて解説する．

F-PCは計数管ガスとして一般にPRガス（90%Ar＋10%CH$_4$の混合ガス）を用いている．PCに入射した1個の入射X線は，そのエネルギーの大小に応じた数のAr原子をイオン化し，発生した電子は正の高電圧が印加された芯線（陽極：PtまたはW）へ向かって移動する．このとき，芯線近傍でほかのArを次々とイオン化してねずみ算的に増幅し（電子なだれ），芯線に到達すると1個のパルス電流として出力される（図3.26）．電子なだれによる2次的電離は一定の増幅率（$\sim 10^4$）で起こるため，結果的にこのパルスの平均電圧（平均波高値）は，入射X線のエネルギーに比例することになる．電子なだれによるガス増幅は，計数管に印加する電圧とガスから電離するイオン数の関係のうち比例領域で生じることから，比例計数管とよばれる．

電子なだれによる2次電子の発生は紫外線の発生を伴うが，CH$_4$ガスはこの紫外線に対して強い吸収を示し，励起エネルギーを放出する前に解離する．したが

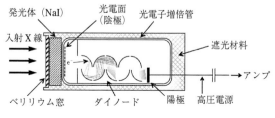

図3.25 シンチレーション計数管の構造

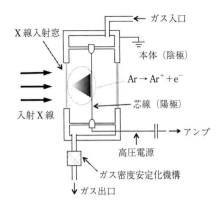

図 3.26 比例計数管の構造

って，CH_4 ガスは，放電抑制物質として放電の安定化および後続放電防止の役割をしている．この CH_4 ガスはクエンチングガスとよばれる．

計数管ガスは，温度や気圧によって密度が変化する．密度変化が生じると，計数効率や波高値が変動し，X線強度の変動を引き起こす．したがって，F-PC には通常温度や気圧の変化に応じて流量を制御するガス密度安定化機構が付属している．

(ii) 分析時の注意および取り扱い上の注意点　入射X線が計数管ガスの励起エネルギーより高エネルギーの場合，ガス元素の蛍光X線が発生する．これが計数管内部で吸収されずに外部へ逃げると入射X線エネルギーからガス元素の蛍光X線のエネルギー分だけ低いエネルギーのパルスを発生する．このパルスは波高分布曲線でピークの形をとって現れるが，これをエスケープピークという．一般にエスケープピークは小さく，さらに PC のエネルギー分解能が高くないことから，明瞭に判別できる場合は多くないが，たとえば，Ca を主成分とする試料中の微量 Mg 分析には，高計数の高次線（3次線）が入射するため，エスケープピークが生じ分析値に影響を与える．この場合は，波高分析器の設定変更や重なり補正が必要になる．しかし，高次線を反射しない分光素子を用いれば，エスケープの発生そのものを防ぐことができる．PC の計数率の上限は，一般に 2000 kcps から 3000 kcps である（S-PC では 4000 kcps が上限のものもある）．高計数の入射X線に対しては，SC と同様測定条件を変更して数え落としが生じない計数率範囲で使用する．

F-PC は，軽元素波長領域のX線検出に対応するため，検出器の分析窓にX線透過率の高い極薄の高分子フィルム（ポリプロピレンやポリエステル膜）を使用している．高分子フィルムは，ピンホールなど気密性に限界があるため，計数管ガスを封入して使用することができない．計数管ガスを流しながら使用するのはこのためである．計数管ガスは装置を使用していないときは流量を下げてもよいが，基本的には流し続けておく必要がある．電源をオフにし PR ガスも止めてしまうと，比例計数管内が分光室内の真空雰囲気に近くなり，その後電源を入れ検出器に高電圧がかかると放電して検出器が壊れる可能性がある．また，電源オフの状態でさらに放置すると分光室内に空気が流入して大気圧になる．その結果，負圧によって検出器窓が破れる可能性もある．

F-PC は，長期間使用していると波高分布曲線のゆがみや分解能の低下が生じる．これは計数管ガス中の CH_4 の分解生成物や不純物が芯線に付着するためである．このような場合は芯線のクリーニングや交換が必要となる．また，真空とリークを繰り返すなどして分析窓が破れた場合は交換する．

c. 半導体検出器（SSD, Solid State Detector）

(i) 原理　X線による電離現象（イオン化現象ともいう．電子-正孔対を生成する）を利用した検出器である．比例計数管と異なり固体（半導体）を媒体とする．入射X線の電離作用によって半導体中に電子-正孔対が発生することで半導体の電気伝導度が変化する（光伝導現象）ため，X線を電気信号として取り出すことができる．

半導体検出器には高純度の Si に Li をドープしたリチウムドリフト型シリコン検出器（Si(Li)）が広く用いられてきたため，市販の EDX で用いられる半導体検出器，SSD の呼称はほぼ Si(Li) 検出器を意味していた．現在，EDX で用いられる半導体検出器は，後述のシリコンドリフト検出器（SDD）やシリコン PIN ダイオード検出器（Si-PIN）が主流となっているが，一般名称であるはずの SSD はこれらに対しては用いられない（14.6 節参照）．

半導体検出器は，気体より密度が高い固体を用いることで X 線との相互作用の確率が高くなり，気体を用いる比例計数管より小型・高感度となるのが特徴である．Si の場合，電子-正孔対の生成に必要なイオン化エネルギーは 3.8 eV と気体（約 20～28 eV：Ar で 26.4 eV）より小さいため，同じ入射X線エネルギーに対し 5～8 倍近い電荷が生成される．たとえば Fe

Kα線（6.4 keV）が入射した場合に生成される電子-正孔対数を PC（PR ガス使用）と比較すると，PC が 6400/26.4＝242 個であるのに対し半導体検出器では 6400/3.8＝1684 個となる．半導体検出器で生成された電子-正孔対は，移動度が高い（気体の約 1000 倍）ため，比例計数管の気体増幅のような大きな増幅は不要となる．その分得られるパルス信号は微弱となるが，増幅によるゆらぎの影響がない．また，生成された電子-正孔対を電極に集める時間は比例計数管の約 1/10 のため，S/N 比は約 10 倍となる．これらの結果，統計変動が抑えられ比例計数管やシンチレーション計数管に比べ非常に高いエネルギー分解能が得られる．

半導体の空乏層（i 層：電子や正孔の存在しない部分）にX線が入射すると，電子が価電子帯から伝導帯へと励起され，入射X線のエネルギーに比例した数の電子-正孔対が生成する．この電子-正孔対が再結合する前に印加電圧によって掃引し，電極から電荷パルスとして取り出すのが半導体検出器の基本原理である．結晶内に不純物などがあると，生成された電子-正孔対がトラップされてしまう．このため，電子-正孔対の移動速度をあげる目的で高電圧を印加するが，このときのもれ電流を小さくするため高抵抗の半導体結晶が必要となる．したがって，半導体結晶は，高抵抗で電子の移動度が高く，不純物の少ない物質が適している．また，X線との相互作用の点からは，密度が大きく，動作温度（冷却）の点ではバンドギャップ（禁制帯：伝導帯と価電子帯の間の領域）の大きな素材が適する．半導体結晶の厚さ（有感層の厚さ）は，特に高エネルギーの入射X線に対する検出効率（変換されたパルス数/入射X線光子数）を左右するため，厚く均質な結晶が得られるかどうかも重要である．

半導体検出器素子はパッケージ内に収められており，蛍光X線は分析窓を介して素子に入射する．分析窓には通常金属ベリリウムの薄膜が用いられており，半導体検出器の検出効率はこの分析窓の厚みにも依存する（図 3.27）．ベリリウム窓を用いた一般的な半導体検出器では，ベリリウムによる吸収の影響のため，軽元素からの低エネルギー蛍光X線の検出効率が悪くなる．そのため，分析可能元素は通常 Na からとなる．

(ii) リチウムドリフト型シリコン（Si(Li)）検出器 検出器の半導体素材としては Si，Ge が一般的であるが，通常の純度では有感層となる空乏層を厚く

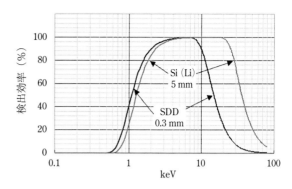

図 3.27 半導体検出器の検出効率
検出器のベリリウム窓厚は，Si(Li)：12.5 μm，SDD：8 μm．図中素子名の下は素子厚を示す．

することが難しい．そこで p 型半導体に Li$^+$ を熱拡散させ，その後電圧をかけ Li$^+$ をドリフト（電界によるキャリアの移動を特にドリフトという）させて p 型半導体中のアクセプタ原子とイオン結合させて電荷を補償すると，見かけの真性領域（空乏層）を形成させることができる．このようにして厚い有感層をもつのが，リチウムドリフト型半導体検出器である．リチウムドリフト型では Si(Li) が X 線エネルギー領域での検出効率，エネルギー分解能，時間分解能にすぐれた検出器として普及した．図 3.28 に Si(Li) 検出器の基本構造を示す．

Si(Li) 検出器では，Li の移動度が大きく常温で容易に拡散してしまう．その再拡散を防ぐためと前置増幅器初段の増幅用トランジスタ（電界効果型トランジスタ：FET）からの熱ノイズを除くため，検出器と FET を常に液体窒素で冷却する必要がある．現在は検出器の作成技術の向上で Li の再拡散が起こりにくいタイプも作成されており，この場合は使用時のみ冷却すればよい．また，常温で高電圧がかかると検出器が破壊されるため温度をモニターする保護回路も搭載されている．冷却された検出器は冷却トラップとなり，微粒子などを吸着してしまうため，一般に検出器は高真空のパッケージ内に収められている．X線はベリリウムの入射窓を通して入射する．通常素子は数 mm（〜5 mm 程度）の厚みをもち，5〜20 keV（V〜Xe）では検出効率はほぼ 100％ である．Si(Li) は厚い素子による検出効率と低い熱雑音という利点があるが，計数率の上限は 10^4 cps 程で高くない．

Si(Li) 検出器システムの一般的な構成としては，液体窒素容器（デュワー），真空容器（クライオスタッ

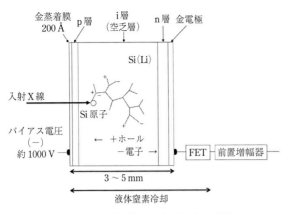

図 3.28 半導体検出器（Si(Li)）の構造

ト），検出器，初段 FET となっており，検出器の大きさに対して液体窒素容器，真空容器の占める部分が大きい．デュワーとクライオスタットは断熱のための真空容器で，デュワーと接続された銅製の棒（コールドフィンガー）によって検出器が冷却される．

(iii) 高純度型（HP）検出器 Li によって見かけの真性領域（空乏層）を得る Si(Li) 検出器に対し，本来の真性領域を用いるのが高純度型で，eleven nine から twelve nine の高純度 Ge を用いた HP-Ge 検出器がその代表である．現在は数 mm の有感層をもつ HP-Si 検出器も開発され市販装置に用いられている[17]．Si，Ge ともにバンドギャップが小さいため，もれ電流を減少させるために測定時に液体窒素で冷却するのは Si(Li) 型と同様である．高純度型の場合，冷却は測定時のみでよい．

取り扱いや検出器システムの構成は Si(Li) 検出器と同じである．

(iv) Si-PIN フォトダイオード検出器 PIN フォトダイオード検出器は，Si(Li) と同様に p-i-n 型の構造をもつ半導体で，i 層が真性半導体である点が Si(Li) と異なる．シリコンウェーハ表面に電極となる p 型，n 型半導体を形成して製作する．素子厚は薄く（～500 μm）高エネルギー X 線の検出効率は高くない．計数限界は Si(Li) と同等の 10^4 cps である．冷却はペルチェ素子による電子冷却レベル（～-20 ℃）でよい．Si-PIN 検出器はシリコンウェーハを用いる通常の半導体プロセスで作成でき，安価かつコンパクトなため，比較的低価格の EDX やハンドヘルド型で用いられる．

(v) SDD（Silicon Drift Detector） SDD は Si-PIN フォトダイオード素子の表面上にリング状の電極を刻み，素子の中心に小さな陽極（アノード）を配置してその近傍の素子上に直接初段 FET を製作した検出器である（図 3.29）．素子中心の陽極に向かって電位勾配が形成されるようリング状の電極に電圧を印加すると，すり鉢状の内部電界のため，X 線の入射によって発生した電子は陽極に向かってドリフトして収集される．陽極を小さくすることで検出器容量が小さくなり，検出する信号の S/N 比が向上する．また，得られるパルス波高（信号電圧）が大きくなり，パルス幅（減衰時間）は短くなる．さらに，初段 FET が素子に一体化されているため，浮遊容量や熱ノイズに起因する検出器－FET 間ノイズが少なく，音や振動によるノイズにも強い．結果として Si(Li) 検出器と比較して高エネルギー分解能・高計数率（10^5 cps 以上）であることが大きな特徴である．また，SDD では検出器のもれ電流が小さいため，ペルチェ素子による冷却（～-20 ℃）で動作する．

SDD の素子厚は 0.45 mm から 0.5 mm 程度と薄いため，高エネルギーの X 線は素子を通過しやすく，図 3.27 のように高エネルギースペクトルの検出効率はそれほど高くない．一方，X 線入射窓のベリリウム膜は Si(Li) のベリリウム膜に比べて薄いため，軽元素の検出効率は Si(Li) より高い．現在は入射窓に特殊高分子膜を用いて C の検出を可能としたパッケージも市

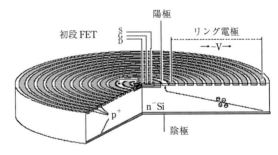

図 3.29 SDD の基本構造[18]

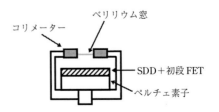

図 3.30 SDD 検出器のパッケージ構成

販されており，このタイプを搭載した装置もある．

SDD検出器は，検出器素子，初段FET，ペルチェ素子で構成されるパッケージとなっており（図3.30），冷却に液体窒素を用いないため，Si(Li)検出器のシステムに比べて装置をよりコンパクトにできる．SDDは液体窒素を使用しない簡便さと高計数率の特長から現在ではハンドヘルド型の上級機を含めEDX用検出器の主流となっている．

(vi) 分析時および取り扱い上の注意点と保守方法

半導体検出器の特性から，入射X線による疑似ピークが生じ，これが妨害ピークとなることがある．これら疑似ピークにはサムピーク，エスケープピークがある．

半導体検出器に高計数率のX線が入射した場合，プリアンプの信号処理時間より小さな時間間隔で入射した2つのX線は1つの信号として出力され，結果としてそれらのエネルギーの和に相当するパルスを生じる．これをサムピークという．高強度でエネルギーの異なる入射X線が複数あればサムピークはその組み合わせ分だけ生じうる．たとえば，E_1，E_2のエネルギーをもつ2つの入射X線の場合，生じうるサムピークは$2E_1$，$2E_2$，E_1+E_2のエネルギーをもつ3つとなる．エスケープピークは，入射X線のエネルギーが検出器素子を構成する元素の吸収端より大きい場合に素子の元素を励起することで生じる．素子がSiの場合，発生したSi $K\alpha$線が素子内で吸収されず外部へ散逸するとSi $K\alpha$線のエネルギー（1.74 eV）だけ低いピークが生じる．これがエスケープピークである．

半導体検出器の素子そのものは非常にデリケートなため，衝撃や振動を与えないようにする．検出器はパッケージ化されており，Si(Li)は内部が真空，SDDは窒素ガスないし減圧で封止されている．また，検出器の破損および酸化ベリリウムによる人体への傷害を防ぐため，ベリリウムの入射窓に触れてはならない．

Si(Li)の冷却用液体窒素（LN_2）の管理・取り扱いにも注意が必要である．

検出器のバイアス電圧は，冷却が不十分な状態で一気に高電圧を印加すると検出器の前置増幅器が損傷する．通常は自動制御で印加されるが，そうでない場合は徐々に印加するようにする．

高計数率で使い続ける場合は，劣化や放射線損傷を受ける場合がある．高計数でX線が入射すると素子や前置増幅器がショート状態になって破壊されることがある．計数寿命は10^{12}～10^{13}カウントであり，これは10^4 cpsで使用し続けた場合，数十年はもつ計算になるが[19]，高計数率のX線照射を続ける場合は劣化に注意が必要である．素子上に初段FETが作成されたSDDでは放射線損傷を避けるためFETを素子の端に移動したSD^3とよばれるタイプも作成されている[20]．

3.4 信号処理部（計数回路）

検出器から出力される信号（電荷パルス）は微弱なため，前置増幅器（プリアンプ）で数十倍に増幅し電圧パルスに変換して比例増幅器（メインアンプ）でさらに数千倍（～数V）に増幅・波形整形を行った後，波高分析器へと出力される（図3.31）．図3.31の信号処理部は，古典的なアナログ回路をもとに表示しているが，WDX，EDXともに現在はさまざまな程度にデジタル化が進んでいる．EDXではより高速な信号処理が必要なためDSPを用いたデジタル信号処理が行われる．

EDXは，スペクトルの弁別と計数を高速に行う必要があるが，信号処理回路の設定によってこれらの特性が変わる．なかでも波形整形処理における整形時間（シェーピングタイム）はEDXシステムのエネルギ

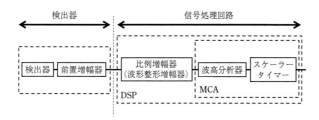

図3.31 信号処理部の概要
MCA，DSPについては本文参照．

一分解能と計数率を左右するパラメータとなっている．EDX は，スペクトルの分解能を上げるためにエネルギー分解能が高いことが望ましいが，整形時間を長く設定するとエネルギー分解能は向上するものの数え落としが発生しやすくなり計数率の上限が下がる．短くすると計数率は向上するが，エネルギー分解能は劣化する．これらはトレードオフの関係にあるので，装置では検出器や信号処理回路の特性に合わせ最適な整形時間が調整されている．

高計数率の入射 X 線の場合，メインアンプの不感時間に起因する分解能の低下が発生する．メインアンプの波形整形時間はエネルギー分解能を上げるため 12～24 μs と長く，高計数の入射 X 線がある場合は，パイルアップ現象を起こす．パイルアップ現象とは，1 つのパルスを整形している間に次のパルスが入るため計数の数え落としが生じるとともに，ベースラインの変動により波高値が変化して分解能が劣化することである．

検出器が 1 つのパルスを出力して次のパルスを出力できるまでの時間を不感時間（デッドタイム）とよぶ．高計数率の場合，この間に入射した X 線は数え落としとなり，真の計数率より低い計数率となる．実際の測定でのデッドタイムは，一般に検出器の不感時間に信号処理回路の分解時間も含んだトータルの不感時間（これを回復時間とよぶこともある）となるが，通常分解時間は MCA 以外では小さい．

真の計数率は，測定した計数率，不感時間およびモデル式を用いて求めることができる．モデルには不感時間に入射した X 線によって不感時間は影響を受けないとする非まひ型（飽和型）と不感時間に入射した X 線によって不感時間がその分延長するとするまひ型（窒息型）がある．それぞれのモデルは計数率 N，真の計数率 N_0 および不感時間 τ を用いて式(3.8)，式(3.9)で表される．

$$N_0 = \frac{N}{1-N\tau} \quad （非まひ型） \quad (3.8)$$

$$N_0 = Ne^{N_0\tau} \quad （まひ型） \quad (3.9)$$

真の計数率が小さければ両式は一致する．まひ型モデルの方がより高計数率まで適用可能である．

比例計数管やシンチレーション計数管の τ は～10^{-7}s 程度であるが，半導体検出器では MCA の分解時間が長く τ は～10^{-5}s 程度となるため，EDX 装置では計数率が 10^4 cps 以下の条件で測定する必要があった．このデッドタイムに対し EDX は実際に計数している時間が設定した測定時間になるまで測定する設定になっている．しかし，高計数率の場合は管電流値を下げるなど適正な計数率範囲となるよう調整することが望ましい．

EDX では，すべての蛍光 X 線が同時に検出器に入射するため，半導体検出器における計数の飽和は微量成分に対する検出下限を左右する制約となる．

3.4.1 波高分析器（PHA, Pulse Height Analyzer）

検出器から出力される信号には，目的元素の蛍光 X 線由来のパルスだけでなく，エスケープピーク，電気ノイズ，さらに WDX では高次線や分光結晶から発生した蛍光 X 線による信号なども含まれる．これらはバックグラウンドとなり S/N 比を悪化させる要因となる．波高分析器は，検出器から出力されたパルスをエネルギー（波高）ごとに選別し，不要なパルス信号を電気的にカットする働きをする．

ここでは，最も基本的な波高分析器であるシングルチャンネル型の波高分析器を例に，WDX における波高分析の機能と分析時の設定のポイントについて述べる．半導体検出器を用いる EDX では，エネルギーの異なる X 線を同時に検出するためそれらの同時処理のために後述のマルチチャンネルアナライザー（MCA）が用いられる．MCA は WDX でも搭載が進んでいるが，

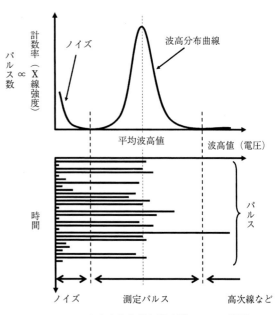

図 3.32 波高分布曲線と検出器パルスの関係

分析時の設定はシングルチャンネル型と同様である．

検出器から次々と出力されるパルスの波高（電圧）を横軸に，パルスの個数を縦軸にとった頻度分布（ヒストグラム）を波高分布曲線（PHA 曲線，微分曲線）とよぶ（図 3.32）．通常は縦軸に計数率（X 線強度）をとる．これは EDX のエネルギースペクトルそのものであるが，WDX の波高分析の場合は波高分布曲線とよんでいる．あるエネルギーをもつ蛍光 X 線が検出器に入射すると，信号出力は測定 X 線のエネルギーに対応した波高値（平均波高値）を中心とした山状の分布（ガウス分布）を示す．このピーク分布の面積＝総パルス数が入射 X 線スペクトルの強度となるため，ピーク分布内のパルスを不足なく計数することが必要となる．なお，WDX の場合，この波高分布曲線のピーク（横軸：波高値）と定性分析のピーク（横軸：2θ 角度）を混同しやすい．WDX での波高分布曲線はある 2θ 角度で回折された蛍光 X 線が検出器で電気信号に変換された際のエネルギー分布を示している．したがって，WDX の定量分析では，目的元素のスペクトルを適切に検出するための測定条件設定として，ピーク角度に対する 2θ 角度の最適化，および強度を正確に計数するための波高分析器の最適化設定をそれぞれ個別に行う必要がある．

平均波高値（波高分布曲線のピーク）は X 線のエネルギーに比例するとともに検出器に印加される高電圧（HV）と比例増幅器の増幅率（ゲイン）にも比例する．検出器に印加できる高電圧は制限があるためこれを一定とすると，比例増幅器のゲイン G と平均波高値 PH は

$$PH = k \cdot E \cdot G \tag{3.10}$$

と表される．ここで E は蛍光 X 線のエネルギー，k は定数である．次に式(3.10)に式(1.1)およびブラッグの式(3.6)を代入すると式(3.11)を得る．

$$PH = k \cdot \frac{12.4}{\lambda} \cdot G = k \cdot \frac{12.4 \cdot n}{2d \sin\theta} \cdot G$$
$$= \frac{k' \cdot n}{2d \sin\theta} \cdot G \tag{3.11}$$

このように，平均波高値はゴニオメーターの角度の関数として表される．このときゲイン G を式(3.12)の関係をもってゴニオメーターの角度に連動させて微小変化させると，ゴニオメーターを走査している間も平均波高値を一定に保つことができる．

$$G = 2d \sin\theta \tag{3.12}$$

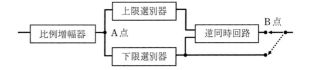

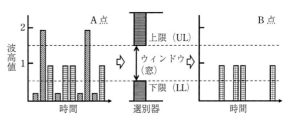

図 3.33 波高分析器の構成と機能

入射 X 線に対してゲインを適当に変化させることで平均波高値を常に一定の値にすると次に説明する波高分析器の条件設定を X 線のエネルギーつまり分析線によらず一定とすることができ，設定が非常に簡便になる．このように波高分布曲線は通常平均波高値が一定になるよう調整されている．

波高分析器の基本的機能は，上限選別器と下限選別器，および逆同時回路とからなる（図 3.33 上図）．上限選別器と下限選別器は，どちらもそれぞれ設定した波高値以上のパルスだけを通過させる回路である．逆同時回路において上限選別器と下限選別器の両者に同時に現れたパルスを消去すると必要な波高範囲のパルスだけを選別することができる（図 3.33 下図）．波高分析器で設定する上限を upper level（UL），下限を lower level（LL）またはベースライン（ベースライン電圧）とよび，この上限と下限の間は PHA 幅やウィンドウ幅（ウィンドウ電圧）とよばれる．上限選別器と下限選別器，逆同時回路を動作させて計数する方法を微分測定とよぶ．シングルチャンネルの波高分析器の場合，図 3.32 の波高分布曲線は，微分測定で PHA 幅を十分に小さくして一定にし，LL を連続的に変化させることによって得ることができる．下限選別器のみを動作させて計数する方法を積分測定とよぶ．

波高分析器の設定

波高分析器の上限（UL），下限（LL）の設定は，WDX の定量分析で重要な条件設定の一つであり，バックグラウンドを低減し，かつ安定した強度出力を得るため適切な設定が必要である．

UL，LL は波高分布曲線のピークをはさみ低エネ

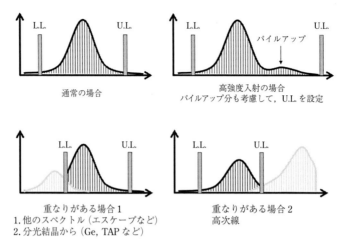

図 3.34 波高分析器の設定例

ギー側の電気ノイズや高次線の影響を受けないように設定する．ただし高次線の強度が強い場合には完全に影響を取り除くことはできない．高次線となる元素の濃度が一定であれば，バックグラウンド成分が一律に高くなるため分析精度への影響はあるものの定量分析に大きな問題は生じない．しかし，濃度が試料によって変動する場合は，分析元素の濃度が一定でも測定強度が変動することになるため，このような場合には測定線の変更や補正などを検討する．

定量分析の条件設定の際は，必ず測定試料を用いてスペクトルを実測し，適切な PHA 幅を設定する．図 3.34 に設定例を示す．特に妨害となるピークが存在しなければピーク分布がすべて入るよう PHA 幅を設定する．検量線を長期にわたって使用する場合は，検出器の分解能の変化によってピークが広がるおそれがあるため，やや広めに設定する方がよい．

測定スペクトルが高強度の場合（主成分元素など高濃度の成分の場合），高エネルギー側に大きくすそを引くパイルアップが検出される．このようなときはパイルアップ分も含めて UL の設定を行う．パイルアップは妨害線である高次線とは異なるので注意を要する．また，高強度の測定の場合，高次線の影響がなければ LL だけ設定した積分測定を行うと安定した強度が得られる．

Ge 結晶を用いて微量の P Kα 線 (2.01 keV) を測定した場合，P Kα 線の波高分布曲線の低エネルギー側に小さなピークが検出されることがある．これは結晶からの蛍光 X 線 (Ge L 線) が検出されているもの

で，この場合はこれを除外するよう PHA 幅を設定する．Ge 結晶や TAP 結晶を用いて微量成分の分析をする場合は Ge L 線や Tl M 線（Na Kα 線 (1.04 keV) の高エネルギー側）由来のピークに注意する．

3.4.2 マルチチャンネルアナライザー (MCA)

ウィンドウ（チャンネル）が1つのシングルチャンネル PHA に対し，複数のウィンドウ（1024 から 4096 チャンネル）でエネルギーごとに同時に選別を行うのが MCA である．MCA はシングルチャンネルの PHA をエネルギーごとに複数集め1つの回路としたものといえる．MCA は一般的にデジタル処理回路を使用しているため AD 変換器 (Analog to Digital converter) とメモリー部からなる．

アナログ量のパルス波高をデジタル量であるクロックパルスに変換する AD 変換は，ウィルキンソン方式が広く用いられている[21]．AD 変換器では入力パルスの波高に応じた電圧でコンデンサに電荷を蓄えこれを一定電流で放電する．電荷が 0 となるまでの時間にクロック信号発生器で生成したパルスを数えることでパルス波高に比例したクロックパルスが得られる．次にこのパルス数に相当するチャンネルが選択され，対応するメモリに記録される．一連のプロセスを設定した測定時間積算することで，エネルギーごとの強度を得る．積算時間（測定時間）については半導体検出器－MCA の特性を考慮すれば入射 X 線を絞って検出器の計数率範囲内に収まるようにし，パイルアップやデッドタイムができるだけ小さくなる計数率で時間をか

けて測定を行うのがよい．しかし，実際に管電流を下げ過ぎると入射X線強度が小さくなるため，今度は統計変動が大きくなって分析精度が悪化してしまう．測定時間については，第4章や第16章を参照して設定するとよい．

MCAでエネルギー弁別されたデータは，収集用プログラムを介してモニター等の画面上に表示され，その後定性および定量分析ソフトにより元素の同定，含有率計算などが行われる．

3.4.3 デジタルシグナルプロセッサ（DSP）

デジタルパルスプロセッサ（DPP）ともいう．従来のアナログ信号処理をデジタル処理に置き換える信号処理専用プロセッサで，メインアンプ（波形整形）とMCAの処理を行う．デジタル処理を行う場合は，前置増幅器からのアナログ信号をまずデジタル変換し，ノイズ除去・平均化・ピーク検出・パイルアップ除去・デッドタイム補正などの処理を行って，後段の高速MCAに伝達する．最近は，回路の小型化，高速化のため，プログラムによって構成を自由に設定可能なFPGA（Field Programmable Gate Array）を用いてDSPの機能を実装する場合もある．

3.4.4 信号処理部の校正

検出器や信号処理系回路では，ガス密度や検出器・FET温度，印加電圧，増幅器の増幅率の変動が生じ，結果として半導体検出器のピークシフト，エネルギー分解能劣化，波高分析器での波高シフトがおきる．これらの変動は，ほとんどが熱による温度変動に起因している．装置内部は通常恒温化機構などによって温度管理がされているが，完全な温度制御は困難であるため，検出器－信号処理系は変動に対する校正が必要となる．校正は通常校正用試料を測定することで行う．校正の頻度は検出器や装置によって異なるので取扱説明書にしたがう．EDXでは，校正用試料の実測スペクトルを用いてチャンネルとエネルギーが一致するよう比例増幅器による増幅率（ゲイン）が自動調整される．WDXも同様に校正用試料を検出器ごとに実測すれば波高分析器のピーク波高が一定値となるよう自動的にゲイン調整される．

■ 補注1　エネルギー分解能

あるエネルギーEのスペクトルに対する測定スペ

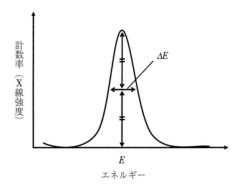

図3.35　エネルギー分解能

クトルの広がりΔEの程度のことで$\Delta E/E \times 100\%$で表す（図3.35）．ここでΔEは，半価幅（FWHM：full width at half maximum intensity）を示す．半値幅ともいう．半価幅はピーク強度の半分の位置のスペクトル幅である．

単に分解能がよい，わるいという表現をする場合，WDXでは角度分解能を示すことが多い．これを検出器のエネルギー分解能と混同しないよう注意する．

[本間　寿]

参 考 文 献

合志陽一，佐藤公隆編，"エネルギー分散型X線分析"，学会出版センター（1989）．

岸本俊二，田中義人編，"放射光ユーザーのための検出器ガイド―原理と使い方"，講談社（2011）．

G. F. Knoll，"放射線計測ハンドブック第4版"，オーム社（2013）．

河野久征，"蛍光X線分析　基礎と応用"，株式会社リガク（2011）．

大野勝美，川瀬　晃，中村利廣，"X線分析法"，共立出版（1987）．

"X線ハンドブック"，電子科学研究所（1997）．

引 用 文 献

1) 河野久征　"蛍光X線分析　基礎と応用"，株式会社リガク（2011）．
2) 遠山恵夫，河合　潤　"ハンドヘルド蛍光X線分析の裏技"，アグネ技術センター（2014）．
3) 河合　潤　"分析化学実技シリーズ機器分析編6　蛍光X線分析"，共立出版（2012）．
4) 岡下英男，X線分析の進歩，**8**，105（1976）．
5) JIS K 0119：蛍光X線分析通則（2008）．
6) 村岡弘一，宇高　忠，X線分析の進歩，**43**，459（2012）．
7) 松森信夫，X線分析の進歩，**15**，29（1983）．
8) 大原荘司，言水修治，X線分析の進歩，**15**，49（1983）．
9) 矢部　明，谷口彬雄，増原　宏，松田宏雄，"有機超

薄膜入門"培風館 (1989).
10) K. M. Bisgard, J. Laursen, and B. S. Nielsen, *X-Ray Spectrometry*, **10** (1), 17 (1981).
11) R. J. Parker, and J. P. Wills, *X-Ray Spectrometry*, **29**, 403 (2000).
12) JIS G 1204：鉄および鋼のけい光X線分析の通則 (1966).
13) 山本　泰之，小笠原典子，柚原由太郎，横山雄一，X線分析の進歩，**26**, 1 (1995).
14) J. H. Underwood, and T. W. Barbee Jr., *Low Energy X-Ray Diagnostics*, p.170 (1981).
15) R. S. Frankel, and D. W. Aitken, *Appl. Spectrosc.*, **24** (6), 557 (1970).
16) G. F. Knoll, "放射線計測ハンドブック第4版"，オーム社 (2013).
17) 新井重俊, *HORIBA Readout*, **2**, 49 (1991).
18) P. Lechner *et. al.*, *Nucl. Instr. and Meth.*, **A377**, 346 (1996).
19) G. Lutz, "Semiconductor Radiation Detectors", Springer-Verlag (2007).
20) P. Lechner, A. Pahlke, and H. Soltau, *X-ray Spectrometry*, **33** (4), 256 (2004).
21) 菊田惺志，"X線回折・散乱技術　上"，東京大学出版会 (1992).

コラム3

蛍光X線分析による創傷部アクチニド汚染の迅速定量評価

a. はじめに

核燃料取扱施設で人的被害を伴う事故が発生し，創傷部がウランやプルトニウムといったアクチニドに汚染されたとき，これらが体内に侵入することによる内部被ばくが懸念される．たとえば，わずか90 ngのPu-239が血液中に移行した場合，内部被ばく線量は100 mSv（実効線量）に達する．したがって，汚染を速やかに検出し，定量分析することは線量評価や治療方針策定に欠かせない．しかし，アクチニドから放出されるα線は血液などによって容易に遮蔽されるため，放射線管理の現場で通常行われるα線計測では汚染の定量は難しい．一方，蛍光X線分析は血中，あるいは少量の血液越しの測定対象にも適用可能である．そこで，我々は，蛍光X線分析によって創傷部アクチニド汚染を定量評価する方法を提案している[1]．

蛍光X線分析を人体に直接適用した例としては，Nieらが脛骨に集積した鉛を定量評価するためにハンドヘルド蛍光X線分析装置で人の脛を測定した例があり，この研究で彼らは測定部位の皮膚の被ばく量（等価線量）を13〜26.5 mSvと推定し，許容できると結論付けている[2]．すなわち，提案する方法は患者の皮膚に被ばくを与えることになるが，可能なかぎり被ばくを低減化する工夫により，実用化できるものと思われる．

b. 汚染検査の手順

無用な被ばくを避けるため，以下のような検査手順が想定される（図1）．まず，事故が発生し，創傷部アクチニド汚染が疑われる場合，間接測定として濾紙小片で血液をふき取り，これを半定量的に蛍光X線分析する（捕集法）．そこで汚染が確認された場合は，ハンドヘルド蛍光X線分析装置で直接患部を定量的に蛍光X線分析する（直接法）．

c. 実験

捕集法の検討のため，各種濃度の酢酸ウラニル溶液を添加したラット血液7 μLを直径5.5 mmの円形に切り出した濾紙小片に滴下し，マイラとプラスチックフィルムではさんで汚染拡大防止措置を取ったうえで，卓上型蛍光X線分析装置（SEA1100，日立ハイテクノロジーズ）で分析した．測定条件は，管電圧50 kV，管電流1 mA，測定時間60秒，試料数$n=5$である．

直接法の開発では，創傷部を模した模型を作成し，これを蛍光X線分析した．模型は，皮下組織を模したフラットマッスル（テクノラド）のうえに，各種濃度の硝酸ウラニルを混合して均一化した厚さ1 mmのエポキシレジンプレートを乗せ，さらにそのうえに出血を模して，各種厚さの穴あきアクリルプレートのなかにラット血液をカプトン箔で封入したパーツを乗せたものである．これを可搬型蛍光X線分析装置（100FA，アワーズテック）で分析した．測定条件は，管電圧40 kV，管電流1 mA，モノクロモード（分光素子でターゲットであるPdのKα線に絞って照射する），測定時間60秒，測定回数$n=4$である．

捕集法，直接法ともに測定時間が60秒と短いのは，緊急被ばく医療の現場での利用の想定に基づく．

d. 結果と考察

測定の結果，捕集法における検出下限は1.9 ppmだった．滴下量が7 μLであったことを考慮すると検出下限放射能は0.17 mBqほどとなる．直接法での検出下限は，血液厚さ0.5 mmにおいて19 ppmであり，100 FAの照射野が直径3 mmであることを考慮すると，1.7 mBqとなる．血中あるいは創傷部のウランをこのような高感度で迅速に分析する手段は存在しない．このように，創傷部アクチニド汚染の汚染検出と定量評価に蛍光X線分析が有用であることが示された．

e. まとめ

本法はいまだ開発の途上にあり，さらに解決すべき課題が山積している．しかし，創傷部アクチニド汚染の定量評価に蛍光X線分析を活用するというスキームは今後さらに注目を集めていくことになるだろう．

[吉井 裕]

引用文献

1) H. Yoshii et al., *PLOS ONE*, **9**, e101966 (2014).
2) L. H. Nie et al., *Phys. Med. Biol.*, **56**, N39-N51 (2011).

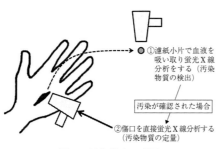

図1 汚染検査の手順

4章 よりよいスペクトルの測り方，読み方

近年の市販の蛍光X線分析装置にはメーカーからの専用ソフトウェアが付属していて，測定条件が事前に設定されているものや，自動的に推奨値が表示されるなど使用者の条件設定がほとんど不要で使い勝手のよい装置が多くなった．

ただし，測定者は使用する装置の特徴を理解したうえで分析目的に対して最適な条件を再設定するのが望ましい．本章では，より正確な測定結果が得られるように，よりよいスペクトルを測定するための装置設定方法の説明ならびに元素の定性分析について説明する．

4.1 ピーク強度と分解能

ピーク強度と分解能は相反するものである．測定ピークに他の元素のピークの重なりがない場合は，分解能を低くしても目的元素のピーク強度が強くなる設定を行う．これは，X線強度が強いほど，統計変動誤差が少なくなるためである．また，測定ピークにほかの元素のピークが近接している場合には，高分解能の設定を行うことにより，重なりの影響がない，または小さいX線強度の抽出を行う設定にする．波長分散型（WDX）の場合その光学系に使用されているコリメーター，分光結晶，X線検出器やX線管の電圧などを適切に選択する．

4.1.1 分光結晶の選択（WDX）

分光結晶にLiF200を用いればLiF220の約2倍のX線強度が得られる．その一方，LiF220は分解能が高く，バックグラウンドも低いので，十分X線強度が得られている元素の分析にはP/B比の高いデータが得られる．図4.1に3種類の元素のスペクトルを異なる分光結晶で測定したデータを示した．PE（PET）やGeの分光結晶では測定可能ではあるがピークが近接していて分可能が不十分であることや，LiF200の分光結晶は強度が高く，LiF420はピークの分離がよく高分解能であることがわかる．

4.1.2 コリメーター（ソーラースリット）の選択（WDX）

コリメーターも間隔の粗いものを用いる事によりX線強度が増加する．他の元素とのピーク重なりがある場合は，細かなコリメーターを使い分解能を高めた測定条件にする．この場合X線強度は低くなる．測定目的元素が低濃度の場合は，測定時間を延ばして統計変動誤差を少なくする．含有元素の組み合わせにより選択が異なるので，異なるコリメーターや分光結晶を用いて定性分析を行いピークの重なりの判断を行うとよい．図4.2にコリメーターを変化させた場合のスペクトルの重ね書きを示した．より細かなコリメーターを使用するとピークの分離がよくなるが，その分，X線強度が弱くなることがわかる．

4.1.3 P/B比の向上

WDX・EDX共にX線管の電圧や電流値を測定元

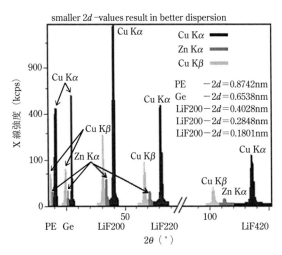

図 4.1 分光結晶の違い

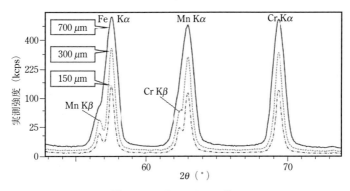

図 4.2 コリメーターの違い

素に対して適切な設定にする．重元素のK線測定など高エネルギーの分析線を測定する際は，X線管電圧を 50～60 kV 程度の高い設定にする．軽元素やL線測定等の低エネルギーの分析線測定ではX線管電圧を 20～30 kV にする．いずれのX線管電圧設定でも検出器が飽和せず，さらに装置の許される範囲内で電流値（mA・μA）を高く設定する．測定試料の分析面積を増加することによりX線強度も上昇するが，同時に散乱線すなわちバックグラウンドも上がる．構成元素によってはバックグランドが上がり P/B 比としては悪くなる場合があるので注意が必要である．

エネルギー分散型（EDX）の場合は，コリメーターや分光結晶等の光学素子がないのでWDXのような光学系の設定はほとんどの装置で必要ない．ただし，装置によっては高分解能モードや高強度モード等の検出器の設定や試料照射面積の変更ができる装置もある．

4.2 測定時間の設定

元素のピークを検出するためには，ピーク高さがバックグランドのゆらぎ（統計変動）より高くなければならない．また，検出されたX線強度（カウント数）が低いほど変動が大きくなるので，その場合は測定時間を延ばし，カウント数を増やすことにより統計変動を抑えることができる．

4.2.1 定量分析時の測定時間の設定

一般的な走査型WDXによる定量分析の場合は，測定元素のピークトップおよびバックグラウンド角度（2θ）にゴニオメーターを止め数秒から数十秒程度の定時測定を行う．測定時間を長くすることによりカウント数（cps×測定時間）を増加させ統計変動誤差を少なくする．ただし，測定時間を n 倍長くしても相対誤差は $1/\sqrt{n}$ となるので，仮に4倍の測定時間をかけても相対誤差は 1/2 にしかならない．統計変動に関しては 16.1 節に EDS の場合も含めて詳細に記されている．

4.2.2 定性分析時の測定時間の設定

走査型WDXによる定性分析の場合，ゴニオメーターを用いて決められた角度範囲を走査（スキャン）する．定性元素が多数の場合，走査する範囲が広くなり，さらには分光結晶も測定元素に適切なものに切り替えるので測定時間が長くなる．ここで重要なのが 2θ 角度（ステップ幅）あたりの測定時間（time/step）である．この設定が短い場合，測定時間は短くなるがカウント数が低くなるので，バックグラウンドの統計変動が大きくなり，低濃度元素の微弱ピークの確認が困難になる．一方，time/step を長くすればピークの確認が容易になるが，測定時間が長くなる．図 4.3 は time/step を (a) 0.01 秒，(b) 0.1 秒 (c) 1 秒に変化させたときのスペクトルである．(a) ではバックグラウンドの統計変動が大きいために，2本のピークしか判別できないが，その 10 倍の測定時間をかけた (b) ではさらに 2 本のピークが認識できた．(a) に対し 100 倍の測定時間をかけた (c) では微弱なピークも容易に認識できることがわかる．

4.3 定性分析時のステップ幅の選択

走査型WDXによる定性スキャンする際のステップ幅は分光結晶と分光角およびコリメーターの種類によって適切な幅を指定する．一般的には，ピークの半

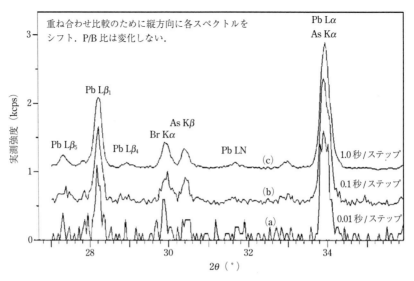

図 4.3 測定時間が異なる定性スペクトル

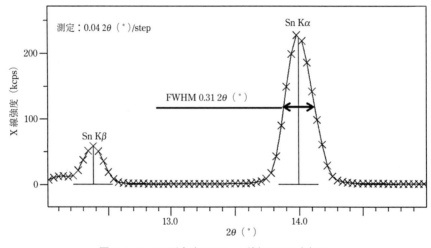

図 4.4 Sn Kα 測定時のステップ幅 0.04 2θ (°)/step

値幅（ピーク高さの半分の強度になる位置の幅：FWHM = Full Width at Half Maximum）に測定データポイントが 5～10 点入るように設定を行う。この設定を間違えると，正確なピーク位置（2θ (°)）や強度が得られなくなる。重元素の K 線（高エネルギー）領域および低角度領域の測定では，検出するピークの FWHM が狭くなるので細かいステップ幅を選ぶ。また，軽元素および L 線（低エネルギー）領域では FWHM が広くなるので，ステップサイズは粗く設定し，その分 time/step を長くする。例えば，図 4.4 の重元素である Sn Kα を分光結晶 LiF200 で測定した場合の FWHM は 0.31 (°) であった。図では 0.04 (°) ステップでの測定データポイントを X 印で記した。このように短波長の元素を定性分析するときは，細かな間隔でのデータ測定が必要になる。

一方，軽元素分析用の分光結晶で Na を測定した場合，図 4.5 のように Na Kα 線の FWHM は 0.96 (°) であった。この場合，ステップ幅を 0.10 (°) に設定しても FWHM 内に約 9 ポイントの測定ポイントが入る。

使用する装置やコリメーターによって異なるが，一般的なステップ幅の設定例を表 4.1 に示す。

EDX の場合はステップ幅の設定はないが，WDX 同様に測定時間を延ばすことにより，統計変動誤差が少なくなる。

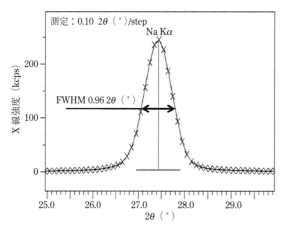

図 4.5 Na Kα 測定時のステップ幅 0.10 2θ（°）/step

表 4.1 ステップサイズの選択例

分光結晶	測定元素	ステップ幅 2θ（°）
LiF	K-U	0.02〜0.04
Ge	P, S, Cl	0.05〜0.08
PE	Al, Si	0.05〜0.08
TAP	O, F, Na, Mg	0.1〜0.15
軽元素用	Be, B, C, N	0.5〜2

＊1 低角度では狭く高角度では広いステップ幅にする．

4.4 1次フィルターの選択

1次フィルターは，主にX線管のターゲット材や2次ターゲット材からのレイリー散乱線やコンプトン散乱線を除去したり，X線管からの白色X線によるバックグラウンドを軽減するために用いられる．管球由来の不純線の除去や検出器の飽和防止のためにも使う場合がある．

X線管由来の散乱線を低減する場合．たとえば Rh 管球を使用している装置では，X線管のターゲット材由来のレイリー散乱線やコンプトン散乱線と測定目的元素のピークが重なる場合がある．Rh, Ru, Mo, Nb, Pd, Ag, Cd などである．このような場合はX線管と測定試料の間に Zr や真鍮製の1次フィルターを入れる．図 4.6.a に真鍮フィルター有無でのスペクトルを示した．

白色X線によるバックグラウンドの低減をする場合．Fe〜As ぐらいの範囲では比較的高くなるので，この軽減には Al 製の1次フィルターを用いる．図 4.6.b に Al フィルター有無でのスペクトルを示した．

検出器の飽和防止として利用するのは，たとえば主成分または数十 wt% の元素測定を行う場合などである．高強度のX線を検出すると，WDX の検出器では数百万 cps，EDX では数十万 cps 程度で検出器の数え落しが生ずるため，フィルターを用いてX線強度を減衰させる．

また，X線管フィラメントに使用されているタングステンやその他X線管の筐体や内部に使用されている物質から不純線が発生する場合がある．これらもフィルターにより除去が可能である．

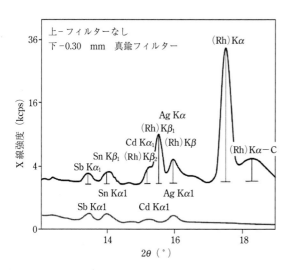

図 4.6.a フィルターの効果　管球からのレイリー-コンプトン散乱除去

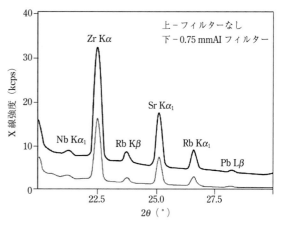

図 4.6.b フィルターの効果　バックグランド低減

4.5 X線管と2次ターゲット

一般的な装置に用いられているRhターゲットはそのエネルギー値（Kα_1：20.22 keV）より吸収端エネルギー値がわずかに低い元素，たとえばNb（K吸収端：18.99 keV）やZr（K吸収端：18.00 keV）等の測定には励起効率がよくなり測定感度が向上する．L線（Rh Lα_1：2.70 keV）による励起も可能で，低エネルギーの元素，たとえばS（K吸収端：2.47 keV）を効率よく測定可能である．ただし，Ti（K吸収端：4.97 keV）などを測定する場合には励起効率が悪くなる．この場合は，Crターゲット（Kα_1：5.41 keV）が適している．市販の装置では，X線管のターゲットの交換は一般的には行われない（3.2.2 d 参照）ので，装置を選択する際の重要な要素になる．

最近では2次ターゲットを使用した装置も市販されている．これは，X線管からのX線を2次ターゲッ

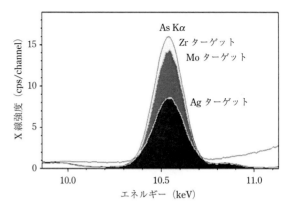

図4.7 2次ターゲットの違いによるスペクトル

トに照射し，そこで生じた固有のX線を試料に照射するもので，2次ターゲットを切り替えることにより，測定目的元素に最適な励起効率が得られる．図4.7はAsを異なる2次ターゲットを用いて測定したスペクトルである．Agターゲットと比較してZrタ

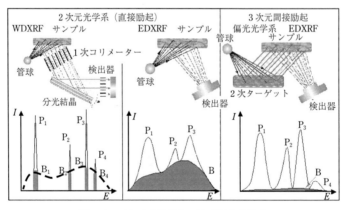

図4.8 2次元光学系と3次元偏光光学系

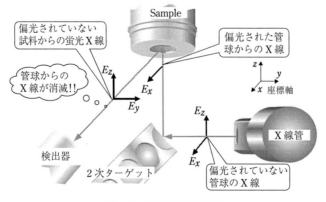

図4.9 3次元偏光光学系

ーゲットは約2倍の強度が得られている．

4.6 偏光光学系

一般的にはWDXもEDXも2次元光学系を用いている．X線管からの1次X線が測定試料中の元素を励起し，発生した蛍光X線を検出器で取り込む．このとき，測定試料からの蛍光X線のほか，X線管からのX線も検出されるために図4.8左，中央で示すようにバックグラウンドが上昇する．図4.8右で示す3次元偏光光学系は図4.9のような光学系配置になっていて，X線管からの散乱線が原理的に検出されない（図3.20参照）．一般的なRh管球を使用していてもP/B比の良好なデータが得られ，検出下限を著しく下げることが可能である．

4.7 測定雰囲気

WDXの装置のほとんどは，X線管，測定試料，コリメータ，分光結晶，検出器が真空チャンバーのなかに設置してある．これは，大気（主としてN_2とO_2）により低エネルギーのX線が吸収されるのを軽減するためである．大気雰囲気で測定した場合は吸収によりCaのK線より低エネルギーのX線の測定はできない．一方，液体試料は真空では蒸発してしまうので，チャンバーの雰囲気をHeにする．それによりFより高エネルギー側の元素の測定が可能になる．試料ホルダーや光学系路に有機フィルムを用いた場合は，そのフィルムにより低エネルギーのX線が吸収され

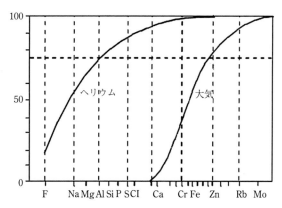

図4.10 真空を100とした場合のHeおよび大気雰囲気での強度比較

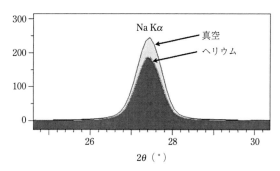

図4.11 Na Kα線を真空とHeで強度比較

検出を困難にする．図4.10に真空を100とした場合のHeおよび大気による吸収の影響を示した．また，低エネルギーであるNa Kα線を真空とHeの2種の雰囲気で測定したスペクトルを図4.11に示す．

EDXでは真空雰囲気で測定をしない装置もある．

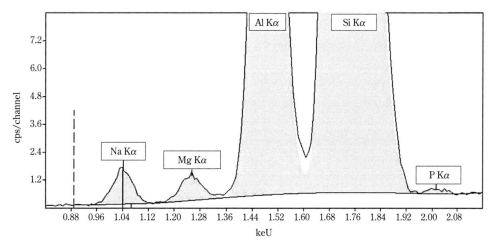

図4.12 短縮光学系による大気雰囲気で低エネルギー領域の測定例（EDX）

X線管-測定試料-検出器の間隔を極端に短くし，大気による吸収を抑えるのである．大気雰囲気で測定した岩石試料中の軽元素のスペクトルを図4.12に示す．

4.8 元素の定性分析

最近のWDX・EDXでは自動定性分析のソフトウェアが付属していて，検出した元素のX線強度をもとにFP（ファンダメンタルパラメーター）法を組み合わせノンスタンダードの定量分析（6.2.1参照）を行うのがほとんどである．この手法はほぼ自動化されており，測定者の負担は著しく軽減されている．ただし，F.P.法ではまったくの未知試料を測定する場合には，ほかの元素の吸収・励起の補正を行うためXRFで測定可能なすべての元素を測定する必要がある．また，特定の元素の存在の有無を検討する目的にも定性分析は使われている．ここでは，WDXによる元素定性の手順を紹介する．

4.8.1 手動操作による定性分析（WDX）

現在では自動化されているが，以前は得られたスペクトル（チャート）をもとに測定者が定性作業を行っていた．

a. X線管のレイリー散乱線の角度を読み取りゴニオメーターのずれを確認する．軽元素が主成分の場合は，X線管由来のコンプトン散乱を同定する．

b. 低角度側（高エネルギー）の最強ピークを探しそのピーク位置を読み取る．

c. 分光結晶ごとの角度表を開き，ピーク位置（2θ）から元素の候補を探す．

d. このとき，最強線であるということは，$K\alpha$か$L\alpha$線でさらに1次線であるので，この条件に該当する元素を探す．

e. 候補が$K\alpha$線なら同じ元素の$K\beta$線を探す．同様に候補が$L\alpha$線なら$L\beta$線を探す．α線しかなくβ線がない場合は，誤った候補を選択した可能性がある．元素により差はあるが，$K\alpha$と$K\beta$の強度比はおよそ10：2，$L\alpha$と$L\beta$の強度比はおよそ10：8になるが測定条件や試料で変化する．

f. $K\alpha$線と$K\beta$線が確認できたら，同じ元素のL線のすべて（$\alpha, \beta, \gamma, \cdots$）を帰属する．上記e.で$L\alpha$，$L\beta$を確認した場合も同様に同じ元素のすべてのL線を帰属する．

g. L線の帰属が終了したら，M線もすべて帰属する．

h. まだ帰属されていないピークのなかで一番強度が強いピークを見つけ，その角度を使って元素を帰属する．

i. 以降，e へ戻り，すべてのピークを帰属する．

j. 微弱ピークの場合，α線と思われるピークが確認されても，β線が見つからず，帰属が困難になる．特に，K線の場合はα線に比べβ線の強度が弱いために帰属が困難な場合がある．どうしても帰属できないピークは，4.10を参照のこと．

4.9 自動定性分析

測定したスペクトルから元素を同定するには，適切なデータ処理を施して不要なノイズやバックグラウンド等の影響を軽減する必要がある．最近では，装置メーカーから供給されているデータ処理・解析ソフトウェアが使われているが，詳細は公開されていない場合がある．ここでは，どのようなデータ処理が行われているか，一例を紹介する．

4.9.1 平滑化（スムージング）

X線強度の統計変動や検出器系からのノイズにより，誤ったピークを認識する可能性がある．これを除くためにデータの平滑化を行う．一般的にはSavitzky and Golay[1]によるデジタルフィルター法が用いられている．これは，小さな2θ領域のデータを多項式で近似するものである．また同時に1次および2次微分係数を算出するので，後述するピークサーチに至る一連のデータ処理が可能となる（図4.13）．

過度の平滑化を行うとピークの形状が極端に変化し正しいピーク位置やX線強度が得られないので適切な平滑化パラメータの設定が必要になる．

4.9.2 バックグラウンドフィット

測定プロファイルには，試料からの蛍光X線，X線管に由来するレイリー散乱線，コンプト散乱および白色線によるバックグラウンドが含まれている．正確な強度を求めるには，適切なバックグラウンドを見積もる必要があり，以下の3種が代表的である．

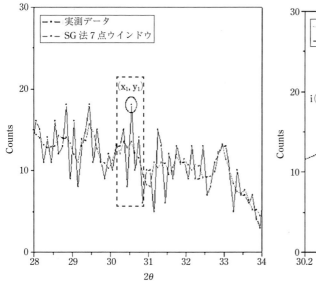
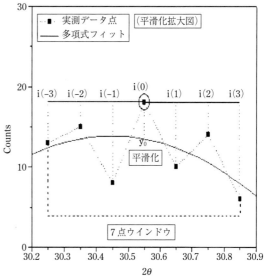

図 4.13 平滑化

(a) SNIP法 (Statistics sensitive Non-linear Iterative Peak clipping)[2]

自動バックグラウンド処理としてよく用いられている．すべての測定ポイントの逐次計算（iteration）を行う．測定データ中のある測定ポイントPを中心とした場合，この前後のP−2，P−1，P+1，P+2で仮に直線近似を行い，測定点Pがその直線近似線より大きな強度になった場合は，Pの強度を直線式の値になるように下げる．Pがすでに直線近似式より低い強度だった場合は，強度変更はしない．

(b) Sonneveld-Visser法[3]

上記のSNIP法とほとんど同じ手法である．仮に20データポイントごとの測定点をバックグラウンド位置とし，次の近似を行う．あるバックグラウンド位置に対して，前後のバックグラウンド位置のX線強度の平均値と比較し，平均値より強度が高い場合は，平均値強度に置き換える．これをすべての測定範囲に適用し，さらに，前後の平均値とバックグラウンド位置の強度差が所定の閾値以内になるまで繰り返し処理する．バックグラウンドの形状が大きく変化しないルーチン分析などでは自動化に適用しやすい．

(c) スプライン関数法

測定者がバックグラウンドの位置を複数点指定し，この点を通るスプライン関数によりバックグラウンドを補間する．複雑なバックグラウンドの近似には便利であるが，個人差が生じるので，現在主流の自動定性分析には適切ではない．

4.9.3 自動ピークサーチ[4]

ピークサーチには，2次微分係数を計算し，この極小値をピーク位置とする手法が使われている．図4.14に1次微分と2次微分した図形を示す．1次微分図

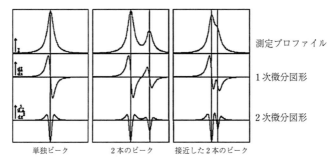

図 4.14 2次微分によるピークサーチ

形では，もとのピーク位置は2θ軸との交点になり，さらに2次微分した図形では負の極大になる．近接している2つの回折線が半値幅以上離れている場合は，1次微分によりピークの認識が可能だが，それより近接すると認識できない．2次微分を用いれば，半値幅以内に近接しているピークも認識が可能である．ただし，2次微分は，統計変動やノイズ成分に敏感で，誤ったピークを認識することがあるので，この処理の前に平滑化を行う．

メーカー製ソフトはピーク幅やバックグラウンドの統計変動を閾値とするなどの工夫をこらしているが，最終的には測定者が目視によりピークを判断する必要がある．

自動ピークサーチで得られるピーク位置は最大強度であり，ピークの重なりがある場合には，必ずしも正確な位置ではない．

4.9.4　自動定性分析

ピーク位置が認識できたら，定性分析を行う．これは装置メーカー独自の手順を取っていて明らかでない場合が多いが，手動操作による定性分析の手順（4.8.1）とほぼ同じと思われる．さらに定性を容易にするために以下のような設定が行える場合がある．ピーク位置ずれに対する許容値設定，除外元素設定，ピーク感度閾値設定，存在する元素設定，除外ラインの設定，最大高次線の指定，1.5次線の定性などである．

4.10　定性分析の注意点

現実の測定では，ピークが強度不足で判別できない，ピークが重なっている，ピークはあるが元素名が表示されない，さらには自動定性で表示している元素が本当に存在しているのか判断に迷う場合がある．以下，WDX, EDX で生じる不明ピークに関して記す．

4.10.1　WDX の定性分析の注意点

a.　ピークの重なり

測定試料中の元素の組み合わせやその濃度によって，いろいろなピーク重なりが生じる．代表的な例では，As Kα線とPb Lα線の重なりがある．AsもPbも一番強度が得られる線種であるが，定量分析の際AsはKβ, PbはLβを選択する．定性分析の場合の判断もβ線の有無によって確認を行う．ただし，Asに関してはKαに対してKβは20%程度の強度しか得られないので，Pb中に微量のAsが混ざっている場合は存在の判定が困難である．同様にNa KαとZn Lβで，高濃度Zn中に存在する微量Naの定性は困難である．定量分析の場合は，ピーク重なり補正が適用できる場合もある．

b.　高次線による重なり

WDX の場合は，分光結晶を用いブラッグの式（$n\lambda = 2d \sin \theta$）により分光を行っている．$n$ は反射次数で，$n=2$ なら2次線，以下3次，4次線となり，これらを高次線という．波長 λ の蛍光X線と波長 $1/n\lambda$ の蛍光X線は同じ2θ角度で分光されるため，ピークが重なってしまう．1次線と高次線はエネルギーが異なるため，通常は波高分析器（PHA・PHD）でこのような高次線は除去されるが，主成分の高次線が重なる場合には通常の波高分析器設定では除外できないので注意が必要である．Sn中の微量Pbの測定を行った例を図4.15に示す．先述の通り一般的にはPb Lβ線を測定に用いる．Pb Lβの波長は0.09828 nmであ

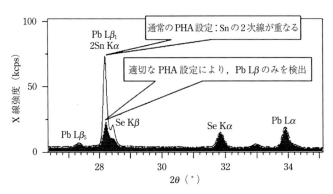

図 4.15　高次線の影響

るが，主成分の Sn Kα の波長は 0.0492 nm であり，Pb Lβ の波長のほぼ 1/2 なので，Sn Kα の 2 次線が Pb Lβ の 1 次線に重なる．スペクトルでは Pb Lβ$_1$ とともに Sn Kα の 2 次線（2Sn Kα と表示）が自動定性されている．図中に波高分析器のウインドウ設定を狭めて測定し，Sn Kα の 2 次線が検出されていないスペクトルを重ね合わせた．Pb Lβ のエネルギー 12.612 keV に対し，Sn Kα のエネルギーは 25.191 keV であり約 2 倍の差があるので，Sn に起因する高エネルギー領域を波高分析器の設定により除くことにより Sn の 2 次線の影響を除去し，正しい Pb Lβ の強度が得られた．一般的にはこの Pb L 線の分析はシンチレーションカウンターで測定を行う場合が多いが，検出器のエネルギー分解能がよくないので，主成分の Sn からのエネルギーを波高分析器で完全に除去できない．この例ではエネルギー分解能が高い Xe 比例計数管を用いて測定した．

ほかの高次線との重なりもたくさん生じる．高次線が現れる場合は必ず高濃度の重元素が存在している．逆にいうと，1 次線がないのに 2 次線や 3 次線が現れることはない．

また，通常，反射次数 n は整数であるが，分光結晶に LiF220 を使用する際は 1.5 次線が現れることがあるので注意が必要である．これは，結晶構造の歪みに起因する．

c． サテライトピーク

主として Al〜Ca のような軽元素の測定には，ピークの低角度側の裾にサテライトピークが現れる．図 4.16 は Si のサテライトピークが Si SKα と表示されている．

4.10.2 EDX の定性分析の注意点
a． サムピーク，エスケープピーク

EDX では検出器由来のサムピークやエスケープピークが生じる．詳細は第 2 章に記されている．サムピークは試料からの高強度の蛍光 X 線が検出器で同時に検出されるために，メインピークの 2 倍のエネルギーに現れる．エスケープピークは，Si や Ge などの検出器材質による吸収により発生するので，メインピークより低エネルギー側に現れる．両者ともに出現するエネルギーがわかっているので，ソフトウェアで自動的に認識される．

b． デコンボリューション（deconvolution）

デコンボリューションは α 線と β 線の強度比をもとに実測データにピークフィッティングを行う方法である．重複ピークの場合，試料内部に存在する元素が既知であれば，α 線 β 線の理論相対強度を用い，ピーク分離が可能である．図 4.17 は Mn Kβ が Fe Kα と重なる場合のデコンボリューションの例である．Mn Kα の強度を基に Mn Kβ の強度を求める．実測データと Mn Kβ 強度の差は Fe Kα の強度となる．Fe も Fe Kα と Fe Kβ 線で強度比をもとにフィッティングを行う．

ソフトウェアによる自動フィッティングで良好な結果が得られるが，微量元素の含有の有無を考察する際は，測定者による判断が必要になる．実測データとフィッティングデータとの差が生じた場合は，そのエネルギー値に他の元素が存在する可能性があるので，手動操作により定性元素の追加を行い再フィッティングして確認する．差に変化がない場合は，追加した元素

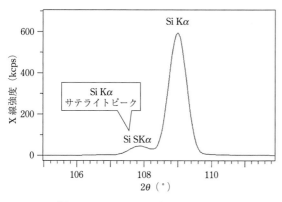

図 4.16 サテライトピークの表示例

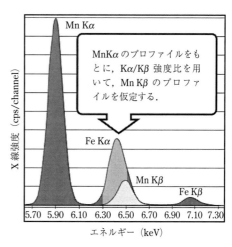

図 4.17 デコンボリューション

が誤りなのでほかの元素を探す．また，存在が疑われる元素が同定されている場合は，その元素を除いて，再フィッティングを行い実測データとの一致具合をもとに同定を行う．ピーク重なりや主成分による吸収や共存元素による2次励起などにより相対強度が変化するので注意が必要である．

4.10.3 定性分析が上手くいかない場合

自動同定されないピークや微弱ピークに関しては，手動による定性分析が必要な場合もある．以下，その注意点をあげる．

a. 想定外のピークが現れたとき
（ⅰ）X線管からの不純線（フィラメント材のW等）
（ⅱ）ホルダーや光学系からの不純線．
（ⅲ）液体分析用セルに使用している，フィルムに含まれるCa, P, Si等の不純線．
（ⅳ）測定試料室を大気にして測定を行う場合は，Arが検出される．
（ⅴ）ピーク状バックグランドノイズを誤認識している．

いずれの場合も，ブランク測定や高純度のポリエチレンやテフロンで確認する．

b. 同定できない不明ピークがある場合
（ⅰ）高次線があれば高強度の1次線は必ずあるので確認する（WDX）．
（ⅱ）波高分析のウインドウ設定を狭くして再測定してみる（WDX）．
（ⅲ）K線→L線→M線のように同一元素を高エネルギー側から順に探す．
（ⅳ）コンプトン散乱線　ターゲット元素のレイリー散乱線の低エネルギー側にブロードなピークとして出現．
（ⅴ）α, βがペアーになっていることと，これらの強度比が適切かを確認する．
（ⅵ）重元素のM線があればK, Lを確認する．
（ⅶ）サムピーク，エスケープピークの可能性を検討（EDX）．
（ⅷ）ソフトウエア設定，定性分析ファクター（除外元素・線種）を確認する．
（ⅸ）サテライトピークの可能性．
（ⅹ）単結晶試料や微小部測定の場合は，回折線の可能性を検討する．　　　　　　　　　　［山路　功］

参考文献

加藤誠軌編著，"X線分光分析"，内田老鶴圃（1998）．
P. Brouwer, Theory of XRF: Copyright © 2003 by PANalytical BV, The Netherlands.

引用文献

1) A. Savitsky, and M. J. E. Golay, *Anal. Chem.*, **36**, (8), 1627 (1964).
2) R. E. van Grieken, and A. Markowicz, "Handbook of X-Ray spectrometry" Marcel Dekker (2002).
3) E. J. Sonneveld, and J. W. Visser, *J. Appl. Cryst.*, **8**, 1 (1975).
4) 中井　泉，泉富士夫編著，"粉末X線解析の実際　第2版　3章"，朝倉書店（2009）．

コラム4

放射光高エネルギー蛍光X線分析による土砂法科学データベースの開発

土砂は，犯罪現場で人と場所と結びつける有力な証拠資料となる．たとえば，被害者の靴についた土から，被害者の行動や犯罪現場が推定できれば，強力な捜査情報となる．SPring-8の高エネルギー放射光蛍光X線分析を使って得られる土砂の重元素組成情報と，放射光粉末X線回折から得られる重鉱物情報から以下のように，日本全国の土砂法科学データベースを我々は作成した[1,2]．

地球が46億年前に誕生し，全地球の融解やマグマの移動によって元素が分配され，地域によって特徴ある現在の元素分布ができた．希土類元素のような重元素（Feより原子番号の大きい元素）は，地球における元素存在度がFeより原子番号が小さい元素に比べて，圧倒的に希少である．また，重元素のイオン半径は一般に大きく，高酸化数であるため，融体から固化して結晶格子にはいるとき，結晶化学的制約が大きく限られた鉱物の構造にしか入れない．その結果，元素分布は地質の特徴を反映したものとなり，重元素は土砂試料の地域推定に有効である．

そこで，産業技術総合研究所が元素の地球化学図作成のために，日本全国3024カ所から網羅的に採取した河川堆積物を試料として，SPring-8の放射光を使って，高エネルギー放射光蛍光X線分析によりその重元素組成をもとめた．河川堆積物は，川の上流の土砂が集まるので，流域の上流の地質を反映する．放射光粉末X線回折を併用して重鉱物組成も求め，両者のデータにより全地域を特性化した．

土砂の高エネルギー放射光蛍光X線スペクトルの一例を図1に示す．一群のランタノイド元素が感度よく検出されている．5種以上の濃度既知の標準試料を用いて検量線を作成した．図2は，Csの検量線で，高エネルギーX線は吸収効果が少なく，直線性の良好な検量線が得られる．検量線から各元素の濃度を求め，日本地図上に濃度マップを作成した．一例として図3にLaの濃度分布を示す．

希土類元素のLaはイオン半径が大きく，マグマが結晶化するとき，後期に結晶化する花崗岩に分配されやすいことが，図4の花崗岩の分布とよい対応を示すことからわかる．このように，微量重元素は地質とのよい対応が見られ，試料の複数の重元素成分組成に着目することで，未知試料の産地推定に有効であることを示した．

[中井　泉]

引用文献

1) I. Nakai *et al.*, *X-ray Spectrometry*, **43**, 38 (2014).
2) 平尾将崇他, X線分析の進歩, **47**, 233 (2016).
3) 日本シームレス地質図：http://riodb02.ibase.aist.go.jp/db084/index.html

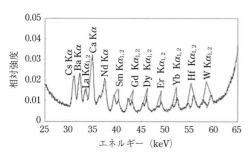

図1　土砂の高エネルギー蛍光X線スペクトル

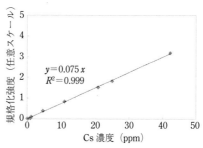

図2　Csの定量のための検量線

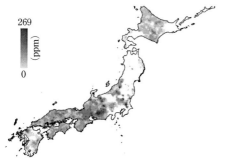

図3　Laの元素分布[2]

図4　花崗岩地質の分布[3]

5章 試料調製法

蛍光X線分析は固体,液体,粉体などさまざまな形態の試料がそのまま(非破壊で)分析可能な点が大きな特長の一つである.極端な例では,屋外の土砂を採取し,そのまま測定用容器に入れ測定することも可能である.しかし,多種かつ多様な大きさの粒子・成分(鉱物・岩石・有機物・水分など)の集まりである土砂では,その採取の仕方や容器への入れ方によって分析結果に影響を及ぼすことは容易に理解できる.

蛍光X線分析における試料調製(試料処理,前処理)の精度は,要求される分析精度に左右される.たとえば,波長分散型(WDX)装置で相対精度0.1%の分析を行う場合,誤差要因の大半は試料調製の精度に起因するといってもけっしていいすぎではない.蛍光X線分析は非破壊分析であるために試料品種ごとに試料調製法があり(図5.1),それらの試料調製の良し悪しが分析精度を大きく左右する重要な要素となる.例として,プラスチック素材の電線被覆材における各種試料処理の方法を示す図5.2に示す.また,図5.3はそれら試料処理の方法と分析精度の関係を模式的に示したものである.

ある試料に対する試料調製方法はいくつかの選択肢が考えられるが,試料調製の簡便性と分析精度の両者を追及するのは難しい.実際の分析では,試料調製にかけられる手間・時間と要求される分析精度をバランスさせて最適な試料処理を選択することになる.なお,適切な試料調製方法の選択には,試料の性状や装置の性能をよく理解しておくことも不可欠である.表5.1には各種試料の性状と誤差要因を示す.表5.2は試料調製の際,注意を要する汚染の例である.

蛍光X線分析で測定可能な試料品種は多種多様であり,試料調製方法も多岐にわたる.もちろんこれらすべてを網羅することは困難であるが,基本的な処理方法はいくつかに集約できる.本章では,試料調製の考え方と代表的な試料調製方法の例を紹介する.

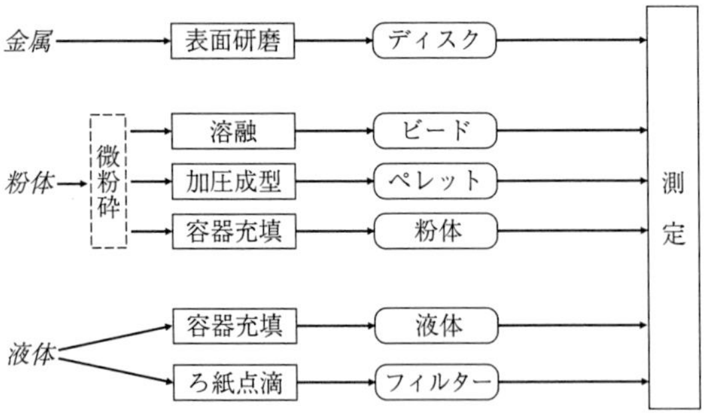

図 5.2 電線被覆材(プラスチック)の試料調製方法

図 5.1 一般的な試料調製法

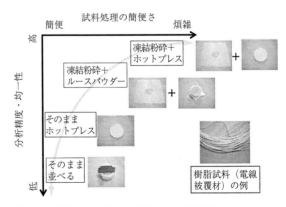

図 5.3 樹脂試料(電線被覆材)の試料調製方法と分析精度の関係

5.1 蛍光X線強度に与える試料調製の影響

表 5.1 試料の性状と誤差要因[1]

試料の性状	誤 差 要 因
固体試料	・試料内偏析 ・組織の差からくる誤差 ・試料表面の汚染と表面粗さ ・試料表面の変質（酸化など）
粉体試料	・粒度効果 ・鉱物効果 ・偏析 ・試料の変化（吸湿・酸化など）
液体試料	・沈殿・析出による濃度変化 ・酸濃度の変化 ・気泡の発生

共存元素の影響は計算による補正が可能なので示していない．

表 5.2 試料に対する汚染要因[2]

汚 染 要 因
・粉砕器，研磨機を構成している材料からの汚染
・先に粉砕，研磨した試料からの汚染
・試料の溶解，融解時の容器からの汚染
・試料の溶解，融解時の分析元素の揮散による損失
・分析室の雰囲気からの汚染
・試薬からの汚染
・試料表面への手などの接触による汚染
・試料室の汚れおよび試料室内での汚染
・試料容器の汚れからの汚染
・裏打ち材と試料との接触による汚染
・加圧成形機（ダイス）による汚染

試料調製の際のポイントは，①均質となるように処理する，②標準試料と測定試料間で同一の試料調製を行う，③汚染・混染（コンタミネーション）に注意する，にまとめることができる．また，試料調製は必ず事前に実試料による条件検討を行うべきである．たとえば，粉体試料の加圧成形は簡便で迅速な試料調製法であるが，試料によっては成形後に崩れやすい，表面にヒビや段差が生じやすい場合がある．これらは試料の品種，性状や組成と成形圧の組み合わせによっても異なるので，実試料を使った検討は欠かせない．

5.1 蛍光X線強度に与える試料調製の影響

蛍光X線分析ではX線強度の違いが，そのまま分析値の違いとなる．そのため，試料調製の方法や条件によってX線強度がどのように変化しうるか理解することは，分析誤差の評価やより精度の高い分析を行う際に重要である．また，このような知識は経験のない試料を分析する際の指標にもなる．ここでは基礎的知識として，試料表面の状態や試料厚み，試料処理に起因するX線強度の変動（＝分析誤差）について述べる．

5.1.1 試料の表面状態

蛍光X線分析では，試料品種の多くは分析深さ数〜数十 μm 程度までの表面分析となるため，試料表面の状態の差が大きな誤差要因の一つとなりうる．

図5.4に表面粗さと粒度による影響を模式的に示す．図5.4は誇張してあるが，表面が粗いとX線管からの1次X線が一様に試料面に照射されず，結果として試料から発生する蛍光X線強度も位置によって異なってしまうことを示している．また，表面形状による散乱の影響の違いも懸念される．したがって，試料回転機構のない装置では，試料のセットの仕方や置く向きによっても蛍光X線強度変化が生じる可能性がある．

金属試料では，試料表面の平滑化・付着物の除去のために，通常，研磨して測定を行うが，この研磨面の粗さの違いもX線強度に影響を与える．図5.5は研磨面が平滑なほどX線強度が強くなることを示している．これは，同一試料でも研磨の程度が異なればX線強度が異なり，結果として分析値が変わることを意味する．したがって，研磨を行う際には，試料間（標準試料や分析試料）で表面粗さを統一することが

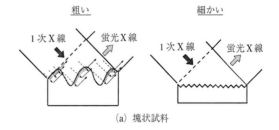

(a) 塊状試料

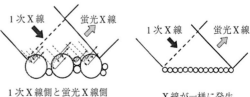

(b) 粉末試料

図 5.4 表面粗さと粒度による影響

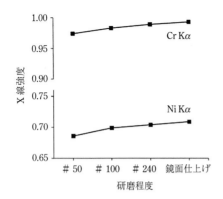

図 5.5 研磨程度と X 線強度変化[3]

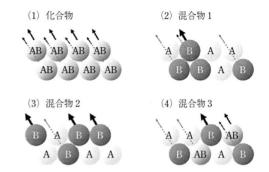

図 5.6 鉱物効果の例

図 5.7 試料不均質の例

表 5.3 研磨材質と表面汚染

研磨材質	Zr Kα	Al Kα	Si Kα	S Kα	P Kα
Al-Zr	0.8	0.31	0.3	0.13	0.06
ZrO$_2$	0.5	0.18	0.3	0.16	0.05
Al$_2$O$_3$	0	0.13	0.3	0.17	0.03
SiC	0	0	0.9	0.15	0.06

純鉄を研磨し各研磨材質成分の強度を測定した．S，P は結合剤由来の成分．数値はネット強度．

重要である．研磨の程度は必ずしも鏡面状になるまで行う必要はないが，経験上，表面粗さが小さいほど検量線正確度は向上するので要求される分析精度とのバランスで決定するとよい．研磨の際には，使用するグラインダーや研磨ベルトからの汚染，直前に研磨した試料からの汚染（交叉汚染，クロス・コンタミネーション）にも注意する．表 5.3 には，各種の研磨ベルトで純鉄を研磨した際，純鉄表面の汚染の例を示す．研磨ベルトの材質は測定元素を含むものは避ける．特に微量成分を分析する場合は注意する．

粉体では，図 5.4 に示した粒度効果に加え，鉱物効果・偏析などの不均一効果の影響が大きく，これらに配慮した試料調製が不可欠である．

鉱物効果は，土壌などのように組成の異なる粒子の混合物からなる粉体の場合に，粒子の種類や組み合わせの不均一とそれに伴う X 線吸収の影響の違いによって生じる（図 5.6）．図 5.6 の各モデルでは，成分 A と B の比率が同じであり全体組成は同じである．しかし，成分 B からの蛍光 X 線は，粒子の分布や共存する粒子の違いによって吸収の影響が異なるため，得られる X 線強度が異なる．これが鉱物効果である．鉱物効果は，岩石や土壌粉末試料の分析の際に頻繁に起こる．また，セメント原料や鉄鉱石などでは，鉱物効果の影響によって産地ごとに検量線が異なることもある．

図 5.7 は，偏析に起因する試料不均質の例である．平面上の不均質だけでなく，試料表面から深さ方向に濃度勾配がある場合も同様に注意する．偏析は，金属や合金試料を分析する際にみられるが，これ以外に粉体試料の粒子内不均一の場合もある．表面コーティングされた球状粒子（コピートナーのキャリアなど）がこの例に当たる．また，金属試料では表面に被膜がある場合も多い．このような試料をファンダメンタルパラメーター（FP）法で半定量分析を行うと誤差を生じやすい．これらの影響を少しでも相殺するためには，測定試料と同じ品種，性状，履歴の標準試料を用いて分析を行う．鉱物効果や偏析は，一見すると不均質とはわからない．分析値が合わない場合の対策としては，試料を微粉砕するのが一般的であるが，粉末で分析するかぎり粒子の影響を完全に除去することは不可能である．可能であれば，ガラスビードを作成することも方法の一つである．

このほか，粉体試料の粉砕条件や加圧成形時の圧力条件によっても蛍光 X 線強度の変化が生じる（図 5.8，図 5.9）．また，粉砕機を用いた粉砕の場合，粉砕時間によって粉砕容器からの汚染の影響も変わるため，試料間で粉砕条件の統一，および加圧成形条件を統一しておくことが重要である．表 5.4 に粉砕容器の材質と汚染の可能性のある元素を示す．

図 5.10 には粉体の粒度と検量線正確度の比較を示

5.1 蛍光X線強度に与える試料調製の影響

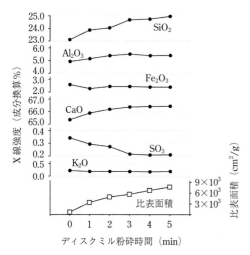

図 5.8 試料粉砕時間とX線強度変化[3]
X線強度は分析値に換算して表示．比表面積は単位質量あたりの表面積．

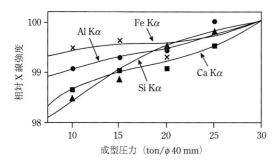

図 5.9 加圧成形圧力とX線強度変化[3]

表 5.4 粉砕容器と汚染物質の例[4,5]

素材	主成分	汚染物質	備考
タングステンカーバイド	WC(Co)	W, Co, (Ta), Ti, C	文献5
メノウ	SiO_2	Si, (Cu), (B)	文献5
アルミナ	Al_2O_3	Al, (Li), Ti, Fe, (Cu), (Zn), Ga	文献5
スチール	FeNiCr	B, Mn, Fe, Co, Zr, Ba	文献4
		Fe, Cr, Ni, Co, Mo, Mn, V	文献4

括弧の元素は実験による汚染量が5ppm以下のもの．
汚染物質の種類，量は使用する粉砕容器によって異なると考えられる．

す．粒度が細かくなるよう試料調製を行った方が良好な結果が得られている．通常，粉末の粒度としては300から400メッシュ以下が望ましい．目安としては，指でつまんだ際にザラザラしない程度か，粒子が指紋の溝に入る程度とするとよい．

粉体試料や金属試料に限らず，一般に試料表面状態

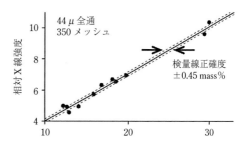

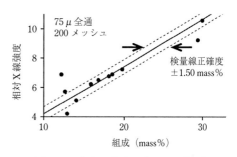

図 5.10 粉体の粒度と検量線正確度[3]
粘土中のAl_2O_3の検量線．検量線の正確度については第6章を参照．

の影響は軽元素ほど受けやすいので，分析対象元素と必要な分析精度を考慮して試料調製を行う．

5.1.2 分析深さと試料厚み

物質に入射するX線の侵入深さは波長（エネルギー）によって異なり，一般にX線の波長が短い（エネルギーが高い）ほど内部まで侵入する．また，同じ波長のX線であれば，物質の平均原子番号が小さい（軽元素の割合が多い）ほど物質内部まで侵入する．いいかえると，試料から発生する蛍光X線は，その波長が短いほど，また試料中の軽元素の割合が多いほど試料の深部の情報を含んでいる．逆にいえば，波長が長い（エネルギーが低い）蛍光X線ほど試料表面付近の情報となる．このため，軽元素の蛍光X線になるほど，試料表面状態の影響を受けやすい．

短波長の蛍光X線を分析線とする場合や軽元素が主成分の試料を分析する場合，試料の厚みによって検出される蛍光X線強度が変化することがある．図5.11にはNi薄膜を例に試料厚みに対する蛍光X線強度変化を示す．試料の厚みが変化しても得られる蛍光X線強度が変化しない厚みをバルク厚または無限厚という（ほかにも飽和厚とよぶこともある）．ある分析線に対しバルク厚に達していない試料を測定すると，得られる蛍光X線強度が小さいため，分析値が

同一分析線のバルク厚は試料材質によって異なる．図5.12は，Feを一定量含むいくつかの材質についてFe Kαのバルク厚を計算したものである．Fe Kαに対するバルク厚は材質が酸化アルミニウムでも100 μm程度であるので金属や酸化物材料では試料の厚みを考慮に入れる必要はほとんどない．一方で，ポリエチレン中のFeを分析する場合，100 μm程度の試料厚さでは，バルク厚に達していないことがわかる．こ のような試料厚みの影響を考慮しなければならないのは，薄膜材料のほか，液体や樹脂中の重金属元素を分析する場合である．

図5.13は，プラスチック樹脂の厚みとCd Kα線のX線強度の変化を検討した結果である．図5.13のデータは，市販の粒状樹脂標準物質をホットプレス加工し，2 mm厚のディスク状に成型して作成した検量線に対し，Cd濃度が140 ppmの標準試料のディスク厚を変化させた試料および充填量の異なる同粒状標準試料を用意し，それぞれ測定した蛍光X線強度をプロットしたものである．同じマトリックス・含有量の試料でも厚みや充填量によって測定強度が大きく異なっている．表5.5には，これら厚みの異なる試料の定量分析結果を示す．このように試料品種によっては厚みの違いによる分析誤差が非常に大きくなる．

分析対象の試料・元素（測定スペクトル）が試料厚みの影響を受けるかどうかは，試料調製方法や測定条件の検討に大きく影響するため，試料厚みの影響を事前に調査しておくことは精度の高い分析を行ううえで重要である．

分析に必要な試料厚みは，使用している装置のソフトウェアにFP法を用いた理論X線強度のシミュレーション機能が搭載されていれば簡単に計算することができる．また，半減層を計算するのも試料厚みの目安の一つとなる．半減層（$t_{1/2}$）は，物質に入射した

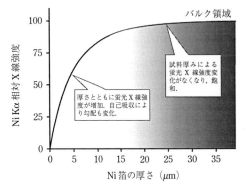

図 5.11 試料厚みと蛍光X線強度変化
Ni箔の厚みに対するNi Kαの相対X線強度変化を示す．実用上はバルク厚の強度の90％以上の厚さはバルクと見なす．なお，バルク厚は管電圧にも依存し，管電圧が小さくなるとバルク厚も小さくなる．図は50 kVの場合を示す．

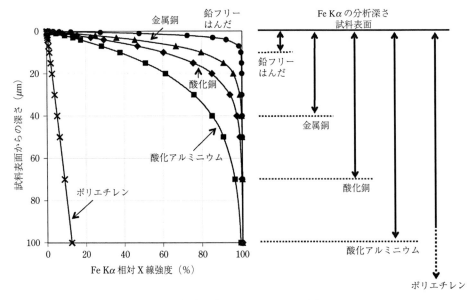

図 5.12 各種物質に対するFe Kαの分析深さ

5.1 蛍光X線強度に与える試料調製の影響

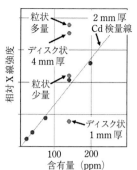

図 5.13 試料厚みとX線強度変化

1) ディスク状試料 1, 2, 4 mm厚

2) 粒状試料 少量／多量

表 5.5 樹脂試料の試料厚みによる分析誤差

試料厚み／充填量	Cd 標準値	分析値（補正なし）	分析値（補正あり）
1 mm厚（ディスク状）	140	64	147
4 mm厚（ディスク状）	140	253	144
少量（粒状）	140	161	143
多量（粒状）	140	274	139

分析値（補正なし）：2 mm厚ディスク状標準試料による検量線を用いて定量（本文参照），分析値（補正あり）：厚みの補正を行った場合の分析値．単位はppm．
測定試料の状態および検量線については図5.13参照．

X線のX線強度が，その物質を透過したときに1/2の強度に減衰する物質の厚さで定義される．これはランベルト-ベールの式（式(1.3)）を変形した，式(5.1)で表される．

$$t_{1/2} = \frac{\ln 2}{(\mu/\rho)_\lambda \cdot \rho} = \frac{0.698}{(\mu/\rho)_\lambda \cdot \rho} \quad (\text{cm}) \quad (5.1)$$

ここで，$(\mu/\rho)_\lambda$は波長λにおける物質の質量吸収係数（式(1.4)参照，ρは物質の密度（g/cm³）を示す．式(5.1)から，分析元素の蛍光X線に対する質量吸収係数と試料の密度を用いて半減層を求めることができる．ただし実際には，物質の密度など上記のパラメーターを得るのが困難な場合も多い．そこで，表5.6のような代表的な物質の半減層一覧を用いるのも便利である．厚みの影響を受けずに分析できる試料厚みの目安としては，装置や測定条件によっても多少異なるが，表中の値の3〜4倍とするとよい．液体試料では5〜10 mmは必要である．表5.6から多くの試料では試料厚みが数mmあれば分析には十分であることがわかる．一方，樹脂中の重金属元素分析などでは元素によって数cmの試料厚みが必要となるが，このような厚みの試料を準備することは現実的ではない．測定元素の含有率が高い場合は，K線の代わりにL線，L線の代わりにM線といった，より長波長のスペクトルを分析線に用いることで厚みの影響をキャンセルする方法も選択できる．しかし，ppmオーダーの微量元素に対しては，感度の面から波長の短い分析

表 5.6 さまざまな物質の半減層の厚さ

波長(nm)	エネルギー(keV)	近傍のスペクトル	物質の厚み $t_{1/2}$(mm)					
			H₂O	C	Al	Cu	Ag	Pb
0.05	24.8	Sn Kα	11	8	1.1	0.04	0.06	0.01
0.10	12.4	Pb Lα	2	2	0.2	0.03	0.009	
0.15	8.27		0.6	0.6	0.06	0.02	0.003	
0.20	6.20	Fe Kα	0.3	0.2	0.03	0.007	0.002	
0.25	4.96	V Kα	0.1	0.1	0.01	0.004		
0.30	4.13		0.08	0.08	0.008	0.003		
0.40	3.10		0.04	0.03	0.003	0.001		
0.50	2.48		0.02	0.02	0.002	0.0007		
0.60	2.07	P Kα	0.01	0.01	0.001			
0.70	1.77	Si Kα	0.008	0.007	0.0009			
0.80	1.55		0.006	0.005	0.0007			
0.90	1.38		0.004	0.004	0.0006			
1.00	1.24	Mg Kα	0.003	0.003	0.0005			
試料例			溶液	樹脂	Al合金 Mg合金 岩石 窯業原料	Cu合金 ステンレス フェライト	はんだ 貴金属	
			ガラスビード					

文献3)を一部修正．

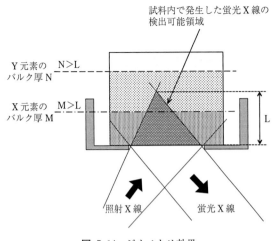

図 5.14 ジオメトリ効果

線を選択せざるを得ない.また,実際の分析では,十分に厚い試料を用意しても正しい分析値が得られない場合がある.これは,1次X線照射による蛍光X線発生領域と検出可能領域の違いから分析厚みに上限が発生するためで,ウェッジ効果またはジオメトリ効果[6)]ともよばれる(図5.14).図5.14ではジオメトリ効果による分析厚みの上限より元素のバルク厚が大きい場合,バルク厚より小さな厚みで蛍光X線強度は一定になってしまい,含有量に対して得られる蛍光X線強度が少なく測定されてしまう.ジオメトリ効果による分析厚みは試料径によって変わるため,短波長の分析線でなくても影響を受ける可能性がある.よって,樹脂や液体のように軽元素が主成分の試料では,単純に試料厚さを厚くすればよいというわけではない.現実的には,試料厚みをそろえることが試料調製上重要である.半定量分析の場合は,むしろ試料量(厚み)を減らして薄膜として取り扱う方がよい.

樹脂試料分析では,厚みに起因する誤差を補正する方法についてさまざまな検討が行われている[7,8)].表5.5には,樹脂中のCd分析でコンプトン散乱線内標準補正を適用した結果を示してある.なお,実際の測定試料は共存元素の補正も必要な場合もあり,補正計算に伴う誤差も発生するため,試料厚みをそろえることが誤差の軽減の点で有利なことはいうまでもない.

5.1.3 分析用高分子フィルム

分析試料は,しばしば樹脂製容器に入れて装置に導入する.その際,試料の保持ならびに分析窓として,数 μm 厚の高分子フィルムを容器に張って用いる.液体試料や粉体をそのまま分析する際だけでなく,粉末試料の飛散を抑えて試料や装置を保護する場合にもよく用いられる.

分析用高分子フィルムにはポリエステル(マイラー®),ポリプロピレン,プロレン,ポリイミド(カプトン®)などがある.なかでもさまざまな厚みのものが市販されているポリエステル,ポリプロピレンがよく使われる.

高分子フィルムを使用すると,試料から発生した蛍光X線はフィルムを透過する際に吸収の影響を受け蛍光X線強度が減衰する.分析線がおおよそ $CuK\alpha$ より短波長の場合は吸収による強度低下はほとんど見られないが,軽元素ほど影響が大きくなる.フィルムによる吸収の影響は,フィルムの種類や厚みによって大きく異なり,最も薄いフィルムを使用してもFの減衰は著しい(図5.15).高分子フィルムを使用した場合の分析可能元素はNaからとなる.また,半定量分析を行う際は,フィルムによる吸収の影響を補正しないと正しい分析値が得られないことに留意する.測定時にはフィルムの主成分であるCやOの蛍光X線も発生している.WDXを用いて半定量分析をする際,検出元素としてこれらを含めて計算してしまうと大きな定量誤差となる.

フィルムは薄い方が分析上有利ではあるが,照射X線やX線管からの輻射熱がフィルムを劣化させることに留意する.特に,WDXなどの高出力X線管

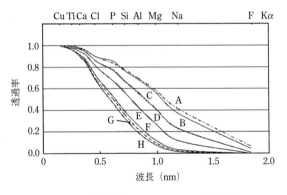

図 5.15 各種高分子フィルムのX線透過率
データは実測によるもの.透過率の高い順に上から,A:ウルトラポリエステル $1.5\mu m$*,B:プロレン $4\mu m$*,C:ポリエステル $2.5\mu m$*,D:ポリプロピレン $6\mu m$,E:ポリカーボネート $5\mu m$*,F:ポリエステル $6\mu m$,G:ポリステル $6\mu m$*,H:ポリイミド(カプトン®)$7.5\mu m$*.
* は Chemplex 社製,他は (株)リガク製.

表 5.7 高分子フィルムの耐薬品性

薬品の種類	ポリエステル (マイラー®) $C_{10}H_8O_4$	ポリプロピレン C_3H_6	ポリイミド (カプトン®) $C_{22}H_{10}O_5N_2$	プロレン C_3H_6
酸 (dilute) 弱酸	○	◎	△	○
酸 (conc.)	×	△	△	◎
アルカリ (conc.)	×	◎	×	◎
アルコール類	◎	◎	○	◎
酸化剤	△	△	×	△
アルデヒド	-	◎	◎	◎
エステル類	×	○	○	○
エーテル	△	×	-	×
脂肪族炭化水素類	○	○	○	○
芳香族炭化水素類	△	△	△	△
ハロゲン化炭化水素類	△	×	△	×
ケトン類	◎	○	○	○

◎：優，○：良，△：可，×：不可，−：不明．

を用いる場合は注意が必要である．この場合は厚め (5〜6μm 厚) のフィルムを使用し，X 線管の出力を下げて短時間で測定するのが望ましい．耐久性はポリイミドが高く，ポリエステル，ポリプロピレンと続く．ただし，軽元素の蛍光 X 線に対する吸収は，ポリイミドが最も大きい．EDX は X 線管の出力が小さいため，照射 X 線や熱の影響は問題とならない．よって，より薄いフィルムも使用できる．

フィルムの選択については，吸収による減衰率や照射 X 線および熱に対する耐性だけでなく，試料・薬品に対する化学的耐性，フィルム中の不純物の種類・量なども考慮する必要がある．表 5.7 に高分子フィルムの耐薬品性（溶液）を示す．オイルにはポリエステル，酸性溶液の分析にはポリプロピレンフィルムが向いている．なお，表 5.7 の耐薬品性は文献によってやや異なるため，測定を行う前に実際の溶液を使って高分子フィルムに影響がないかどうか確認することが望ましい．

これら高分子フィルムは，Ca, P, Si といった主に軽元素の不純物を含むため，微量元素の分析の際に妨害となることがある．ポリプロピレンはポリエステルより比較的不純物が少ない．不純物元素の種類や含有量はフィルムの種類によって異なるため，事前にフィルムを測定して，不純物の有無を確認しておく．不純物の確認はロットごとに行うことが望ましい．また，分析の際は使用フィルムもブランクとして測定するとよい．

5.1.4 そ の 他

時間の経過によって，状態が変化してしまうような試料では，同一の試料調製を行っていても試料調製から測定までの時間が異なると，X 線強度が変化し分析値の誤差が生じる場合がある．たとえば，生石灰は吸湿性が非常に高いため，粉砕および加圧成形から測定までの時間を一定としないと分析誤差が大きくなる．また，亜鉛インゴット中の Al や Mg も研磨後すぐに強度が単調増加することが知られており（再研磨すると戻る），試料調製から測定開始まで（試料調製→試料を装置にセット→装置内に導入→真空引き→測定）の時間管理が，分析精度を左右する大きな要素となる．

粉体試料では，粒子径が小さくなると表面積が大きくなるため水分の吸着の影響を受けやすくなる．試料によって吸湿の程度が異なると秤量時の誤差も大きくなるため分析誤差につながる．また，吸湿した試料は測定時の装置真空度に影響を与え安定した蛍光 X 線強度が得られないこともある．したがって，粉体試料は十分乾燥させてから試料調製・測定することが望ましい．通常は乾燥機を用いて 105〜110℃で 2 時間程度乾燥させれば，付着水を取り除くことができる．多孔質な試料や植物粉末などは乾燥機では十分な乾燥が困難な場合も多く，WDX では測定時に装置真空度に大きな影響を与えることがある．さらに，測定中に水分量が変化することで吸収の影響が変わり，結果，蛍光 X 線強度も変化する．このような場合，真空デシケータなどによる真空乾燥が有効である．

乾燥後の試料はすみやかに試料調製および測定を行

うか，デシケータ中で保管する．調製中にも吸湿するような試料では，室内の湿度管理を行うか，グローブボックス内で試料調製を行う．

試料表面に汚れなどが付着していると測定強度に影響を与える．特に軽元素を測定する場合は注意する．表面を拭きとる必要がある場合は，通常，アルコールを用いる．ただし，アルコールは水を不純物として含み試料表面に残るので，B～O の分析などの場合や水に弱い試料の場合はイソプロピルアルコール（IPA，2-プロパノール）を用いる．

歴史・考古学的試料や大型試料，シート上の被膜，鋼板上の表面処理膜などの試料は，一般に試料のサンプリングが困難であったり，試料のごく一部しかサンプリングできなかったりする場合が多い．このような試料では，測定試料または測定部位が全体を代表しているか，表面状態による差異が生じていないかに留意する．サンプリングが可能な試料であれば，数点の試料（部位）をサンプリングする．サンプリングできない試料であれば，非破壊で数カ所測定し，分析値が有意に異なることがないか確認する．

シリコンウェーハ上の薄膜試料の分析では，薄膜の成膜履歴に注意する．成膜方法の異なる試料は検出される蛍光 X 線強度が異なることがある．また，アニーリング処理の有無によっても蛍光 X 線強度が変化することがある．シリコンウェーハの場合，ウェーハサイズによってウェーハ厚みが異なるため，バックグラウンド強度が変わる場合がある．固定チャンネルの同時型装置では，ピークのみの測定となるので注意が必要である．さらに，シリコンウェーハを含む結晶質基板は，後述の回折線が発生し測定元素に対する妨害線となることがある．試料間で基板の結晶方位が異なるとその回折線パターンが変わるため定量分析が困難となることもある．

5.2 試料調製法とそのコツ

5.2.1 金属試料

塊状・板状の金属試料の試料調製は，前述のように研磨を行うのが一般的である（図 5.16）．鉄鋼など硬い金属の研磨は，ベルダー（ベルトグラインダー，#60～#240）やグラインダー（#36～#80）を用いる．ベルダーやグラインダーの場合，複数個続けて使用すると研磨粒子の粒度変化が起こり，試料間で研磨状態

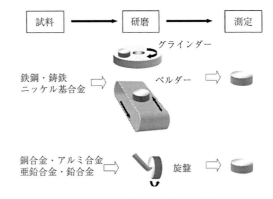

図 5.16 金属試料の試料処理[3]

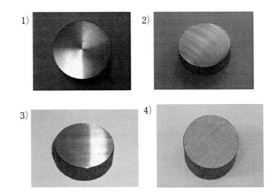

図 5.17 金属試料の研磨例
1) 旋盤，2) フライス，3) ベルダー，4) グラインダー．

が異なってしまう．よって一定の研磨試料数を決め，ベルトの交換やドレッシングを行う．また，品種の異なる試料を研磨する場合は，試料間の交叉汚染が生じるので注意する．当然，研磨粒子やベルトの結合剤（炭素を含む）からの汚染にも注意が必要である（表 5.3）．アルミニウム合金・銅合金など軟らかい金属の研磨にベルダーを用いると，不純物のくい込みや表面のダレなどが起こるため旋盤を用いる．サンドペーパーを用いてもよいが，ベルダーやグラインダーの場合と同様に試料間の研磨状態や，サンドペーパーからの汚染に注意する．貴金属やはんだなどは加圧成形を行って測定面を出すこともできる．金属片・切り子などの試料は遠心鋳造機を用いて再溶融するとよい．これを研磨することで塊状金属試料と同じように測定することができる．実際の研磨試料を図 5.17 に，代表的な金属試料の表面処理方法を表 5.8 に示す．

表 5.8　金属試料の表面処理方法[1]

試料の種類	条件	研磨方法	研磨・分析上の注意点	備考
鉄鋼	一般	・ベルダー（#60～#240）で研磨，一般には#80 アルミナ系使用．表面はアルコールなどで拭く．	・新品の研磨ベルトのドレッシング，研磨個数の確認（粗さ変化），研磨ベルトからの汚染，アルミニウム分析用にはSiC（カーボランダム），シリコン分析用はアルミナ系を使用する．リン，硫黄の汚染にも注意．	・ベルダーは手軽なので広く利用されている．
	炭素分析	・グラインダー（ホワイトアルミナ系）#36～#80 を使用．	・砥石表面をドレッシングし，平面を出すこと．試料表面に焼けがないこと，溶剤などで表面を拭かないこと．分析面は手でさわらないこと	・鋳鉄など白銑化した試料の研磨にグラインダーは最適
銅合金	一般	・旋盤により表面を仕上げる（▽▽▽仕上げ，10 μm 以下）	・仕上げを良好にするため，また油の汚染を防ぐため，バイトの先端にトルエンなどをつけながら研磨する．また中央に突起が残らないようにすること	・亜鉛合金・鉛合金など硬度が低く，ねばりのある試料の研磨に適する
アルミニウム合金	一般	・旋盤により表面を仕上げる（▽▽▽仕上げ，10 μm 以下）	・上と同じ注意が必要．銅，亜鉛を2％以上含む試料は特に注意しないと，そうでないものより表面がなめらかに仕上がる．	
	Si 含有率4％以上	・ヤスリまたはグラインダーで表面はやや粗めに仕上げる	・Si が粒状または島状にに入っており，研磨時にSi を余分に落とさないようにする．	
貴金属	金など	・研磨することもあるが，切断面または製品を加圧成形して測定面を出す．溶剤で表面をクリーニングする．	・薄い試料は手で押すと表面が凹凸になることがある．	・やわらかい試料に応用可．硬い試料は旋盤などで研磨

5.2.2　粉体試料

粉体は，粒度の粗い試料や岩石試料など鉱物効果（不均一効果）の影響のある試料についてはまず粉砕を行う．なお，粉砕前には十分に試料を乾燥しておくことが望ましい．

試料間の粒度を一定にする必要性から，粉砕は自動粉砕機（振動ミルや自動乳鉢）を用いて同一条件で粉砕するのが望ましい．粉砕容器にはアルミナ，メノウ，タングステンカーバイト，クロムスチールなどが用いられる．粉砕時間や試料の硬さによっても異なるが，表5.4に示したように容器材質からの汚染があるので，微量元素を測定する場合は影響を受ける可能性がある．特に，測定元素と同じ元素を主成分として含む容器の使用は避ける．

振動ミルを用いた場合の粉砕時間は，試料によっても異なるが，粉砕容器の発熱（試料中に金属分が入っている場合など）や汚染の影響を軽減するため0.5～5分以内が望ましい．

粉砕は，試料間の汚染も考慮し目的元素が低濃度の試料から行う方がよい．粉砕容器に試料がこびりついた場合や，前の品種と異なる試料を粉砕するような場合は，試料間の汚染を避けるため粉砕試料の一部を使って共洗いしたあと本粉砕する．粉砕容器に付着しやすい試料や熱の影響を受けやすい試料は，粉砕助剤として n-ヘキサンなどを試料が浸る程度加え粉砕する（湿式粉砕）．湿式粉砕では，容器内の流動性が増し，容器の加熱が抑えられるため，粉砕効率の向上，試料への熱の影響を抑える効果がある．粉砕後は十分な乾燥ののち次の作業を行う．

粉砕された粉体試料の代表的な試料調製法には，a. 加圧成形法，b. ガラスビード法，c. ルースパウダー法がある．

a.　加圧成形法

加圧成形法は，粉末試料を加圧してディスク状のブリケット（ペレット）を作成する方法（図5.18）で，簡便・迅速な試料調製法である．加圧成形法には，平板ダイスと金属製または樹脂製リングを用いてプレス機で加圧成形する方法（リング法，図5.19）と，シリンダーダイスを用いて加圧成形する方法（ダイス法，図5.20）がある．

リング法ではアルミニウムリングやPVC（塩化ビニル）リングを試料保護リングとして用いる．通常は

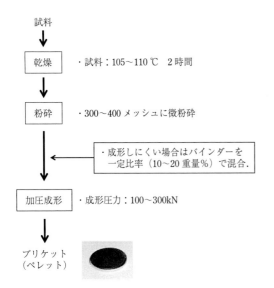

図 5.18 加圧成形法による粉末試料の試料調製

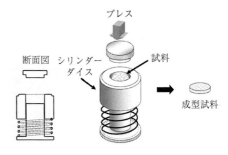

図 5.20 シリンダーダイスによる加圧成形

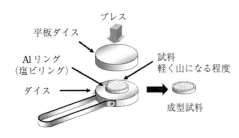

図 5.19 リング法による加圧成形

図 5.21 各種リング・カップ
写真上段が鉄およびアルミニウム製カップ，中段がアルミニウムリング，下段が PVC（塩化ビニル）リング．

平板ダイスを使用するため作業性が高く，多数の試料を調製する場合に向いている．スチールリングを用いる方法もあるが，こちらは専用のダイス，加圧成形機を使用する．

PVC リングは成形しやすく多様な試料品種に対応できる．ただし試料によってはプレス後のリング高さの戻りが大きく生じ，成形後の試料面とリングの間で高低差が生じる場合がある．試料面の高さが変化すると X 線強度の変化につながるため，定性分析での使用は問題ないが，定量分析で精度が求められる場合はアルミニウムリングを用いるのが望ましい．なお，金属製リングの使用を重ねると平板ダイス表面に傷がつく．傷に微粉が入り込むと汚染の原因になるため，定期的に表面の研磨が必要である．PVC リングはリングからの汚染がほとんどないので，試料を測定後に回収して再利用することができる．一方，アルミニウムリングの場合は Al の汚染が起こるため，回収した試料の取り扱いには注意する．

リングは各種サイズがあり，試料量や装置の測定可能径に応じて選択するとよい（図 5.21）．試料径 30 mm のブリケット作成で用いる試料量は，おおよそ約 3〜5 g 程度である．加圧成形後，試料がリングから落下するなど，リング法でうまくいかない場合は，図 5.21 に示すようなアルミニウムや鉄製のカップを用いるとよい．

加圧成形の際，目標圧力まで一気に加圧すると，圧を開放する際に粒子間で圧縮された空気が膨張して試料が壊れる（ひび割れや剥離）ことがある．この現象を避けるためには加圧途中で圧を開放して，再度加圧する作業を数回行うとよい（エア抜き）．また，成形された粉体は，粒子間の摩擦によって保持されているため，球状の粉末粒子（SiO_2 粉末や焼却灰など）の加圧成形は難しい場合が多い．粒子が細かすぎる場合も成形後の表面に段差ができやすいなどうまくいかないことがある．

リング法は単純な方法であるが，どのような試料でも適用できる方法というわけではないので，作成条件の事前検討をすることが望ましい．試料性状によって

は，リングへの試料の詰め方，成形圧しだいで出来不出来が明確に分かれることもある．作成条件を変えてもブリケットの成形性が悪い場合はバインダー（成形助剤）を用いる．バインダーにはセルロースパウダー，ポリエチレン，ステアリン酸，ホウ酸，ポリスチレン，ポリスチレンマレイン酸，ラクトースなどの樹脂・有機粉末やポリビニルアルコール水溶液などがある．蛍光X線関連メーカー各社もさまざまなバインダーを取り扱っている．バインダーによっては重量一定の錠剤型も利用することができる．ただし，FP法を用いる分析ではバインダーの組成も計算のパラメーターとして必要になるため，組成不明のバインダーは避けた方がよい．バインダーは成形性が高いことが第一の条件であるが，不純物が少ないことや吸湿性が低いことなども考慮して選択する．セルロースパウダーは，一般に吸湿性が高いので使用の際には注意する．また，バインダーに含まれる不純物が，微量成分の分析に影響を及ぼす可能性があるため，不純物の有無を事前に実測してチェックしておく．これはロットごとに行うことが望ましい．

バインダーは試料粉末との重量比で10〜20％程度の一定比率で試料とよく混合し加圧成形する．混合は試料とバインダーの粒度の違いも考慮し，粉砕機を用いた粉砕混合を行うのが望ましい．バインダーを用いることで試料の成形性や保存性・安定性は向上するが，分析誤差要因は増えることに留意し，秤量・混合は正確に行う．なお，バインダーとの混合など，粉体同士の混合の際には，バインダーと試料との混合比率を1：10より大きく（1：20など）しないようにする．これは，粉体同士の混合では1：10を越えると均質に混合されず，不均一効果の影響を受けるためである．一方で，コンプトン散乱線を内標準とする検量線を作成して定量分析を行う場合には，バインダー量を5％より小さくしないとバインダーを使用しない場合と比較して分析精度が悪くなる場合がある．

標準添加法で低濃度の試料を調製する場合は，最初に濃度の高い添加試料を作製し，溶液の希釈と同様に数段階に分けてもとの分析試料で希釈してゆく．また，微量濃度の標準試料を調製するにはICP-AESや原子吸光用などの標準液を用いる方がよい．秤量した粉体試料に濃度調整した標準液を所定量加え，さらに粉体全体が浸る程度蒸留水を加えて撹拌後乾燥させる．できればさらに粉砕を行った後加圧成形を行う．

ダイス法はシリンダ状のダイスを用いるため，かさ高い試料（トナー，植物，樹脂粉末など）の加圧成形に適している．また，試料量を一定にしやすいため，試料厚みの影響を受ける試料の調製にも適している．通常，ダイス法は，リングを用いず試料粉体のみでブリケットを作成するため，消耗品が不要となる利点もある．ただし，粉体のみで作成したブリケットは，ブリケットの端が欠けやすいため取り扱いには注意が必要である．取り扱いや保管の点を考慮するのであればバインダーを混合して作成するとよい．また，専用の試料カップ（アルミニウムやプラスチック製）を用いれば，取り扱いしやすく強固なブリケットを作成することができる．

リング法・ダイス法ともに，作成ごとにエタノールなどを用いた清掃が必要であるが，加圧成形の際も試料間の汚染の可能性があるため，低濃度の試料からブリケット作成を行うのが望ましい．ダイスに付着しやすい試料の場合，リング法であればダイスと試料の間に高分子フィルム（5.1.3参照）をはさんで加圧成形するとよい．

b． ガラスビード法

ガラスビード法は，試料を四ホウ酸リチウム（$Li_2B_4O_7$）などの融剤（フラックス），剥離剤，酸化剤とともに白金ルツボ内で1000〜1250℃の高温で溶

図 5.22 ガラスビード法による粉末試料の試料調製　写真の卓上型ビードサンプラーは（株）リガク製高周波型．

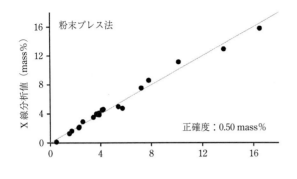

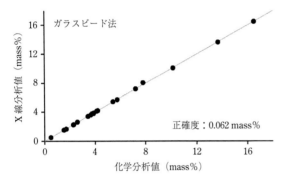

図 5.23 ガラスビード法と粉末プレス法の比較
鉄鉱石中の SiO_2 分析値についてそれぞれ同一試料から測定用試料を調製して比較．X線分析値はどちらも共存元素補正を適用済みの結果を使用．図中の直線はX線分析値と化学分析値が同一となる直線．

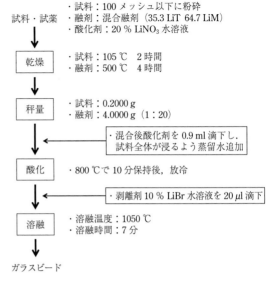

図 5.24 銅精鉱のガラスビード作製手順
LiT：四ホウ酸リチウム，LiM：メタホウ酸リチウム．

融・急冷し，φ30〜40 mm のガラスディスクを作製する方法である（図 5.22）．ガラスビード法は，おもに酸化物形態の粉末試料に対して適用される．粉末試料を融解することで鉱物効果・粒度効果を取り除くことができるため，正確度の高い分析が可能である．特に鉱物効果・粒度効果の影響を受けやすい軽元素の分析では，正確度が大きく向上することがある（図 5.23）．

ガラスビード法の利点としては，①鉱物効果・粒度効果などの不均一効果を除去する，②融剤による希釈効果で共存元素の影響を軽減する，③標準試料を試薬調合で作製できる，④主成分分析レベルであれば試料量は少量（1 g 以下）でよい，などがある．一方，注意点としては，1) 揮発しやすい元素の調製には向かない，2) 金属や硫化物，有機炭素が多い試料は白金ルツボと反応しルツボを傷める，3) 融剤で希釈するため微量元素は感度低下する，などがある．ただし，金属や硫化物，有機炭素が試料に含まれていても少量であれば溶融時に酸化剤（硝酸リチウムや硝酸アンモニウムなど）を加えることでガラスビードの作製は可能である．酸化剤を用いないでガラスビードを作製する際の目安は，メタル成分の合計含有量が重量％で 0.1 % 以下，S が 0.5 % 以下，C が 0.1 % 以下である．硫化物，有機炭素を試料に含む場合は事前に試料を焼成し，酸化させてから作製するのも一つの方法である．この場合，焼成後の試料は焼成前の試料と組成が異なっていることに注意する．最近は，非酸化物粉末試料に対するガラスビード作製技術の検討も進んでおり，硫化鉱（銅精鉱）[9]，フェロアロイ（フェロシリコン）[10]，炭化物（炭化ケイ素）[11] への適用例が報告されている．例として，図 5.24 に銅精鉱のガラスビード作製手順を示す．銅精鉱は黄銅鉱（$CuFeS_2$）を 90 % 近く含むため，白金ルツボを傷めることなく，かつ，S の揮散を抑えてガラスビードを作製する必要がある．また，Cu が含まれるとルツボ内面への濡れ性が上がり，白金ルツボからガラスビードがはがれにくくなるとともに溶融時の流動性も悪くなる．そのため，溶融開始前に試料を十分酸化させる，成分の揮散抑制のため低融点の混合融剤を用いる，剥離剤に臭化リチウム（LiBr）を用いる，などが重要となる．上記 3) の感度低下についても，近年は試料と融剤の重量比が 1：2 といった低希釈率ガラスビード法[12] が，ケイ酸塩岩石試料の分析に適用されており，微量元素分析の精度向上が図られている．

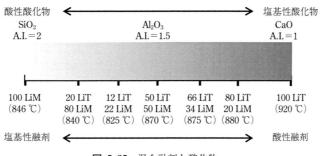

図 5.25 混合融剤と酸化物
LiT：四ホウ酸リチウム，LiM：メタホウ酸リチウム．
混合融剤の各組成は市販品の代表的なもの．カッコ内は融点．
A.I.（Acidity Index）は酸化物中の元素と酸素の比[12]を示す．

　ガラスビード作製に用いる融剤には，四ホウ酸リチウムのほかにメタホウ酸リチウム（$LiBO_4$），四ホウ酸ナトリウム（$Na_2B_4O_7$）がある．メタホウ酸リチウム（LiM）は通常，四ホウ酸リチウム（LiT）との混合融剤として用いられる．四ホウ酸ナトリウムは低融点で価格が安いものの，Naの分析ができないという制限がある．そのため，四ホウ酸リチウムや混合融剤の方が汎用に使うことができる．日本国内では四ホウ酸リチウムがよく用いられている．四ホウ酸リチウムとメタホウ酸リチウムの混合融剤は，混合比によってはメタホウ酸リチウムよりも低融点のものもあり，より低温でガラスビードの作製が可能である．また，四ホウ酸リチウム，メタホウ酸リチウムは，酸化物中の元素と酸素の比の違いに対して反応性が異なるとされており，四ホウ酸リチウムは塩基性酸化物，メタホウ酸リチウムは酸性酸化物のガラスビード作製に適している[13]（図5.25）．このため，四ホウ酸リチウムでうまくガラスビード作製ができない試料では，混合融剤に変更すると改善する可能性がある．

　融剤は必ず無水のものを使用する．無水表示であっても事前に焼成してから使用するのが望ましい．四ホウ酸リチウムの場合は，事前に650〜700℃で4時間程度焼成し，デシケータ中で放冷後に用いる．また，融剤はロットによって吸着している水分量や不純物量が異なることがあるため，標準試料と未知試料は，同一ロットの融剤で作製するのが望ましい．

　剥離剤にはヨウ化リチウム（LiI），臭化リチウム，ヨウ化カリウム（KI），臭化カリウム（KBr）などのハロゲン化アルカリを用いる．特に，ヨウ化リチウムや臭化リチウムは分析対象元素となることが少ないのでよく用いられる．粉末試薬のまま使用することもできるが，吸湿性が高いので一定濃度の水溶液に調製しておくと取り扱いしやすい．暗所に保管しガラスビード作製時にマイクロピペットを用いて一定量加える．剥離性は，ヨウ化カリウムより臭化リチウムの方が高いが，どちらも加えすぎるとガラスビードが三日月型に変形するので注意する．また，剥離剤中のIやBrは溶融中に揮散するが，一部はガラスビード中に残留することがある．IよりBrの方が揮散しにくく，ガラスビード内に残留しやすい．I $L\beta_2$ は Ti $K\alpha$，Br $L\alpha$ は Al $K\alpha$ と波長が近く，残留量が多いとスペクトルが重なる．よって添加量は少ない方が望ましいが，ガラスビードの作製条件上，剥離剤の添加量を増やさざるを得ない場合は，測定の際に重なり補正を行う．

　酸化剤には硝酸アンモニウム（NH_4NO_3），硝酸ナトリウム（$NaNO_3$），硝酸リチウム（$LiNO_3$），酸化バナジウム（V_2O_5）などがある．なかでも硝酸リチウムは，分析元素の妨害とならないためよく使われるが，Li_2Oとしてガラスビード中に残留するため，加える場合は一定量とする必要がある．さらに硝酸リチウムは吸湿性が高い試薬であるため，注意して秤量するか，水溶液として加える．硝酸アンモニウムは酸化剤としては硝酸リチウムより弱いものの，溶融中にすべて揮散しガラスビード中に残留しないため，精秤が不要で使いやすい．

　ガラスビード法は正確度の高い分析が目的のため，試料や融剤の秤量は0.1 mg単位で行い，標準試料・未知試料ともに正確に一定の試料：融剤比（希釈率）となるよう作製する．溶融と鋳型が兼用の白金ルツボで作製する場合，用いる試料，融剤の量は，合計で

5g前後を目安に設定するとよい．白金ルツボの形状や融剤の種類にもよるが，試料量と融剤量の合計量が少ないと，ガラスビードが円形にならず三日月型に変形しやすい．また，厚みの薄いガラスビードは，重い元素（短波長の分析線）の分析において厚みの影響を受けることがある．ガラスビードは必ずしも同じ厚みで作製できるとは限らないため，このような場合は波長の長いスペクトル線（L線やM線）を分析線に選択する必要がある．

試料調製は同一条件が原則であるためガラスビードの作製時には溶融温度や溶融時間の管理が重要である．化学実験室にあるような一般的なガスバーナーでも作製できるが，ビードサンプラーを利用すると作製条件を一定にしたガラスビードが作製できる．ビードサンプラーには高周波タイプ，電気炉タイプ，ガスバーナータイプなどの種類がありさらに1個用から複数個のガラスビードを同時に作製可能なタイプも市販されている．なお，作製したガラスビードは吸湿性があるため，デシケータなどで保管する．

ガラスビード作製後の白金ルツボは，希塩酸やクエン酸溶液に一晩ほどつけておくと内壁などに残ったガラスを取り除くことができる．また，白金ルツボは使用し続けるとルツボ内表面が荒れてくる．内表面が荒れるとガラスビードの分析面が荒れるだけでなく，気泡がトラップされて抜けにくくなったり，作製したガラスビードがルツボからはがれにくくなったりするので，定期的に研磨や改鋳をするのが望ましい．

c. ルースパウダー法

ルースパウダー法は，粉末をそのまま試料容器にいれ分析する方法で，加圧成形が困難な場合や試料をそのままの状態で回収したい場合などに用いられる．ただし，加圧成形法やガラスビード法に比べて試料作成再現性が劣る場合が多いため，定量分析を行う場合は同一粉末から複数の測定用試料を調製し，試料作成再現性を確認しておく方がよい．ルースパウダー法では，分析窓として高分子フィルムを張った樹脂容器に試料を充填し測定する（図5.26）．この高分子フィルムによる吸収によって軽元素ほど蛍光X線強度が減

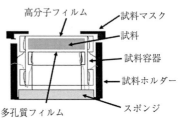

図 5.26 ルースパウダー法による粉末試料の試料調製
図は上面照射型装置用の試料調製例．下面照射用は分析窓用高分子フィルムを張った容器に充填するだけでよい．

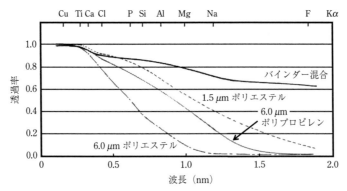

図 5.27 バインダーと高分子フィルムのX線強度比較
同一試料について各種高分子フィルムを用いたルースパウダー法とバインダーを混合した加圧成形試料で比較．バインダーはスペクトロブレンド®（Chemplex社製）10％混合．

衰するため，精度の高い定量分析を行う場合や軽元素分析の場合は加圧成形法かガラスビード法を検討した方がよい．

粉体単体で加圧成形がうまくいかない場合，バインダーを加えた加圧成形とルースパウダー法のどちらを選択すればよいだろうか．図5.27にバインダーを添加して加圧成形した試料と各種分析窓を用いたルースパウダー法での軽元素の感度比較データを示す．軽元素の分析感度を考えれば，まずはバインダーによる試料調製を検討すべきである．一方，試料の保管・取り扱いの容易さを考えればルースパウダー法がよい．

5.2.3 液体試料

液体試料の分析では，液体をそのまま試料容器に注いで測定する液体法，ろ紙などのフィルターに液体を滴下乾燥後測定する点滴法を用いる．微量元素を分析する場合は濃縮法を併用する．また，油状試料の分析では固化法という選択肢もある．

a. 液体法

液体法の場合，WDXでは通常，装置内部のX線光路をHeガスで充填（He置換）して測定を行う．分析元素が重元素で測定線の波長が短い場合などは大気雰囲気でも分析可能であるが，X線の照射によってオゾンが発生し，装置内部を腐食する可能性があるので，なるべくHe置換して測定する方がよい．上面照射型装置でも下面照射型装置でも前述の高分子フィルム（ポリプロピレン，ポリエステルなど）を分析窓に用いた樹脂容器に試料を入れ測定を行う（図5.28）．上面照射用の試料容器の場合は，試料充填時に気泡が入りやすいので注意する．容器内部に気泡をトラップして試料充填の際に分析面に気泡が出ないようにできる上面照射用液体容器もある．なお，高分子フィルムによっては，溶液の種類に対する耐久性が異なるため水溶液以外は表5.7を参考にフィルムを選択するとよい．必ず実際の試料溶液を使って高分子フィルムに影響が生じないか確認する．

液体試料の分析の場合，測定中の気泡の発生，沈殿，析出によって分析値が変動するので注意する．また，試料を回転させて測定すると液面が波打つため，測定時に試料回転機構を使用しない方がよい．そのほか，液体法による液体分析の留意点を表5.9に示す．試料容器を密閉していない場合，試料から揮発した成分による装置内汚染や腐食の可能性があるので，揮発しやすい溶液や酸濃度の高い液体の分析は避けた方がよい．

b. 点滴法

点滴法はフィルター（ろ紙・イオン交換膜）や薄膜上に一定量（数十〜数百μL）の液体試料を滴下乾燥後に測定を行う．真空雰囲気で測定できるため，分析窓や装置内雰囲気により感度低下が著しい軽元素の感度向上を図ることができる．フィルターは試料滴下部が外部と区切られており滴下試料が一定面積に収まるようになっているものを用いる（図5.29）．近年では，ppbレベルの極微量元素でも分析可能な点滴用フ

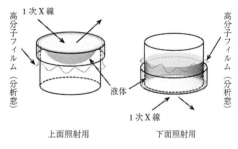

図5.28 液体試料用容器

表5.9 液体分析時の留意点[1]

留意事項	内容	対策	備考
気泡	・X線を照射すると液の温度上昇によって液体中の揮発成分や混入空気が気泡となる．また液面が膨張することがある	・混入空気は事前にベルジャーで除去可能 ・短時間に分析する	・内標準法を用いると誤差の除去が可能 ・下面照射の場合影響は少ない
沈殿	・浮遊粒子が液に混入している場合，分析中に沈殿し測定強度が変化する	・ろ過し，ろ液を分析する	
析出	・採取時からの液温の変化（低下）により析出沈殿が起こる．また酸濃度が薄く容器内壁に金属成分が析出することがある	・酸濃度を薄くして析出沈殿を防ぐ ・酸固定を十分にする	・酸固定は微量で問題となり析出沈殿は高濃度で問題となる
硫酸根 塩酸根	・溶媒によりX線の感度が変化する．特にH_2SO_4，HClが溶媒の場合，S，Clの濃度が変わると吸収効果が変化する	・溶媒はHNO_3のように吸収の少ないものを選ぶ ・酸濃度を一定にする	・内標準法は有効 ・希釈することにより酸濃度の影響を小さくできる

図 5.29 点滴法用フィルター
左はろ紙製，右は高分子フィルムを用いた高感度型．中央の試料滴下部の直径は両者とも約 20 mm．

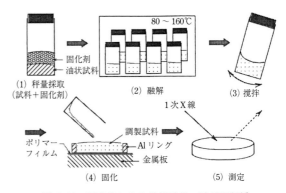

図 5.30 固化法による油状試料の試料調製[14]

ィルターも市販されている[14]．なお，卓上型全反射装置の試料調製にも点滴法が用いられる（第 8 章参照）．この場合は，表面が平滑で清浄なスライドガラスや石英ガラス上に液体を滴下し乾燥後測定を行う．

点滴法の利点は，薄いフィルターを用いることで溶媒による散乱の影響が軽減され，低バックグラウンドの分析が行えることにある．このため液体法と比べて，はるかに少量の試料でも S/N 比のよい測定が可能である．一方，フィルターの厚さが薄いため，測定面と反対側の試料ホルダーや装置内部で発生した散乱線がフィルターを透過して検出しやすくなってしまう．このため，点滴法で測定する際は，中空状のカップ（アルミ合金や樹脂製）などを使用して散乱線を低減する必要がある．金属板や樹脂板などを用いてフィルターを保持すると，金属板や樹脂板の成分が検出されるうえ，バックグラウンドも上がるため中空状のカップを使用する方がよい．

点滴法では，複数回の点滴作業を行って試料を濃縮することで，より低濃度試料の分析も可能である．ただし，複数回点滴する場合は，点液による誤差の観点から 2～3 回程度にすることが望ましい．乾燥の際に揮散する元素には注意が必要である．また，乾燥時に多量に析出物が生成するような高濃度溶液の調製には適さない．分析時にはブランクのフィルターを測定して不純物の有無を確認することが望ましい．不純物はロットによって異なることがあるため，標準試料と測定試料には同一ロットのフィルターを用いる．点滴法で定量分析を行う場合は，複数の点滴試料を調製し，点滴の再現性を確認する．再現性がわるい場合は，試料 1 点につき 2 点以上の点滴試料を調製し，その平均値を分析値として扱うようにする．

c. 濃 縮 法

排水中の金属元素など，液体中の微量金属分析には濃縮法が用いられる．濃縮法は物理的方法と化学的方法があり，物理的方法の代表例が先の点滴法である．化学的方法には沈殿法，イオン交換法，溶媒抽出法がある．沈殿法では，液体試料に試薬（DDTC：ジエチルジチオカルバミン酸塩，DBDTC：ジベンジルジチオカルバミン酸塩など）を反応させ，沈殿物をフィルターでろ過し，乾燥後測定を行う[3]．

d. 固 化 法

油状試料の分析では固化剤を用いた油固化法[15]も選択できる（図 5.30）．この方法は，試料を固化させるため，真空中で測定が可能で，Na や Mg などの軽元素分析に有効である．また，潤滑油中の磨耗金属粉など測定中に沈降して強度変化を起こす試料の分析にも有効である．固化法は，潤滑油やグリース，重油・軽油などに適用できるが，灯油・ガソリン，水分の多い油には適用できない．測定時に固化試料から成分の揮発が生じる場合があるので適用条件・測定条件はよく検討しておく．

5.2.4 そ の 他

a. プラスチックの試料調製法

電線は金属の芯材とプラスチックの被覆材からなる．迅速な分析が要求される場合には試料をそのまま測定することも可能であるが，正確度・精度の高い分析を行うためには，それぞれの素材ごとに分離したうえで，被覆材については凍結粉砕による均質化，さらに加熱成形によるディスク化（ホットプレス法）を行う．ホットプレス法は熱可塑性樹脂試料に適用できる．一方，熱硬化性樹脂試料では，凍結粉砕を行い粉

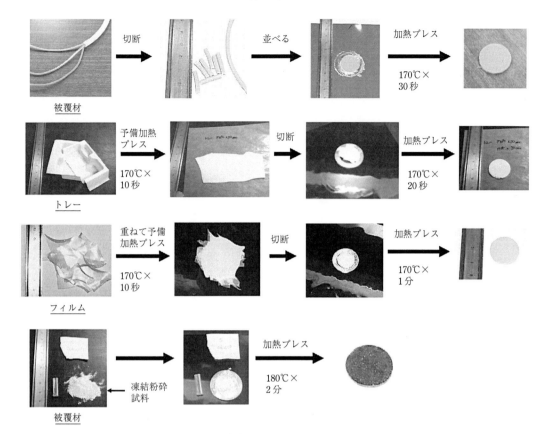

図 5.31　各種プラスチックの試料処理例

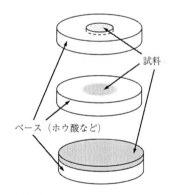

図 5.32　少量粉末試料の加圧成形例
上：中央をくぼませたベースを作成し試料を入れて加圧成形したもの．
中：平らなベースの中央に試料をまいて加圧成形したもの．
下：同じく平らなベース上に一様にのせ加圧成形したもの．

末を容器に充填するか，加圧成形を行う．参考として図 5.31 に各種プラスチック系試料の試料処理例を示す．なお，ホットプレス法でディスク状に調製する場合は 5.2.2 でも述べたように標準試料・測定試料の厚みをそろえるのが重要である[7]．

b. 微少量・微小試料

微少量粉末を加圧成形する場合は，試料量に合わせて小径のリングを選択する．リングがない場合にはセルロースパウダーやホウ酸をベース材として予備加圧成形しておき，その上面や中央部に試料をのせさらに加圧成形する（図 5.32）．試料量や試料径を同一にすることで定量分析が可能である．なお，表 5.6 にもあるように，有機物や樹脂などを除けば，通常必要な試料厚みはごく薄いため，試料が少ない場合にはできるだけ分析面積が大きくなるように調製した方が高感度で測定できる．

粉体のまま測定する場合は，装置が下面照射型であれば，市販されている各種小径容器が利用できる．上面照射の場合は，底面にろ紙を接着した板状の微量試料容器（図 5.33）に秤量した粉末をそのまま入れて，高分子フィルムをかぶせて測定する方法もある．さらに，数 mg といった極微量な粉末試料は高分子フィルムではさんで測定する（図 5.34）．この場合は，検量線

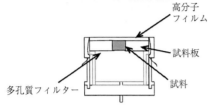

図 5.33　微量粉末試料容器

図 5.34　高分子フィルムを用いた微量粉末の試料調製

法による定量分析は困難なため，分析は FP 法で行う．

c. 測定時に注意を要する試料

X 線を照射した際，試料の揮散があると，装置内部が汚染され，測定への影響や各部の劣化を引き起こすことがある．できれば強酸性，強アルカリ性を示す試料や，低温で昇華しやすい試料の測定は避ける．また，S, P, Cl などを多量に含む試料やゴムなどは，長時間測定すると熱で成分が揮散する可能性がある．ただし，同じ元素でも揮散しやすいかどうかは化合物によって大きく異なる．たとえば NaCl 中の Cl は長時間測定しても蛍光 X 線強度は変化しないが，塩化ビニル中の Cl は長時間測定によって試料が揮散し，蛍光 X 線強度が減少する．特に，WDX などの高出力の X 線管を搭載した装置で分析する際は，①長時間の測定を避ける，②電流を下げて測定する，③試料表面を高分子フィルムで覆う，などの注意が必要である．WDX の分光結晶に影響を与える物質については第 3 章の表 3.3 に一覧がある．

試料が単結晶の場合，試料自身が 1 次 X 線を回折することによって回折線が発生し，測定の妨害となることがある．回折線は，蛍光 X 線スペクトルと異なるシャープなスペクトルとして現れる．回折線の現れる 2θ 角度は試料の結晶方位と装置の光学系の関係によって異なる．単結晶試料は，粉砕が可能な試料であれば粉砕を行い，加圧成形かガラスビード化して分析する．シリコンウェーハ上の薄膜分析などの場合，P より短波長の領域で回折線の影響が現れることがある．シリコンウェーハは結晶方位が明確であるため，同一の結晶方位をもつブランクウェーハで回折線の有無を確認するとよい．　　　　　　　　　　　［本間　寿］

参考文献

河野久征，"蛍光 X 線分析　基礎と応用"，株式会社リガク（2011）．
"蛍光 X 線分析実習テキスト"，株式会社リガク（1997）．
大野勝美，川瀬　晃，中村利廣，"X 線分析法"，共立出版（1987）．

引用文献

1) 河野久征，"蛍光 X 線分析　基礎と応用"，株式会社リガク（2011）．
2) "蛍光 X 線分析方法通則"，JIS K 0119, 日本規格協会（1997）．
3) "蛍光 X 線分析実習テキスト"，株式会社リガク（1997）．
4) R. Gill, ed., "Modern Analytical Geochemistry", Longman (1997).
5) G. Thompson, and D. C. Bankston, *Appl. Spectrosc.*, **24**, 210 (1970).
6) 森川敦史，川久航介，渡邉健二，山田康治郎，片岡由行, X 線分析の進歩, **45**, 217 (2014).
7) 山田康治郎，森山孝男，井上　央, X 線分析の進歩, **35**, 51 (2004).
8) 千葉晋一，保倉明子，中井　泉，水平　学，赤井孝夫, X 線分析の進歩, **35**, 113 (2004).
9) H. Homma, H. Inoue, M. Feeney, L. Oelofse, and Y. Kataoka, *Advances in X-ray Analysis*, **55**, 242 (2012).
10) 井上　央，山田康治郎，渡辺　充，本間　寿，原真也，片岡由行, X 線分析の進歩, **43**, 277 (2012).
11) 渡辺　充，山田康治郎，井上　央，片岡由行, X 線分析の進歩, **44**, 253 (2013).
12) 山田康治郎，河野久征，村田　守, X 線分析の進歩, **26**, 33 (1995).
13) F. Claisse, J. S. Blanchette, "Physics and Chemistry of Borate Fusion Theory and Application Revised

edition", Fernand Claisse, (2004).
14) 森山孝男, 東間苗子, 山田康治郎, 河野久征, X線分析の進歩, **37**, 133 (2006).
15) 株式会社リガク, アプリケーションレポート XRF121.

6章 定 量 分 析

定量分析とは，試料に含まれる元素の含有量を決定することである．蛍光X線の強度は含有量の関数になっており，強度を測定すれば含有量を知ることができる．測定元素のX線強度を含有量に変換する方法として，検量線法とFP（ファンダメンタルパラメーター）法がある．

検量線法は，機器分析では一般的に用いられる方法である．標準試料を用いて定量分析を行う高精度な分析法で，製品の管理分析などによく用いられる．

FP法は，理論計算を利用する蛍光X線分析独自の定量方法である．厳密な標準試料がなくても，組成の未知な試料の半定量分析ができるので，不良解析などによく用いられる．また，多層薄膜などFP法でしか定量できない分野もあり，利用範囲が広い．

ここでは，検量線法とFP法の基本的な考え方，実際の定量分析法について述べる．

6.1 検量線法による定量分析

6.1.1 検量線法とは

検量線法とは，標準試料を用いて検量線を作成し，未知試料の含有量を測定する方法である．

測定された定量元素の蛍光X線強度は，含有量の関数として表すことができる．

$$I=f(W) \qquad (6.1)$$

ここで，I：蛍光X線強度（cps），W：含有量（%）．

この関数は，逆に含有量を蛍光X線強度の関数で表すこともできる．これを検量線とよび，以下の式で表される．

$$W=f(I) \qquad (6.2)$$

この関数は双曲線に近いといわれているが，含有量範囲が狭ければ1次関数，あるいは2次関数で近似することができる．

これらのことから，検量線法による定量分析の手順は以下のとおりである（図6.1参照）．

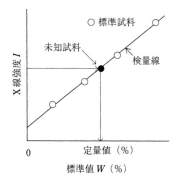

図 6.1 検量線法

① 含有量の明らかな標準試料を用意する．
② 標準試料の蛍光X線強度を測定する．
③ 標準値と強度により検量線を作成する．
④ 未知試料の蛍光X線強度を測定し，含有量を求める．

6.1.2 標 準 試 料

検量線法による定量分析では，まず標準試料を用意する必要がある．定量したい試料が鉄鋼，非鉄（銅合金，アルミ合金など），窯業など蛍光X線分析を製品の管理分析に利用している分野すなわちJISに採用されている分野では標準試料が市販されているので，未知試料の含有元素および含有量範囲に合わせてこれを利用する．参考に，JISに制定されている現在有効な蛍光X線分析法を付録Aに示す．

市販の標準試料の入手方法としては，JISを制定している協会に問い合わせることや，標準試料を専門に取り扱っている商社などに問い合わせる方法などがある．最近では，Web上で検索する方法も有効である（第7章参照）．

標準試料が市販されていない場合は，標準試料を分析目的に応じて作製する必要がある．標準試料の作製方法には，次の3つの方法がある．

① 他の分析手法（化学分析，原子吸光，ICP-AES

など）により，測定元素の含有量を求めて，その試料を標準試料とする．

② 粉体試料，液体試料の場合には，試薬を調合して標準試料を作製する．

セラミックスなどの窯業関係では，ガラスビード法（5.2.2b参照）がよく用いられる．

③ 標準添加法を利用する．これは，未知試料に，測定元素を段階的に添加し，検量線を作成し，添加していない試料の含有率を求める方法である．詳細については，6.1.9に示す．

また，市販の標準試料および作製した標準試料を利用する場合の共通の注意点は次のとおりである．

① 未知試料とよく似た組成の標準試料を用いること．主成分および含有元素の含有量範囲を合わせること．

② 未知試料と標準試料の前処理方法，試料作製の履歴を同じにすること．

鋳鉄などの金属の成分分析では，特に②が重要である．市販の標準試料は，溶解した金属を急冷して偏析の少ない試料を作成している（白銑化）ので，分析試料も同様に作成したものを調製する必要がある．また，窯業関係のセメントや耐火物などでは，鉱物学的差異，粒度の影響を軽減するために，ガラスビード法を採用することが多い．

検量線の信頼性を確保するために，標準試料は最低3点，できれば5点は用意した方がよい．

6.1.3 蛍光X線強度の測定条件

定量元素の蛍光X線強度を測定するには，装置固有の測定条件の選択が必要である．最近の装置では，標準的な測定条件が内蔵されており，分析元素を指定すると測定条件が表示されることが多い．ここでは，一般的な測定条件の選択の考え方について述べる．その他の項目については第3章を参照して，最適な条件を選択することが必要である．

X線強度の測定では，WDXではスペクトルのピーク強度，EDXではスペクトルの面積強度が一般的に用いられる．

a. 測定スペクトルの選択

分析元素の測定スペクトルは，感度が高いこと，他のスペクトルの重なりがないことなどを考慮して選択されている．一般的には$K\alpha$線，$L\alpha$線が選択されている．また，測定スペクトルはX線管電圧とも関係がある．X線管電圧は，通常40～50kVが用いられる．40kVと50kVを用いた場合の一般的な測定可能な元素の範囲を次に示す．

測定スペクトル	X線管電圧 40 kV	X線管電圧 50 kV
$K\alpha$	$_4$Be～$_{49}$In	$_4$Be～$_{55}$Cs
$L\alpha$	$_{50}$Sn～$_{92}$U	$_{56}$Ba～$_{92}$U

通常，X線管電圧は，白色X線で励起する場合（1.5.7参照），吸収端エネルギーの1.5倍以上かければ，十分励起される．

SnのK吸収端が約30keVなので，SnKα線を使用する場合50kV，SnLα線を使用する場合40kVが用いられる．

測定スペクトルの選択では，重なりに注意が必要である．AsKα線とPbLα線のように完全に重なる場合は，AsKβ線，PbLβ_1線を用いる．希土類元素のように多数のL線があり，近接している場合は，できるだけ重ならないようなスペクトルの選択が必要である．WDXでは，高分解能スリットを用いたり，分光結晶を変更することで，重なりの影響が少ない条件を選択できる．またWDX特有の高次線の重なりについては，波高分析器（PHA）の上下限値を調整したり，高次線の反射の少ない分光素子（人工累積膜など）を利用することによって影響を少なくすることができる．しかし，測定上どうしても重なりが避けられない場合は後述の重なり補正や共存元素補正を行う．

EDXでは，軽元素（Na～Ca）の測定に15kVの低い電圧で測定する場合がある．これは，電圧を下げて15keV以上のエネルギーのX線を励起しないようにして，少しでも低エネルギーの元素の感度を上げようとする工夫である．また，EDXによる鉛フリーはんだ中の微量の鉛の分析では，管電圧を30kVにすることにより，SnKα線の励起を少なくし，鉛の感度を向上させることができる場合がある．

b. 測定時間

定量分析のための一般的な測定時間は，WDXでは40秒，EDXでは100秒程度である．含有量が大きく，高いX線強度が得られる場合は，半分くらいに短くしてもかまわない．

微量分析では，検出下限や再現精度の向上のため，測定時間をできるだけ長くする．

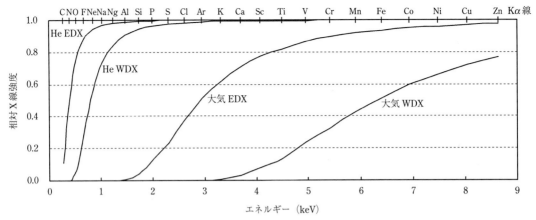

図 6.2 真空測定時のX線強度を1としたときの大気およびHe測定時の相対X線強度
X線光路長（試料面と検出器の距離）：EDX 30 mm, WDX 300 mm.

c. 測定雰囲気

WDX では，通常真空雰囲気で測定を行い，測定できる元素範囲は装備している分光結晶や，試料から検出器までのX線光路長にもよるが Be～U である．大気雰囲気では Ti～U（含有量や機種によっては Cl～U），He 雰囲気では F～U の元素範囲が測定可能である．

EDX では，真空雰囲気では Na～U（機種によっては C～U），He 雰囲気では Na～U の元素範囲が測定可能である．また，大気雰囲気では，EDX は WDX に比べてX線光路長が短いので，P～U の元素範囲が測定可能である．用いる装置の性能によっても異なるが，軽元素に対して感度のよい装置では，Al, Si についても主成分として含まれる場合は検出可能である（図6.2参照）．

d. X線強度の数え落としについて

X線は検出器で検出され，計数回路で計数される．この検出器と計数回路それぞれに計数できる限界がある．計数の限界以上にX線が入射すると数え落としが発生する（3.4節参照）．数え落としの限界は，検出器（SC, F-PC, SSD, SDD など）や装置ごとに異なるので，測定条件の設定は，この限界を超えないようにしなければならない．実際には，定量スペクトルを Kα 線から Kβ 線に変更したり，X線管電流を下げたり，減衰機能（アッテネーター）を使用するなどして，X線強度を計数限界より低くする．また，最近では，計数限界を超えると自動的に感度調整する機能を備えている装置もある．EDX では，WDX に比べて計数量が低いので，計数量ぎりぎりになるように電流を自動調整する機能が搭載されている．

6.1.4 検量線の作成および定量値の評価

標準試料のX線強度を測定し，標準値とX線強度により検量線を作成する．一般的に，横軸に標準値（含有量%），縦軸にX線強度を示す．検量線は最近の装置では付属のソフトウェアで簡単に作成できる．検量線は基本的に1次関数で計算するが，含有量範囲が広い場合，たとえば約10%以上では2次関数で計算する方がよい場合もある．

1次関数：$W = b \cdot I + c$
2次関数：$W = a \cdot I^2 + b \cdot I + c$

ここで，W：含有量（%），I：蛍光X線強度（cps）．

検量線を評価する尺度として，正確度が示される．正確度は，標準値と検量線から計算される定量値との差，すなわち偏差 d_i（誤差）をとり，その標準偏差 σ_d を式(6.4)を用いて計算することにより求めること

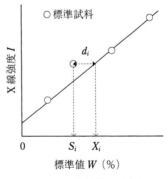

図 6.3 検量線の正確度

ができる．（図6.3参照）

$$d_i = X_i - S_i \tag{6.3}$$

$$\sigma_d = \sqrt{\frac{\sum d_i^2}{n-1}} \tag{6.4}$$

ここで，d_i：偏差（％），S_i：標準値（％），X_i：定量値（％），σ_d：標準偏差すなわち正確度（％），n：試料数．

この正確度の値が小さいほど検量線が良好でかつ定量値の信頼性が高いと判断できる．また，この値は，この検量線を用いて得られる未知試料の定量値の正確さを表している．

検量線や定量値の正確度がよくない場合，まず，次の5点を確認し，第5章の試料調製法を参考に対処する．

① 試料の標準値の正確さ
② 測定面の錆，傷，割れ，汚染，平滑性（凹凸）など
③ 金属試料の場合，標準試料と未知試料の熱処理の違い
④ 粉末試料の場合，粒度・均一性・結晶構造
⑤ 液体試料の場合，沈殿など

試料調製がうまく行われているにもかかわらず，検量線からはずれる試料があったり，正確度がよくない場合は，さらに次の3点を確認し，後述の強度補正，共存元素補正などを考慮する必要がある．

① 試料ごとのバックグラウンドレベルの違い
② スペクトルの重なり
③ 共存元素の吸収・励起などのマトリックス効果

6.1.5 検量線の形状

検量線の形状は，定量元素の蛍光X線と共存元素によって決まる．もっとも単純な系である2元系検量線は0〜100％の含有量範囲で，凹，または凸の曲線になる．これは定量元素の蛍光X線のエネルギー（波長）と，共存する基元素の吸収端の関係で決まる[1]．代表的な検量線の形状を図6.4に示す．これらの形状についての説明を表6.1に，蛍光X線と吸収端の関係を図6.5に示す．

蛍光X線は，そのエネルギーが相手の元素の吸収端より大きくかつ吸収端に近いほどよく吸収される．

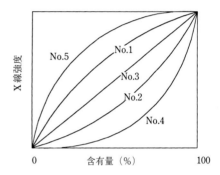

図6.4 2元系検量線の形状
（表6.1のNo.1〜5を表す）

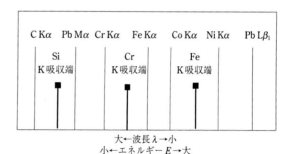

図6.5 蛍光X線と吸収端の関係

表6.1 2元系検量線の形状

No.	定量元素と基元素の関係	検量線の形状	例
1	定量元素が基元素より軽い（原子番号が小さい）	基元素の励起により凸の曲線になる	定量元素：Cr 基元素：Fe
2	定量元素が基元素より重い（原子番号が大きい）	基元素の吸収により凹の曲線になる	定量元素：Ni 基元素：Fe
3	定量元素と基元素が隣り合せ（原子番号が1番違い）	吸収励起が少なくほぼ直線になる	定量元素：Co 基元素：Fe
4	定量元素が基元素よりはるかに軽い（原子番号がはるかに小さい）	基元素の吸収が大きいので大きな凹の曲線になる	定量元素：C 基元素：Fe
5	定量元素が基元素よりはるかに重い（原子番号がはるかに大きい）	基元素の吸収が小さいので大きな凸の曲線になる	定量元素：Pb 基元素：Si

表 6.2 検量線法による定量分析の手順

No.	項　　目	内　　容	計　算　式
1	測定強度	未処理の強度（ピーク全強度）	I_0
2	バックグラウンド補正	蛍光X線の強度（Net）の計算	$I_1 = I_0 - I_{BG}$
3	ドリフト補正	装置の変動を補正	$I_2 = \alpha \cdot I_1 + \beta$
4	重なり補正	共存元素の重なりを引き算	$I_3 = I_2 - k \cdot I_j$
5	内部標準補正	他のスペクトルとの強度比を計算	$I_4 = I_3 / I_j$
6	定量計算	検量線を使用	$W_1 = b \cdot I_4 + c$
7	共存元素補正	共存元素による吸収励起と重なりを補正	$W_2 = W_1 \cdot (1 + \sum d_j \cdot W_j) - \sum l_j \cdot W_j$

逆に，相手元素は，蛍光X線により励起される．一般的に共存する重元素は分析目的元素の軽元素を励起し，軽元素は重元素の蛍光X線を吸収する．しかし，励起は吸収より効率がわるく，凸の曲がり具合は凹よりも小さくなる．これは吸収されたX線のエネルギーの一部が励起に使用されるためである（残りは熱になる）．

No.5 の例の定量元素が Pb，基元素が Si というケースは，具体的にはブラウン管などに用いられる鉛ガラス中の Pb の分析例である．鉛ガラス中の Pb を分析する場合，定量スペクトルに Pb $L\beta_1$ 線を用いると，Pb 含有量が約 20% を超えるとX線強度がほとんど増加せず，検量線の傾きが小さくなる．その場合は低エネルギーの蛍光X線 Pb $M\alpha$ 線を使用すると，より高含有量まで直線性が得られる．これは，Pb $M\alpha$ 線に対する Si と Pb の吸収がほとんど同じになるためである．また，水溶液や有機溶媒などの液体試料中の重元素でも同様の現象が起こる．液体試料の場合は，検量線の傾きが得られる含有量まで希釈する方法が有効である．

6.1.6 定量分析の手順および各種強度補正

前述のように，2元系試料の検量線は，試料調製がうまく行われていれば直線あるいは2次曲線でほぼ近似される．しかし，実際の多成分系の検量線では，必ずしも直線あるいは，2次曲線に乗ってくるわけではない．つまり，蛍光X線強度が，共存元素の影響を受けるためである．この影響を補正する方法としては，蛍光X線強度を直接補正する強度補正法と，共存元素の含有量による補正法の2つに分けられる．

これらの補正法を含めた一般的な定量分析の手順を表 6.2 に示す．ここでは，No.2～5 の強度補正法について説明する．No.7 の共存元素補正については，次の 6.1.7 で説明する．

a. バックグラウンド（BG）補正

蛍光X線スペクトルは蛍光X線（Net）と散乱X線（バックグラウンド）とで構成されている．バックグラウンド補正とは，主成分などの違いによりバックグラウンド強度が試料ごとに変化し，微量元素の定量値に影響する場合にバックグラウンドを引き算する補正法である．ここでは，WDX と EDX に分けて説明する．

(i) 波長分散型（WDX）　WDX では，一般的にX線強度をピーク高さで測定する．バックグラウンドとして，蛍光X線から適当に離れた位置での散乱X線強度を測定する．散乱X線の測定位置は，事前に定性分析を行って，共存元素などの重なりがないことを確認しておく必要がある．図 6.6 に説明図を示す．

BG レベルがほぼ平行であれば1点測定（蛍光X線ピークの片側，おもに高角度側），BG レベルの傾きが大きい場合には2点測定（蛍光X線ピークの両側）を行う．2点測定では蛍光X線の測定位置のバックグラウンド強度が補間計算される．隣接ピークのすそのにあり，BG レベルが直線近似できない場合などは，2点ではなく多点を利用し，2次関数，双曲線などを利用する方法もある．

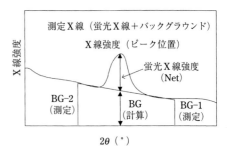

図 6.6　WDX における BG 補正

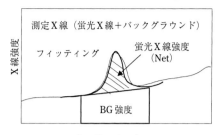

図 6.7 EDX における BG 補正

(ii) エネルギー分散型（EDX） EDX では，一般的に X 線強度をピーク高さではなく，ピークの面積強度で測定する．ピーク面積の測定方法として，積算法とフィッティング法の 2 つの方法があり，通常，Net 強度と BG 強度を同時に計算する．図 6.7 に説明図を示す．

① 積算法　WDX と同様にピークの両側 2 点間の X 線強度を積算し，その両端を BG 点として直線近似し，上側を Net 強度，下側を BG 強度として計算する方法．

その他，BG 強度のみを次項の関数フィッティングで計算する方法もある．

② フィッティング法　ピークの面積を関数フィッティングによって蛍光 X 線強度（Net）を計算する．バックグラウンドもフィッティング範囲または，測定の全エネルギー範囲を関数フィッティングして計算する方法．

b. ドリフト補正

装置の感度（X 線強度）は短期的には室温など，長期的には構成部品の劣化などにより変動することがある．その強度の変動を補正する方法がドリフト補正である．これは，共存元素の影響を補正する方法ではなく，定量値の管理手法のひとつであり，詳細については 6.4.1 に示す．

c. 重なり補正

定量元素のスペクトルに対して共存元素のスペクトルが重なる場合，同じ共存元素の重ならない別のスペクトル強度を用いて強度補正する方法である．図 6.8 に重なり補正の計算方法を示す．

まず，定量元素を含有しない共存元素だけの試料を用意し，定量元素の蛍光 X 線の測定位置で，この試料の X 線強度を測定し，式(6.5)で補正係数を求める．

$$k = \frac{I_q}{I_{js}} \qquad (6.5)$$

ここで，k：重なり補正係数，I_q：定量元素の測定位置での X 線強度（cps），I_{js}：共存元素 j の重ならないスペクトルの X 線強度（cps）．

実際の重なりがある場合の定量元素の X 線強度 I_i は，式(6.6)で計算する．

$$I_i = I_q - k \cdot I_{js} \qquad (6.6)$$

この補正法では，共存元素の X 線強度 I_q と I_{js} に必ず相関がなければならないので，通常は，$K\alpha$ 線と $K\beta$ 線，$L\alpha$ 線と $L\beta$ 線などの同じ系列のスペクトルを用いる．強度補正による重なり補正は，共存元素の含有量が不明の場合に有効である．通常，検量線法では含有量による共存元素補正（6.1.7 参照）で処理するため，あまり使用しないが，後述の FP 法では用いる場合がある．

EDX では，関数フィッティングにより面積強度（Net）を計算するとき，隣接ピークも含めたフィッティング（波形分離）を行い，重なり補正をする方法もある．

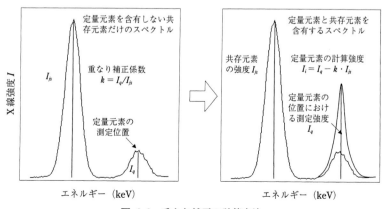

図 6.8 重なり補正の計算方法

d. 内部標準補正

定量元素のスペクトルと補正を目的とする他のスペクトルとのX線強度比を用いて強度補正する方法である．詳細については，6.1.8に示す．

6.1.7 共存元素補正
a. 共存元素補正とは

試料中で発生した蛍光X線は，試料表面に出てくるまでにまわりの共存元素によって吸収されると同時に，共存元素の蛍光X線によって2次的に励起されることがある．この吸収および励起効果によって，含有率が一定でも共存元素の違いによりX線強度が変化する現象をマトリックス効果という．検量線法では，ほとんど同じマトリックスの標準試料を用いるので測定強度は含有量に比例するはずであるが，実際には，このマトリックス効果によって検量線からのばらつきが大きくなる場合がある．また，定量元素と共存元素のX線スペクトルの波長が近接し，装置の分光系では分離ができなくて重なる場合も検量線からのばらつきが大きくなる場合がある．これを重なり効果という．共存元素補正とは，このマトリックス効果および重なり効果を共存元素の含有量を用いて補正することにより検量線の正確度の向上を図ることである．

共存元素補正式には，数種類あり，最近の装置では検量線のソフトウェアの機能として用意されている．このなかでは，d_j法，Lachance-Trail法（L/T法；ラチャンス-トレイル法），de Jongh法（ディヨング法）とよばれている補正式がよく使用される．

d_j法は，JIS G 1256 "鉄及び鋼の蛍光X線分析方法"に制定されており，主に鉄鋼関係で利用されているが，その他の分野の試料にも適用でき，応用範囲が広い．JISに制定されているので，JIS法ともよばれる．Lachance-Trail法（L/T法）は，含有量範囲が広いため2次関数で検量線の近似が困難な場合に，使用することがある．補正法として，さらにいくつかの方法があるが，最近はほとんど使用されていないので省略する．

b. d_j法（JIS法）[2)]

d_j法に用いられる補正式を式(6.7)に示す．検量線の式に，補正項が加わっている．補正する共存元素として，定量元素と基元素を用いない．

$$W_i = X_i \cdot (1 + \sum d_j \cdot W_j) \qquad j \neq i, \text{Base} \tag{6.7}$$

表 6.3 日本鉄鋼協会ステンレス鋼の含有量（%）
（JSS 650～655 ステンレス鋼シリーズ）

JSS No.	Mn	Ni	Cr	Mo
650	0.55	0.30	16.66	0.044
651	1.70	10.11	18.47	0.16
652	1.71	11.15	16.85	2.13
653	0.95	13.50	22.26	0.014
654	1.68	18.80	24.74	0.101
655	1.77	9.41	17.47	0.096

ほかに C, Si, P, S, Cu, Co, Nb を含む．

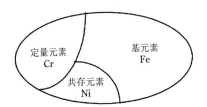

図 6.9 共存元素補正の説明

ここで，W_i：定量元素の補正後の定量値，X_i：未補正定量値（基準検量線 $X_i = a \cdot I_i^2 + b \cdot I_i + c$），$d_j$：定量元素に対する共存元素の吸収励起補正係数，$W_j$：共存元素の標準値または定量値，$i$：定量元素，$j$：共存元素，Base：基元素．

共存元素補正は，ステンレス鋼においてよく利用される．ステンレス鋼は，Feが主成分で，C, Si, Mn, P, S, Ni, Cr, Mo, Cu, Co, Nbなどを含有している．このなかで，Crに対してはNi, Moの吸収励起の共存元素補正，PおよびSに対してはMoの重なり補正が用いられる．日本鉄鋼協会ステンレス鋼シリーズの代表的な元素の含有量を表6.3に示す．

まず，ステンレス鋼中のCrを例として，吸収励起の考え方を説明する（図6.9参照）．定量元素Crと基元素Feだけからなる2元系試料を考える．このときの検量線（2元系検量線）は曲線になるが，ばらつくことはない．これは，定量元素と基元素の増減が連続的であるためである．

2元系試料のうち，基元素Feの一部がNiに置き換わったとする（これを3元系試料とよぶ）．FeとNiでは，Crに対する影響（吸収励起）が異なるので，この試料は2元系検量線から外れ，これが吸収励起によるばらつきになる．このときNiは共存元素となる．多元系試料の場合も同じである．

補正とは，多元系試料から2元系試料の標準値（基準値とよぶ）を推定し，2元系検量線（基準検量線）

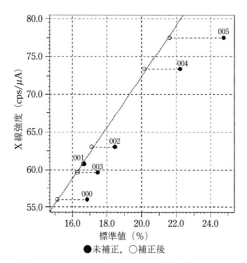

図 6.10 ステンレス鋼中の Cr 共存元素補正の例
Ni, Mo による吸収励起補正, d_j 法, EDX.

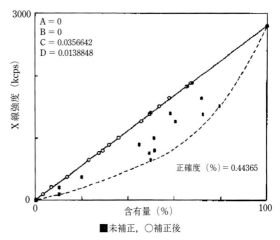

図 6.11 Ni 合金中の Ni の共存元素補正の例
Fe, Mo などによる吸収励起補正, L/T 法, WDX.

を作成することを意味する.

また, d_j 法では, 基元素で補正しないという考え方は, もともと鉄鋼業界では, 主成分の鉄を定量しないことによると考えられる.

実際のステンレス鋼検量線用試料 (日本鉄鋼協会ステンレス鋼シリーズ JSS 650～655) 中の Cr について, Ni と Mo で共存元素補正した例を図 6.10 に示す. 補正係数の求め方は, 6.1.7.f に示した. ●は, 未補正の強度と標準値のプロット, ○は補正後のプロットである. 図中の実線が基準検量線を示している. また, 1 点だけ未補正と補正がほとんど同じ試料があるが, これは Ni が少ない JSS 650 である.

また, Ni を定量元素と考えると, 基元素 Fe の一部が Cr に置き換わったとしても, Ni に対してはほとんど影響がないため, Ni の検量線は 0～20 % の広い範囲において 2 次関数で作成することができる.

c. Lachance-Trail 法 (L/T 法)

L/T 法に用いられる補正式を式(6.8)に示す. L/T 法は, 本質的には d_j 法と変わらないが, d_j 法でいう基元素の考え方はなく, 検量線は 0～100 % まで直線で表される. 補正する共存元素としては, 定量元素のみを用いない. 基準検量線が 1 次関数すなわち直線で表されるので, 扱いやすいのが特長である. 主に欧米で用いられることが多い.

$$W_i = X_i \cdot (1 + \sum d_j \cdot W_j) \qquad j \neq i \qquad (6.8)$$

ここで, W_i: 定量元素の補正後の定量値, X_i: 未補正定量値 (基準検量線 $X_i = a \cdot I_i + b$), d_j: 定量元素に対する共存元素の吸収励起補正係数, W_j: 共存元素の標準値または定量値, i: 定量元素, j: 共存元素.

含有量範囲が広い場合は, L/T 法が特に有効である. d_j 法では, 基元素を補正に使用しないので基準検量線は 2 次関数 (曲線) となる. 含有量範囲が広くなると, 2 次関数では近似できなくなる場合があるので, 基元素も含めて補正する L/T 法が有効である. L/T 法が有効な例として図 6.11 に Ni 合金中の Ni の L/T 法による共存元素補正例を示す[3]. Ni の含有量

表 6.4 Ni 合金の検量線作成に使用した標準試料の含有量(%)

試料＼元素	Mn	Cu	Fe	Ni	Cr	Mo	W	Co	Nb
耐 熱 合 金	0～2	0～1	0～20	10～73	8～22	0～10	0～16	0～52	0～5
高 速 度 鋼	0～1	0～1	60～80	0～1	3～5	3～5	6～9	4～10	0
純 ニ ッ ケ ル	0	0	0	100	0	0	0	0	0
モネルなど	0～2	10～90	0～30	9～70	0～1	0	0	0～1	0
純 銅	0	100	0	0	0	0	0	0	0
Fe-Ni 2 元系試料	0	0	20～100	0～80	0	0	0	0	0

ほかに C, Si, P, S, V, Ti, Al, Ta, Zr が 0～5 %含まれている.

範囲は0～100％である．標準試料としてNBS，日本原子力研究所の耐熱合金，日本鉄鋼協会のFe-Ni 2元系試料，純Niなどを用いた．これらの含有量範囲を表6.4に示す．Niの含有量範囲が広いので，主成分のFeも補正に含めることによって，直線で近似することができる．図6.11中の実線が基準検量線である．点線は，Fe-Ni 2元系試料である．

またL/T法をα法とよぶ場合がある．L/T法の原文では補正係数を$α_j$で表しているためである．ただし，α法は欧米で発表された他の補正法も含む場合がある．

d. de Jongh 法

de Jongh法に用いられる補正式を式(6.9)に示す．de Jongh法は，d_j法と同様に基元素を考慮して，基元素では補正しないが，分析元素自身も補正元素として用いる．基準検量線は1次関数すなわち直線で表される．軽元素を主成分とする試料中の重元素の補正に適している．

$$W_i = X_i \cdot (1 + \sum d_j \cdot W_j) \quad j \neq Base \quad (6.9)$$

ここで，W_i：定量元素の補正後の定量値，X_i：未補正定量値（基準検量線 $X_i = a \cdot I_i + b$），d_j：定量元素に対する共存元素の吸収励起補正係数，W_j：共存元素の標準値または定量値，i：定量元素，j：共存元素，Base：基元素．

e. 重なり補正[2]

重なり補正は，式(6.10)で表される．吸収励起補正と同様に，検量線の式に補正項が加わっている．

$$W_i = X_i - \sum l_j \cdot W_j, \quad j \neq i \quad (6.10)$$

ここで，l_j：定量元素に対する，共存元素の重なり補正係数．

重なり補正ではd_j法，L/T法およびde Jongh法とも同じ考え方で，基元素の考え方はない．重なり補正項の符号はマイナスなので，係数l_jは，必ず正の値となる．

d_j法，L/T法およびde Jongh法の実際の補正式は，前述の吸収励起補正に重なり補正も加えて，式(6.11)で表される．

$$W_i = X_i(1 + \sum d_j \cdot W_j) - \sum l_j \cdot W_j \quad (6.11)$$

ここで，W_i：定量元素の補正後の定量値，X_i：未補正定量値（基準検量線　d_j法：$X_i = a \cdot I_i^2 + b \cdot I_i + c$，L/T法，de Jongh法：$X_i = a \cdot I_i + b$）．

実際のステンレス鋼検量線用試料（日本鉄鋼協会ステンレス鋼シリーズJSS 650～655）中のMnについ

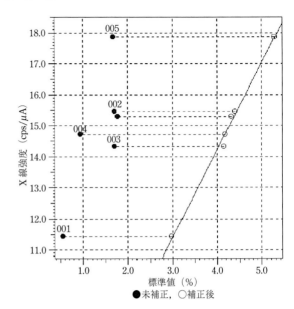

図6.12 ステンレス鋼中のMnの重なり補正の例 補正元素Cr，EDX．

て，Crによる重なり補正を行った例を図6.12に示す．●は，未補正の強度と標準値のプロット，○は補正後のプロットである．EDXでは，CrKβ線とMnKα線が重なるので，このように補正が必要であるが，WDXでは重ならないので補正は必要ない．WDXでもステンレス鋼中のPKαに対してMoLl線，SKα線に対してMoLα線が重なるので，重なり補正が必要である．

f. 補正係数の計算方法

吸収励起補正係数d_jおよび重なり補正係数l_jの求め方には，重回帰法，個別三元法，理論計算を用いるSFP（セミファンダメンタルパラメーター）法がある．

吸収励起補正係数d_jは，試料の組成によって決まる係数なので，上記3法で求めた係数は，装置が違ってもほぼ使用することができる．これに対して，重なり補正係数l_jは，装置の分光系の分解能によって決まる係数なので，装置ごとに実測して求めなければならない．JIS G 1256の解説表にWDXの場合の重なり補

表6.5 補正係数の計算方法の比較

	重回帰法	個別三元法	SFP法
標準試料数	多数	少数	少数
正確さ	試料による	正確	正確
適用できる試料	すべて	Feベースのみ	すべて

正係数の例が示されている．EDX では，WDX に比べて分解能がかなり劣るので重なり補正の対象元素が多くなる．これら 3 法の比較を表 6.5 に示す．

(i) 重回帰法 重回帰法は，実際の多成分系の試料を複数個用いて X 線強度を実測し，係数 d_j，l_j と未補正定量値を計算する基準検量線の係数 a，b，c を同時に計算する方法である．多数の標準試料が必要であり，装置付属のソフトウェアで計算できる．

1 個の標準試料で 1 本の式(6.11)ができる．n 個の標準試料では n 本の式ができる．この n 本の連立方程式から，未知の係数を計算する．未知の検量線係数と補正係数の合計が n 個の場合，n 個以上の標準試料が必要である．

重回帰法で補正係数 d_j，l_j を計算する場合，次の 3 点に注意が必要である．

① 定量元素，共存元素の含有量範囲は，いずれも 0.5 % 以上（酸化物は 1 % 以上）であること．

② 補正係数 d_j の値が，±0.1 以下であること

前述の 2 項目を満足しない元素は d_j の計算から除外する（l_j はこの限りではない）．元素間の吸収励起は微量では無視でき，その影響は 0.1 以上にはならないためである．

③ 同一元素で，吸収励起と重なり補正を同時に行うことは可能であるが，元素数の制限などでどちらかしか使用できない場合は，影響の大きさを考慮して重なり補正を優先する．

標準試料の選定では，2 元系試料も併用するなどして，組成はなるべく変化をもたせた方が好ましい．また，標準試料の合計が未知の係数の合計（すなわち n 個）よりも多いほど係数の信頼性は向上する．

(ii) 個別三元法（JIS G 1256 の補正係数）[2] 個別三元法は，Fe-i の 2 元系試料と Fe-i-j の 3 元系試料を用いて X 線強度を実測し，i 元素に対する j 元素の補正係数を計算する方法である．この実測した係数は，JIS G 1256 の解説表に示されている．この係数を利用すれば，少数の標準試料で補正を含む検量線を作成することができる．参考に係数を表 6.6 に転載する．この係数は，実際に 2 元系，3 元系試料を作成し，膨大な実測データから求められた値であり，信頼性が高い．

実際の係数測定の手順は，次のとおりである．

① Fe-i の 2 元系試料を用いて，i 元素の検量線を作成する．

② Fe-i-j の 3 元系試料を用いて，i 元素の未補正定量値 X_i を求める．

③ 共存元素補正式(6.11)を変形した式(6.12)から d_j 補正係数を計算する．重なり補正係数 l_j はあらかじめ求めておく．

$$d_j = \frac{W_i + l_j \cdot W_j - X_i}{X_i \cdot W_j} \quad (6.12)$$

(iii) SFP（セミファンダメンタルパラメーター）法[4]　SFP 法は，実際の試料を測定して係数を求めるのではなく，後述する FP 法により組成を変化させた試料の強度を理論計算して係数 d_j を求める方法である．基準検量線の係数 a，b，c は，この理論計算して得られた係数 d_j と，実際の標準試料を用いて求める．係数 d_j は含有量によって変化するので，理論計算する場合は，含有量の設定が必要である．また，SFP 法では，重なり補正係数 l_j は計算できない．

理論補正係数 d_j の計算法は，個別三元法と同様に，2 元系および 3 元系の試料を設定し，理論強度を計算する．その強度を用いて，個別三元法と同様の手順で，補正係数 d_j を計算する．

g. 補正元素の選択

定量元素に対して補正元素を選択するときは，基本的には係数 d_j の絶対値が大きい元素を選択する．ただし，マトリックス効果は補正係数 d_j と含有量の積であるため，含有量の変化の大きい元素も補正元素の候補となる．係数が大きくても含有量が一定の場合は補正効果が小さい．共存元素補正では，補正効果が大きい元素をできるだけ少数で補正することが望ましい．補正元素が多いと，実試料での測定誤差が大きくなる場合がある．

鉄鋼関係では，JIS G 1256 の個別三元法の d_j 係数の値（表 6.6）を参考に補正元素を選択する．その他の試料については，SFP 法で計算した値を参考に，補正元素を選択すると効率がよい．これらの方法が使用できない場合は，重回帰法により，試行錯誤で最適な補正元素を検討する．

h. 共存元素補正による定量分析の手順

共存元素補正を用いた未知試料の定量分析の手順を表 6.7 に示す．補正係数は，あらかじめ上記 3 法により求めておく．共存元素も補正する場合は，表 6.7 のように補正計算を繰り返し，前回と差が小さくなれば終了する．

表 6.6 JIS G 1256 (1997) に記載された吸収励起補正係数（Fe 基元素用）

補正元素	定量元素											
	Si	Mn	Cu	Ni	Cr	Mo	W	V	Co	Ti	Al	Nb
C	−0.0338	0.0359	−0.0288	−0.0243	−0.0304	−0.0515	−0.0009	0.0320	0.0002	−0.2556	−0.0576	−0.0237
Si		0.0051	−0.0142	−0.0093	0.0092	−0.0269	−0.0165	0.0137	0.0018	0.0000	−0.0226	−0.0211
Mn	−0.0008		0.0006	−0.0025	0.0049	−0.0018	−0.0023	−0.0017	0.0291	0.0029	−0.0100	
Cu	0.0002	0.0137		−0.0124	0.0007	−0.0035	−0.0098	0.0326	−0.0245	0.0007	0.0078	
Ni 20%	0.0032	0.0001	−0.0068		0.0036	0.0019	0.0021	0.0040	0.0010	0.0048	0.0031	
Ni 50%					0.0032							
Ni 70%					0.0026							
Cr	−0.0019	0.0021	−0.0024	−0.0029		−0.0038	−0.0017	0.0122	0.0236	−0.0047	−0.0119	
Mo	−0.0033	0.0209	−0.0076	−0.0069	0.0325		0.0041	0.0416	0.0148	−0.0387	0.0097	
W	0.0001	0.0242	−0.0096	−0.0069	0.0349	0.0090		0.0386	0.0173	0.0262	0.0042	
V	0.0028	0.0380	−0.0094	−0.0057	0.0184	−0.0069	−0.0023		0.0244	0.0175	−0.0013	
Co	0.0009	−0.0046	0.0002	−0.0076	0.0009	−0.0010	0.0010	0.0024		0.0021	0.0026	
Ti	−0.0025	0.0346	0.0044	−0.0016	0.0454	−0.0267	−0.0142	0.0285	0.0152		0.0236	
Al	0.0002	0.0066	−0.0111	−0.0107	0.0080	−0.0235	−0.0016	0.0175	−0.0045	0.0453		
Nb	−0.0138											

日本鉄鋼協会共同研究会鉄鋼分析部会蛍光 X 線分析分科会の共同実験において Rh 管球使用，個別三元法によって求めたものである．

表 6.7　共存元素補正による定量分析の手順

No.	項　目	計　算　式
1	標準試料の強度を測定する	I_{std}
2	基準検量線を作成する	$b \cdot I_{std} + c = \dfrac{W + \sum l_j \cdot W_j}{1 + \sum d_j \cdot W_j}$
3	未知試料の強度を測定する	I
4	未補正定量値を計算する	$X = b \cdot I + c$
5	共存元素の未補正定量値を計算する	$X_j = b_j \cdot I_j + c_j$
6	1回目の補正を行う	$W = (b \cdot I + c) \cdot (1 + \sum d_j \cdot X_j) - \sum l_j \cdot W_j$
7	共存元素も1回目の補正を行う	$W_j = (b_j \cdot I_j + c_j) \cdot (1 + \sum d_j \cdot X_j) - \sum l_j \cdot W_j$
8	No.6, No.7を繰り返す	$W = \cdots,\ W_j = \cdots$
9	繰返し定量値の差が基準より小さくなれば終了する	$d < \mathrm{ABS}(W_n - W_{n-1})$

6.1.8　内標準法

定量元素の蛍光X線強度は，試料全体の吸収の影響を受ける．これは，主成分が異なれば，X線強度が異なることから明らかである．この試料全体の吸収を補正する方法として，内標準法が用いられる．内標準法とは，定量元素の分析線と補正を目的とする内標準線のX線強度との比を用いて検量線を作成し，共存元素の影響を補正する方法である．

a.　内標準添加法

内標準添加法とは，定量元素の測定スペクトルの近くに分析線がある元素を試料に一定量添加して，その分析線を内標準線とする方法である．定量元素の分析線と内標準線の共存元素に対する影響がほぼ同じであることを利用している．内標準添加元素としては，定量元素と原子番号が一つ違いの元素が有効である．実用的には，WDXによる鉄鉱石中のFeの定量分析において，Co内標準添加方法が用いられることがある．このとき鉄の分析線はFe Kβ線，内標準線はCo Kα線を用いる．EDXでは，Fe Kβ線とCo Kα線が重なるので使用できない．

使用上の注意点は次の6点である．

① 定量元素の分析線と内標準線の波長（エネルギー）が近いこと．ただし，重ならないこと．
② 他の元素の吸収端が分析線と内標準線の間にないこと．
③ 内標準元素が分析試料に含有されていないかごく微量であること．
④ 内標準添加物質の純度が高いこと．
⑤ 内標準元素の添加量は，分析線と内標準線の強度がほぼ同等になるようにすること．
⑥ 標準物質が均一に混合されること．

内標準法における計算式を，式(6.13)に示す．通常は，内標準元素のX線強度を分母とする．

$$I_{Ri} = \dfrac{I_i}{I_j} \qquad (6.13)$$

ここで，I_{Ri}：強度比，I_i：定量元素のX線強度，I_j：内標準元素のX線強度．

b.　散乱線内標準法

散乱線内標準法とは，内標準線として散乱線を利用する方法である（図6.13参照）．

散乱線強度は，試料の平均原子番号（質量吸収係数とほぼ同じ）に反比例する．つまり，樹脂などの軽元素が主成分の試料では大きく，金属などの重元素が主体の試料では小さくなる．蛍光X線強度も散乱線と同様に，試料の平均原子番号（質量吸収係数とほぼ同じ）に反比例する．したがって，蛍光X線と散乱線の強度比をとれば，試料全体の吸収の影響を補正できる．たとえば，樹脂の主成分の違いのように，蛍光X線分析で簡単に測定できない元素を含む場合は特に有効である．また，主成分の組成が一定ではないと考えられる植物体中の重元素の分析に応用した例もある[5]．

散乱線としては，定量元素の分析線のバックグラウンドを利用することができる．これは，定量元素の蛍光X線の波長（エネルギー）と同等のバックグラウンドを用いることにより，補正効果が得られやすい．他のスペクトルの重なりなどがあり，定量元素のバックグラウンドが利用できないときは，少し離れた位置

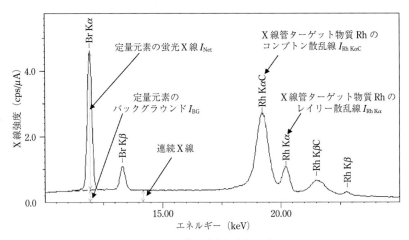

図 6.13 散乱線内標準補正法

の連続 X 線のバックグラウンドを利用することもある．

また，散乱線として，高い X 線強度が得られる X 線管のターゲット物質の特性 X 線のレイリー散乱線およびコンプトン散乱線も利用することができる．金属などの重元素が主成分の試料では，レイリー散乱線が強くなり，樹脂などの軽元素が主成分の試料では，コンプトン散乱線が強くなる．どちらか強度の高い方を利用するとよい．

また，散乱線内標準法では，不定形な試料形状や厚さについても，同様に補正することができる．最近では，電気・電子機器に用いられる樹脂製品中の Cd，Pb の微量分析の際，試料を定形な形状に前処理することなくそのまま測定する要求が多いため，この散乱線内標準法が有効である[6]．

6.1.9 標準添加法

検量線法は，標準試料との比較法であり，標準試料が必要である．しかし，標準試料が準備できない場合で，かつ試料数が少ない場合は標準添加法が用いられる．

標準添加法では，未知試料に，測定元素を段階的に既知量添加し，検量線を作成する．この検量線を外挿して横軸と交わる点の横軸の含有量の絶対値が試料中の含有量となる（図 6.14 参照）．

この方法は，含有量が低い領域では，検量線が原点を通る直線であることを利用している．したがって，未知試料の含有量が約 5% 以下の場合に利用できる．含有量が高すぎると，添加した元素の影響で検量線の

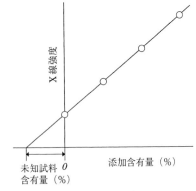

図 6.14 標準添加法

傾きが変化したり，原点を通らなくなったりするので，注意が必要である．

また添加量は，未知試料の分析含有量範囲内で添加する．最も重要な注意点は，試料と添加元素を均一に混合することである．実際には混合が容易な溶液や粉末試料およびガラスビード法に用いられることが多い．

6.2 FP 法による定量分析

6.2.1 FP 法とは

蛍光 X 線分析法では，試料の組成（含有元素および含有量）がわかれば，蛍光 X 線発生の原理に基づき，測定条件とファンダメンタルパラメーター（物理定数）を用いて，蛍光 X 線強度を理論的に計算することができる．FP 法とは，この理論強度計算を利用して，測定強度から組成を求める方法である．

FP法では計算の過程において元素間の吸収励起が処理されるため，この方法を使えば品種，すなわち主成分の異なった試料も同一条件で定量できるなどの利点がある．また，検量線法では定量が困難な多層合金薄膜の定量分析ができるなど応用範囲が広い．

6.2.2 理論強度計算の概要

FP法では，蛍光X線発生の原理に基づき，試料の組成および膜情報（薄膜のみ），測定条件，元素の物理定数などを用いて目的スペクトルの理論強度を計算する．図6.15にこの概要を示す．元素のパラメーターについては，6.2.12に示す．

理論強度計算は，試料形態により，バルクと薄膜に分けて行う．蛍光X線の分析深さより十分厚い試料をバルク（無限厚），それより薄い試料を薄膜として取り扱う．

図6.15の理論強度計算式に示すように，バルク試料の蛍光X線強度は，試料の組成のみで計算できるが，薄膜試料では，組成だけでなく膜の構成，膜重量も用いて計算する．

分析深さは，分析元素の測定スペクトルと組成と励起X線のエネルギーによって定まるので，厳密には，6.2.9のFP法によるシミュレーションを行って求める必要がある．ここでは概略のバルクと薄膜の違いを述べる．Fe，Cuなどの金属中の金属元素の分析深さは，数十μm程度である．セラミックス中のAl，Siなどは10 μm程度である．ところが，軽元素中の重元素，たとえばPVC樹脂中のPbは2 mm程度と桁違いに深くなるので注意が必要である．

一般的に分析元素の測定スペクトルが同じであれば，分析深さは，試料の平均原子番号が大きい（重元素が主成分）ほど小さく，小さい（軽元素が主成分）ほど大きくなる．試料の主成分が同じであれば，分析元素の測定スペクトルのエネルギーが大きい（波長が短い）ほど分析深さは大きく，エネルギーが小さい（波長が長い）ほど小さくなる．

6.2.3 理論強度の計算法

試料中の元素 i から蛍光X線 ip スペクトルが発生するとすれば，その理論強度 I_{ip} は式(6.14)で表される．

$$I_{ip} = I_{ip}(1) + I_{ip}(2) \qquad (6.14)$$

ここで，$I_{ip}(1)$：1次蛍光X線，入射X線により直接励起される蛍光X線，$I_{ip}(2)$：2次蛍光X線，試料中で発生した別の元素のX線により間接的に励起される蛍光X線．

1次蛍光X線と2次蛍光X線はそれぞれ独立した計算式で計算され，合算している．

3次蛍光X線の理論式も発表されているが，強度が弱いので通常の蛍光X線分析装置では計算していない．

a. バルクの場合の理論強度計算

バルク試料では，蛍光X線強度は試料の組成のみで定まる．1次蛍光X線および2次蛍光X線の計算方法の説明図をそれぞれ図6.16, 6.17に示す．

バルク試料の理論強度の詳細な計算式は，6.2.10に示す．

b. 薄膜の場合の理論強度計算

薄膜試料では，蛍光X線強度は膜の構成および各層の組成と膜重量により定まる．薄膜試料中の1次蛍

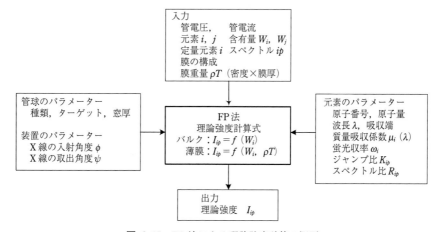

図6.15 FP法による理論強度計算の概要

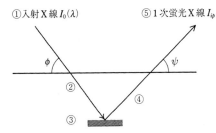

① 入射X線の発生および強度分布 $I_0(\lambda)$
② 入射X線の試料内での吸収
③ 元素 i の蛍光X線 ip の発生
　③-1　入射X線の吸収
　　　　K線ならばK殻の吸収,ジャンプ比
　③-2　蛍光X線となる率,蛍光収率
　③-3　遷移確率,スペクトル比
④ 発生した蛍光X線の試料内での吸収
⑤ 検出される1次蛍光X線の強度 I_{ip}

図 6.16　1次蛍光X線の計算方法（バルク）

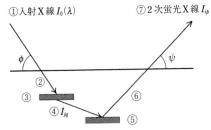

① 入射X線の発生および強度分布 $I_0(\lambda)$
② 入射X線の試料内での吸収
③ 入射X線による1次蛍光X線の発生 I_{jq}
　　（共存元素 j の蛍光X線 jq）
④ 1次蛍光X線の試料内での吸収
⑤ 1次蛍光X線 I_{jq} による2次蛍光X線の発生
⑥ 2次蛍光X線の試料内での吸収
⑦ 検出される2次蛍光X線の強度 I_{ip}

図 6.17　2次蛍光X線の計算方法（バルク）

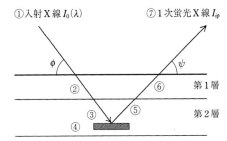

① 入射X線の発生および強度分布 $I_0(\lambda)$
② 入射X線の上層（第1層）での吸収
③ 入射X線の発生層（第2層）での吸収
④ 元素 i の蛍光X線 ip の発生
　④-1　入射X線の吸収
　　　　K線ならばK殻の吸収,ジャンプ比
　④-2　蛍光X線となる率,蛍光収率
　④-3　遷移確率,スペクトル比
⑤ 発生した蛍光X線の発生層（第2層）での吸収
⑥ 発生した蛍光X線の上層（第1層）での吸収
⑦ 検出される1次蛍光X線の強度 I_{ip}
⑧ 元素 i が複数層にあれば加算する

図 6.18　1次蛍光X線の計算方法（薄膜）

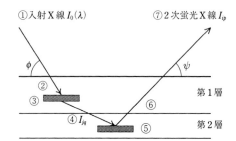

① 入射X線の発生および強度分布 $I_0(\lambda)$
② 入射X線の上層（第1層）での吸収
③ 入射X線による1次蛍光X線の発生 I_{jq}
　　（共存元素 j の蛍光X線 jq）
④ 1次蛍光X線の発生層（第1層）および2次蛍光X線の発生層（第2層）での吸収
⑤ 1次蛍光X線 I_{jq} による2次蛍光X線の発生
⑥ 2次蛍光X線の発生層（第2層）および上層（第1層）での吸収
⑦ 検出される2次蛍光X線の強度 I_{ip}
⑧ すべての層から発生する1次蛍光X線による2次蛍光X線を加算する

図 6.19　2次蛍光X線の計算方法（薄膜）

光X線の計算方法の簡単な説明図を図6.18に示す.

1次蛍光X線は,複数層に同一元素が存在する場合は,各層毎に理論強度を計算し,すべてを加算する.下層で発生した蛍光X線は,上層での吸収を考慮して計算される.上から m 番目の第 m 層の場合は,第1層から第 $(m-1)$ 層までの吸収を計算する.

2次蛍光X線の計算方法の簡単な説明図を図6.19に示す.上層で発生した1次蛍光X線により励起された場合を示している.2次蛍光X線は,同一層,上層,下層からの励起による2次蛍光X線をすべて加算する.1次蛍光X線と同様に,下層で発生した蛍光X線は,上層での吸収を考慮して計算される.

薄膜試料の理論強度の詳細な計算式は,6.2.11に示す.

6.2.4　定量計算方法

FP法では,元素の含有量および膜重量から,蛍光X線強度が理論計算できる.しかし,測定強度から直接含有量に変換することは,計算式が複雑で困難で

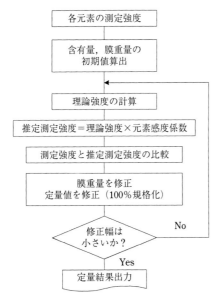

図 6.20 FP法による含有量計算のフローチャート

ある．このため未知試料の定量計算では，測定強度と計算強度が等しくなるように計算上の試料の組成および膜重量を調節して得られた組成および膜重量を定量値としている．このような方法は逐次近似計算法とよばれている．定量計算のフローチャートを図 6.20 に示す．バルク試料の場合は，膜重量は無限大となり理論強度計算において考慮する必要はない．

定量分析の手順は以下のとおりである．
① 未知試料の定量元素の蛍光 X 線強度を測定する．
② 含有量，膜重量の初期値を仮定する．
③ 初期値を用いて理論強度を計算する．
④ （理論強度×元素感度係数）により推定測定強度を求める．
⑤ 測定強度と推定測定強度を比較して定量値を修正する．（100 %規格化する）
⑥ 修正前後の定量値を比較する．
⑦ 差が大きければ，③に戻り修正された含有量で理論強度を再計算し，③～⑦を繰り返す．
⑧ 差が小さくなれば修正された含有量を最終の定量値として出力する．

6.2.5 元素感度係数とは

FP法で計算される理論強度は，試料表面位置での計算強度で単位をもたない相対的な強度である．実測強度は，検出器で測定された強度である．実測強度と理論強度の関係は式(6.15)で表される．

$$I = k \cdot T \quad (6.15)$$

ここで，I：実測強度（cps），T：理論強度（単位なし），k：元素感度係数．

元素感度係数はこれらの強度の相関を示す係数である．FP法による定量計算では，図 6.20 に示すように元素感度係数が必ず必要である．

この元素感度係数は，測定元素の一定の条件で測定された装置の感度を示す係数である．したがって，元素感度係数とは，WDX ではスリットの透過率，分光結晶の反射率，検出器の検出効率などを含み，装置に依存する元素のスペクトル固有の係数である．EDX では検出器の検出効率である．

元素感度係数は，目的元素を含む組成が既知の試料（たとえば純物質）を用いて測定し，式(6.16)から求める．

$$k = \frac{I}{T} \quad (6.16)$$

実際の元素感度係数の測定手順は以下のとおりである．
① 標準試料を用意する．
② 蛍光 X 線分析装置を使って実際に強度 I を測定する．
③ 装置に付属の FP 法のソフトウェアを使って標準試料の組成データを入力して理論的に強度 T を計算する．
④ 測定強度と理論強度の回帰曲線（元素感度曲線）を作成し，感度係数を求める．

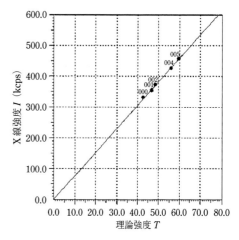

図 6.21 ステンレス鋼中の Cr の感度曲線（WDX）

この係数は，試料1点だけでも求めることができ，マトリックスの異なるさまざまな試料に利用できる．また，バルクで求めた元素感度係数を用いて，薄膜を定量することができる．感度係数は，検量線と同様に複数の試料を用いて回帰計算で求めることもできる．FP法の場合，これを感度曲線とよぶ．

ステンレス鋼検量線用試料（日本鉄鋼協会ステンレス鋼シリーズJSS 650～655）中のCrの感度曲線を図6.21に示す．検量線法では，図6.10中の未補正のプロットのようにX線強度と標準値にばらつきがあるが，感度曲線ではばらつきがほとんどないことがわかる．これは，FP法では共存元素の影響を理論的に正しく見積もることができることを示している．

6.2.6 FP法による定量分析

蛍光X線分析法は比較分析法であるので，FP法による定量分析においても，前述のように標準試料が必要である．つまり，標準試料を用いて元素感度係数を求めてから，未知試料の定量分析を行うのが，通常の手順である．ところが，最近の装置では，標準試料がなくてもFP法による定量分析が簡単にできるようになっている．これは，装置メーカーが出荷時に，測定できるすべての元素の感度係数を入力しているためである．実際には，測定可能な全元素について実測しているわけではない．信頼できる標準試料が入手可能な元素については実測し，試料が入手困難な元素については，実測した元素の感度係数から補間計算して求めている．どのような試料を用いて元素感度係数を測定しているのかを確認することは，使用している装置のFP法システムを理解するのに役立つと考えられる．

FP法による定量分析方法は，内容的には1種類であるが，強度測定方法，感度係数の利用方法などによって大きく3種類の方法に分けられる．

① 定性分析の後，検出された元素について装置内蔵の感度係数を用いてFP法による定量分析を行う（便宜上，定性定量分析とよぶ）．装置内蔵の感度係数を用いるのでユーザーでは標準試料を用意する必要がない．組成のまったく不明な未知試料の分析に対して有効である．

② 定量元素が既知の場合は，定量元素を指定して定量分析を行う．装置内蔵の感度係数を用いるので①と同様にユーザーでは標準試料を用意する必要がない．

③ 定量元素が既知であり，かつ未知試料に組成の近い標準試料が用意できる場合は，標準試料を用いて感度係数を測定し，FP法による定量分析を行う．これにより，装置内蔵の感度係数を用いるよりも定量精度の向上が期待できる．

6.2.7 測定条件と元素感度係数の関係

FP法における測定条件は，基本的には検量線法と同じである．最近の装置では，上述のように測定可能な元素について感度係数が内蔵されている．この感度係数を測定した条件が標準的な測定条件として内蔵されており，分析元素を指定するとスペクトルと測定条件が表示される．つまり，1つの測定条件に1つの感度係数が対応しており，この2つは，常に1対として取り扱う必要がある．これは，検量線法における測定条件と検量線の関係と同じである．

この考え方に基づいて，前項6.2.6，①の定性定量分析では，定性分析で検出された元素のスペクトルのなかで，感度係数を測定した測定条件に一致したものを定量分析に用いている．スペクトルが検出されているのに定量計算されていない場合は，感度係数を求めた測定条件の確認が必要である．

元素の測定条件を変更すると，感度係数もその条件で再測定が必要である．これは，感度係数が，装置依存の測定条件によって変化するためである．以下の8項目の測定条件を変更する場合，感度係数の変更が必要である．ただし，装置によっては，理論強度を計算するときに，下記の条件を考慮している場合がある．どの条件を変更すると感度係数の変更が必要になるかは，装置ごとに確認が必要である．

① 測定スペクトル（$K\alpha$，$K\beta$，$L\alpha$，$L\beta$，…）
どのスペクトルがFP法で使用できるかは，装置ごとに確認が必要である．

② X線管電圧（50，40 kV など）
X線管電圧を変更すると入射X線の強度分布が変化する．

③ 1次X線フィルターによる吸収（材質の違い）
1次X線フィルターにより，入射X線の強度分布が変化する．

④ 測定雰囲気（大気，真空，He）
測定雰囲気により，入射X線および蛍光X線の強度が変化する．

これら3項目（②X線管電圧，③1次X線フィル

ターによる吸収，④測定雰囲気）は，波長やエネルギーに依存して変化するので，理論計算に含めることができる．これらを理論計算に含めていれば，元素感度係数は同じ値を利用することができる．たとえば，測定雰囲気を理論強度計算に含めていれば，真空で測定した感度係数を大気やHeで使用することができる．確認方法は，これらの条件を変更して理論強度を計算し，強度が変化すれば理論計算に含めていることになる．どの条件に対して理論計算に対応しているかは，使用する装置ごとに確認が必要である．

⑤ 分析径（30，10，5，1 mmφなど）
⑥ スリット（WDXのみ，標準分解能，高分解能など）

分析径およびスリットの違いにより測定強度が変化するので，感度係数の変更が必要である．ただし，これらは基本的に波長やエネルギーに依存しないので，理論計算するのではなく，実測値による感度換算を行っている．この換算係数が装置に内蔵されていれば，分析径，スリットを変更しても感度係数が自動的に換算され，そのまま使用することができる．

⑦ X線管電流（100 μA，100 mA，…）

X線強度はX線管電流に比例するので，通常感度係数は電流ごとに変更する必要はない．

WDXでは，X線強度が強すぎる場合，検出器の直線性がある範囲（数え落としがない範囲）に電流値を小さくする必要がある．このとき理論強度も管電流に比例しているので，感度係数はそのまま使用できる．

EDXでは半導体検出器の数え落としが増えないように電流を自動調整する機能があるので，あまり注意する必要はない．通常試料ごとに測定電流が異なるので，EDXではX線強度の単位を単位電流あたりの強度すなわちcps/μAで表している．この場合も，同じ感度係数を使用することができる．

⑧ Net強度測定

FP法の理論強度計算では，通常バックグラウンド（BG）を計算していないので必ずBG差引きを行いNet強度（6.1.6 a参照）を測定する必要がある．もしBG差引きをしない，あるいは固定分光器を用いる多元素同時分析型（WDX）のようにBG差引きができない場合は，2点以上の感度係数用試料を用いて，原点を通らない元素感度曲線を作成しFP法による定量分析を行う．

装置によってはBG強度を理論計算できる機能を備えている場合がある．その場合は，BG差引きを行わなくてもFP法による定量分析ができる．

6.2.8 FP法による定量分析における注意点

検量線法では，共存元素の影響が小さくなるように標準試料は未知試料と同じマトリックスにする必要がある．このため，適切な検量線用標準試料が得られないときや使用できる標準試料の数が少ないときに，未知試料の目的元素の定量ができない場合がある．これに対してFP法では，共存元素の影響を理論的に計算できるので，標準試料は未知試料と必ずしも同じマトリックスである必要はない．元素感度係数計算用の少数の，組成の単純な標準試料があれば定量分析が可能である．また，分析視野に平滑な分析面が得られない不定形な試料でも，含有量を100%に規格化して定量計算を行うので，定形試料と同様な結果が得られる．ただし，これは測定した元素の合計が100%に近い場合に限られる．後述の測定できない元素をバランスとした場合や薄膜試料の場合は，不定形さによる誤差は避けられないので注意が必要である．

このようにFP法は検量線法に比べて簡便な方法であるが，次の3点に注意して使用する必要がある．

① 試料はできるだけ均一にすること．

理論強度は元素の含有率が均一であることを前提条件として計算しているためである．

② 試料の組成情報を把握すること．

理論強度は，試料の組成が100%として計算されるためである．蛍光X線分析装置で測定できない元素を含む場合は注意が必要である．このような元素は測定ができなくても計算上必要なので，固定値を入力するかバランス（100%からの残分）として定量計算に加える必要がある．

ガラスや岩石などの酸化物の場合は，酸化物の形態（SiO_2，Al_2O_3，CaOなど）で計算することがある．装置にもよるが，定量計算の試料形態を酸化物と指定すれば，自動的に代表的な酸化物形態で計算できる．もちろん酸素を定量できれば，元素単体の形態で計算することも可能であるが，通常は蛍光X線分析では酸素の定量は難しい．酸化物の形態は，実際の試料における構成元素の酸化状態の情報がわかれば，その化学形態で計算するとより正確な定量値が得られる．また，試料の化学形態の情報を得るためには，X線回折（XRD）を利用するとよい．

プラスチックなどの有機物中の重元素を定量する場合は，主成分の有機物の組成をバランスとして設定して計算する．このとき有機物の組成式を入力する．たとえばポリエチレンならばCH_2，セルロースならば$C_6H_{10}O_5$のようにC，H，Oの比率がわかればよい．

FP法では，さまざまな形態で定量計算を行うことができるが，できるだけ実際の試料の内容に合わせることが重要である．

③ 正しいNetの測定強度を得ること．

バックグラウンドや他のスペクトルの重なり，検出器の数え落としなどによる補正を行った後の正しいNetの測定強度を用いること．これは，理論強度は試料内のことを計算しており，このようなX線分光系や計数系については計算していないためである．

6.2.9 理論強度計算を利用したシミュレーション

FP法では，試料の組成・膜厚などから理論強度が計算できるので，これを利用してシミュレーションすることができる．たとえば，検量線用の試料を試薬混合で作製するとき，理論計算した強度を用いて検量線を作成し，でき上がりを予測することができる．前述の6.1.7の検量線法におけるSFP法もFP法によるシミュレーションの一種である．

検量線法において，検量線からはずれる試料があった場合，FP法を利用して共存元素の影響かどうかを判断できる．標準試料の理論強度と実測強度の関係，すなわち元素感度曲線を作成し，もしこちらではずれないようであれば，検量線では共存元素の吸収励起効果によりはずれていると判断できるので共存元素補正を検討する．もし元素感度曲線でも同様にはずれる場合は，共存元素の影響ではないと考えられるので，再度試料の状態を検討する必要がある．

また，膜の構成，組成，膜重量から，薄膜FP法により理論強度を計算し，蛍光X線スペクトルの分析深さを知ることができる．シミュレーションの例として，Sn薄膜におけるSn Kα線およびLα線の蛍光X線強度の理論計算結果を図6.22に示す．相対X線強度1.0はバルクの強度である．これらの結果から，Sn Kα線の方がSn Lα線に比べてエネルギーが高い（波長が短い）ので分析深さが大きいことがわかる．また，薄膜として取り扱えるのは，相対強度が0.9以下の場合である．

6.2.10 バルク試料の理論強度の計算法（詳細）[7,8]

バルク試料における理論強度計算式の詳細を以下に示す．理論強度は，1次蛍光X線と2次蛍光X線についてそれぞれ独立の式を用いて計算している．

a. 1次蛍光X線強度

バルク試料中の元素iから蛍光X線ipスペクトルが発生するとすれば，1次蛍光X線強度$I_{ip}(1)$は式(6.17)で計算される（図6.16参照）．

$$I_{ip}(1) = \int_{\lambda_{min}}^{\lambda_{edge}} Q_{ip}(\lambda) \cdot \frac{I_0(\lambda)}{\frac{\mu(\lambda)}{\sin\phi} + \frac{\mu(ip)}{\sin\psi}} \cdot \frac{1}{\sin\psi} d\lambda \quad (6.17)$$

ここで，λ：入射X線の波長（Å），
$I_0(\lambda)$：入射X線の強度，
$Q_{ip}(\lambda)$：試料の単位重量あたりの蛍光X線ipの発生効率（cm^2/g），
$\mu(\lambda)$：入射X線の試料全体の質量吸収係数（cm^2/g）（図6.16，②参照），
$\mu(ip)$：蛍光X線ipの試料全体の質量吸収係数（cm^2/g）（図6.16，④参照），
ϕ：入射X線の入射角（rad），
ψ：蛍光X線の取り出し角（rad）．

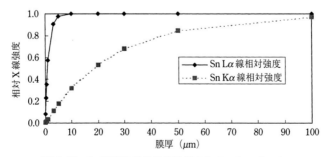

図6.22 Sn薄膜の蛍光X線強度のシミュレーション（Snの密度7.29 g/cm³と仮定して計算）

$\int_{\lambda_{\min}}^{\lambda_{\text{edge}}} d\lambda$ は入射 X 線の最短波長 $\lambda_{\min}$ から蛍光 X 線 ip の吸収端波長 λ_{edge} までの積分を示す.

発生効率 $Q_{ip}(\lambda)$ は,式(6.18)で表される.(図6.16, ③参照)

$$Q_{ip}(\lambda) = \mu_i(\lambda) \cdot W_i \cdot K_{ip} \cdot \omega_i \cdot R_{ip} \quad (6.18)$$

ここで,$\mu_i(\lambda)$:元素 i の質量吸収係数 (cm²/g),W_i:元素 i の含有量,K_{ip}:蛍光 X 線 ip のジャンプ比,ω_i:元素 i の蛍光収率,R_{ip}:蛍光 X 線 ip のスペクトル比.

元素 i の蛍光 X 線 ip が Fe Kα の場合について,発生効率 $Q_{ip}(\lambda)$ を具体的に説明する.

① 励起 X 線 λ は,Fe により $\mu_i(\lambda) \cdot W_i$ の割合で吸収される.Fe 原子では,K 殻,L 殻に空孔ができる.
② ジャンプ比 K_{ip} の割合で K 線と L 線に分割される.
③ 蛍光収率 ω_i の比率で,一部が蛍光 X 線に変換される.
④ スペクトル比 R_{ip} の割合で α, β 線に分割され,最終的に Fe Kα の蛍光 X 線が発生する.

b. 2 次蛍光 X 線強度

バルク試料中の共存元素 j の jq スペクトルによって励起される 2 次蛍光 X 線強度 $I_{ip}(2)$ は式(6.19)で計算される.(図 6.17 参照)

$$\begin{aligned}I_{ip}(2) = &\frac{1}{2\sin\psi}\sum_{jq}\int_{\lambda_{\min}}^{\lambda_{\text{edge}}}\frac{Q_{jq}(\lambda)\cdot Q_{ip}(jq)\cdot I_0(\lambda)}{\mu(\lambda)/\sin\phi + \mu(ip)/\sin\psi}\cdot\\&\left\{\frac{\sin\psi}{\mu(ip)}\cdot\ln\left(1+\frac{\mu(ip)/\sin\psi}{\mu(jq)}\right)\right.\\&\left.+\frac{\sin\phi}{\mu(\lambda)}\cdot\ln\left(1+\frac{\mu(\lambda)/\sin\phi}{\mu(jq)}\right)\right\}d\lambda\end{aligned}$$
$$(6.19)$$

ここで,
jq:蛍光 X 線 ip を励起する共存元素の蛍光 X 線,
$Q_{jq}(\lambda)$:入射 X 線による試料の単位重量あたりの蛍光 X 線 jq の発生効率 (cm²/g)(図 6.17, ③参照),
$Q_{ip}(jq)$:蛍光 X 線 jq による試料の単位重量あたりの蛍光 X 線 ip の発生効率 (cm²/g)(図 6.17, ⑤参照),
$\mu(\lambda)$:入射 X 線の試料全体の質量吸収係数 (cm²/g)(図 6.17, ②参照),
$\mu(ip)$:蛍光 X 線 ip の試料全体の質量吸収係数 (cm²/g)(図 6.17, ⑥参照),
$\mu(jq)$:蛍光 X 線 jq の試料全体の質量吸収係数 (cm²/g)(図 6.17, ④参照),

$\int_{\lambda_{\min}}^{\lambda_{\text{edge}}} d\lambda$ は入射 X 線の最短波長 $\lambda_{\min}$ から蛍光 X 線 ip の吸収端波長 λ_{edge} までの積分を示す.

$\sum_{jq}$ は,ip スペクトルを励起する可能性のある jq,つまり蛍光 X 線 ip の吸収端より短い波長の jq についてすべて積算することを示す.

6.2.11 薄膜試料の理論強度の計算法(詳細)[9]

薄膜試料における理論強度計算式の詳細を以下に示す.理論強度は,1 次蛍光 X 線と 2 次蛍光 X 線についてそれぞれ独立の式を用いて計算している.

a. 単層薄膜の 1 次蛍光 X 線強度

単層の薄膜試料中の元素 i から蛍光 X 線 ip スペクトルが発生するとすれば,1 次蛍光 X 線強度 $I_{ip}(1)$ は式(6.20)で計算される.図 6.18 を参照した場合,第 2 層の単独層と仮定する.

$$\begin{aligned}I_{ip}(1) = &\int_{\lambda_{\min}}^{\lambda_{\text{edge}}}Q_{ip}(\lambda)\cdot\frac{I_0(\lambda)}{A}\cdot\frac{1}{\sin\psi}\cdot\\&\{1-\exp(-A\rho T)\}d\lambda\end{aligned}$$
$$A = \frac{\mu(\lambda)}{\sin\phi} + \frac{\mu(ip)}{\sin\psi} \quad (6.20)$$

ここで,ρ:試料の密度 (g/cm³),
T:厚さ (cm),
ρT:膜重量 (g/cm²),
λ:入射 X 線の波長 (Å),
$I_0(\lambda)$:入射 X 線の強度,
$Q_{ip}(\lambda)$:試料の単位重量あたりの蛍光 X 線 ip の発生効率 (cm²/g),式(6.18)と同様(図 6.18, ④),
$\mu(\lambda)$:入射 X 線の試料全体の質量吸収係数 (cm²/g)(図 6.18, ③),
$\mu(ip)$:蛍光 X 線 ip の試料全体の質量吸収係数 (cm²/g)(図 6.18, ⑤),
ϕ:入射 X 線の入射角 (rad),
ψ:蛍光 X 線の取り出し角 (rad).

$\int_{\lambda_{\min}}^{\lambda_{\text{edge}}} d\lambda$ は入射 X 線の最短波長 $\lambda_{\min}$ から蛍光 X 線 ip の吸収端波長 λ_{edge} までの積分を示す.

また,厚さ T,あるいは膜重量 ρT が無限大と考えると,バルクの計算式(6.17)と同じになる.

b. 多層薄膜の1次蛍光X線強度

多層の薄膜試料において，分析面から第 m 番目の層，すなわち第 m 層で発生した1次蛍光X線は，式(6.21)で計算される（図6.18参照）．この式は，単層の計算式(6.20)に，第 m 層より上の層による入射X線および蛍光X線の吸収を考慮した項が加わった形になっている．

$$I_{ip}(1) = \int_{\lambda_{\min}}^{\lambda_{\mathrm{edge}}} Q_{ip}(\lambda) \cdot \frac{I_0(\lambda)}{A} \cdot \frac{1}{\sin\psi} \cdot$$
$$\{1 - \exp(-A \cdot \rho_m T_m)\} \cdot$$
$$\exp(-\sum_{n=1}^{m-1} B \cdot \rho_n T_n) \, d\lambda$$

ここで，$\sum_{n=1}^{m-1}$：n は $1 \sim m-1$ までの加算を意味する．（$n < m$）．

$$A = \frac{\mu_m(\lambda)}{\sin\phi} + \frac{\mu_m(ip)}{\sin\psi}$$
$$B = \frac{\mu_n(\lambda)}{\sin\phi} + \frac{\mu_n(ip)}{\sin\psi} \quad (6.21)$$

ここで，
$\mu_m(\lambda)$：入射X線の第 m 層の質量吸収係数（cm²/g），
$\mu_m(ip)$：蛍光X線 ip の第 m 層の質量吸収係数（cm²/g），
$\mu_n(\lambda)$：入射X線の第 n 層の質量吸収係数（cm²/g），
$\mu_n(ip)$：蛍光X線 ip の第 n 層の質量吸収係数（cm²/g），
ρ_m：第 m 層の密度（g/cm³），
T_m：第 m 層の厚さ（cm），
ρ_n：第 n 層の密度（g/cm³），
T_n：第 n 層の厚さ（cm），
他の項は，式(6.20)と同様である．

c. 2次蛍光X線強度

多層の薄膜試料における2次蛍光X線の計算式はかなり複雑なため，ここでは計算式を省略するので，文献を参照されたい[10,11]．

2次蛍光X線の計算の考え方は，6.2.3で述べたとおりである．同一層，上層，下層からの励起をすべて加算している．

6.2.12 パラメーターについて

パラメーターについては多くの文献が発表されており，計算式，数値のいずれでも利用することができる．ここでは，基本的なパラメーターである入射X線，質量吸収係数，ジャンプ比，スペクトル比，蛍光収率について簡単に説明する．

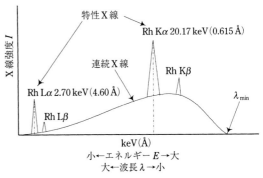

図 6.23　入射X線の強度分布

a. 入射X線[12]

X線管から発生する入射X線 $I_0(\lambda)$ は，図6.23に示すように連続X線と特性X線で構成され，波長（エネルギー）に対して強度の分布がある．入射X線強度は，式(6.22)で表されるように，これらの和である．

$$I_0(\lambda) = I_{\lambda,1} + I_{\lambda,2} \quad (6.22)$$

ここで，$I_{\lambda,1}$：連続X線，$I_{\lambda,2}$：ターゲット物質（Rh）から発生する特性X線．

連続X線 $I_{\lambda,1}$ の強度分布は，数式または実測値を用いる．Rh ターゲットのX線管（Be 窓）から発生する連続X線を示す数式の例を式(6.23)に示す．

$$I_{\lambda,1} = mA \cdot Z \cdot \frac{\left(\frac{\lambda}{\lambda_{\min}} - 1\right)^q}{\lambda^2} \cdot \exp\{-Q \cdot \mu_{\mathrm{Rh}}^n(\lambda)\}$$
$$\cdot \exp\{-\mu_{\mathrm{Be}}(\lambda) \cdot \rho_{\mathrm{Be}} \cdot d\} \quad (6.23)$$

ここで，mA：管電流，
Z：ターゲット物質の原子番号（Rh では 45），
$\lambda_{\min}$：入射X線の最短波長（Å），
q, Q, n：管電圧により決まる係数，
$\mu_{\mathrm{Rh}}(\lambda)$：波長 λ に対する Rh の質量吸収係数（cm²/g），
$\mu_{\mathrm{Be}}(\lambda)$：波長 λ に対する Be の質量吸収係数（cm²/g），
ρ_{Be}：Be の密度（g/cm³），
d：Be 窓の厚さ（cm）．

式(6.23)は，前半がX線の発生，後半が Rh と Be によるX線の吸収を示している．1次X線フィルターを用いる場合は，この式にフィルターの吸収を加える．

特性X線 $I_{\lambda,2}$ の強度は，同波長の連続X線の強度 $I_{\lambda,1}$ を求め，係数 S_n を乗ずることにより算出する．

$$I_{\lambda,2} = \sum I_{\lambda,1} \cdot S_n \quad (6.24)$$

$\sum$ は発生するすべての特性X線（たとえば Rh タ

ーゲットなら Rh K$\alpha_{1,2}$, Rh K$\beta_{1,3}$, Rh L$\alpha_{1,2}$, …）について加算することを意味する．ただし，微弱な特性 X 線は省略することができる．係数 S_n は実測により求める．

b. 質量吸収係数[13]（第 1 章参照）

元素 i の質量吸収係数 μ_i は，吸収する元素と吸収される X 線の波長 λ で決まり，式(6.25)で表される．すなわち波長に対する関数で表される．

$$\mu_i(\lambda) = C \cdot K \cdot \lambda^n \qquad (6.25)$$

試料全体の質量吸収係数 $\mu(\lambda)$ は，式(6.26)で計算される．$\sum$ は試料中の元素についてすべて加算することを意味している．

$$\mu(\lambda) = \sum \mu_i(\lambda) \cdot \frac{W_i}{100} \qquad (6.26)$$

ここで，W_i：元素の含有率（wt%）．

質量吸収係数 μ は，図 6.24 のように吸収端で不連続になっており，C, K, n の係数は，元素とその吸収端間毎（K−L$_1$, L$_3$−M$_1$ など）に文献値がある．C は元素毎の係数であり，K, n は元素および吸収端（K, L$_1$, L$_2$, …）ごとの係数である．

c. ジャンプ比

波長 λ での質量吸収係数 $\mu_i(\lambda)$ は，K 殻および L 殻による吸収の合計である．K 線のジャンプ比 K_K は，K 線の波長における吸収係数（K 殻と L 殻の合計）に対する K 殻のみの比率であり，式(6.27)で計算される．

$$K_K = \frac{\mu_K - \mu_L}{\mu_K} \qquad (6.27)$$

図 6.24 においては，式(6.28)で表される．

$$K_K = \frac{AC - BC}{AC} = \frac{AB}{AC} \qquad (6.28)$$

ここで，μ_K, AC：0−K 吸収端間の質量吸収係数の関数を用いて計算された吸収係数，K 殻，L 殻の合計の吸収係数，
μ_L, BC：K〜L$_1$ 吸収端間の質量吸収係数の関数を用いて計算された吸収係数（K 線の波長は関数の適用範囲外であるが，K−L$_1$ 間の関数を延長して K 線の波長における吸収係数 μ_L を計算し，L 殻の吸収と仮定している）．

L 線のジャンプ比 K_L は，式(6.29)で計算される．

$$K_L = \frac{\mu_L - \mu_M}{\mu_L} \qquad (6.29)$$

図 6.24 においては，式(6.30)で表される．

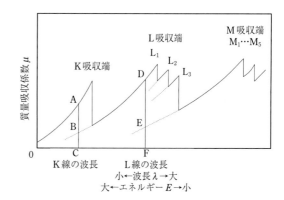

図 6.24 ジャンプ比の計算方法

$$K_L = \frac{DF - EF}{DF} = \frac{DE}{DF} \qquad (6.30)$$

ここで μ_L, DF：K−L$_1$ 吸収端間での質量吸収係数の関数を用いて計算された吸収係数，
L 殻，M 殻の合計の吸収係数，μ_M,
EF：L$_3$−M$_1$ 吸収端間の質量吸収係数の関数を用いて計算された吸収係数
（L 線の波長は関数の適用範囲外であるが，L$_3$−M$_1$ 間の関数を延長して L 線の波長における吸収係数 μ_M を計算し，M 殻の吸収と仮定している）．

d. スペクトル比[14]

K 系列の蛍光 X 線には，Kα, Kβ 線があり，この Kα, Kβ の配分比をスペクトル比という．Kα 線の場合のスペクトル比 R_{ip} の計算式は，式(6.31)のとおりである．

$$R_{ip} = \frac{\alpha_1 + \alpha_2}{\alpha_1 + \alpha_2 + \beta_1 + \beta_2 + \beta_3} \qquad (6.31)$$

α_1, α_2, …はスペクトルの相対強度を表している．

通常の測定では，α_1 と α_2 は分離されないのでトータルとして計算する．

e. 蛍光収率[14]

K 殻にできた空孔がすべて蛍光 X 線にならず，蛍光 X 線とオージェ電子になる．このなかで，蛍光 X 線になる確率を蛍光収率という．蛍光収率の例を表 6.8 に示す．原子番号が小さいほど小さい値である．蛍光収率は，文献値を用いている（2.2 節参照）．

表 6.8 蛍光収率の例

原子番号	元素	蛍光収率 ω_i
6	C	0.0026
13	Al	0.038
19	K	0.115
26	Fe	0.342
35	Br	0.622
48	Cd	0.840
82	Pb	0.972

6.2.13 理論強度計算の例題

プラスチック中に臭素 Br が 0.01％含有されている場合の Br Kα 線の 1 次蛍光 X 線の理論強度を計算してみよう．プラスチックは炭素だけからできていると仮定する．計算式は，次の式(6.17)を用いる．

$$I_{ip}(1) = \int_{\lambda_{min}}^{\lambda_{edge}} Q_{ip}(\lambda) \cdot \frac{I_0(\lambda)}{\frac{\mu(\lambda)}{\sin\phi} + \frac{\mu(ip)}{\sin\psi}} \cdot \frac{1}{\sin\psi} d\lambda$$

ここで，使用する変数の値は以下のとおりとする．

λ：入射 X 線の波長（Å）
　［Rh Kα 線の単一波長と仮定する．］
$I_0(\lambda)$：入射 X 線の強度［1000］
$Q_{ip}(\lambda)$：試料の単位重量あたりの Br Kα 線の発生効率（cm²/g）
$\mu(\lambda)$：入射 X 線の試料全体の質量吸収係数（cm²/g）
　［Rh Kα 線に対する炭素の吸収係数　0.437］
$\mu(ip)$：蛍光 X 線 ip の試料全体の質量吸収係数（cm²/g）
　［Br Kα 線に対する炭素の吸収係数　1.44］
ϕ：入射 X 線の入射角（rad）［65°（1.13 rad）］
ψ：蛍光 X 線の取り出し角（rad）［35°（0.61 rad）］

$\int_{\lambda_{min}}^{\lambda_{edge}} d\lambda$ は入射 X 線の最短波長 λ_{min} から蛍光 X 線 ip の吸収端波長 λ_{edge} までの積分を示すが，ここでは，Rh Kα 線の単一波長と仮定するので積分は不要である．

発生効率 $Q_{ip}(\lambda)$ は次の式(6.18)で表される．

$$Q_{ip}(\lambda) = \mu_{Br}(\lambda) \cdot W_{Br} \cdot K_{BrK\alpha} \cdot \omega_{Br} \cdot R_{BrK\alpha}$$

ここで，使用する変数の値は以下のとおりとする．
$\mu_{Br}(\lambda)$：Br の質量吸収係数（cm²/g）
　［Br の Rh Kα に対する係数　53.0］
W_{Br}：Br の含有量［0.01 wt％＝0.0001］
$K_{BrK\alpha}$：Br の K 線のジャンプ比［0.87］
ω_{Br}：Br の蛍光収率［0.622］
$R_{BrK\alpha}$：Br の Kα 線のスペクトル比［0.86］

〈解答〉
① Rh Kα 線単一波長により励起される Br Kα 線の発生効率を計算する．

$$Q_{ip}(\lambda) = 53.0 \times 0.0001 \times 0.87 \times 0.622 \times 0.86 = 0.0025$$

② Rh Kα 線単一波長により発生する Br Kα 線の 1 次蛍光 X 線強度を計算する．

$$I_{ip}(1) = 0.0025 \cdot \frac{1000}{\frac{0.437}{\sin 65°} + \frac{1.44}{\sin 35°}} \cdot \frac{1}{\sin 35°}$$

$$= 0.0025 \cdot \frac{1000}{0.482 + 2.511} \cdot \frac{1}{0.574} = 1.455$$

6.3 散乱 X 線を用いた定量分析

蛍光 X 線分析における定量分析は，蛍光 X 線強度（Net）を用いて行われる．通常観測される X 線スペクトルでは，散乱 X 線はバックグラウンドとして取り扱われ，Net 強度の測定では差し引かれる場合が多い．この散乱 X 線にも試料の組成情報が含まれている．検量線法では，散乱 X 線を利用した定量分析法として，散乱線内標準法について説明した（6.1.8 参照）．ここでは，散乱 X 線の理解を深めるために理論強度計算法を紹介し，散乱 X 線を利用した定量分析法について述べる．

6.3.1 散乱 X 線の理論強度計算[15]

散乱 X 線は X 線管から照射された一次 X 線が試料中の原子によって散乱されることにより発生する．この散乱 X 線の理論強度計算式を以下に示す．散乱 X 線には，レイリー（トムソン）散乱とコンプトン散乱がある．（図1.2参照）波長 λ の散乱 X 線の強度は，同じ波長のレイリー散乱と，同じ波長に散乱する少し短い波長 λ' のコンプトン散乱の和として表される．

$$I_S = I_R + I_C \qquad (6.32)$$

ここで，I_S：散乱 X 線強度，I_R：レイリー散乱 X 線強度，I_C：コンプトン散乱 X 線強度．

a. レイリー散乱（バルク試料）

レイリー散乱の理論強度は，式(6.33)で計算される．

$$I_R = \frac{1}{\sin\psi} \cdot \frac{I(\lambda) \sum_i R_i}{\frac{\mu(\lambda)}{\sin\phi} + \frac{\mu(\lambda)}{\sin\psi}} \qquad (6.33)$$

ここで，λ：散乱 X 線の波長（Å），$I(\lambda)$：波長 λ の入

射X線の強度，R_i：元素iのレイリー散乱の発生率，$\mu(\lambda)$：入射X線の試料全体の質量吸収係数（cm^2/g），ϕ：入射X線の入射角（rad），ψ：蛍光X線（散乱X線）の取り出し角（rad）．

$\sum_i$は含有する元素についてすべて積算することを示す．

レイリー散乱の発生率R_iは，式(6.34)で計算される．

$$R_i = 0.04782 \cdot \frac{W_i}{A_i} \cdot \frac{1+\cos^2\theta}{2} \cdot f_i^2 \quad (6.34)$$

ここで，W_i：元素iの含有量，A_i：元素iの原子量，θ：入射X線と散乱X線が交差する角度$\theta = \phi + \psi$．

f_iは原子散乱因子とよばれ，式(6.35)で計算される．

$$f_i = \sum_{j=1}^{4} a_{i,j} \exp\left\{-\frac{b_{i,j}\sin^2\left(\frac{\theta}{2}\right)}{\lambda^2}\right\} + c_i \quad (6.35)$$

ここで，$a_{i,j}$, $b_{i,j}$, c_i：元素iによる定数．

b. コンプトン散乱（バルク試料）

コンプトン散乱の理論強度は，式(6.36)で計算される．

$$I_C = \frac{1}{\sin\psi} \cdot \frac{I(\lambda')\sum_i C_i}{\frac{\mu(\lambda')}{\sin\phi} + \frac{\mu(\lambda)}{\sin\psi}} \quad (6.36)$$

ここで，$I(\lambda')$：波長λ'の入射X線の強度．C_i：元素iのコンプトン散乱の発生率，$\sum_i$は含有する元素についてすべて積算することを示す．

コンプトン散乱して波長λになる入射X線の波長λ'は次の式(6.37)で計算される．

$$\lambda' = \lambda - 0.02426(1-\cos\theta) \quad (6.37)$$

コンプトン散乱の発生率C_iは，式(6.38)で計算される．

$$C_i = 0.04782 \cdot \frac{W_i}{A_i} \cdot \frac{1+\cos^2\theta}{2} \cdot T_C \quad (6.38)$$

T_Cは，式(6.39)で計算される．

$$T_C = Z_i \cdot \left(\frac{\lambda'}{\lambda}\right)^2 \cdot G(v) \quad (6.39)$$

$G(v)$は，vの関数であり，Von L. Bewiloguaにより一部計算されている[16]．vは式(6.40)で表される．

$$v = \frac{0.176}{Z_i^{2/3}} \cdot \frac{4\pi}{\lambda'} \cdot \sin\left(\frac{\theta}{2}\right) \quad (6.40)$$

ここで，Z_i：元素iの原子番号．

以上のように，レイリー散乱およびコンプトン散乱の強度計算式は，蛍光X線の計算式(6.17)の発生効率Q_iを散乱X線の発生効率に置き換えたことになる．さらに，散乱X線では，一定の波長の強度を計算するので，式(6.17)の入射X線に対する積分は不要となる．そのかわり，含有している各元素の散乱X線強度が異なるので，含有元素すべての散乱X線強度を総和している．

薄膜の計算式は，省略するが，やはり蛍光X線の薄膜の計算式の元素の発生効率を散乱X線の発生効率に置き換えればよい．

6.3.2 散乱X線を利用した検量線法による定量分析

散乱X線強度は，理論計算式から，試料全体の組成情報を含んでいることがわかる．この試料全体の組成情報を定量分析に利用している例を示す．

a. 散乱線内標準法

蛍光X線強度は，平均原子番号に反比例する．つまり，樹脂などの軽元素が主成分の試料では大きく，金属などの重元素が主成分の試料では小さくなる．散乱X線も蛍光X線強度と同様に，試料の平均原子番号に反比例する．したがって，蛍光X線と散乱X線の強度比を用いて定量すれば，主成分の違いを補正することができる．利用する散乱線は，できるだけ蛍光X線の波長に近い方が補正効果が高い．また，形状や厚さについても蛍光X線と散乱X線は同じ挙動を示すので，強度比を用いることで補正が可能となる．

b. 散乱X線による主成分定量

樹脂などの軽元素主体の試料では，X線管球のターゲット物質のコンプトン散乱線が強く観測される．このコンプトン散乱線は，試料の主成分（マトリックス）の情報を含んでいるので，これを主成分元素の定量に用いることがある．オイルなどの炭化水素中の水素の定量にコンプトン散乱線を用いている．炭化水素では炭素と水素からなる化合物と仮定し，水素含有量とコンプトン散乱線強度により検量線を作成して定量する方法である．試料厚さの影響を除くために，コンプトン散乱とレイリー散乱の強度比を用いる場合もある[17]．また，主成分を推定する目安として，コンプトン散乱とレイリー散乱の強度比を用いる方法もある．

c. 散乱X線による樹脂薄膜の膜厚定量

樹脂薄膜の膜厚定量を行う場合，主成分である炭素は，波長が長く，分析深さが小さいので，数μmまで

の膜厚しか測定できない．膜厚を定量するスペクトルにX線管のターゲット物質であるRh Kαのコンプトン散乱線を用いると，波長が短いので数mmくらいの厚さまで樹脂薄膜の厚さを測定することができる．また，高い強度が得られるため薄い膜厚まで測定することができる．単独の薄膜だけでなく，金属の上の炭素コーティング膜の膜厚測定にも有効である．この場合は，感度が高いWDXのみに有効である．

6.3.3 散乱X線を利用したFP法による定量分析

前述のように散乱X線強度を理論計算できるので，蛍光X線の理論計算を用いるFP法に，散乱X線の理論計算を組み合わせれば，FP法による蛍光X線分析の定量分析への応用が広がる．

散乱X線の理論強度と実測強度の関係は，蛍光X線と同様に以下の関係がある（6.2.5参照）．

$$I_S = k_s \cdot T_s \quad (6.41)$$

ここで，I_S：散乱X線実測強度（cps），T_s：散乱X線理論強度（単位なし），k_s：散乱X線感度係数．

散乱X線の理論強度計算を利用する場合は，このように蛍光X線と同様に感度係数が必要である．

a. 樹脂薄膜の膜厚と含有元素の同時定量

樹脂薄膜の膜厚定量にFP法を用いれば，同じ組成の樹脂薄膜の標準試料が準備できなくても，バルクで，異なった組成の樹脂を標準として用いることができる[18]．また，樹脂薄膜中の含有元素も薄膜FP法を用いて定量することができる．たとえば塗膜の場合，塗膜の厚さを管球ターゲット物質（Rh）のコンプトン散乱X線で定量し，元素含有量は蛍光X線で定量すれば膜厚・含有量の同時定量が可能である．

b. 散乱線内標準法を用いたFP法

散乱線内標準法では，蛍光X線と散乱X線の強度比を用いて定量分析を行う．この強度比について，感度係数を求めれば，FP法による定量分析が可能となる．

$$\frac{M_f}{M_s} = k \cdot \frac{T_f}{T_s} \quad (6.42)$$

ここで，M_f：蛍光X線の実測強度（cps），M_s：散乱X線の実測強度（cps），T_f：蛍光X線の理論強度，T_S：散乱線の理論強度，k：感度係数．

FP法を用いることで，主成分の異なる標準試料を用いたり，検量線法に比べて標準試料の数を少なくすることができる．

6.4 正しい定量値を得るための工夫

蛍光X線分析装置は，他の分析装置に比べてきわめて安定性のよい装置である．しかし，正しい定量値を得るためには，装置の維持管理，検量線，元素感度係数の管理が重要である．ここでは，これらの管理方法および，正確度の高い定量値を得るための工夫について述べる．

6.4.1 分析値の管理

分析値は，装置の感度（X線強度）の変動の影響を受ける．装置の感度（X線強度）は故障でないかぎり急に変化することはないが，構成部品の劣化などにより長期的には変動する可能性がある．信頼性のある分析値を得るためには，定期的に管理用の試料を用いて感度のチェックをし，もし変動しているようであれば，検量線を再度作成する，FP法の元素感度係数を再測定するなどの処置が必要である．

装置の維持管理方法は，第3章に記されており，基本的なことは使用する装置の取扱説明書に記述してあるので，その方法に従って行う．ここでは，検量線法およびFP法における基本的な分析値の管理方法を述べる．

分析値管理のおおまかな手順は以下のとおりであり，フローチャートを図6.25に示す．これらの手法は，通常，蛍光X線分析装置のソフトウェアに組み込まれている．

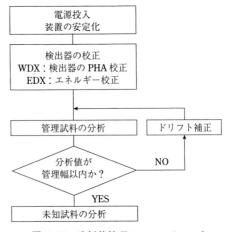

図6.25 分析値管理のフローチャート

a. 装置の電源を入れてから，安定させる．

装置を安定にするためには，特に温度に注意が必要である．WDX の装置は温度調整機構があるので，分光室内の温度が一定になるまで待つ．分光室の温度が一定になっても，さらに分光室内の分光結晶まで一定の温度になるにはさらに数時間かかる場合があるので，注意が必要である．EDX では，通常温度調整機構がないので，室温をできるだけ一定に保つことが望ましい．

b. 検出器の校正

WDX の検出器には，シンチレーション計数管（SC）とガスフロー型比例計数管（F-PC）の 2 種類がある（3.3.2 参照）．これらの検出器では，検出器に入ってくる X 線のエネルギーに比例した高さのパルスを出力するようになっており，このパルスの高さを基準とする X 線を用いて調整してある．検出器の劣化，たとえば SC ではシンチレーター（NaI）の潮解，F-PC ではガス密度の変化や窓および芯線の劣化により，パルスの高さが変化することがある．このパルス高さの調整を PHA 校正とよぶ．最近の装置では，装置に付属している専用試料を用いて自動的にできるので，定期的に行う．

EDX では，検出された X 線のエネルギー位置を正しく表示するように，基準とする X 線を用いて調整してある．室温の変化や検出器の劣化により，表示されるエネルギー位置が変化することがある．このエネルギー位置の調整をエネルギー校正とよぶ．これは装置に付属しているエネルギー校正用試料を用いて蛍光 X 線スペクトルを実測し，校正が自動的にできるので，定期的に行う．

c. 管理試料の分析値チェック

装置が安定した後，検量線や元素感度係数が変化していないかどうかを管理試料を用いてチェックする．管理試料は，長期的に変化がなく偏析の少ない試料を用いる．もし，管理試料の分析値が必要とする管理幅からはずれた場合は，次のドリフト補正（標準化）を行う．ドリフト補正を行った後も管理幅からはずれる場合は，上記の PHA 校正，エネルギー校正を行う．

d. ドリフト補正（標準化）

装置の感度（X 線強度）は短期的には室温など，長期的には構成部品の劣化などにより変動することがある．管理分析において，変動が確認されれば検量線を再作成することが望ましい．しかし，試料数が多い場合や試料の保存が困難な場合などは，1 点または 2 点の試料を使ってドリフト補正（標準化）を行う．通常，標準化用試料として検量線用標準試料を使用するが，粉末や液体などのように保存が困難な場合は，金属やガラスビードなどの別の試料を使用することもできる．

標準化試料は安定であり，標準試料や未知試料に対して十分な強度（試料全体の平均強度以上）が得られるものを使用する．試料の標準値や定量値は特に必要ではない．ドリフト補正は，一般的に 1 点補正で十分であるが，含有量範囲が数％以上で，重要な元素の場合には 2 点補正を行うことがある．また，定量元素が多いと標準化試料も多くなるので，複数の元素で 1 つの標準化試料を共用するなどにより，できるだけ試料数を少なくした方が作業効率がよい．標準化試料の基準強度は，通常検量線作成時，検量線用標準試料と同時に測定することが望ましい．

(i) 1 点補正法 標準化試料 1 点を用いて X 線強度を標準化する方法である．補正式は式(6.43)で表され，補正係数 α は，式(6.44)で計算する．

$$I = \alpha \cdot I_0 \qquad (6.43)$$

$$\alpha = \frac{D_1}{S_1} \qquad (6.44)$$

ここで，α：ドリフト補正係数，I：未知試料の補正後の X 線強度，I_0：未知試料の測定強度，D_1：標準化試料の基準強度，S_1：標準化試料の測定強度．

(ii) 2 点補正法 標準化試料 2 点を用いて X 線強度を標準化する方法である．簡単な説明図を図 6.26 に示す．補正式は式(6.45)で表され，補正係数 α, β は，それぞれ式(6.46)および式(6.47)で計算する．2 点の X 線強度は検量線の含有量範囲の両端に近い

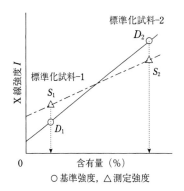

図 6.26 ドリフト補正（標準化），
2 点補正法

ものを用いる.

$$I = \alpha \cdot I_0 + \beta \quad (6.45)$$

$$\alpha = \frac{D_2 - D_1}{S_2 - S_1} \quad (6.46)$$

$$\beta = D_1 - \alpha \cdot S_1 \quad (6.47)$$

ここで, α, β：ドリフト補正係数, I：未知試料の補正後のX線強度, I_0：未知試料の測定強度, D_1, D_2：標準化試料の基準強度, S_1, S_2：標準化試料の測定強度.

ドリフト補正は, 装置の軽微な変動に対して行うものである. 大きな変動に対しては, やはり検量線の再作成が必要である. 通常, 変動が小さければ, 係数 α =1, β=0 に近い値となるはずである. α が±0.2 以上変動した場合は, そのまま未知試料の分析に進まず, 強度変化の原因を調査した方がよい.

装置のドリフトの原因としてはおもに次の4点が考えられる.

① 室温, 装置内温度の変化
② X線管球の劣化
③ 分光結晶の劣化（WDX のみ）
④ 検出器の劣化（SC, F-PC, SSD, SDD など）

6.4.2 スペクトル形状, ピークシフトおよび回折線

正しい定量値を得るためには, 正しい Net の X線強度を測定する必要がある. 測定条件上の注意点は, スペクトルの重なり, バックグラウンド, 数え落としなどであり, 6.1.3, 6.1.6 を参考に対処する.

ここでは, さらに注意する点として, スペクトルの形状, ピークシフト, 回折線について説明する.

a. スペクトル形状

一般的な測定条件では, Kα線は Kα_1, Kα_2 が分離されない. しかし, WDX では高分解能な1次スリットを用いると分離する場合がある. また, EDX では, Sn Kα線などの 20 keV 以上のエネルギーでは Kα_1, Kα_2 が少し離れて検出されるため, スペクトル形状が非対称な形になる. このとき, ピークの面積強度を関数フィッティングでうまくフィットできない場合は, 単純な積算を用いる方がよい結果が得られる場合がある.

また, FP法における理論強度計算では, 通常 Kα線の強度は, Kα_1, Kα_2 を加算しているので, 測定で分離しない方がよい場合がある.

有機化合物中の炭素のスペクトルは, ピークシフトはほとんどないが, ベンゼン環を含む化合物と含まない化合物では, 半値幅が異なることがある. この場合は, WDX でもスペクトルの面積強度を用いると正確さが向上する.

b. ピークシフト（ケミカルシフト）

軽元素のスペクトルでは, 化学結合状態の違いによってピーク位置のシフトが観察される. 定量分析の際, ピークシフトが起こる場合は, ピーク位置に注意して測定する必要がある.

Be～F の元素では, Kα線にピークシフトが起こりやすい. これは, Kα線が L 殻と K 殻のエネルギー差に相当し, これらの元素では, 化学結合状態によって L 殻のエネルギーレベルが変化するためである.

Na～Cl の元素では, Kβ線にピークシフトが起こりやすい. これは, Kβ線が M 殻と K 殻のエネルギー差に相当し, これらの元素では化学結合状態によって M 殻のエネルギーレベルが変化するためである.

このように軽元素では, Kα, Kβ線, 重元素では Lα線など化学結合に寄与する最外殻から電子が遷移して発生するスペクトルが化学結合の影響を受ける. 逆にこれを利用すると, ピークシフトから, 化学結合状態を分析することができる（第2章参照）. ピークシフトは, 変化量が少ないので, WDX のみで分析可能である.

c. 回折線

一般に, X線を試料に照射すると, 蛍光X線のほかに, 入射X線の散乱線が観測される. 通常, この散乱線は, 入射X線の強度分布とほぼ同等になり, バックグラウンドとなる. しかし, 結晶性の試料では, 散乱線が特定の波長（エネルギー）で強くなる現象（X線回折）が起こり, 回折線が観測されることがある. この回折線の波長およびエネルギーは, 式(6.48), (6.49)で計算される.

$$\lambda = \frac{2d \cdot \sin\theta}{n} \quad (6.48)$$

$$E = \frac{12.398 \cdot n}{2d \cdot \sin\theta} \quad (6.49)$$

ここで, λ：回折線の波長（Å）, E：回折線のエネルギー（keV）, n：次数（1, 2, 3, …）, d：試料結晶の格子面間隔（Å）, θ：X線入射角度 ϕ と取出し角 ψ の平均値 $\theta = (\phi + \psi)/2$.

回折現象が起きるのは, 格子面に対するX線管からの入射X線と検出器に入る散乱線とのなす角度が

同じ場合に限られる．一般的に，シリコンウェハのような単結晶試料の場合，試料を特定の方向に置いたとき出現しやすい．WDXでは，通常の蛍光X線のピークと比べて，回折線はシャープな形状や非対称な形状をもつので区別することができる．EDXでも，ピーク形状が通常ピークと異なる場合が多いので，区別できる場合が多い．

一般的に単結晶ではない試料では，結晶面の方位が多様であるためどの結晶面からの回折線が強く出現するかを，正しく予測することはできない．しかし，回折線は，試料の方向や傾きを変えると出現パターンが変わることがあるので，回折線が妨害線とならないように試料方向などを工夫することが必要である．

WDXでは，通常試料回転機構があるので，微小な回折線は観測されにくいが，EDXでは試料回転機構がないと微小な回折線が観測される場合がある．たとえば，低合金鋼やステンレス鋼でも微小な回折線が観測される場合があるので注意が必要である．

また，1次X線フィルターを用いて，入射X線の強度分布を変化させることにより，回折線を低減できる場合がある．どんな材質のフィルターが有効かは，実験的に確かめる．定量元素のスペクトルに対して，回折線の重なりが避けられない場合は，重なり補正を行う必要がある．

6.5 スクリーニング

近年，欧州のRoHS規制に関連した有害元素の測定に，蛍光X線分析装置がスクリーニングの目的で多く使用されている．ここでは，RoHS試験法におけるスクリーニング分析の実例やJIS規格における定義について述べる．

6.5.1 RoHS試験法における蛍光X線分析によるスクリーニング法

2006年7月に施行された欧州連合（EU）のRoHS指令では，電気電子機器における特定有害物質の使用が制限された．規制された有害物質は，カドミウム（Cd），鉛（Pb），水銀（Hg），六価クロム（Cr^{6+}），ポリ臭化ビフェニル（PBB），ポリ臭化ジフェニルエーテル（PBDE）であり，その最大許容濃度値は，Cdが100 ppm，その他は1000 ppmである．RoHS指令では，具体的な検査方法は示されていないため，国際電気標準化会議（IEC：International Electrotechnical Commission）において試験法が検討され，測定法に関する指針として国際規格IEC 62321が2008年12月に発効された．RoHS試験法は，このIEC 62321と，測定を行うための試料分解法に関する指針が示されて

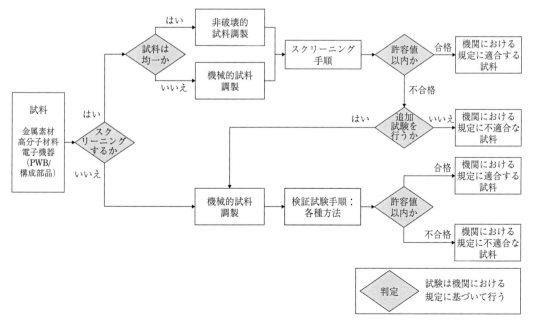

図 6.27 測定の流れ

いるサンプリング法（IEC/PAS 62596）の2つの規格で構成されている．IEC 62321 では分析値の信頼性を高めるため，測定試料は均質材料であることが前提となっている．電気電子製品は多くの部品材料からなる集合体であり，均質材料を得るために分解作業が必要となる．分解の仕方によって均質度合いが異なると，分析結果に影響を与えるため，分解方法に関する共通指針が必要となった．

IEC 62321 の特徴は，蛍光 X 線分析（XRF）法によるスクリーニング分析と，誘導結合プラズマ法（ICP）や原子吸光法（AAS）などその他の分析法による精密定量法の2段階方式を基本としていることである．これは，2002 年頃から RoHS 指令対応の準備として日本企業が採用していた方法とほぼ同様である．参考に IEC 62321 に示された測定法の流れを図 6.27 に示す．測定においては RoHS 指令の法的な定義および解釈には踏み込まないことを前提として，均質材料を3つに分類（金属，高分子，電子機器）している．測定試料に対してまずスクリーニング法への適用判断を行う．もともと均質な材料（高分子材料，合金，ガラスなど）や試料分解，調製による均一化が容易に可能であり，かつ試料量が十分にあるなど XRF 法に適した試料が準備できる場合には，スクリーニング法が適用できる．スクリーニング法により不合格と判定され追加試験を行う場合は精密定量法を適用する．

蛍光 X 線によるスクリーニング分析では，定性スクリーニングと定量スクリーニングの2通りがある．両方とも検出下限が確認された測定条件下で，蛍光 X 線分析によって明らかに含有していないと判断されれば精密定量は必要ない．定性スクリーニングは，標準物質の入手が困難な材料が多いこと，測定現場における厳密な前処理が困難なことを考慮して，定性分析による検出・未検出の判断のみを行う．もし，検出されれば精密定量が必要となる（4.8節参照）．

定量スクリーニングは，定量値による判定であり，閾値近辺の判定が困難な範囲（グレーゾーン）のみ精密定量が必要であり，明らかに閾値を越えている場合は，精密定量は必要ない．定量分析法としては，ファンダメンタルパラメーター（FP）法および標準物質を用いた検量線法の何れも使用できる．定量分析に必要な標準物質については，定量精度を考慮して必ずしも国際認証標準物質である必要はない．認証標準物質

表 6.9 蛍光 X 線によるスクリーニング許容値（ppm）

元素	ポリマー
カドミウム Cd	BL ≦ (70−3σ) < X < (130+3σ) ≦ OL
鉛 Pb	BL ≦ (700−3σ) < X < (1300+3σ) ≦ OL
水銀 Hg	BL ≦ (700−3σ) < X < (1300+3σ) ≦ OL
臭素 Br	BL ≦ (300−3σ) < X
クロム Cr	BL ≦ (700−3σ) < X

BL：Below Limit（許容値以下），OL：Over Limit（許容値以上）
（注）臭素とクロムについては，XRF 法により PBB，PBDE，六価クロムを特定できないため上限は存在しない．

は，材質や含有量範囲が限られるため，さまざまな材質を分析するスクリーニング分析では厳密な対応がとれないためである．この場合は，認証値はないがある程度信頼できる標準物質を用いれば，合否判定は可能である．

蛍光 X 線によるスクリーニング分析においては，定量値と許容値を比較して，合否判定を行う．このとき，定量値のばらつきを考慮して判定する．また，許容値についても，定量方法の信頼性を考慮してある程度の幅をもたせて判定されている．参考に，IEC 62321 に示された判定のスキーム例（ポリマーのみ）を表 6.9 に示す．表中「X」は定量値であり，その範囲は蛍光 X 線による測定誤差範囲であり，判定が困難なグレーゾーンを示している．グレーゾーン以下（BL）は許容値に対して合格，以上（OL）は不合格と判定する．測定誤差の要因として，試料（材質・形状）に起因する項と，分析装置の性能に起因する項がそれぞれ示されている．試料起因においては，ポリマーなどの均質物質では±30 % の誤差を見込んでいる．Cd は最大許容値が 100 ppm なので，70～130 ppm の誤差範囲としている．試料起因の誤差は，試料調整や標準物質などにより変動するが，この程度の誤差範囲内で測定することが必要である．また，装置起因の誤差として 3σ の値が示されている．これはブランク試料の少なくとも7回以上の繰り返し測定から求められる精度（標準偏差 σ）を3倍した値であり，装置の検出下限値を意味する．つまり 3σ の小さい装置，条件を用いればグレーゾーンを小さくすることができる．（16.5 節参照）実際のスクリーニング分析では，分析結果として定量値と 3σ を示し，判定している．3σ の値は，繰り返しの実測値ではなく，理論計算値を用いている．蛍光 X 線分析では，X 線強度から理論変

動を計算することができる（16.1節参照）．

6.5.2 JIS K 0119：2008 蛍光X線分析方法通則における定義

2008年に改正されたJIS K 0119蛍光X線分析方法通則では，RoHS試験法に蛍光X線分析法がスクリーニングの目的で使用される状況を考慮し，新たな項目として"スクリーニング"が追加された．用語および定義は以下のように規定された．

a. スクリーニング（screening）

試料中の特定の元素の濃度または量について，あらかじめ定められた基準値との大小関係だけに着目して分析し，試料を選別する方法である．一般的には，測定値に含まれる測定誤差を考慮し，基準値に誤差を加えた値又は差し引いた値をそれぞれ管理基準値（A），管理基準値（B）として，管理基準値に対する測定値の大小によって選別する．測定誤差は，測定装置，試料の状態，測定方法などによって異なる．

選別は次の3つの場合に分かれる．

a）測定値が管理基準値（A）より大きい場合，基準値以上とする．

b）測定値が管理基準値（B）より小さい場合，基準値以下とする．

c）測定値が管理基準値（A）と（B）の間にある場合，測定誤差の影響によって，基準値以上か以下かの判断ができないため，選別不能とする．

また，スクリーニングでは，定量精度の向上に制約があり，正確度の低い定量値（いわゆる半定量分析の値）が用いられることが多いので，同じ意味と考えられる場合が多い．しかし，実際はスクリーニングと半定量分析は同じ意味ではないので，議論の結果，半定量分析を以下のように定義し，定量分析に含めることになった．

b. 半定量分析

精確な定量値を得るための要件の処置が不十分なため，精確さの低い定量値しか得られない分析または精確さの高い定量値を必要としない分析を半定量分析とよび，定量分析に含めてもよい．測定結果には，半定量分析である旨を記載する．

[西埜 誠]

参考文献

大野勝美，川瀬 晃，中村利廣，"X線分析法"，共立出版（1987）．

日本鉄鋼協会，"鉄鋼の工業蛍光X線分析方法"（1973）．

引用文献

1) 一柳昭成，沢田敏男，分析機器, **3** (2), 12 (1965).
2) JIS G 1256 鉄及び鋼の蛍光X線分析方法 (1997).
3) 越智寛友，岡下英男，島津評論, **42** (3・4), 91 (1985).
4) 越智寛友，塩田忠弘，田中 武，西埜 誠，岡下英男，島津評論, **47** (1), 151 (1990).
5) 岡下英男，田中 武，島津評論, **40** (4), 75 (1985).
6) 越智寛友，南竹里子，中村秀樹，島津評論, **60** (3・4), 137 (2003).
7) T. Shiraiwa, and N. Fujino, JJAP, **5**, 886 (1966).
8) 越智寛友，岡下英男，島津評論, **45** (1・2), 51 (1988).
9) 越智寛友，塩田忠弘，西埜 誠，島津評論, **49** (1・2), 85 (1992).
10) M. Mantler, *Analitica Acta Chimica*, 188, 25 (1986).
11) D. Laguinton, and M. Mantler, *Advance in X-ray Analysis*, **20**, 515 (1997).
12) R. Tertian, and N. Broll, *X-ray Spectrometry*, **13** (3), 134 (1984).
13) T. P. Thinh, and J. Leroux, *X-ray Spectrometry*. **8** (2), 85 (1979).
14) 遠藤敬一，"X線分析データ集"，日ソ通信社 (1986).
15) 越智寛友，渡邊信次，X線分析の進歩, **37**, 45 (2006).
16) 三宅静雄，"X線の回折"，朝倉書店 (1969).
17) 長谷川恵之，梶川正雄，岡本信和，浅田栄一，X線工業分析, **2**, 111 (1965).
18) 越智寛友，塩田忠弘，西埜 誠，分析化学, **43**, 371 (1994).

7章 標準物質

標準物質（reference material, RM）は，蛍光X線分析において，装置の校正や検量線作成，定量値・分析方法の妥当性評価を行ううえで欠かすことのできないものである．これまで，蛍光X線分析用の標準物質は，鉄鋼分析用や窯業分析用のものが主であったが，近年になって，環境分析用や有害物質分析用などの標準物質も頒布されるようになった．この章では，蛍光X線分析用の標準物質の現状を述べるとともに，標準物質の適切な使用方法などついても紹介する．

7.1 標準物質とは

標準物質の定義は，ISO Guide 35[1]によれば「一つ以上の規定特性について，十分均質，かつ，安定であり，測定プロセスでの使用目的に適するように作製された物質」とされている．標準物質のなかでも，特性値（たとえば元素濃度）が計量学的に妥当な手順で値付けされ，特性値およびその不確かさ，並びに計量学的トレーサビリティー[注]を記載した認証書が付与されているものを認証標準物質（certified reference material, CRM）とよぶ．

認証標準物質の認証書（または開発報告書）には，どのような手順で標準物質が作製され，また，どのような分析手法や統計学的手法で特性値が決定されたかなどの情報が詳細に記載されている．標準物質の一般的な認証手順は，図7.1に示すようなフローで行われる．このような手順を経て決定された特性値は認証値（certified value）とよばれ，不確かさの範囲内で特性値を保証している．一方，計量学的トレーサビリティーが十分ではないが，ユーザーにとって有益な情報になると判断された特性値は，参考値や推奨値（reference value, recommended valueまたはinformation value）とする場合がある．ただし，参考値や推奨値には不確かさが付与されていない場合が多い．

認証標準物質でない，いわゆる非認証の標準物質については，所内（in-house）標準物質とよばれているが，近年，この呼称はあまり使われなくなっている．同様に非認証の標準物質を精度管理用試料や管理試料とよぶこともあるが，精度管理用試料とは標準物質の用途からみた呼称であり，認証の有無によるものではないことに注意する[2]．精度管理用試料については，新たにISO Guide 80：2014[3]が発行され，所内で精度管理用試料を作製する際の手順などが紹介されている．

認証標準物質と非認証の標準物質の使い分けに関する明確な規定はなく，どちらの標準物質を使用するかは，個々のユーザーの判断に委ねられる．一つの指針として，単に所内や研究室内での品質管理や装置の校正などの目的に使用するのであれば，非認証の標準物質を用いても直接的な問題はない．しかし，分析値そ

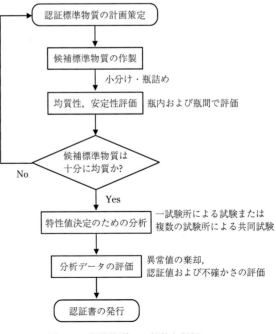

図 7.1 標準物質の一般的な認証フロー

のものが，外部への報告や計量証明に使用されるのであれば，認証標準物質を用いた校正・値付けをすべきである．

7.2 標準物質に対する国際的な取り組み

ISO（国際標準化機構）では，標準物質に関する国際規格としてISO Guide 30 シリーズ[1,4~7]を発行しており，標準物質の定義や使い方，作製方法，認証方法などを規定している．ISO Guide 30 シリーズは日本語訳されており，JIS Q 0030 シリーズとして発行されている．ISO Guide 30 シリーズのなかの ISO Guide 34（JIS Q 0034）[7]は，標準物質生産者の能力に関する一般要求事項を規定したものであるが，これに関連する規格として ISO/IEC 17025：2005[9]があり，この規格も JIS Q17025：2005「試験所及び校正機関の能力に関する一般要求事項」として日本語訳されている．

ISO Guide 35（JIS Q 0035）[1]では，標準物質の認証のための統計的原則が示されており，認証値の値付けは，この規格に準拠したものでなければならない．近年頒布された認証標準物質のほとんどは，ISO Guide 34 や ISO/IEC 17025，ISO Guide 35 に準拠して作製・値付けされたものである．ユーザーは，標準物質を購入する際，標準物質がこれらの規格に準拠しているか否かを選定基準の一つにするのがよい．

7.3 標準物質の種類とその使用目的

標準物質の種類は，用途や材質に応じて図7.2のように分類することができる．この分類でいえば，蛍光X線分析で利用される標準物質はすべて，化学分析・計測用標準物質であり，その多くは組成標準物質となる．

蛍光X線分析における標準物質の使用目的は，①装置の校正，②装置の性能評価，③検量線作成・分析値の値付け，④分析値もしくは分析方法の妥当性評価（バリデーション，validation），⑤分析機関または分析者の技能確認，の5つである．①~③は，広義には同じであるが，具体的には以下の（a）~（c）のような使用目的を指す．

(a) 純物質系の標準物質を測定して，目的元素の蛍光X線のピークが，正確なエネルギー値（角度）や分解能となるように調整する．

(b) 微量成分を含む標準物質を測定して，装置の感度や再現性を確認する．

(c) 検量用標準物質を測定して検量線を作成し，分析試料の蛍光X線強度を濃度や物性値に変換する．

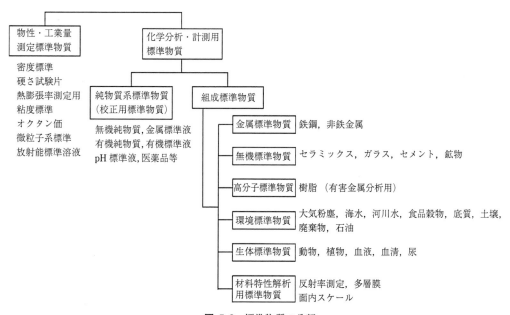

図 7.2 標準物質の分類

7.4 標準物質の調べ方と入手方法

標準物質の検索システムには,産業技術総合研究所計量標準総合センターが管理・運営する国内の標準物質データベース(RMinfo)と国際標準物質データベース(COMAR)があり,いずれも計量標準総合センターのウェブサイト[9]から標準物質の検索ができる。2016年時点で,RMinfoに登録されている標準物質は約8,000件,COMARに登録されている標準物質は10,000件以上に及んでいる。また,COMARでは認証標準物質を対象としているが,RMinfoでは認証標準物質だけでなく,非認証の標準物質も対象としているのが特徴である。

標準物質の多くは,西進商事やゼネラルサイエンスコーポレーション等の国内の代理店を通じて購入できる。また,標準物質供給機関に問い合わせて直接購入することも可能である。標準物質供給機関のウェブサイトには,供給機関独自の検索システムを有していたり,標準物質のリストやカタログを提供していたりするので,これらを参考にして標準物質を購入するのもよい。表7.1に国内外の代表的な標準物質供給機関を示す。

標準物質の価格には幅があり,数千円程度で購入できるものもあれば10万円以上するものもある。蛍光X線分析用の標準物質は,検量線作成用として複数個セットで販売されている場合もあり,そのような標準物質では10万円以上することも珍しくない。その他,標準物質の検索・購入に関する注意点として,標準物質供給機関が再編・統合されたりすると,標準物質の名称が変更される場合がある。また,需要の高い標準物質は,頒布開始から間もない期間で在庫切れとなる場合もあるので,ユーザーは,カタログなどで常に最新の情報を得ておくことを推奨する。たとえば,IRMMから2001年に頒布が開始された有害金属分析用のポリエチレン標準物質BCR-680, 681は,2004年にERM-EC 680, 681と名称が変更された。その後,2007年に新規ロットとしてERM-EC 680k, 681kが,さらに2016年に新規ロットとしてERM-EC680m, 681mが頒布されている。

7.5 蛍光X線分析用標準物質

先に述べたように,1990年代まで,蛍光X線分析用の標準物質の頒布は,鉄鋼分析用や窯業分析用が主であった。しかし近年になって,蛍光X線分析が環

表 7.1 代表的な標準物質供給機関

国名	機関名称	概要
米国	NIST	米国における国家計量標準機関。以下のURLから標準物質の検索や認証書,カタログのダウンロードが可能 http://www.nist.gov/srm/
ベルギー	IRMM	EUの代表的な標準物質供給機関。以下のURLから標準物質の認証書,カタログのダウンロードが可能 https://ec.europa.eu/jrc/en/reference-materials
ドイツ	BAM	ドイツの標準物質供給機関。以下のURLから標準物質のカタログがダウンロード可能 http://www.bam.de/en/fachthemen/referenzmaterialien/index.htm
韓国	KRISS	韓国における国家計量標準機関。以下のURLから標準物質のカタログがダウンロード可能 http://www.kriss.re.kr/eng/rnd/rnd03_2.html
日本	産業技術総合研究所計量標準総合センター(NMIJ)	日本における国家計量標準機関。以下のURLから標準物質の認証書見本,カタログのダウンロードが可能 https://www.nmij.jp/service/C/crm/
日本	国立環境研究所(NIES)	生体、食品、環境分析用など15種の標準物質を頒布 https://www.nies.go.jp/labo/crm/
日本	日本分析化学会(JSAC)	36種の標準物質を頒布。以下のURLから標準物質の認証書や開発報告書のダウンロードが可能 http://www.jsac.or.jp/srm/srm.html
日本	日本鉄鋼連盟(JISF)	鉄鋼・非鉄金属標準物質を多数頒布。以下のURLから標準物質のカタログがダウンロード可能 http://www.jisf.or.jp/business/standard/jss/

7.5 蛍光X線分析用標準物質

境分析などの分野に利用されるようになってから，鉄鋼業や窯業以外の分野でも蛍光X線分析用の標準物質が数多く頒布されるようになった．この項では，蛍光X線分析用もしくは蛍光X線分析に利用可能な標準物質をそれぞれの分野に分けて紹介する．なお，ここで紹介する標準物質は代表的なものに留めており，すべての標準物質を網羅したものではない．ここに紹介する標準物質以外の情報を得たい方は，COMARやRMinfo，または標準物質供給機関のカタログなどを参考にされたい．

(1) 鉄鋼・非鉄金属標準物質

鉄鋼・非鉄金属標準物質は標準物質のなかでも最も歴史が古く，その種類も最も豊富である．また，蛍光X線分析法が鉄鋼分析とともに発展してきた経緯から，鉄鋼・非鉄金属標準物質のなかで蛍光X線分析用の種類が多いのが特徴である．

表7.2にNISTから頒布されている蛍光X線分析用の鉄鋼・非鉄金属標準物質を示す．表7.2に示した標準物質の形状はすべてディスク状であるが，このほかにもブロック状，ロッド状の標準物質も多数頒布しており，蛍光X線分析にも利用可能である．

日本国内の鉄鋼標準物質のほとんどは，日本鉄鋼連盟標準化センターから頒布されている．蛍光X線分析における共存元素補正や重なり補正用として，鉄基二元系合金14種と鉄基三元系合金12種の166個の標準物質があるが，これらの標準物質は在庫が1セットのみなので，現在はリース制である．また，蛍光X線分析用の標準物質として，炭素鋼シリーズ，低合金鋼シリーズ，肌焼鋼シリーズ，高速度鋼シリーズ，工具鋼シリーズ，ステンレス鋼シリーズが頒布されていたが，現在，これら標準物質はすべて在庫切れになっている．

(2) セラミックス，セメント標準物質

セラミックスおよびセメントは，鉄鋼・非鉄金属標準物質についで蛍光X線分析用の標準物質の種類が豊富である．表7.3に日本国内で頒布されているセラミックス（耐火物）およびセメント標準物質を示す．これらの標準物質は，ガラスビード法または粉末ブリケット法による主成分元素の定量分析用として頒布されているものであり，普通ポルトランドセメント標準物質（JCA-CRM-1）については，JIS R 5204[10]に規定されたガラスビード法を適用することができる．また，認証標準物質ではないが，セメント協会からは蛍光X線分析用のセメント標準物質（601B, JCA-RM-611, 612, 613）が市販されている．このほか国内では，産業技術総合研究所や日本セラミックス協会か

表7.2 NIST鉄鋼および非鉄金属認証標準物質

	種類	標準物質名称
鉄鋼標準物質	低合金鋼	1134, 1135, 1218, C1221, 1224, 1225, 1226, 1227, 1228, 1264a, 1265a, 1269, 1270, 1271, C1285, 1286, 1761, 1762a, 1763a, 1764a, 1765, 1766, 1767, 1768
	耐熱鋼	1230, 1246, 1247, 1250, C2400, C2401
	ステンレス鋼	C1151a, C1152a, C1153a, C1154a, 1155, 1171, 1172, 1219, 1223, 1295, C1296, 1297
	特殊鋼	1157, 1158, 1233, 1772
	鋳鉄，鋳鋼，ダクタイル鋳鉄	C1137a, 1138a, 1139a, C1145a, 1173, C1173, C1290, 1291, 1292, C2424
非鉄金属標準物質	Al合金	1258-I, 1259, 1710, 1711, 1712, 1713, 1714, 1715
	Co合金	1242, 1775, 2175
	Cu合金	1107, 1110, 1111, 1112, 1113, 1114, 1115, 1116, 1117, 1124, 1276a, C1112, C1113, C1114, C1115, C1117
	Ni合金	1159, 1160, 1243, 1244, 1249, 1775, C1248, C2402
	Ti合金	641, 642, 643, 654b, 1128, 2062
	Zn合金	629, 1736
	Zr合金	360b
	Pb合金	1131, 1132, C2415, C2416, C2417, C2418

標準物質の形状はすべてディスク状．

表 7.3 国内で頒布されている蛍光 X 線分析用セラミックス標準物質およびセメント標準物質

標準物質名称	種類	機関名称
JRRM 101-110	粘土質耐火物	耐火物技術協会
JRRM 121-135	粘土質耐火物	耐火物技術協会
JRRM 201-210	けい石質耐火物	耐火物技術協会
JRRM 301-310	高アルミナ質耐火物	耐火物技術協会
JRRM 401-410	マグネシア質耐火物	耐火物技術協会
JRRM 501-512	クロム・マグネシア質耐火物	耐火物技術協会
JRRM 601-610	ジルコン-ジルコニア質耐火物	耐火物技術協会
JRRM 701-710	アルミナ-ジルコニア-シリカ質耐火物	耐火物技術協会
JRRM 801-810	アルミナ-マグネシア質耐火物	耐火物技術協会
JCA-CRM-1	普通ポルトランドセメント	セメント協会
JCA-CRM-2	高炉セメント	セメント協会

ら，窒化ケイ素やアルミナ，ジルコニアといった，いわゆるファインセラミックス材料中の微量不純物分析用の標準物質が数多く頒布されている．ファインセラミックスは一般的に難分解性で湿式分析が困難であるため，蛍光 X 線分析の需要が高い．

(3) 環境分析用・生体試料分析用標準物質

表 7.4 に環境分析用標準物質（水質，大気，食品，植物，汚染土壌，石油分析用）および生体試料分析用標準物質の例を示す．環境分析用や生体試料分析用の標準物質は，鉄鋼・非鉄金属標準物質やセラミックス・セメント標準物質に比べて，蛍光 X 線分析用の標準物質の頒布数が少ない．これは，環境試料の分析では含有量が微量な元素を取り扱う場合が多く，一般的な蛍光 X 線分析装置では分析が難しい場合が多いことが一因である．たとえば，水質分析用の標準物質の元素認証値は ppb オーダーの濃度になることも珍しくなく，蛍光 X 線分析で定量するためには濃縮操作が必要となる．表 7.4 のなかで，蛍光 X 線分析用の標準物質は，日本分析化学会から頒布された汚染土壌中の有害金属分析用標準物質 JSAC 0641-0646[11]，石油中の硫黄分析用標準物質 NIST SRM 2720，石油学会が認証した硫黄分析用の軽油および重油標準物質である．一方，蛍光 X 線分析用の標準物質ではないが，産業技術総合研究所や国立環境研究所などから頒布されている精米や玄米標準物質は，蛍光 X 線分析でコメ中の Cd を分析する目的として使用例が多い[12〜14]．また，産業技術総合研究所地質調査総合センターが頒布している地球化学標準物質は，種類も豊富で容易に入手できることから，岩石試料や土壌試料を蛍光 X 線分析で分析する際の定量性確認などの用途によく用いられる．

(4) グリーン調達対応標準物質[2, 15]

「グリーン調達」という名称は，2000 年に制定されたグリーン購入法（国等による環境物品等の調達の推進等に関する法律）に由来し，その内容は「企業が工業製品やその部品・原料を調達する際には環境負荷がより少ないものから選択しなければならない」というものである．グリーン調達の流れは，2003 年に EU で公布された RoHS 指令（Directive 2002/95/EC）および ELV 指令（Directive 2000/53/EC）を機に急速に高まり，その流れのなかでグリーン調達に対応した有害物質分析用の標準物質の頒布も行われるようになった．

RoHS 指令や ELV 指令では，ほぼすべての工業製品を対象にしており，分析の需要が高い試料は，製品部品のプラスチック，塗料，はんだ，合金等である．表 7.5 に有害物質分析用のプラスチック標準物質を，表 7.6 に有害物質分析用の塗料，鉛フリーはんだ，ガラス標準物質の一覧を示す．RoHS 指令における規制対象物質は，Cd，Pb，Cr(VI)，Hg，特定臭素系難燃剤（ポリ臭素化ビフェニルおよびポリ臭素化ジフェニルエーテル）であることから，ほとんどの標準物質はこれら規制対象物質を認証成分にしており，またその多くは，RoHS 指令が公布された 2003 年以降に頒布されている．さらに，2008 年に発行された IEC 62321 規格で，蛍光 X 線分析法が 1 次スクリーニング検査法として規定されたため，蛍光 X 線分析用の標準物質の種類が多いのも特徴である．表 7.5 に示し

表 7.4 環境分析用標準物質（水質，大気，食品，植物，汚染土壌，石油）および生体分析用標準物質の例

	標準物質名称	種類	認証元素	機関名称
水質	SRM 1640 a	自然水	Ag, Al, Cd, Pb など 22 元素	NIST
	SRM 1641 d	Hg 分析用	Hg	NIST
	SRM 1643 e	水中の微量元素	Pb, Cd, Cr, As など 26 元素	NIST
	BCR-505	河口域水	Cd, Cu, Ni, Zn	IRMM
	ERM-CA713	廃水	As, Cd, Cr, Cu, Fe, Hg, Mn, Ni, Pb, Se	IRMM
	NMIJ 7202-b	河川水	Pb, Cr, Cd, As, U など 21 元素	産業技術総合研究所
	JSAC 0301-3, 0302-3	河川水	Pb, Cr, Cd, As, U など 21 元素	日本分析化学会
大気	NIES No. 8	自動車排出粒子	Ca, Al, Na, K, Zn, Mg, Pb, Sr, Cu, Cr, Ni, Va, Sb, Co, As, Cd	国立環境研究所
	NIES No. 28	都市大気粉塵	Na, Mg, Al, K, Ca, Ti, Fe, Zn, V, Mn, Ni, Cu, As, Sr, Cd, Ba, Pb, U	国立環境研究所
	NIES No. 30	黄砂	Na, Mg, Al, K, Ca, Ti, Fe, Mn, Zn, Sr, Ba	国立環境研究所
	SRM 1648a	大気粉塵	Al, As, Cd, Cr, Cu, Fe, Pb など 24 元素	NIST
	SRM 2583	室内大気	As, Cr, Cd, Pb, Hg	NIST
食品	NMIJ 7501-a, 7502-a	白米粉末	Cd, Cr, As 等 18 元素	産業技術総合研究所
	NMIJ 7531-a	玄米粉末	Cd, As, Zn, Cu, Fe, Mn	産業技術総合研究所
	NMIJ 7532-a	玄米粉末	Cd, As, Zn, Cu, Fe, Mn, Ca, Mg	産業技術総合研究所
	NIES No. 10-d	玄米粉末	Cd, Sr, Zn, Cu, Fe, Mn, K, Mg	国立環境研究所
	NIES No. 27	日本の食事	Cd, As, Sn, Zn 等 14 元素	国立環境研究所
	IRMM-804	米粉	Cd, As, Cu, Mn, Pb, Zn	IRMM
	ERM-BD150, BD-151	脱脂粉乳	Cd, Hg, Pb, Se 等 14 元素	IRMM
植物	SRM 1515, 1547, 1570a, 1573a	植物の葉	Al, As, Cu など 47 元素（参考値含む）	NIST
	NIES No. 3	クロレラ	Fe, P, K, Ca, Mg, Fe, Mn, Sr, Zn, Cu, Co	国立環境研究所
汚染土壌	JSAC 0461-0466	汚染土壌中の有害元素（蛍光 X 線分析用）	Cd, Pb, As, Se, Cr, Hg（6 水準）	日本分析化学会
石油	S0526, S0527, S0528 S0432, S0433, S0434, S0435	軽油（蛍光 X 線分析対応）	S(10 mass ppm－800 mass ppm)	石油学会
	S0369, S0245, S0225, S0226 S0227, S0266, S0317	重油（蛍光 X 線分析対応）	S(0.1 mass %－4 mass%)	石油学会
	SRM 2720	ジブチルスルフィド（蛍光 X 線分析用）	S(21.91%±0.15%)	NIST
生体	BCR-414	プランクトン	As, Cd, Cr, Cu, Hg, Mn, Ni, Pb, Se, V, Zn	IRMM
	NIES No. 18	ヒトの尿	As, Se, Zn	国立環境研究所
	NIES No. 13	頭髪	Hg, Cd, Cu, Pb, Sb, Se, Zn	国立環境研究所

たプラスチック標準物質のうち，形状がディスク状のものはすべて蛍光 X 線分析用の標準物質である．

(5) EPMA, X 線顕微鏡・μ-XRF 用標準物質

NIST からは EPMA 用の標準物質として，SRM 480（Mo 合金），SRM 481（Au-Ag ワイヤー），SRM 483（Au-Cu ワイヤー）が頒布されている．産業技術総合研究所からは，EPMA 用の鉄-クロム合金，鉄-ニッケル合金，鉄-炭素合金などの標準物質 7 種が，XPS や AES の深さ方向分析用多層膜標準物質（NMIJ 5202-a, 5203-a）が頒布されている．また，認証標準物質ではないが，NTT アドバンステクノロジ社からは XPS，XRF，AES による深さ方向分析用の多層膜標準物質や X 線顕微鏡・μ-XRF 用の金属パタ

表 7.5 有害物質分析用プラスチック標準物質

機関名称	標準物質名称	マトリックス	形状	認証成分	備考
NIST	SRM 2855 Level I - III	PE	ペレット	Na, P, S, Ca, Ti, Cr, Zn, (Si)*	Level I はブランク
IRMM	ERM-EC680m	PE	ペレット	As, Br, Cd, (Cl)*, Cr, Hg, Pb, S, Sb, Sn, Zn	低濃度
	ERM-EC681m	PE	ペレット	As, Br, Cd, Cl, Cr, Hg, Pb, S, Sb, Sn, Zn	高濃度
	VDA 001-004	PE	ペレット	Cd	4 水準
	ERM-EC590	PE	ペレット	Br, (Sb)*, ポリ臭化ジフェニルエーテル	
	ERM-EC591	PP	ペレット	Br, (Sb)*, ポリ臭化ジフェニルエーテル	
産業技術総合研究所	NMIJ 8105-a	ABS	ディスク	Pb, Cd, Cr	低濃度
	NMIJ 8106-a	ABS	ディスク	Pb, Cd, Cr	高濃度
	NMIJ 8115-a	ABS	ディスク	Pb, Cd, Cr, Hg	低濃度
	NMIJ 8116-a (02)	ABS	ディスク	Pb, Cd, Cr, Hg	高濃度
	NMIJ 8136-a	PP	ディスク	Pb, Cd, Cr, Hg	高濃度
日本分析化学会	JSAC 0611-2 - 0615-2	ポリエステル	ディスク	Pb, Cd, Cr	5 水準
	JSAC 0621 - 0625	ポリエステル	ディスク	Hg	5 水準
	JSAC 0631	ポリエステル	ディスク	Pb, Cd, Cr, Hg	低濃度
	JSAC 0632	ポリエステル	ディスク	Pb, Cd, Cr, Hg	高濃度
	JSAC 0651 - 0655	ポリエステル	ディスク	Br	5 水準
JFE テクノリサーチ	JSM P710-1 (a-g)	PE	シート	Cd, Pb, Hg, Cr, As, (Br)*	7 水準
	JSM P711-1 (a-d)	PE	ディスク	Sb	4 水準
	JSM P712-1 (a-d)	PE	ディスク	Sn	4 水準
BAM	BAM-H010	ABS	ディスク	Pb, Cd, Cr, Hg, Br	
KRISS	113-01-06〜113-01-010	PP	ディスク	As, Ba, Cd, Cr, Hg, Pb, Zn	5 水準
	113-01-016〜113-01-020	ABS	ディスク	As, Cd, Cr, Hg, Pb, Br, (Ni, Zn, Sb, Se)*	5 水準

PE: Polyethylene, PP: Polypropylene, ABS: Acrylonitrile butadiene styrene copolymer,
( )*:参考値.

表 7.6 塗料,鉛フリーはんだ,ガラス標準物質

種別	標準物質名称	形状	認証成分	機関名称	備考
塗料	SRM 2579a (2570-2575)	フィルム	Pb (6 水準)	NIST	可搬型 XRF 用
	SRM 2576	フィルム	Pb	NIST	可搬型 XRF 用
	SRM 2569	フィルム	Pb (3 水準)	NIST	
鉛フリーはんだ	JSAC 0131-0134	ディスク	Pb, Cd, Ag, Cu	日本分析化学会	4 水準
	NMIJ 8202-a, 8203-a	チップ	Pb, Ag, Cu	産業技術総合研究所	Pb 低濃度
ガラス (微量元素含有)	BAM-S005A, S005B	ディスク	As_2O_3, CdO, Cr_2O_3, PbO 等 28 成分 (6 成分は参考値)	BAM	在庫切れ
	BCR-664	シート	As, Ba, Cd, Cl, Co, Cr, Pb, Sb, Se	IRMM	
	SRM 610, 611, 612, 613, 614, 615, 616, 617	ディスク	Sb, As, Cd, Cr, Co, Cu, Gd, Ga, Au, Fe, La, Pb, Li, Mn, Ni, K, Rb, Sc, Se, Ag, Sr, Tl, Th, Ti, U, Yb, Zn	NIST	

ーンが, P and H Developments 社からは EPMA 用の金属標準物質等が市販されている.

7.6 標準物質の適切な使い方

蛍光 X 線分析用の標準物質はもとより, 蛍光 X 線分析用と記載がない標準物質であっても, 蛍光 X 線分析で測定可能な元素が含有されていれば, 基本的に蛍光 X 線分析に利用できる. ただし, 標準物質の認証書には, 標準物質の使用目的や用途, 使用上の注意が記載されており, 認証書に記載された以外の用途に標準物質を使用するのは避けるべきである. たとえば, 蛍光 X 線分析用の標準物質を溶液化して, 蛍光 X 線分析法以外の分析法で評価することは適当ではない. また, 標準物質の個数が少ないからといって, バリデーション用の標準物質を複数組み合わせて測定して, 検量線を作成することも本来の用途ではない. 以下に標準物質を蛍光 X 線分析に使用する際の注意点を示す（標準物質の使い方については第 6 章も参考のこと）.

① 標準物質のマトリックスは適切か

標準物質は, 分析試料と類似したマトリックスのものを選定する. マトリックスの異なる標準物質を分析して, 分析値や分析法の妥当性を評価しても無意味である.

② 検量範囲は適切か

検量用標準物質を使用する場合は, 検量範囲が目的成分の濃度を内挿することが望ましい.

③ 試料採取量や分析径は適切か

たとえば, NIST SRM 2569 は蛍光 X 線分析用の塗料標準物質であるが, 蛍光 X 線分析を実施する際は, 0.75 mm^2 以上の測定径で分析することを推奨している[16, 17]. このため, この標準物質を μ-XRF や EPMA 用の標準物質として使用することはできない.

④ 試料の厚さは適切か

ポリマーなどの軽元素を主成分とする標準物質では, 標準物質の試料厚さがバルク厚（5.1.2 参照）に達していない場合がある. たとえば, Pb, Cd, Cr 分析用のプラスチック標準物質 JSAC 0611-0615 の厚さは 4 mm であるが, この試料厚さは, Pb Lα と Cd Kα の蛍光 X 線ではバルク厚に達していない（図 7.3）[18]. このような場合, 試料の厚さを考慮に

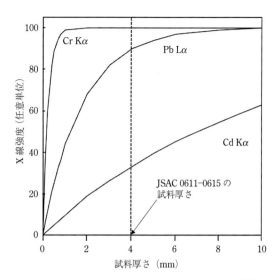

図 7.3 FP（ファンダメンタルパラメーター）法理論計算によるプラスチック 標準物質 JSAC 0611-0615（ポリエステル）の厚さと Cr Kα, Pb Lα, Cd Kα 蛍光 X 線強度との関係[18]

JSAC 0611-0615 の厚さは 4.0 mm であり、この試料厚さでは Pb Lα および Cd Kα のバルク厚に達していない

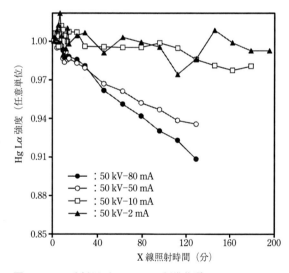

図 7.4 Hg 分析用プラスチック標準物質 JSAC0621-0625 の X 線照射に対する耐久性[19]

高出力の X 線を連続的に長時間照射することで、Hg が飛散して X 線強度が減少していることがわかる.

入れ, 必要に応じて補正を行う必要がある.

⑤ X 線照射に対して十分に安定か

標準物質のなかには, 長時間の X 線照射に伴う輻射熱などによって, 含有元素の飛散もしくは試料の変形を生じ, その結果, 蛍光 X 線強度に影響を

及ぼすことがある．たとえば，Hg 分析用のプラスチック標準物質 JSAC 0621-0625 を波長分散型の装置で分析すると，長時間の X 線照射によって Hg が飛散し，蛍光 X 線強度が減少する（図 7.4）[19]．このため，この標準物質では，蛍光 X 線分析に使用する際の注意点として，一次 X 線の出力を 0.1 kW 以下（真空または He 雰囲気下）で測定するよう推奨している[19,20]．

⑥ 保管方法は適切か

標準物質の保管方法は，認証書に記載された内容に準拠する．一般的には，高温・多湿な環境や，直射日光が当たるような場所には保管しない．

注) 計量学的トレーサビリティー

トレーサビリティー（traceability）とは，足跡をたどる "Trace" と能力 "Ability" を組み合わせた言葉で，いま手元にある物（たとえば製品）が，根源的な物（たとえば原材料や生産者）にまで遡って追跡可能かということを意味している．計測におけるトレーサビリティーは，ISO/IEC Guide 99 : 2007 によれば "計量トレーサビリティー（metrological traceability）" として，「測定の不確かさに寄与し，文書化された，切れ目のない個々の校正の連鎖を通して，測定結果を標記された計量参照に関係付けることができる測定結果の性質」と定義されている．すなわち，不確かさが正しく付与された校正証明書や認証標準物質を用いることで，測定機器や分析値が，国家計量標準物質まで切れ目なく繋がっていることを意味している．

[中野和彦]

引 用 文 献

1) ISO Guide 35 : 2006（JIS Q0035 : 2008 標準物質—認証のための一般的及び統計的な原則）．
2) 久保田正明編，"化学分析・試験に役立つ標準物質活用ガイド"，丸善（2009）．
3) ISO Guide 80 : 2014 "Guidance for the in-house preparation of quality control materials (QCMs)".
4) ISO Guide 30 : 2015（JIS Q0030 : 1997 標準物質に関連して用いられる用語及び定義）．
5) ISO Guide 31 : 2015（JIS Q 0031 : 2002 標準物質—認証書及びラベルの内容）．
6) ISO Guide 33 : 2015（JIS Q 0033 : 2002 認証標準物質の使い方）．
7) ISO Guide 34 : 2009（JIS Q 0034 : 2012 標準物質生産者の能力に関する一般要求事項）．
8) ISO/IEC 17025 : 2005（JIS Q 17025 2005 試験所及び構成機関の能力に関する一般要求事項）．
9) 産業技術総合研究所 計量標準総合センター 標準物質総合情報システム（RMinfo）〈https://www.nmij.jp/rminfo/〉(accessed 2016-4-18).
10) JIS R 5204 : 2002 セメントの蛍光 X 線分析方法
11) 中村利廣，浅田正三，石橋耀一，岡田 章，川瀬 晃，中野和彦，濱本亜希，坂東 篤，村上雅志，小野昭紘，吉原 登，柿田和俊，坂田 衞，滝本憲一，分析化学，**57**，191（2008）．
12) 永山裕之，小沼亮子，保倉明子，中井 泉，松田賢士，水平 学，赤井孝夫，X 線分析の進歩，**36**，235（2005）．
13) 箭田（蕪木）佐衣子，川崎 晃，松田賢士，水平 学，織田久男，日本土壌肥料学雑誌，**77**，165（2006）．
14) 村岡弘一，粟津正啓，宇高 忠，谷口一雄，X 線分析の進歩，**42**，299（2011）．
15) 中野和彦，ぶんせき，**2010**（10），500（2010）．
16) J. L. Molloy, J. R. Sieber, K. E. Murphy, S. E. Long, and S. D. Leigh, *X-Ray Spectrom.*, **41**, 374 (2012).
17) NIST SRM 2569 certification-Lead Paint Films for Children's Products (2012).
18) K. Nakano, K. Tsuji, M. Kozaki, K. Kakita, A. Ono, and T. Nakamura, *Adv. in X-Ray Anal.*, **49**, 280 (2006).
19) K. Nakano, T. Nakamura, I. Nakai, A. Kawase, M. Imai, M. Hasegawa, Y. Ishibashi, I. Inamoto, K. Sudou, M. Kozaki, A. Turuta, A. Ono, K. Kakita, and M. Sakata, *Anal. Sci.*, **22**, 1265 (2006).
20) 日本分析化学会 水銀成分蛍光 X 線分析用 プラスチック認証標準物質（Hg 専用）認証書（2008）．

コラム5

ポータブル全反射蛍光X線分析装置による微量元素分析

全反射蛍光X線分析法（第8章参照）は，古くから試料表面における微量分析法として一般的によく知られた分析法である．しかしながら，全反射蛍光X線分析装置の多くは非常に大型で，環境分析などのように装置を現場に持ち運んで簡便に測定するような用途には不向きであった．装置が大型になる理由としては，高出力のX線源を用いて，試料への入射X線を単色化するためにモノクロメーター機構を用いているためである．元来，全反射蛍光X線分析法では，入射X線を単色化することでスペクトルのバックグラウンドを減少させ，検出感度を向上させることが通説とされてきた．一方，近年では低出力のX線源を用いて入射X線に非単色X線を用いることで数十Pgの検出下限値をもつポータブル全反射蛍光X線分析装置が登場してきた[1,2]．

図1にポータブル全反射蛍光X線分析装置を用いたオンサイト分析の写真を示す．装置本体は非常にコンパクトで総重量は8kg程度である．写真のようにキャリングケースの上に装置を設置するだけですぐに測定が開始できる．本装置のX線源には，数Wの自然空冷式X線管を用いており，電源はAC100V～230Vに対応している．

測定は，撥水性をもたせた石英のガラス基板上に溶液を数μL滴下させ，ホットプレートで加熱乾燥させれば，測定が行える．図2にポータブル全反射蛍光X線分析装置による溶液の測定スペクトルを示す．試料はCa, Cr, Mn, Fe, Co, Ni, Cu, Zn, Pb,

図1 ポータブル全反射蛍光X線分析装置によるオンサイト分析写真

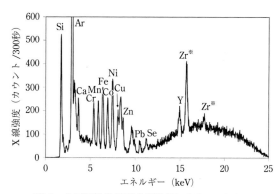

図2 全反射蛍光X線分析装置によるスペクトル
Ca, Cr, Mn, Fe, Co, Ni, Cu, Zn, Pb, Seそれぞれ0.5ppm含有している溶液を5μL滴下．※Zrは装置由来．

Seがそれぞれ0.5 ppm，Yが5 ppm含有している溶液を5μL石英ガラス上に滴下させ，乾燥させた物を試料としている．測定時間がわずか5分間であってもサブppmレベルであれば検出は簡単であることがわかる．

ポータブル全反射蛍光X線装置は，非常にシンプルな構造でありながら，高い分析性能をもつため，環境関連での分析や，工場排水のチェックなど，時間経過によってサンプルの状態が変化するような分析に最適であると考えられる．また最近では，装置内部に小型の真空チャンバーを付属した機種も登場し，軽元素や遷移金属元素の分析感度も向上している[3]．

従来のように，ラボ内にて大型で高機能な装置を用いてすべての測定を行うのではなく，サンプルによっては手軽に測定できるポータブル全反射蛍光X線装置を用いた方が効率的であり，さらに普及が進むと考えられる．　　　　　　　　　　　　　　　［永井宏樹］

引用文献

1) S. Kunimura, and J. Kawai, *Anal. Chem.*, **79**, 2593 (2007).
2) 永井宏樹，中嶋佳秀，国村伸祐，河合潤，X線分析の進歩, **42**, 115 (2011).
3) S. Kunimura, S. Kudo, H. Nagai, Y. Nakajima, and H. Ohmori, *Rev. Sci. Instrum.*, **84**, 046108 (2013).

8章　全反射蛍光X線分析法

8.1　全反射蛍光X線分析法の概要

全反射蛍光X線分析法（TXRF: Total Reflection X-Ray Fluorescence）はX線全反射現象を利用して微量分析を行う方法である．一般的な蛍光X線分析法と比較すると，TXRF法では測定配置に特徴があり，1次X線を1°以下の小さい視射角に制御し，検出器を試料の直上に配置する．TXRF法の基礎研究，装置の開発・改良，国際規格の制定に至るまで日本人研究者の貢献が大きいことも特徴である[1-4]．

TXRF法は表面分析法と微量分析法の2つの観点から捉えることができる[5]．後述のように，全反射条件下ではX線の侵入深さは表面から数nmと小さくなり，表面分析が可能となる．ただし，X線全反射現象を利用するため，光学的に平坦な固体表面を分析対象とする．よって，必然的に鏡面研磨されたシリコンウェーハは本法の重要な適用試料となった．実際，TXRF法は半導体製造工程におけるシリコンウェーハ上の汚染不純物の特定や清浄度の確認に利用されている．

微量分析法としてはICP発光分析法・質量分析法や原子吸光法などが知られている．これらの微量分析法の場合，測定対象は一般に溶液試料であり，固体試料は酸溶液に溶解することが前提となっている．また，標準溶液の準備とある程度の容量の試料溶液を必要とする．TXRFによる微量分析では，平坦基板（たとえば石英ガラス）表面に10 μL程度を滴下し，その乾燥痕を分析する．TXRF分析後も試料は残される．加えて，後述のように，ICP発光・質量分析などで不得意とされるハロゲンもTXRF法では高感度に分析できる．微量分析としてのTXRF法の利点をまとめると以下のようになる．

- 測定試料は極少量でよく，廃液も少ない
- 試料前処理が簡単で，測定時間も短い
- 測定後も試料は保存可能
- 高価なガスなどを使用せず，ランニングコストが低い
- 100 V電源で駆動する卓上型小型装置も市販されている

8.2　X線の全反射現象

X線は電磁波の一種であり，可視光において生じる反射や屈折といった現象はX線においても観察される．X線領域における屈折率は1より若干小さいため，X線の全反射現象は大気側（密度の小さい相）から固体（密度の大きい相）表面に入射した際に生じ，外部全反射とよばれる．これは，赤外光における内部全反射と対照的である．図8.1(a)に示すように，視射角θが全反射臨界的角度θ_cよりも大きいとX線は試料中に侵入する．θがθ_cより小さいとき全反射現象が生じる（図8.1(b)）．この全反射臨界角θ_cを導出するにあたり，X線の屈折率をnとすると，nは(8.1)式で表される．

$$n = 1 - N_A r_e \frac{\lambda^2}{2\pi} \frac{\rho}{A}(Z + f' + if'') \quad (8.1)$$

ここでN_Aはアボガドロ数，r_eは古典電子半径，λはX線の波長（nm），ρは密度（g/cm³），Aは原子量，Zは原子番号，f'とf''は原子散乱因子の異常分散項の

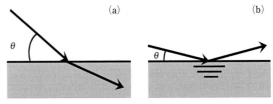

視射角（θ）が大きい場合：X線ビームは固体内部に侵入する

視射角（θ）が全反射臨界角度より小さい場合：X線ビームは表面で全反射される

図 8.1　平坦基板上でのX線全反射現象

実数項と虚数項である．屈折率を $n=1-\delta-i\beta$ として整理すると，(8.1)式との対比から δ は次式で与えられる：

$$\delta = N_A r_e \frac{\lambda^2}{2\pi} \frac{\rho}{A}(Z+f') \quad (8.2)$$

一方，光学における Snell の法則により，全反射臨界条件下において屈折率は

$$n = \frac{\sin(90-\theta_c)}{\sin 90} = \cos\theta_c \approx 1 - \frac{\theta_c^2}{2} \quad (8.3)$$

と表される．$n=1-\delta-i\beta$ とおいたので，虚数項部を無視すると $\delta=\theta_c^2/2$ となり，(8.2)式を用いて全反射臨界角 θ_c は次のように近似される．

$$\theta_c(\text{deg}) \approx \sqrt{2\delta} \approx 1.33\lambda\sqrt{\frac{Z\rho}{A}} \quad (8.4)$$

つまり，全反射臨界角は X 線のエネルギー（波長）と物質の密度に依存することがわかる．たとえば，Mo Kα 線に対してはシリコンウェーハの θ_c は約 0.1°，金の場合は約 0.26° となる．よって，TXRF 分析では基板と X 線エネルギーに応じて視射角を精密に制御する必要がある．

ついで，X 線の試料表面への屈折角を θ_r とすると，入射光の電場振幅 E_0 と反射光の電場振幅 E_R の比は (8.5)式のように与えられる．

$$\frac{E_R}{E_0} = \frac{\sin\theta - n\sin\theta_r}{\sin\theta - n\sin\theta_r} \approx \frac{\theta - \sqrt{\theta^2-2\delta-2i\beta}}{\theta + \sqrt{\theta^2-2\delta-2i\beta}} \quad (8.5)$$

次式の反射率 R をプロットした結果を図 8.2(a) に示しているが，全反射臨界角以下では反射率はほぼ 1 に等しいことがわかる．

$$R = \left|\frac{E_R}{E_0}\right|^2 \quad (8.6)$$

X 線侵入深さを X 線の強度が 1/e に減少する深さと定義したとき，Mo Kα X 線のシリコンウェーハへの侵入深さを図 8.2(b) に示す．全反射条件下では入射 X 線の侵入深さが数 nm と非常に浅いことがわかる．よって，この全反射条件は表面分析に有効であり，特に X 線光電子分光法などの表面分析法が真空下で行われることを考えれば，大気中でも表面分析が可能な TXRF 法は大変ユニークな方法といえる．

なお，上記(8.4)式は一定の X 線エネルギー（波長）での全反射臨界角度を示しているが，全反射臨界近傍で固定した視射角においては，全反射臨界エネルギーを考えることができる．この現象は一種のエネルギーフィルターとして利用可能であり，実際，X 線イメージングにおいてエネルギー選別の手段として報告がある[6]．

8.3 TXRF 装置の構成

前述のように，1 次 X 線は試料表面にすれすれに入射され全反射するため，試料の上方には物理的に大きな空間が得られる．そこで，図 8.3 に示すように，エネルギー分散型 X 線検出器（EDX: Energy Dispersive X-Ray Spectrometer）を試料直上数 mm の所に配置することにより，検出における立体角を大きく取ることができる．初期の TXRF 装置では液体窒素で冷却する Si(Li) 型の EDX が用いられたが，近年ではメンテナンスが簡便なペルチェ素子による電子

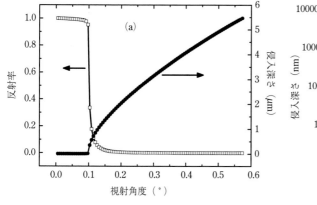
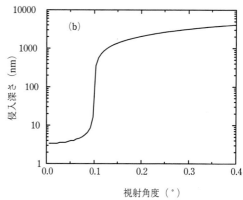

図 8.2 (a) Mo Kα のシリコンウェーハに対する X 線反射率と侵入深さの視射角依存性
(b) 全反射臨界角近傍での侵入深さ

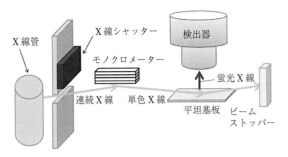

図 8.3 全反射蛍光X線分析装置の構成例

冷却方式のシリコンドリフト検出器（SDD: Silicon Drift Detector）が用いられるようになった．SDDは素子の大面積化が進み，50 mm² 以上のものも容易に入手できる．

図 8.4 に通常の蛍光 X 線分析装置と TXRF 装置で測定したスペクトルを示す．試料は多元素標準溶液（Na, Cr, Mn, Fe, Cu, Zn, Cd, Pb, 各 100 ppm）10 mL をスライドガラス基板に滴下し乾燥した乾燥痕である．用いた装置は小型 XRF 装置（Mo管，50 kV, 0.1 mA, 155 eV @ Mn Kα）と TXRF 装置（Mo管，単色 Mo Kα 励起，50 kV, 0.6 mA, 190 eV @ Mn Kα）である．小型 XRF 装置では基板からの蛍光 X 線（Ca, Si など）に加え，全体的に連続 X 線が強く観測されているのに対して，TXRF 装置では，バックグラウンドが低減され，その結果，乾燥痕からの蛍光 X 線が明瞭に観測された．

蛍光 X 線強度は 1 次 X 線強度に比例するため，一般に高出力の X 線発生源が有効である．水冷式の高出力 X 線封入管（数 kW）や回転陽極型 X 線発生装置（18 kW 出力）も使用されるが，用途に応じて 50 W 出力程度の空冷式小型 X 線管も利用される．また，スペクトルにおけるバックグラウンドの低減化と検出限界の向上には単色化された X 線を励起 X 線として使用することが有効であり[2]，このために多層膜モノクロメーターなどが使用される．高輝度で直進性にすぐれ，最適な X 線エネルギーを選択できる放射光は TXRF に適した光源であり，軽元素の全反射蛍光 X 線分析が放射光を利用して行われている[7]．

通常の蛍光 X 線分析装置と比較して TXRF 装置の特徴は 1 次 X 線の視射角の制御にある．試料ステージを傾斜させたり，モノクロメーターを移動することにより，入射・反射ビームをモニターしながら視射角が制御される．実際の TXRF 測定は全反射臨界角 θ_c

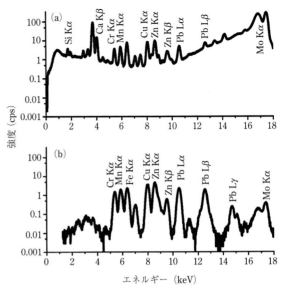

図 8.4 通常の蛍光 X 線分析装置(a)と全反射蛍光 X 線分析装置(b)で取得した蛍光 X 線スペクトル例．試料はスライドガラス上に滴下した多元素混合標準溶液の乾燥痕．

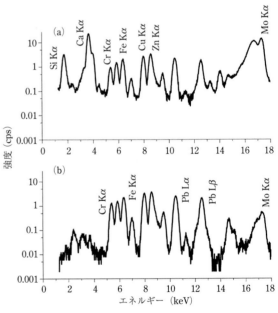

図 8.5 全反射蛍光 X 線分析装置により視射角が 0.2°(a) と 0.05°(b) で取得した蛍光 X 線スペクトル例．試料はスライドガラス上に滴下した多元素混合標準溶液の乾燥痕．

の 1/2 から 1/4 程度の視射角で行われる．シリコンウェーハの分析装置では，試料の自動搬送装置も組み合わせられている．図 8.5 に TXRF 装置において視射

角度を 0.2°と 0.05°に設定して取得したスペクトルを示す．試料は図 8.4 で用いた試料と同一である．視射角が大きいとガラス基板からの Ca や Si が強く表れるとともに，バックグラウンドも全エネルギー域で高くなっていることがわかる（図 8.5(a)）．視射角を全反射臨界角以下とすることにより，各ピークが高感度に測定される（図 8.5(b)）．

微量分析を目的とした小型 TXRF 装置では角度を固定する場合も多い．この場合，全反射臨界角は基板の密度に依存するので，予め決められた種類の試料基板を使用することが前提となる．加えて，1 次 X 線の散乱線強度などをチェックし，視射角が適切であることを定期的に確認することも重要である．ポータブル TXRF 装置も提案されており[8]，単色化機構を省き X 線導波路を用いることで白色 X 線を試料基板に入射させている．光学系を小さくすることで 1 次 X 線が効率的に利用され，数ワットの低出力の X 線管でも 8 pg の検出限界が報告されている[9]．

8.4 試料保持基板と試料準備法

本節では，環境水などの微量分析を目的とした TXRF 分析に関して述べる．X 線全反射現象を生じさせるためには光学的に平坦な基板に測定対象を保持する必要がある．そこで，シリコンウェーハ，石英ガラス，アクリル板などが基板として用いられている．アクリル板などの高分子基板は安価であり使い捨てが可能であるが，平坦度がさほどよくなく，加えて軽元素からなるために散乱 X 線によるバックグラウンドも大きい．そこで，微量分析では石英ガラスが用いられることが多い．石英ガラス基板は高価であるが，洗浄することにより再利用が可能である．以下に洗浄手順（例）を示す．

1. 石英基板をガラス洗浄溶液に入れ加熱洗浄後，冷却し，脱イオン水で洗浄
2. 濃硝酸溶液中で 1 時間ほど加熱洗浄後，脱イオン水で洗浄
3. 脱イオン水中で 50℃に加熱洗浄後，35℃程度に冷却
4. 石英基板を脱イオン水から斜めに取り出し，乾燥
5. 基板表面の汚染がないことを TXRF 測定により確認

一般に水溶液試料を測定する場合には，ガラス表面をシリコーンでコーティングするなどして撥水性を持たせる．そのような基板に滴下した液滴の乾燥痕は微細点となる．この乾燥痕を検出器の最も感度の高い箇所に再現性よく得ることは，測定精度の向上につながる．よって，検出器に対する乾燥痕の位置依存性についても認識しておくことは重要である[10]．大きさが約 0.5 mm 程度の乾燥痕を基板上の異なる位置に作成し，蛍光 X 線強度がどのように変化するかを調査した．その結果を図 8.6(a) に示す．ここで，X-Y は試

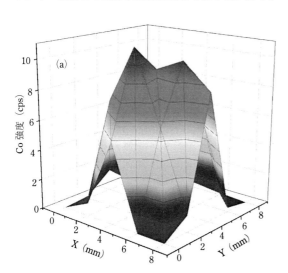
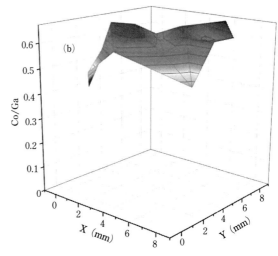

図 8.6 (a) 全反射蛍光 X 線強度（Co Kα）の乾燥痕位置依存性．
(b) 蛍光 X 線強度比（Co Kα/Ga Kα）の乾燥痕位置依存性．

料保持ガラス上の乾燥痕の位置を示しており，X線検出器直下の中心部（$X=4, Y=4$ あたり）において強度が強いことがわかる[11]．蛍光X線生強度は検出器に対する相対位置によって，大きく変化し，中心位置から数mmずれると強度が大きく変化する．図8.6(b)には内標準元素として加えたGaとの強度比をプロットした．蛍光X線強度の乾燥痕位置に依存する変動は後述の内標準法によってある程度補正できることがわかる．しかし，使用するTXRF分析装置の特性について把握しておくことは重要である．試料基板上の同一箇所に乾燥痕を作成することは繰り返し再現性の向上に不可欠であり，液滴の滴下・乾燥方法にも注意を払う必要がある．溶液を滴下後に溶媒を蒸発させる過程においては，環境からの不純物の混入にも気を付けなければならない．よって，この乾燥過程はクリーンルームで行われることが望ましい．

8.5 TXRF定量分析

8.5.1 半導体ウェーハのTXRF定量分析

定量分析に必要となる検量線の作成において，故意に汚染した標準シリコンウェーハが用いられる．標準物質の作成方法にはマイクロドロップ法，スピンコーティング法やIAP（Immersion in Alkaline hydrogen Peroxide solution）法などが利用されている[12, 13]．試料の水溶液を滴下するマイクロドロップ法は作成が容易であるが，ウェーハ面内での均一性がよくなく測定位置により強度が大きく変化する[10]．スピンコーティング法では高速で回転する基板の上に溶液を滴下し薄膜状の試料を作成するが，汚染残留物の大きさや厚みが不均一であるため，蛍光X線強度の角度依存性が大きいという問題点がある．IAP法はアルカリ性過酸化水素水溶液中の金属イオンをシリコンウェーハ上の化学酸化膜（厚さ約1nm）に吸着させる方法であり，10^{10} atoms/cm^2 レベルの濃度で面内に均一な標準物質の作成が可能である[13]．実際にはNiなどの特定元素に対しての標準シリコンウェーハを準備し，他の元素に関しては相対感度係数を用いて算出する方法が用いられる．標準物質は使用中の汚染や経時変化のおそれがあるため，6ヵ月程度を目安として使用することが推奨されている．

8.5.2 内標準法による定量分析

TXRF分析では視射角のわずかな変動，乾燥痕の位置のわずかなずれにより，蛍光X線の生強度が影響を受ける．そこで，溶液試料のTXRF定量分析には内標準法が適用される．図8.7に示すように，この方法では試料溶液に含まれない元素を内標準元素として試料溶液に一定量添加する．環境水などの分析においては内標準元素としてGaが選ばれることが多い．また，内標準元素の蛍光X線エネルギーは分析対象の蛍光X線エネルギーと近いことが望ましい．内標準溶液と試料溶液をよく撹拌した後に試料基板に滴下，乾燥させる．測定元素と内標準元素の蛍光X線強度比を取ることにより，制御し難い蛍光X線強度の変動を補正することができる．この方法では試料（乾燥痕）中で測定元素と内標準元素が原子レベルで混在していることが重要である．内標準元素aを含む内標準溶液（濃度W_a）をV_aの体積だけ試料溶液（体積V_x）に添加し，TXRF法により，内標準元素の

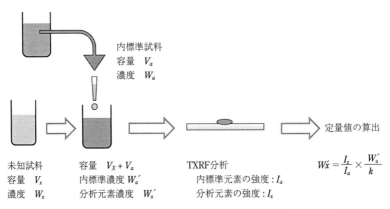

図8.7 内標準法によるTXRF定量分析のための試料準備手順

生強度 I_a と目的元素 x の強度 I_x を得た場合，目的元素の濃度 W_x は以下のように与えられる．

$$W'_x = \frac{I_x}{I_a} \times \frac{W'_a}{k} \quad (8.7)$$

ただし，$W'_a = W_a \times \frac{V_a}{V_x + V_a}$，$W'_x = W_x \times \frac{V_x}{V_x + V_a}$ であり，k は相対感度係数である．つまり，x と a の感度係数を k_x, k_a とすると，$k = k_x/k_a$ である．

8.5.3 検 出 限 界

標準物質の元素の濃度 W_a と測定された強度 I_a に対して，検出限界 DL は(8.8)式で与えられる．

$$DL = 3\frac{W_a}{I_a}\sqrt{\frac{I_B}{t}} \quad (8.8)$$

ここで，I_B はブランク試料のX線強度，t は測定時間である．つまり，この式では検出限界を標準偏差の3倍に相当する濃度として算出している．検出限界値はX線励起源，X線検出器などに依存するため，一概に述べることは難しい．TXRFでは試料厚さが薄いためマトリックス効果は小さいとされるものの，特に主成分を分離していない場合，乾燥痕の形状も含めて，マトリックス効果にも注意を払うべきである．図8.8には，K線とL線の測定に対する検出限界値（絶対量）を原子番号順に示している[14]．(a)はW管で50 kV，Niフィルターあり，(b)はMo管，50 kV，Moフィルターあり，(c)はW管，25 kV，Cuフィルターあり，のように，異なる励起条件で評価された検出限界を示している．このデータは多少古いものの，軽元素において検出限界が悪くなることや，励起源によって変化することがわかりやすく示されている．

シリコンウェーハを対象とする場合，通常のTXRF法ではFe, Niに対して 7.0×10^8 atom/cm^2，後述のVPD（Vapor Phase Decomposition）-TXRF法を適用すると，同元素に対して 7.0×10^6 atoms/cm^2 の検出限界が得られている．軽元素に関してはX線検出器の窓材による吸収や検出効率の低下などの問題が生じるが，実験室においても，Naに対してVPD法を適用すると 6.9×10^8 atoms/cm^2 の検出限界となっている．なお，放射光を光源とする波長分散型X線分光器を有するTXRF装置を用いると，Niに対して0.31 fg, 3.1 pptというきわめて低い検出限界が報告されている（13.2節参照）[15]．

一般的にTXRFの検出限界はICP質量分析法に若

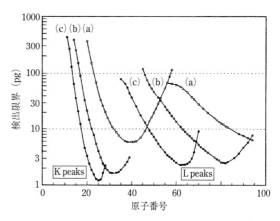

図 8.8 TXRF法による検出限界の評価報告例[14]

干劣る．しかし，ng, pgレベルの極微少量に対して非破壊的に定量分析できる点と分析操作の簡便性に注目すべきである．ハロゲン元素（Cl, Brなど）は環境分析において重要な測定対象であるが，外殻エネルギー準位における励起エネルギーやイオン化エネルギーは高く，ICP発光・質量分析法では感度が悪い元素でもある．しかし，内殻エネルギー準位の電子遷移を利用するTXRFでは図8.8に示すようにハロゲンに対しても高い感度を有する．ただし，Ga内標準酸溶液をClを含む試料溶液に添加すると，Clはハロゲン化物として揮発してしまうおそれがあるので注意が必要である．この場合，内標準法を使用せず検量線法を選択することも一案である[11]．

8.6 応 用 例

8.6.1 半導体ウェーハ表面汚染の微量分析

半導体ウェーハ上の異物解析や汚染状況のチェックは半導体デバイス製造の歩留まりに直結する課題なので，微量分析が可能なTXRF法が活用されている．TXRFにより元素分析を行うことにより異物の発生個所や汚染の原因を特定する有力な情報が得られる．この際に，装置を構成している材料（検出器の窓材やコリメーターの構成元素など）からの不純物ピークやシリコンウェーハ自身からの回折X線によるピーク[16]にも注意が必要である．

図8.9には，試料前処理法の異なる3種類のTXRF分析法が示されている[17]．一般には図8.9(a)に示すように，シリコンウェーハを前処理なしに直接測定する．VPD-TXRF法（図8.9(b)）では，シリコンウ

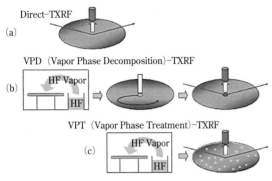

図 8.9 シリコンウェーハの TXRF 分析法[17]
(a) 直接 TXRF 法, (b) VPD-TXRF 法, (c) VPT-TXRF 法.

ェーハを HF 蒸気中にさらし, シリコン酸化膜を分解する. 分解後の表面を酸の液滴で走査することにより全面の不純物をウェーハ中央に回収・濃縮し, TXRFによる測定する. VPT (Vapor Phase Treatment)-TXRF 法（図 8.9(c)）では, HF 蒸気による暴露後に回収せず, その場で濃縮された微粒子を測定対象とする. 図 8.10 には試料を XY 方向に走査する TXRF 走査法（Sweeping TXRF 法）を用いて, 直径 200 mm のシリコンウェーハ内における汚染分布状況を可視化した結果を示す. 汚染元素の分布箇所から, 汚染の原因を推定することが可能である.

シリコンウェーハの直径は今後も大きくなる可能性がある. TXRF 装置もこのような状況に対応すべく, 450 mm 径のシリコンウェーハを自動測定する TXRF 測定も開発されている. 近年は SiC ウェーハの TXRF 測定にも大きな需要が生まれている.

8.6.2 環境・生体試料などの微量分析

TXRF 法の利便性から半導体ウェーハのみならず, その適用範囲は工業分野, バイオ・環境試料へと拡大している. 2013 年に日本で開催された TXRF 2013 国際会議の出席者に対して TXRF 法の主な適用分野のアンケート調査を行った結果を表 8.1(a) に示す. この表における値は, それぞれの応用分野が占める割合を示している. また, 表 8.1(b) では TXRF 2013 の講演予稿集から拾い上げた適用分野に半導体産業分野での導入実績を加えた結果をまとめた. これらのデータから, TXRF は半導体分野で品質管理に用いられているほかに, 企業・大学などの研究機関において基礎研究, バイオ・環境分析, 薄膜分析, および, 工業, 医療などの分野で利用されている様子がわかる. この調査結果では大きな比重を占めなかったが, 少ない試料量に対して非破壊的に微量分析ができる特徴を考えると, TXRF 法の法科学分野への応用（参考図書(3)）も今後, 重要性を増していくものと思われる.

TXRF は多元素同時定量分析が短時間で簡便な前処理のみで行えるのが特徴である. この利便性を活かして, たとえば雨水, 大気中の浮遊粒子状物質, 工場廃液, 飲料品であればミネラル水, お茶, ワイン, コーヒー, バイオ・医療関連試料として血液, 尿, 各種臓器からの組織片, 絵画のペイント片など, 多岐にわたる試料に応用例がある[18]. 詳しくは参考図書など

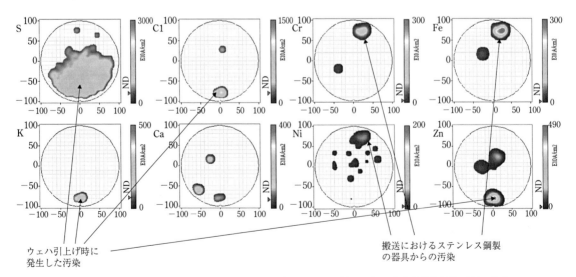

図 8.10 シリコンウェーハに対して TXRF 走査法によって得られた元素分布像と汚染原因の推定

表 8.1　TXRF の応用分野（参考図書（1）より著者の了承を得て改定）

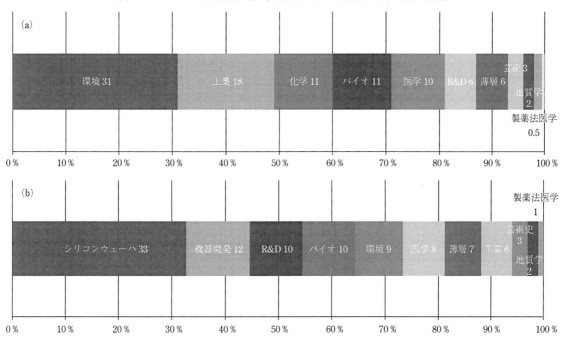

表 8.2　TXRF 分析の試料と試料準備方法

試料	試料準備（例）
水溶液試料（飲料水，ワインなど）	内標準溶液の添加
固体（粉末）試料	酸溶液に溶解後，マトリックスの分離，内標準溶液の添加
大気中浮遊粒子状物質 絵画の微小顔料片	平坦基板に直接捕集
生体・バイオ組織	凍結乾燥後，薄片を平坦基板に捕集，もしくは，酸分解後に内標準溶液の添加

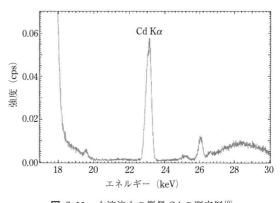

図 8.11　水溶液中の微量 Cd の測定例[19]

も参照していただきたい．表 8.2 に主な試料と試料準備方法の例を示した．一般的には，固体試料の場合，酸溶液で溶解後，内標準溶液を添加し，試料基板に滴下・乾燥して，その乾燥痕を測定する．大気中の浮遊粒子状物質は各種のインパクターにより平坦基板上に直接捕集される．バイオ試料の場合には凍結後薄くスライスし，基板上に保持する方法も試みられている．

卓上型 TXRF 装置においても，モノクロメーターを工夫し，高エネルギーでの全反射励起が可能になったことで，Cd の K 線測定による高感度分析が実現されている．図 8.11 は 1 ppm の Cd 水溶液 10 μL を滴下・乾燥後の乾燥痕に対して得られた TXRF スペクトルである[19]．Cd の検出限界は 2 ppb と見積もられている．工業製品や飲料水の品質管理，環境中の有害元素のモニタリングなどの分野での利用がさらに期待される．

8.7 関連手法

通常の TXRF 分析では視射角を全反射臨界角以下の角度に固定して,スペクトルを取得し分析する.図 8.2 に示したように,角度を変えると X 線の侵入深さが変化するため,試料が深さ方向に構造をもっている場合,その深さ方向分析が可能となる.この手法は,GI-XRF(Grazing Incidence XRF)法として研究が進んでいる.

図 8.12 に層構造を有する試料に入射した X 線の反射と屈折の様子を示す.層 j 内の深さ z における電場強度は以下のように計算される[20, 21].

$$E_{pj}(z) = E_{pj}^t \exp\left(\frac{-i2\pi N_{pj}z}{\lambda_p}\right) + E_{pj}^r \exp\left(\frac{i2\pi N_{pj}z}{\lambda_p}\right) \quad (8.9)$$

ここで,N_{pj} は層 j における屈折角に相当し,$N_{pj} = \sqrt{\theta_p^2 - 2\delta_{bj}}$ で与えられる.図 8.12 の右側には,試料内で発生した蛍光 X 線を斜出射角度で測定する際に有効なモデルも示している.出射側の計算においては,光学における相反定理から,観測する蛍光 X 線が斜出射角度と同じ角度で入射すると仮定し,同一箇所(層 j の深さ z)での電場強度を計算する.最終的に,斜入射・斜出射条件下で観測される蛍光 X 線強度は以下の式で表される[22].

$$I_{fj} \propto \int_0^{d_j} \left| \left[E_{pj}^t \exp\left(\frac{-i2\pi N_{pj}z}{\lambda_p}\right) + E_{pj}^r \exp\left(\frac{i2\pi N_{pj}z}{\lambda_p}\right)\right] \right.$$
$$\left. \times \left[E_{fj}^t \exp\left(\frac{-i2\pi N_{fj}z}{\lambda_f}\right) + E_{fj}^r \exp\left(\frac{i2\pi N_{fj}z}{\lambda_f}\right)\right] \right|^2 dz \quad (8.10)$$

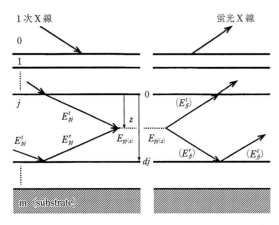

図 8.12 層構造を有する試料内での電場強度の計算[22]

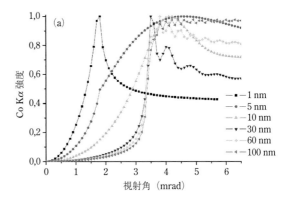

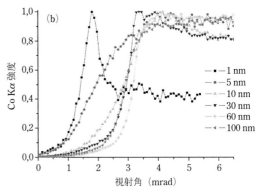

図 8.13 シリコンウェーハ上の様々な膜厚の Co 薄膜に対する Co Kα 強度の視射角依存性のシミュレーション結果 (a) と実験結果 (b)[23]

(8.10)式において視射角度と出射角度は N_{pj} と N_{fj} に含まれており,出射角度を 90°におけば,GI-XRF の計算ができ,視射角度を 90°におけば,斜出射 XRF の配置での計算が可能となる[22].この計算では,図 8.12 のモデルにある各層の膜厚やそれらの密度が計算パラメーターとなり,実験結果との対比からこれらのパラメーターの評価が可能となる.図 8.13(a)にはシリコンウェーハ上のさまざまな膜厚の Co 薄膜に対する Co Kα 強度の視射角依存性の計算結果を示す[23].Co の膜厚は 1 nm 程度に薄いとシリコンの全反射臨界角度近傍に鋭いピークを示し,膜厚が厚くなると Co 膜自身の密度を反映して,高角度側にピークを生じる.さらに,膜内での屈折 X 線と界面での反射 X 線の干渉により振動構造が現れると予想される.図 8.13(b)はマグネトロンスパッタリング法によりシリコンウェーハ上に作成した Co 膜に対して測定した実験結果である.薄膜の不均一性や角度誤差などのため,振動構造は不明確であったものの,実験プロット

はシミュレーション結果とよい一致を示している．

X線反射率法もTXRFと関連する手法である．図8.2(a)に示したように，X線反射率は全反射臨界角を境に大きく変化する．薄膜試料の場合，その膜厚や密度を反映して反射率の変化に振動構造が重なってくる．モデル計算との比較から表面・界面のラフネスを含めた厳密な解析が可能となる．X線反射率法については参考図書（4）に詳しく記載されているので，そちらを参照していただきたい．TXRF法と反射率測定実験を組み合わせた研究も行われている[24]．その他，X線全反射条件下でのXAFS[25]，XRD[26]，XPS[27]なども報告されている．いずれも，X線全反射現象を利用することにより，表面敏感性を高めた測定を可能としている．

8.8 国際標準化

TXRF法がシリコンウェーハの清浄評価に利用されるにつれ，定量値の国際的な整合性や企業による品質保証の観点からTXRF分析の国際標準化が重要となってきた．ISO（International Organization for Standardization）において表面化学分析の国際標準を取り扱う専門委員会（TC: Technical Committee）であるTC201が1991年に設置され，TC201下にTXRF法の標準化を扱う作業部会（WG: Working Group）としてWG2（議長：合志陽一，幹事：飯田厚夫，後に薮本周邦，森良弘，幹事国：日本）が1993年に立ち上げられた．WG2ではラウンドロビンテストを通じて分析手順や解析方法を規定し，ISO14706：2000（Surface chemical analysis — Determination of surface elemental contamination on silicon wafers by total-reflection X-ray fluorescence (TXRF) spectroscopy）とISO17331：2004（Surface chemical analysis — Chemical methods for the collection of elements from the surface of silicon-wafer working reference materials and their determination by total-reflection X-ray fluorescence (TXRF) spectroscopy）の2つの規格が発行された．これらは国内においてJISにも翻訳されている（それぞれ，JIS K0148, K0160）．シリコンウェーハに対してのTXRF国際標準規格が制定されたことを受けて，WG2はひとまず役目を終え，2011年に閉じられた

表8.3 TXRF国際会議の開催地とプロシーディング

回	年/月	形式	国	都市	議長	プロシーディング
1	1986/5	ワークショップ	ドイツ	ゲーストハッハト	W. Michaelis	GKSS Report 86/E/61 (1986), Spectrochim. Acta B 44 (1989)
2	1988/5	ワークショップ	ドイツ	ドルトムント	R. Klockenkämper	Spectrochim. Acta B 44 (1989)
3	1990/5	ワークショップ	オーストリア	ウィーン	H. Aiginger, P. Wobrauschek	Spectrochim. Acta B 46 (1991)
4	1992/5	ワークショップ	ドイツ	ゲーストハッハト	Andreas Prange	Spectrochim. Acta B 48 (1993)
5	1994/9	ワークショップ	日本	つくば	合志 陽一	Adv. X-ray Chem. Anal. Jpn. 26s (1995) Anal. Sci. 11 (1995)
6	1996/6	国際会議	オランダ/ドイツ	アイントホーフェン/ドルトムント	D. K. G.de Boer / R. Klockenkämper	Spectrochim. Acta B 52 (1997)
7	1998/9	国際会議	アメリカ	テキサス州オースティン	Mary Ann Zaitz	Spectrochim. Acta B 54 (1999)
8	2000/9	国際会議	オーストリア	ウィーン	P. Wobrauschek, C. Streli	Spectrochim. Acta B 56 (2001)
9	2002/9	国際会議	ポルトガル	マデイラ諸島フンシャル	Maria Luisa de Carvalho	Spectrochim. Acta B 58 (2003)
10	2003/9	国際会議	日本	淡路	合志 陽一	Spectrochim. Acta B 59 (2004)
11	2005/9	国際会議	ハンガリー	ブダペスト	Gyula Zaray	Spectrochim. Acta B 61 (2006)
12	2007/6	国際会議	イタリア	トレント	Giancarlo Pepponi	Spectrochim. Acta B 63 (2008)
13	2009/6	国際会議	スウェーデン	ヨーテボリ	Johan Boman	Spectrochim. Acta B 65 (2010)
14	2011/6	国際会議	ドイツ	ドルトムント	Alex von Bohlen	
15	2013/9	国際会議	日本	大阪	合志 陽一，辻 幸一	Virtual issue Spectrochim. Acta B 101 (2014)
16	2015/8	国際会議	アメリカ	コロラド州ウェストミンスター	Mary Ann Zaitz	
17	2017	国際会議（予定）	イタリア	ブレシア	Laura Eleonora Depero	

が，近年の環境・バイオ試料へのTXRF法の応用が注目されることになり，WG3（XRR & TXRF，議長：Laura Depero，幹事国：日本，主査：辻）において活動を継続している．特に，VAMAS (Versailles Project on Advanced Materials and Standards) のTWA-2 (Technical Working Area 2: surface chemical analysis) の支援を受けながらラウンドロビンテストを実施，国際標準に結びつける努力がなされている[28]．2015年にはTXRF法のバイオ・環境試料への適用を示した技術仕様書（ISO/TS 18507：Surface Chemical Analysis — Technical Specification for the use of Total Reflection X-ray Fluorescence spectroscopy in biological and environmental analysis）が発行された．今後とも，TXRF分析の社会的ニーズに応えるべく，TXRF法の工業分野や環境・バイオ試料分析に関してのさらなる標準規格が期待される．

8.9 おわりに

1986年以降，表8.3に示すように，TXRFとその関連手法に関する国際会議が2年に1度開催されている．この会議のプロシーディングはおもにSpectrochim. Acta part Bに掲載されており，この分野の研究動向を探るのに役立つ．他の機器分析法と同様に，TXRF分析の性能はX線源，光学素子，そして，検出器の性能によるところが大きい．今後とも，これらX線分析の周辺要素技術の開発動向を踏まえ，積極的に取り入れて装置改良を継続することにより，TXRF法の新たな展開が期待される． ［辻　幸一］

引用文献

1) Y. Yoneda, and T. Horiuchi, *Rev. Sci. Instrum.*, **42**, 1069 (1971).
2) A. Iida, Y. and Gohshi, *Jpn. J. Appl. Phys.*, **23**, 1543 (1984).
3) A. Iida, A. Yoshinaga, K. Sakurai, and Y. Gohshi, *Anal. Chem.*, **58**, 394 (1986).
4) 谷口一雄，二宮利男，ぶんせき，**206**, 129 (1992).
5) 辻　幸一，日本接着学会誌，**47**, 444 (2011).
6) T. Yonehara, M. Yamaguchi, and K. Tsuji, *Spectrochim. Acta B*, **65**, 441 (2010).
7) C. Streli P. Wobrauschek, P. Kregsamer, G. Pepponi, P. Pianetta, S. Pahlke, and L. Fabry, *Spectrochim. Acta B*, **56**, 2085 (2001).
8) S. Kunimura, and J. Kawai, *Anal. Chem.*, **79**, 2593 (2007).
9) S. Kunimura, S. Kudo, H. Nagai, Y. Nakajima, and H. Ohmori, *Rev. Sci. Instrum.*, **84**, 046108 (2013).
10) 薬師寺健次，大川真司，吉永　敦，X線分析の進歩，**24**, 87 (1993).
11) Y. Tabuchi, and K. Tsuji, *X-Ray Spectrom.*, **45**, 197 (2016).
12) 森　良弘，佐近　正，島ノ江憲剛，X線分析の進歩，**27**, 59 (1996).
13) Y. Mori, and K. Shimanoe, *Anal. Sci.*, **12**, 141 (1996).
14) A. Prange, and H. Schwenke, *Adv. X-ray Anal.*, **35B**, 899 (1992).
15) K. Sakurai, H. Eba, K. Inoue, and N. Yagi, *Anal. Chem.*, **74**, 4532 (2002).
16) K. Yakushiji, S. Ohkawa, A. Yoshinaga, and J. Harada, *Jpn. J. Appl. Phys.*, **31**, L2872 (1992).
17) H. Takahara, Y. Mori, H. Shibata, A. Shimazaki, M.B. Shabani, M. Yamagami, N. Yabumotof, K. Nishihagi, and Y. Gohshi, *Spectrochim. Acta B*, **90**, 72 (2013).
18) 国村伸祐，河合　潤，ぶんせき，**432**, 667 (2010).
19) リガク技術資料　B-XRF 3002 (2015).
20) L. G. Parratt, *Phys. Rev.*, **95**, 359 (1954).
21) D. K G. de Boer, *Phys. Rev. B*, **44**, 498 (1991).
22) K. Tsuji, and K. Hirokawa, *J. Appl. Phys.*, **75**, 7189 (1994).
23) A. Okhrimovskyy, K. Saito, and K. Tsuji, *e-Journal of Surf. Sci. Nanotech.*, **4**, 579 (2006).
24) D. Ingerle, F. Meirer, G. Pepponi, E. Demenev., D. Giubertoni, P. Wobrauschek, and C. Streli,, *Spectrochim. Acta B*, **99**, 121 (2014).
25) F. Meirer, G. Pepponi, C. Streli, P. Wobrauschek, V.G. Mihucz, G. Zaray, V. Czech, J.A.C. Broekaert, U.E.A. Fittschen, and G. Falkenberg, *X-Ray Spectrom.*, **36**, 408 (2007).
26) T. Horiuchi, and K. Matsushige, *Spectrochim. Acta B*, **48**, 137 (1993).
27) J. Kawai, S. Hayakawa, Y. Kitajima, and Y. Gohshi, *Anal. Sci.*, **11**, 519 (1995).
28) L. Borgese, F. Bilo, K. Tsuji, R. Fernández-Ruiz, E. Margui, C. Streli, G. Pepponi, H. Stosnach, T. Yamada, P. Vandenabeele, D. M. Maina, M. Gatari, K. D. Shepherd, E. K. Towett, L. Bennun, G. Custo, C. Vasquez, and L. E. Depero, *Spectrochim. Acta B*, **101**, 6 (2014).

参考図書

1) R. Klockenkämper, A. Von Bohlen, "Total Reflection X-Ray Fluorescence Analysis and Related Methods", 2nd edition, John Wiley & Sons, New Jersey (2015).
2) P. Kregsamer, C. Streli, P. Wobrauschek, "Total-Reflection X-Ray Fluorescence", in "Handbook of X-Ray Spectrometry", 2nd Edition, edited by R. Van Grieken, A. Markowicz, New York, Marcel Dekker (2002).
3) K. Sakurai, "5.1 Grazing-incidence X-ray

Spectrometry", Y. Mori, "7.2 Total Reflection X-ray Fluorescence for Semiconductors and Thin Films", T. Ninomiya, "7.4 X-Ray Spectrometry in Forensic Research", in "X-Ray Spectrometry Based on Recent Technological Advances", edited by K. Tsuji, J. Injuk, R. E. Van Grieken, John Wiley & Sons, (2004).

4) 桜井健次, "X線反射率法入門", 講談社 (2009).

5) 谷口一雄, 全反射蛍光X線分析, 合志陽一監修, 佐藤公隆編集, "X線分析最前線", アグネ技術センター (1988).

9章 X線顕微鏡

　X線は微小領域の分析には不向きと考えられていたが，近年，材料の高機能化，電子・電気部品の微細化，ナノテクノロジーやバイオテクノロジーなどの発達により，より微細な領域のX線分析が求められている．微細な領域のX線分析を行うには，照射するX線の試料面での大きさを微小に絞る必要がある．しかし，X線の屈折率が1にきわめて近く，直入射の反射率が0にきわめて近いため，光学レンズや光学ミラーのような手法でX線を絞る（集光する）ことはできない．従来はX線を遮って絞るという方法（コリメーター法）が使われてきたが，X線強度も小さくなるため，実験室で使用される小型X線管を用いた装置においては，数百 μm 程度までしかX線を絞ることができなかった．一方，大型放射光施設のような強力なX線源と，全反射や多層膜を使ったX線ミラー，X線導管，ゾーンプレート，屈折レンズなどのX線集光素子の出現により，X線を細く強く集光することが可能となり，現在では，サブミクロンレベルの空間分解能が得られるようになった．この技術を用いて，大型放射光施設ではX線顕微鏡，X線望遠鏡，X線リソグラフィー，微小領域分析装置などの研究や開発が進んでいる[1, 2]（13.1，13.4，13.6節参照）．また，実験室で使用される小型装置においても，これらのX線集光技術を活用することで 10 μm の空間分解能を有する卓上型X線顕微鏡が実用化され，現在広く用いられている．

9.1　X線の微細化

9.1.1　X線集光技術

　X線集光の基本原理は，図9.1に示すような，X線の回折，屈折，全反射を利用してX線の光路を変えて一点に集めることである．その集光方法には，透過型と反射型がある．

a．回　折

　回折を利用してX線を集光させる．透過するX線の回折を利用するのが透過型，平面あるいは凹面に入射したX線の反射回折を利用するのが反射型である．

　第1章で述べたように，X線が結晶または多層膜で強く回折される条件は，平行等間隔に並んだ格子面の各面からの反射X線が互いに強め合うブラッグの干渉式(1.9)で与えられる．

　X線の回折可能なエネルギーの限界は，格子面間隔と入射角度で決まる．単結晶は格子間隔が狭く，X線の波長オーダーであることから，軟X線から硬X線までの広い範囲で利用可能である．たとえば，シリコン単結晶の111面では，$2d$ が 6.271 Å であるから 5°で斜入射させたX線が回折可能なエネルギーは 11.39 keV となる．ただし，単結晶を反射型の集光素子に使用した場合は，X線の入射角度により回折する波長が決まってしまうので単色のX線のみが集光される．したがって，集光効率は高くない．一方，多層膜の面間隔は，成膜条件によって決まる．現在の成膜技術では，数十〜数百 Å の多層膜が製作可能であり，おもに軟X線領域（〜1 keV）での集光に用いられる．同じ膜厚のみ繰り返したものは，単結晶と同様

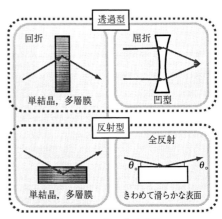

図 9.1　X線の集光方法

の用途に使われるが，多層膜の膜厚を深さ方向に連続可変させた多層膜ミラーは，広い波長領域においてブラッグ条件を満たすので一定の波長範囲の連続X線を集光させることが可能である．これをスーパーミラーとよんで，反射型の集光素子としてよく使われている．

透過型の集光素子には，ゾーンプレート[3]があるがその原理については，9.1.4 で説明する．

b．屈　　折

屈折を利用してX線を集光する[4]．X線の屈折率は式(9.1)で与えられる．

$$\text{屈折率 } n = 1 - \delta \quad (9.1)$$

$$\delta = \frac{e^2 \lambda^2 \rho N_e Z}{2\pi m c^2 M} \quad (9.2)$$

ここで，e：電子の電荷，λ：波長，ρ：密度，N_e：単位体積中の電子の数，Z：原子番号，m：電子の質量，c：光速，M：モル数．（δ は，X線領域では $10^{-5} \sim 10^{-6}$）．

屈折率 n は，1 よりわずかに小さな値のため，凹レンズによる屈折を利用する（図9.1）．1枚だけではX線の曲がりが小さいので，数十〜数百個の凹レンズを組み合わせる．ただし，複数枚のレンズを透過する途中で吸収されてしまうため，集光効率は高くない．特に軟X線は吸収されやすいので使用できない．また，X線の波長（エネルギー）によって屈折率が決まる（色収差がある）ため，単色のX線源を用いる必要がある．このような集光素子は屈折レンズとよばれ，強力な単色X線を発生する放射光と組み合わせて使われている．

c．全　反　射

全反射を利用してX線を集光する．上記のようにX線の屈折率は，1よりわずかに小さいため，X線をきわめて滑らかな平面に極低角度で入射させれば，強度を落とすことなく反射する（図9.2）．これを全反射とよぶ．全反射を起こす全反射臨界角 θ_c は，式(9.3)で与えられ，この全反射臨界角より小さい角度で入射したX線はすべて反射する．このため他の方法に比べ集光効率が高く，放射光を用いることなく，一般的なX線管との組合せであっても実用可能である[5]．X線の全反射角と全反射臨界角度の詳細は，第8章を参照いただきたい．なお式(9.3)は，式(8.4)をラジアン表記したものである．

$$\theta_c = \sqrt{2\sigma} \approx \frac{0.02\sqrt{\rho}}{E} \quad \text{(rad)} \quad (9.3)$$

ここで，E：X線のエネルギー（keV），ρ：反射材の密度（g/cm³）．

全反射角 θ (rad) は全反射臨界角 θ_c (rad) より小さい．全反射臨界入射角 θ_c は，式(9.3)に示すようにX線のエネルギー E (keV) と，反射材の素材の密度 ρ (g/cm³) から与えられる．たとえば，反射材をソーダガラスとし，Rh ターゲットのX線管をX線源とした場合の全反射角 θ と全反射臨界入射角 θ_c は，

Rh Kα 線（20.2 keV）　→　$\theta \leq \theta_c = 1.5$ mrad
Rh Lα 線（2.7 keV）　→　$\theta \leq \theta_c = 11$ mrad

となる．

9.1.2　X線集光素子

これらの集光の原理を用いて，X線集光素子が開発された．表9.1に主なX線の集光素子の原理と特徴を紹介する．卓上型の装置に使用でき，広いエネルギー範囲のX線を効率よく集光させるための素子としては，モノキャピラリーおよびポリキャピラリーが有効である．コリメーターは，X線を遮ることによりX線の微細化をはかるものであり，X線集光素子ではないが，アライメントや製作の容易さから広く使用されているので表9.1に記載した．

9.1.3　キャピラリー

a．モノキャピラリー

モノキャピラリーX線集光素子[6,7]は，きわめて滑らかな内表面をもつキャピラリーのなかでX線が全反射しながら出射端まで導かれる．X線導管ともよばれ，その概念図を図9.3(b)に示す．ここでは，その代表的な形状として1回反射でX線源のような発散光源を集光する回転楕円体形状のモノキャピラリーX線集光素子を紹介する．この素子は，X線の全反射の原理を用いているので，図9.3(a)のような従来のコリメーター法に比べて，X線の有効立体角が拡大され，X線強度を増大させることができる．なお，全反射の効率は，表面粗さによって大きく影響を受け

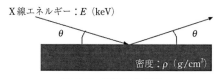

図 9.2　X線の全反射

表 9.1 X線集光素子の原理と特徴

方式	原理	特徴
コリメーター	X線を遮ることによりX線の微細化をはかる	・白色X線の微細化が可能 ・きわめて構造が単純 ・機械加工上,微細化には限界ありX線強度が極めて低い(面積比で変わる).
モノキャピラリー	ガラス製X線導管内に,X線を全反射させながら導き,導管そのものを細く絞って照射する.	・白色X線の集光が可能 ・小型化容易 ・X線ビームの広がりが小さい ・空間分解能 0.8 μm at W L 線[6]
ポリキャピラリー	上記導管を多数束ね,より立体角を増して強度を増加させる.	・白色X線の集光が可能 ・小型化容易 ・X線ビームの広がりは大きい ・X線強度が高い ・焦点距離を5~10 mm程度に長くする必要があるが,その焦点位置にX線を数十μm以下に集光するのは加工上困難 ・空間分解能 20 μm at 17 keV[7]
斜入射鏡 ・K-B型ミラー ・ウォルター型ミラー	凹面鏡でX線を全反射させて集光する.非点収差を抑えるため,2枚のミラーを直交配置させたものをK-B型(Kirkpatrick-Baez)ミラーとよぶ.また,焦点を共通化させた回転双曲面と回転放物面を組合わせたものをウォルター型ミラーとよぶ.	・白色X線の集光が可能 ・X線の全反射臨界角が小さいため大型になる(数m~数十m) →多層膜コーティングを付けて臨界角を増すことで小型化が可能 ・空間分解能 3.4 μm at 5.4 keV[5].SPring-8のコヒーレントな放射光を用いると20 keVのX線を7 nmに絞ることができる.
直入射鏡 ・シュバルツシルト光学系	凹面鏡でX線を反射して集光する.多層膜を用いて直入射X線の反射率を高める.	・多層膜鏡のため単色で軟X線でないと効率がわるい →膜厚を可変させたスーパーミラーを使えば広い波長範囲のX線の集光も可能 ・小型化可能 ・軟X線領域ならばnmオーダーの集光可能
ゾーンプレート	フレネルリングのように回折を利用して集光する.	・色収差があるため,単色X線でないと集光できない ・軟X線領域ならばnmオーダーの集光可能 ・小型化容易(素子のみ) ・量産は困難 ・X線強度が低い(放射光施設必要). ・空間分解能 2.3 μm at 8 keV[3].現在は100 nmオーダーに絞ることができる
屈折レンズ	X線がわずかに屈折することを利用して集光する.	・色収差があるため単色X線でないと集光できない ・軟X線は吸収されるため使用できない ・nmオーダーの集光可能 ・小型化容易(素子のみ) ・量産は困難 ・X線強度が低い(放射光施設必要) ・空間分解能 0.34 μm at 23.5 keV[4]

るので,一般的に内表面を平滑に加工できるガラス材料を使用することが多い.また,式(9.3)からわかるように,低エネルギーのX線の全反射臨界角 θ_c は,高エネルギーのそれに比べて大きくなるので,X線の有効立体角も大きくなる.つまり,モノキャピラリーX線集光素子は低エネルギーのX線集光効率が高いという特長をもつ.

b. ポリキャピラリー

ポリキャピラリーX線集光素子[7,8](図9.4(c))は,

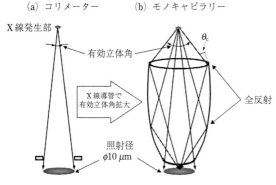

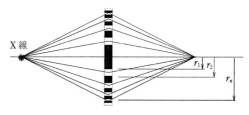

図 9.5 ゾーンプレートの概念図

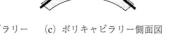

図 9.3 X 線導管の概念図

9.1.4 ゾーンプレート集光素子

回折を利用した透過型の集光素子にゾーンプレートがある．X 線に対し，透明と不透明の輪帯を同心に交互に並べた集光素子である．光路差が波長の整数倍になるときに強めあうように設計されており，単波長の X 線を集光させることができる．図 9.5 にその概念図を示す．X 線波長を λ，ゾーンプレートの焦点距離を f とすると，n 番目の円の半径 r_n は，

$$r_n = \sqrt{nf\lambda} \tag{9.4}$$

で表される．また，空間分解能 δ は，最外殻のゾーン幅 Δr_N と回折光の次数 m で決まり，

$$\delta = \frac{\Delta r_N}{m} \tag{9.5}$$

で表される．通常，1 次の回折の効率が最も高く，最外殻のゾーン幅 Δr_N の精度は 50～100 nm 程度であるので，100 nm オーダーの空間分解能が得られる．

9.2 X 線顕微鏡

X 線顕微鏡は，図 9.6 に示すように，結像型 X 線顕微鏡と走査型 X 線顕微鏡に大別することができる．

9.2.1 結像型 X 線顕微鏡

結像型 X 線顕微鏡（図 9.6(a)）は，光学顕微鏡と同じように X 線集光素子（集光レンズ）を使って X 線を集光させて試料に照射し，試料を透過した X 線を再度結像用 X 線集光素子（結像レンズ）で検出器に結像させるものである．代表的なものとしては，X 線集光素子にウォルター型反射鏡を用いた斜入射型，多層膜ミラーを用いたシュバルツシルト型，ゾーンプレート型などがある．X 線は可視光線よりも波長が短いことから，光学顕微鏡よりも高い空間分解能が得られる．通常の光学顕微鏡は物理的にサブミクロンの分解能が限界であるが，X 線顕微鏡では nm オーダーの分解能で観察することが可能である．結像型 X 線

図 9.4 ポリキャピラリー X 線集光素子の概念図[9]

複数のガラスキャピラリーを束ねて集光形状に形成したものである[9]．一本一本のガラスキャピラリーの内径は十 μm 程度かまたはそれ以下で，数十万本束ねたものもある．その断面図を図 9.4(b) に示す[9]．ポリキャピラリーに入射した X 線は，それぞれのガラスキャピラリーの内面を全反射しながら X 線の進路を少しずつ変えて進み，最終的に出射側の焦点に集光する（図 9.4(a)）．このように集光形状に形成されたポリキャピラリー X 線集光素子には，入射側の焦点と出射側の焦点があり，X 線源や試料の位置に応じて設計されている．入射側の焦点距離（f_1）は 20～80 mm，出射側の焦点距離 f_2 は 10～50 mm のものが一般的である．ポリキャピラリー X 線集光素子は，コリメーター（図 9.4(d)）やモノキャピラリー X 線集光素子よりも大きな立体角で X 線を集光することができるので，他の集光素子よりも得られる X 線強度は大きい．一方で，モノキャピラリー X 線集光素子と同じく，低エネルギーの X 線集光効率が高いが，高エネルギーの X 線集光効率は低い．

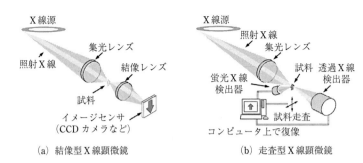

(a) 結像型X線顕微鏡　　(b) 走査型X線顕微鏡

図 9.6　X線顕微鏡の種類

顕微鏡は放射光やレーザープラズマX線源と組み合わせて用い，おもに水の窓領域とよばれる軟X線領域（250から500 eV）で生体などの含水試料の観察が行われている．この領域のX線は，水に吸収されにくいため試料を脱水処理する必要がなく，また，タンパク質や脂肪などの主成分である炭素による吸収が大きいため，構造を可視化しやすいという特長をもつ．

a.　ウォルター型斜入射X線顕微鏡

斜入射光学系は，X線の全反射を利用してX線を集光するため，色収差がないという特長がある．1枚のミラーで反射させるだけでは，非点収差を生じるため，非点を補正させるために，通常2回反射させて集光している．代表的な光学系として，ミラーを直角に組合わせたK-B（Kirkpatrick-Baez）型（13.1, 13.4節参照）と，焦点を共通にもつ回転双曲面と回転放物面を組合わせたウォルター型がある．図9.7にウォルター型反射鏡を用いた斜入射X線顕微鏡の概念図を示す．

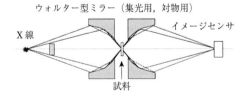

図 9.7　ウォルター型斜入射X線顕微鏡

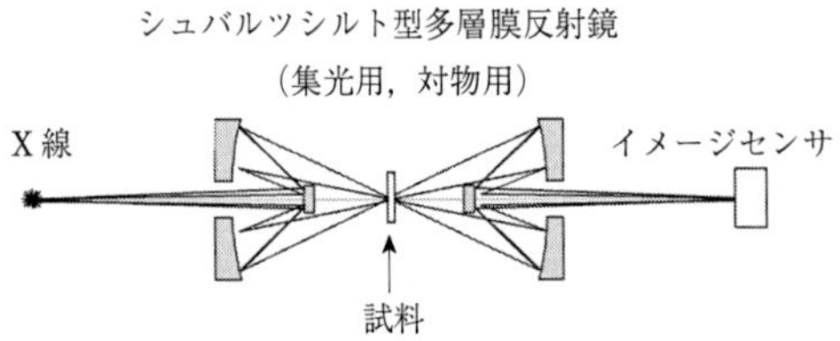

図 9.8　シュバルツシルト型直入射X線顕微鏡

b.　シュバルツシルト型直入射X線顕微鏡

X線の直入射反射率はきわめて小さいが，軟X線領域であれば多層膜鏡を用いることによって反射効率を向上させることができる．これを利用した光学系としてシュバルツシルト型がある．図9.8にシュバルツシルト型直入射X線顕微鏡の概念図を示す．

c.　結像型ゾーンプレートX線顕微鏡

結像型X線顕微鏡の集光レンズと結像レンズにそれぞれゾーンプレート集光素子を用いたのが，結像型ゾーンプレートX線顕微鏡である．ゾーンプレート集光素子を使って集光したX線を試料に照射し，試料を透過したX線をゾーンプレート集光素子を用いて結像させる．単色X線しか使えないが，サブミクロンの空間分解能が得られる．

9.2.2　走査型X線顕微鏡

走査型X線顕微鏡（図9.6(b)）は，X線集光素子（集光レンズ）を使って，X線を集光させて試料に当て，試料を走査させながら蛍光X線，透過X線情報を測定し，コンピュータ上に試料の位置情報とX線情報を用いてマッピング像として復像化するものである．X線集光素子としては，ポリキャピラリー，モノキャピラリー，ゾーンプレート，K-B型ミラーなどが用いられる．試料のコントラストの差しか得られない結像型と違い，多種の情報を得ることができる．また，必ずしも試料を薄くしてX線を透過させる必要がないため，試料の形態を選ばない．

a.　走査型X線顕微鏡の構成

走査型X線顕微鏡の一般的な構成は，X線管，X線集光素子，試料ステージ，蛍光X線検出器，透過X線検出器，CCDカメラ，そしてこれらの信号を処理する処理部からなる．

図9.9に示すように細く絞ったX線を試料に照射

9.2 X線顕微鏡

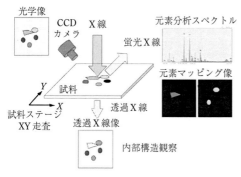

図 9.9 走査型 X 線分析顕微鏡の構成

し，試料から発生する蛍光 X 線と透過 X 線を X 線検出器で計測する．さらに試料ステージ上におかれた試料を X-Y 方向に走査させながら，XY 座標上の点における元素ごとの蛍光 X 線と，透過 X 線の計数値を画像処理することにより，蛍光 X 線画像と透過 X 線画像を同時に得る装置である．画像上の白黒の濃淡は，上記 X 線の計数値に対応するため，試料の元素分布や，試料内部の物質の存在を観察することができる．この X 線顕微鏡の空間分解能は，照射 X 線のビーム径で決まり，画像のコントラストは X 線強度と測定時間で決まる．空間分解能が高く鮮明な画像を得るには，細く強い X 線ビームを試料に照射する必要がある．

b. キャピラリーを用いた走査型 X 線顕微鏡

キャピラリーを用いた走査型 X 線顕微鏡の X 線管は，装置を小型（卓上型）にするため 50 W 程度の油冷タイプを用いる．X 線集光素子は，φ10～100 μm に X 線を絞ることのできるモノキャピラリーまたはポリキャピラリーを用いる．蛍光 X 線の検出器には，一度に広いエネルギー範囲の X 線が検出できるエネルギー分散型の半導体検出器を用い，透過 X 線の検出器は，計数率特性のよい NaI シンチレーターを用いることが多い．

CCD カメラから，試料の光学像を得ることができ，画像処理で X 線照射ポイントが光学像に映し出されるので，測定位置や，走査エリア（マッピングエリア）の指定が容易にできる．

b. ゾーンプレート（走査型）X 線顕微鏡

走査型 X 線顕微鏡の集光レンズにゾーンプレート集光素子を用いたのが，走査型ゾーンプレート X 線顕微鏡である．この X 線顕微鏡は，放射光と組み合せて実現されている．キャピラリー方式よりも強力な X 線をサブミクロンの領域に照射できるため，生体や無機材料の研究用途に用いられている．

以下では，卓上型装置として実用化されているキャピラリーを用いた走査型 X 線顕微鏡について説明する．

9.2.3 各種キャピラリーの比較

3 つの集光素子（コリメーター，モノキャピラリー，ポリキャピラリー）の性能比較を表 9.2 にまとめた．コリメーターは，比較的簡単にかつ低コストで X 線ビームを 10 μm 程度まで絞ることができるが X 線強度は低く実用的には数百 μm 程度のビーム径で使用されることが多い．モノキャピラリーは，空間分解能が高く 10 μm 程度まで X 線を絞ることができ，X 線ビームの拡散角が小さく，コリメーターよりも X 線強度が高い．ポリキャピラリーはモノキャピラリーより X 線強度が高い．ただし，キャピラリー先端より数 mm 離れた位置で X 線を微小領域に集中させることは，加工上の問題で難しく，一般的には数十 μm 程度までしか絞れない．またビームの発散角が大きく焦点からはずれた位置では空間分解能が大幅に劣化する[10]．

市販されている X 線顕微鏡に用いる X 線集光素子は，コスト，X 線照射径，強度，X 線の広がりを考慮して，用途に最適なものが選ばれている．

9.2.4 走査型 X 線顕微鏡と SEM-EDS の比較

ここでは，モノキャピラリーを用いた卓上の走査型 X 線顕微鏡と SEM-EDS との比較を行う（SEM-EDS についての詳細は第 10 章を参照）．ともに試料から発生する蛍光（特性）X 線を半導体検出器で検出し，試料に含有される元素の同定や定量分析を行う．ま

表 9.2 コリメーター，モノキャピラリー，ポリキャピラリーの比較

X 線集光素子	コリメーター	モノキャピラリー	ポリキャピラリー
実用レベルの最小ビーム径	数百 μm	10 μm	数十 μm
X 線の広がり	ほぼ平行	ほぼ平行	広がる
X 線の輝度（コリメーター比）	1	100	1000

た，試料の2次元的な濃度分布を観察できるという面でも同じである．根本的な違いは，SEM-EDS は試料に電子線を照射し特性 X 線を得る（電子線励起）のに対して，X 線顕微鏡は細く絞った X 線を照射し蛍光 X 線を得る（X 線励起）ことである．

表9.3 に示すように，SEM-EDS は電子線を電磁レンズで絞って照射する．発生する2次電子から得られる SEM 像は 0.5～5 nm という高い空間分解能が得られる．一方，EDS 像は，入射電子が試料内部に侵入し広がりながら特性 X 線を発生させるため，その空間分解能は試料や加速電圧，元素にも依存し数 μm 程度となる．また，SEM-EDS は電子線励起であるため，試料を真空チャンバーのなかに入れ，試料に導電性を持たせるためにカーボン蒸着をする必要がある．それに対し，X 線顕微鏡は，空間分解能 10～100 μm 程度と SEM-EDS より大きいが，X 線励起であるため試料室を必ずしも真空に引く必要はない．これは試料にまったくダメージを与えないということであり，重要文化財などの貴重品や破壊できない部品の分析ができる．また，生体などの含水試料も真空下にさらすことなく分析できるという大きな特長をもつ．もうひとつの X 線顕微鏡の特長は，深さ方向の情報が容易に得られることである．1 次 X 線は試料内部にまで侵入できるので，試料中に埋没した異物などの分析や透過 X 線を使った試料内部構造の観察も可能となる．これは表面分析に限定される SEM-EDS に比べて大きな違いである．ただし，電子線を走査してマッピング分析する SEM-EDS は，ステージを用いて試料を走査する X 線顕微鏡よりも分析時間は短いので，用途に応じて分析手法を選ぶ必要がある．たとえば，電子線励起の SEM-EDS は軽元素の分析に感度がよいが、X 線顕微鏡は重元素の分析に適している．

9.2.5 走査型 X 線顕微鏡の機能

走査型 X 線顕微鏡[11]は，卓上型となったことで，

表9.3 X 線顕微鏡と SEM-EDS の比較

	SEM-EDS	X 線顕微鏡
励起源	電子線	X 線
ビームの収束	電磁レンズで絞る	X 線導管で絞る
ビームの走査	電子ビーム走査	試料走査
分析深さ	0.1 μm～数 μm	～数 mm
空間分解能	～数 μm	10 μm，100 μm
測定元素	Be～U	Na～U
透過 X 線観察	なし	可能
前処理	要	不要
真空チャンバー	要	不要
測定時間	数分～数十分	数十分～数時間

表9.4 走査型 X 線顕微鏡の機能例

空間分解能	10 μm，100 μm 切替式
X 線集光素子	モノキャピラリー型
X 線管	管電圧：最大 50 kV 管電流：最大 1 mA ターゲット：Rh
X 線検出器	蛍光 X 線：SDD 透過 X 線：NaI(Tl)シンチレーター
検出可能元素	^{11}Na～^{92}U
最大試料サイズ／測定エリア	300 mm×300 mm×80 mm/100 mm×100 mm
光学像	試料全体像 試料詳細像（X 線と同軸）
信号処理	デジタルパルスプロセッサー
スペクトル分析	定性分析：自動・手動定性，KLM マーカー 定量分析：FP 法，検量線定量 自動多点分析，スペクトルマッチング
マッピング分析	透過像と元素像の同時マッピング，スペクトルマッピング，RGB 合成，画像間演算

多くの分野の研究部門や品質管理部門で使用されるようになった[12]．それに伴い，分析装置の機能も充実してきた．表9.4に走査型X線顕微鏡の代表的な機能を紹介する．

X線顕微鏡で分析を行うには，試料を試料室に導入し，光学顕微鏡で分析位置，領域を指定して実行するだけである．試料の前処理や試料室の真空引きも必要ではないため，きわめて簡便に分析ができる．さらに，X線と同軸で試料を観察できる光学系が搭載されているため，目的の測定ポイントに対し，X線の照射位置がずれることなく位置調整ができる．

このような機能を用いて，生体中の微量元素分析[13]，物質に混入した異物の由来調査[14]，不良品の内部構造や不良箇所の特定[15]，文化財や考古学試料分析[16]，地層分析[17]および絵画の分析（15.11節参照）など，さまざまな分野で利用されている．

9.3 X線顕微鏡を用いた分析例

9.3.1 異物分析

プラスチックケース内部に確認された微小な異物の元素分析を行った結果例を図9.10に示す．通常，SEM-EDSで異物分析を行う場合，異物を露出させるための前処理（断面出しなど）を行う必要がある．X線顕微鏡では，ケースの外側から非破壊で微小領域の元素分析ができるため，短時間でかつ異物を紛失することなく分析ができる．

この分析例では，プラスチック中の異物は硫化亜鉛ZnSが主成分であることが確認できた．このことから，製造工程における押出しラインで，樹脂の流れる経路に使用されている部品から流出したのではないかということが推測できた．

9.3.2 材料分析

図9.11は，繊維強化プラスチックに用いている直径数十μmのフィラーの分布を分析した例である．SEM-EDSでは，表面のプラスチック層によって電子が遮られるため，内部のフィラーを分析することはできないが，X線顕微鏡ならばX線が試料内部まで侵入するので，内部情報が得られ，幅数十μmのフィラーの重なりや分布が非破壊で観察することができる．

9.3.3 故障解析

図9.12は，鉛フリーはんだを使用した電子回路基板に対し，はんだの接合面の分析と配線のイオンマイ

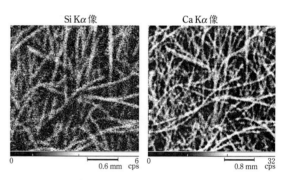

図9.11 繊維強化プラスチック内のフィラーの分布
[試料提供：片山傳生氏（同志社大学）]

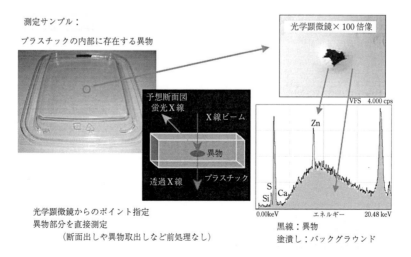

図9.10 プラスチックケース内部に埋没した異物の非破壊分析

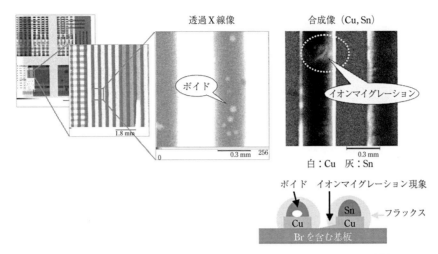

図 9.12　鉛フリーはんだ基板上のボイドとイオンマイグレーションの分析
[試料提供：菅沼克昭氏（大阪大学）]

グレーションの分析を行った結果である．透過 X 線により内部情報が得られるため，接合部に数十 μm のボイドができていることがわかった．また，X 線は内部まで侵入するため，表面にフラックスを付けたまま配線のイオンマイグレーションが観察できた．このことから，はんだの濡れ性の評価と，イオンマイグレーションの起こしやすさ，およびイオンマイグレーションが起こる場所の特定をすることができた．

9.3.4　含水試料分析

図 9.13 は，胃潰瘍を起こしたラットの胃をホルマリンに漬けて，フィルムでパウチした後に元素分析を行った結果である．このような含水サンプルであっても，真空中で分析をする必要がないため，そのまま分析を行うことができた．その結果，潰瘍を起こした部位に Zn が凝集していることが観察され，潰瘍治癒に Zn が大きな役割を果たしていることがわかった．

9.3.5　埋蔵品，貴重品分析

図 9.14 は，ネパールの写本挿絵を分析した結果である．透過 X 線像の濃淡から顔料の厚みが推定される．また，元素分布の組み合わせから，使用された顔料の種類と顔料の塗布手法が確認できた．また，この情報を収集することにより，文化財の作者，作成された地域・年代などが推定できる可能性が示唆されている．このように，貴重な試料であっても，大気中でかつ非破壊で分析を行うことができる．

9.4　X 線顕微鏡の今後の展開

大型放射光施設では X 線顕微鏡，X 線望遠鏡，X 線リソグラフィー，微小領域分析装置などの研究や開発が進んでいて，蛍光 X 線分析に使用できるビームサイズはついに 10 nm 以下の領域に到達している（13.4 節参照）．これらの技術を用いて X 線導管の研究・開発も進み，卓上型の X 線顕微鏡が開発され，実験室レベルで試料の微小部分を容易に元素分析ができ，分析対象を大きく広げることができた．今後も X 線マイクロビーム分析には，高分解能化・高速分析の要求が高まってくる．このキーテクノロジーとな

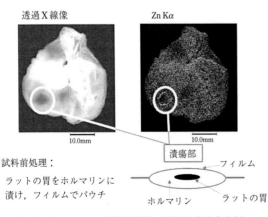

図 9.13　ラットの胃潰瘍部位の微量元素分布分析
[試料提供：大塚健氏（京都府立医科大学）]

図 9.14 ネパールの写本挿絵の分析
[試料提供：加藤雅人氏・江南和幸氏（龍谷大学古典籍デジタルアーカイブ研究センター）]

る X 線導管をはじめとする X 線集光素子も，より微細で強度の高い X 線ビームを実現するための研究が進んでいる．また，卓上型の走査型 X 線顕微鏡は，2 次元の元素分析にとどまらず，3 次元分析へと新たなアプリケーションに展開され、実用化が期待されている．　　　　　　　　　　　　　　　　［駒谷慎太郎］

引用文献

1) 波岡 武，山下広順，"X 線結像光学"，培風館 (1999).
2) K. H. A. Janssens, F. C. V. Adams, and A. Rindby, "Microscope X-Ray Fluorence Analysis", Wiley, (2000).
3) N. Kamijo, S. Tamura, Y. Suzuki, and H. Kihara, *Rev. Sci. Instrum.*, **66** (2), 2132 (1995).
4) B. Lengeler, C. G. Schroer, M. Richwin, J. T. ummlerm, M. Drakopoulos, A. Snigirev, and I. Snigireva, *Appl. Phys. Lett.*, **74** (26), 3924 (1999).
5) Y. Suzuki, F. Uchida, *Rev. Sci. Instrum.*, **63** (1), 578 (1992).
6) N. Yamamoto, *Rev. Sci. Instrum.*, **67** (9), 3051, (1996).
7) M. A. Kumakhov, *X-ray Spectrometry*, **29**, 343 (2000).
8) D. J. Thiel, D. H. Bilderback, and A. Lewis, *Rev. Sci. Instrum.*, **64** (10), 2872 (1993).
9) 辻 幸一，ぶんせき，**8**, 378 (2006).
10) S. Ohzawa, S. Komatani, and K. Obori, *Spectrochim. Acta B*, **59**, 1295 (2004).
11) 細川好則，電子材料，**2**, 105 (1995).
12) 駒谷慎太郎，大沢澄人，*HORIBA Readout*, **30**, 70 (2005).
13) M. Uo, F. Watarai, A. Yokoyama, H. Matsuno, and T. Kawasaki, *Biomaterials*, **22**, 1787 (2001).
14) 青山朋樹，浅野 比，菊池 正，和田 誠，南極資料，**54**, 835 (2010).
15) 土屋英晴，池本 裕，高森 圭，山本 剣，吉井一郎，坂東 篤，井原惇行，信頼性シンポジウム発表報文集，2015 秋季 (28), 63 (2015).
16) Koen H. A. Janssens, and F. C. V. Adams, "Microscopic X-ray Fluorescence Analysis", Wiley, p. 291 (2000).
17) 高 秀君，大久保誠介，福井勝則，金田博彰，資源と素材，**122**, 26 (2006).

10章 SEM-EDS

SEM-EDS (EDS搭載の走査電子顕微鏡) は，最もよく利用されている物理分析装置の一種である．それは，電子像によって微小領域の形態を観察しながら，簡単で迅速に元素分析まで行えるためであろう[1]．

10.1 SEM-EDS とは

SEM-EDS とは，走査電子顕微鏡 (Scanning Electron Microscope: SEM) にエネルギー分散型分光器 (Energy Dispersive X-ray Spectrometer: EDS) を搭載した装置である．SEM で微小領域の観察を行い，EDS により観察部位での化学組成情報を得る．さらに分析精度を高めるため波長分散型分光器 (Wavelength Dsipersive X-ray Spectrometer: WDS) を搭載したものもあるが，これは電子プローブマイクロアナライザー (Electron Probe X-ray Microanalyzer: EPMA) とよんで SEM-EDS と区別することもある[2,3,4]．

10.2 装置の全体構成

走査電子顕微鏡 (SEM) は，光学顕微鏡に似ており，図10.1に示すようにエミッターを搭載した電子銃からなる光源部，集束レンズ，対物レンズおよび試料室によって構成される．観察に用いる加速電子のエネルギーは，大気中では減衰してしまうため，電子の行路は真空に保たれる必要がある[1]．また電子を細束化するために電磁レンズが用いられる．光源にはWフィラメント，LaB$_6$あるいはZrO/Wショットキー型フィラメント（単結晶W [100] 上にZrの酸化皮膜が常に薄く補填される状態のもの）などが用いられ，後者の光源ほど高輝度に保たれるため高倍率の観察に有利であるが，質のよい高真空も必要となり高価となる[2]．

観察はスキャンコイルを用いて電子ビームを試料上

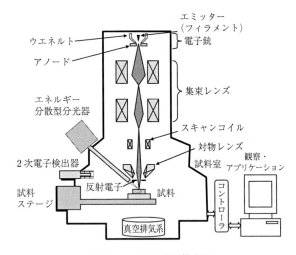

図 10.1 SEM 装置構成図

に走査しながら行う．試料室は高真空の方が散乱や吸収が少なく観察に有利であるが，最近では絶縁性試料をそのままの状態で観察するため，試料室が低真空のSEMも開発されている．

高真空で絶縁性試料を観察する場合は，電子ビームにより試料が帯電してしまうため，導電性物質で表面をコーティングし，帯電した電子を流しやすくする必要がある．

10.3 SEM による像観察

SEM による像観察は，主として2次電子，反射電子の信号を用いて行う．加速された電子ビームを試料に照射すると，試料の原子との相互作用により様々な信号が発生する．この中で散乱して発生する電子を後方散乱電子と総称し，図10.2の模式図のようなエネルギーの分布となる．この図で横軸は入射電子エネルギー E_0 で規格したエネルギー，縦軸は電子数である．

2次電子とは，加速された電子ビームによって試料

10.3 SEMによる像観察

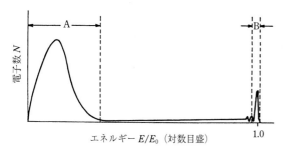

図 10.2 後方散乱電子のエネルギー分布

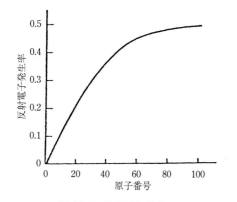

図 10.3 反射電子効率

原子番号が大きいほど反射電子効率は高まる．すなわち高コントラストが得られる．

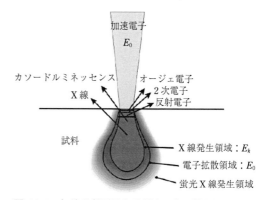

図 10.4 加速入射電子と試料との相互作用によって発生する信号

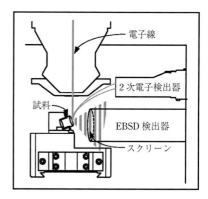

図 10.5 EBSP検出器の模式図

から2次的に発生した電子であり，そのエネルギーは反射電子に比べてきわめて低く数10eV程度までのエネルギーであり，図10.2のAの領域に該当する．このため，2次電子は試料の内部で発生しても試料自身に吸収されるため表面からは現出しない．つまり脱出して検出される2次電子は，試料の表面近傍から発生したもののみであるので，結果として試料の形状情報をもたらす．これが2次電子像である．一方，反射電子はおもに試料から弾性散乱によって発生した電子で（図10.2のBの領域），組成情報および凹凸情報をもたらす．すなわち，反射電子は図10.3に示すように原子番号が増加すると単調に発生率を増すため，組織の平均原子番号としての組成情報を得るのに有効である[5]．また反射電子信号強度は角度依存性もあるため，凹凸情報が観察できる．これが反射電子の組成像および凹凸像である．

10.3.1 SEMの原理

電子銃で発生し，集束レンズおよび対物レンズで細束化された加速電子（ビーム径：約数nm～数μm）は，試料に照射すると試料との相互作用により図10.4に示すように各種の信号を発生する．半導体などでは電子線励起によって近赤外，可視光および近紫外光領域で発光するものもあり，カソードルミネッセンスとよばれ，発光デバイスの特性評価や品質管理に用いられることもある．また金属の破断面などでは電子回折パターン（菊池パターン）の観察により結晶構造の情報を得ることもできる．これは方位顕微鏡（Orientation Image Microscope; OIM）とよばれたり，後方散乱電子回折（Electron Backscattering Diffraction Pattern; EBSPまたはEBSD）とよばれたりして，最近SEMによる構造解析手法として急速にその応用が広まりつつある（図10.5）[6]．高感度検出器とコンピュータ画像処理の迅速化によって，マップとして表示することも可能となり，この手法が最近急速に利用されるようになってきている．その太陽電池試料への応用例を図10.6に示す．これは太陽電池に用いられるシリコン多結晶基板における面方位の分布である．(a)は実体顕微鏡写真で，(b)，(c)および

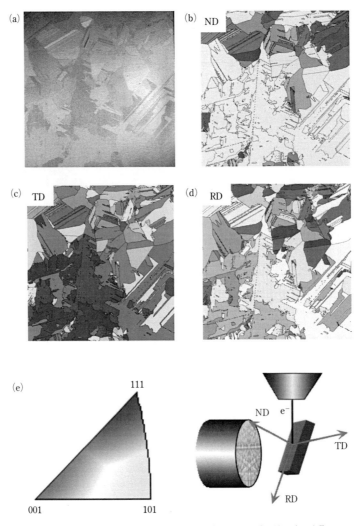

図 10.6 太陽電池多結晶シリコンの方位マップ（口絵1参照）[7]
［試料提供：兵庫県立大学 新船幸二先生］

(d)は測定座標系に対する結晶方位マップといわれ、それぞれ試料表面に対し垂直方向（ND），面内横方向（TD），面内縦方向（RD）に対する結晶粒の向きを表している．結晶方位はオイラー角から結晶系の対称性を考慮し，図10.6(e)のように逆極点図の各極に三原色を配しその混色で結晶粒の方位を表現する．この例では結晶粒が細かい部位と大きい部位の分布状態など様々な形態が観察されている．

10.3.2 空間分解能

SEMにおける空間分解能とは電子線走査による画像の空間分解能を指すが，分析する場合のX線に対する空間分解能はこれより大きくなる．電子ビーム径は照射電流にもよるが細いほど分解能は高くなる．LaB_6 および W フィラメントの電子銃では最高分解能は約 5～6 nm である．いくつかの電界放射型電子銃（Field Emission Gun: FEG）を搭載した装置では1 nm 以下の空間分解能のものもある．分析に適した大電流照射が可能な電界放射型のエミッターでは数nmの画像分解能をもつものがある．しかしX線は透過力が大きく，試料内部で散乱されて広がった入射電子線により試料内部で発生したX線による分析領域の空間分解能は2次電子像よりも大きい．加速電圧と試料によってその分析領域の空間分解能は異なってくるが，バルクの試料では $0.1\ \mu m$ 程度が限界となっている．（最近，試料バイアスと軟X線検出により数nm

も可能.)

10.3.3 装置の構成要素と役割

一般的な SEM は，電子光学系，試料室，排気系，観察・アプリケーション系から構成される．

電子光学系は，加速電子を発生する電子銃，電子線束を細く絞り込むレンズ系，試料から発生する2次電子などを検出する検出器などから構成される．

試料室は試料ステージ，試料導入装置，X線検出器などから構成される．試料ステージは最近ではコンピュータで制御されており，目的の観察箇所まで試料を迅速に移動できる．大きい試料では，電子像をモンタージュのようにつなげて大きな領域の観察もできるようになっている．試料導入装置は，観察のため試料を電子レンズ直下に搬送する機構と予備排気の機構をもつ．

真空排気系とは，鏡体内の気体分子による電子の散乱を抑えるため真空ポンプで排気を行う機構のことである．一般に電子銃室は試料室に比べて高真空である．Wフィラメント，LaB_6エミッター，電界放射型エミッターの順に真空の質は高くする必要があり，真空ポンプの排気効率の高いものが要求され高価になる．観察・アプリケーション系は，2次電子像，反射電子像，X線像の観察・表示を行い，定性，定量，元素分布観察を行うところである．

10.3.4 試料作製法

SEM観察では，試料をそのまま非破壊で観察することもあるが，観察や分析の処理に適するように，試料の分散，破砕，切断，研磨，樹脂包埋，エッチング，コーティングなどを行うこともある．

たとえば粉末試料であれば，粒子形態については分散法によって観察を行う．試料を導電性テープの上にパラパラと振り掛ける方法が簡単である．粉末に導電性がなければスパッタリングまたは蒸着などによって表面に導電性を与える．エタノールなどの溶媒に溶かし，超音波洗浄器でよく分散させてアルミホイルやSiウェーハ上に滴下したり，ペレット状に錠剤成型機で調製して観察，分析することもある．

金属試料には，機械研磨，化学研磨，電解研磨，イオンミリング，イオンエッチングなどが適用される．また引張試験機などで破断して破断面を観察・分析することもある．

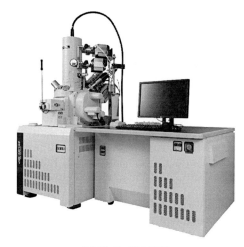

図 10.7　FIB 装置

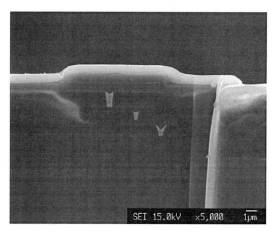

図 10.8　FIB加工で掘られたIC断面[8]

無機材料には，切断，割断，ヘキ開，機械研磨などが利用され，イオンエッチングで表面を処理することもある．ガラス試料は研磨面や破断面を分析することも多い．鉱物試料は，偏光顕微鏡で観察した後SEM観察することもあるため，薄片にして観察・分析することがある．

有機・高分子材料には，割断法，ナイフやミクロトームによる切削法，染色法，エッチング法などが適用される．フィルム上のシートなどの断面出しには，樹脂包埋後に切削などを行う．繊維状の試料はそのまま貼り付けて観察・分析することもある．

ケーブルなどの複合材料では，被覆樹脂は導電性がないので，コーティングを行う．また表面だけでなく，内部の金属部分も観察，分析するのであれば，断面を出してコーティングを行う．

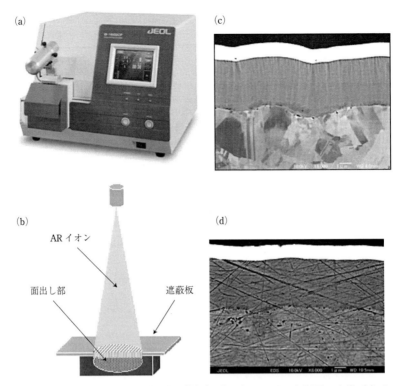

図 10.9 Ar⁺イオンによる断面出し機概観 (a, b), Cu めっき断面の本機 (c) および従来の研磨 (d) で処理した試料表面の比較[9]

半導体試料には，切断，割断，ヘキ開，機械研磨が利用される．このほかに，欠陥部位など特定微小領域の観察のために断面出しも行われている．この目的で最近は集束イオンビーム (Focus Ion Beam; FIB) 装置 (図 10.7) がよく用いられている．FIB 加工で断面出しされた試料の例を図 10.8 に示す．

また Ar⁺イオンと遮蔽板を用いて断面出しする方法は，複合材料に対して広領域の断面出しに応用できるため幅広い分野で応用されている．この装置の概観，概念図を図 10.9(a) および (b) に示す．NiP めっき部品について Ar⁺イオンによる断面出しと従来の研磨による断面出しとの比較を (c) および (d) に示した．Ar⁺イオンによる断面出し (c) ではアーティファクトの少ない断面が得られ，研磨材の混入も見られないため，微細組織が明瞭に観察でき，めっきと部材界面における孔も観察される．

10.3.5 像観察技術

良質の SEM 像を得るためには，装置の構造を知り，最良のコンディションになるような保守や取り扱いが必要である．また電子線と試料との相互作用による性質をよく知り，加速電圧，照射電流による像観察の特徴を知ることも重要である．像障害の原因と現象について表 10.1 にまとめる．

電子線と試料の相互作用による像質の相違などを具体例として次の a)〜f) に示す．

a. 加速電圧の高低による像質の差違

分解能をあげるために高加速電圧の方が有利であるが，像質には不利な特徴も現れる．それは，加速電圧が高くなると試料の内部にまで電子線が到達することにより，試料表面の情報が失われることである．またチャージアップしやすくなり，エッジ効果も出やすくなる．さらに高エネルギーのためダメージを受けやすくなる．例として，でんぷん粒子の観察比較を図 10.10 に示す．図 (a) の像は低加速電圧のため図 (b) の高加速電圧の像より表面の形状をよく表している．

b. 照射電流の違いによる滑らかさの比較

照射電流を多く流すと像質は滑らかになるが，流し

10.3 SEMによる像観察

表 10.1 像障害の原因と現象[10]

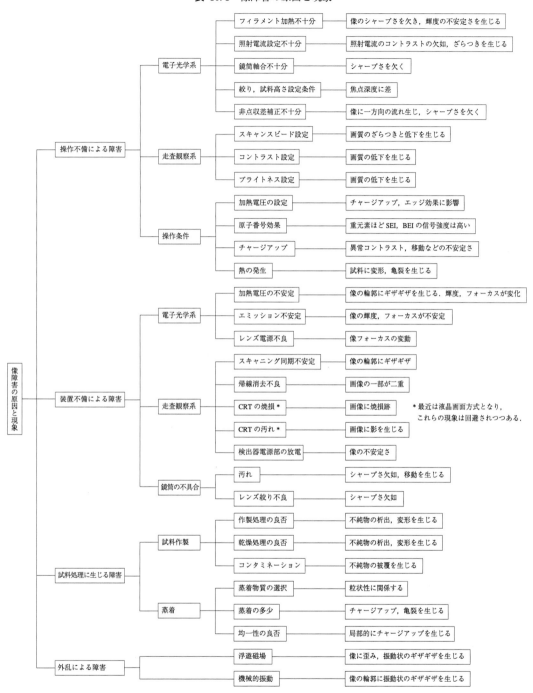

過ぎると分解能が低下し，高倍率では不利となる．そのため最適の電流値は倍率によっても異なる．一般に低倍率では電流を多めに流し，高倍率では，電流を抑えて観察する．この比例例を図 10.11 に示す．

c. エッジ効果

試料の形状によって2次電子放出効率は異なる．一般に試料の鋭角な部位では2次電子の放出量が大きくなるため，飽和しないように注意が必要な場合もある．図 10.12 に最適条件に近い破断面と繊維表面の観

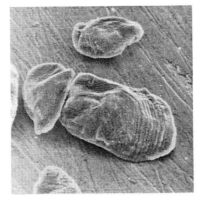

(a) 加速電圧 10 kV　　(b) 加速電圧 25 kV

図 10.10　加速電圧の違いによる像質の比較[10]

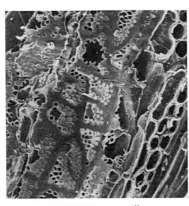 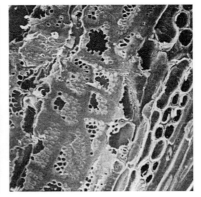

(a) 照射電流 2×10^{-11} A　　(b) 照射電流 5×10^{-12} A

図 10.11　照射電流の違いによる像質の比較[10]

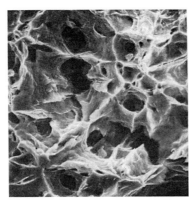 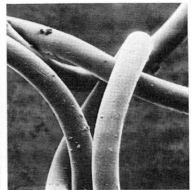

(a) 鋼の破面　　(b) 繊維の表面

図 10.12　2次電子像のエッジ効果[10]

察の例を示す．

d．帯電現象

試料の絶縁性が大きくなると照射電子により帯電を生じ観察が困難となる．蒸着膜が大電流によって破壊されて帯電が生じる場合もある．この場合は再コーティングが必要になる．図10.13に帯電した試料の例を示す．

 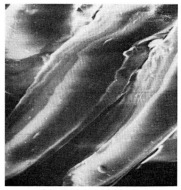

(a) 帯電による像シフト　　　　　(b) 帯電による像の歪み

図 10.13　帯電の生じた2次電子像[10]

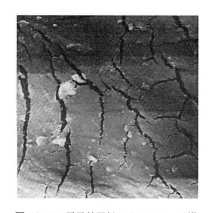 

図 10.14　電子線照射によるダメージ[10]　　　図 10.15　コンタミネーションによる痕跡の残った2次電子像[10]

e. 電子線照射によるダメージ

照射電子は試料に到達すると，そのエネルギーは最終的には熱に変換される．このため熱的なダメージを生じることがある．ダメージの程度は電子線の加速電圧，照射電流，走査面積（倍率），試料の熱伝導率，照射時間などに依存する．特に生物試料，有機・高分子材料では熱伝導度も悪いため，ダメージを回避する注意が必要である．この現象を避けるには，一般に低加速電圧，小照射電流で観察し，撮影時間も短縮する．図 10.14 にダメージを受けた例を示す．

f. コンタミネーション

電子線を長時間照射すると，照射面を中心にコンタミネーションが付着する．コンタミネーションは観察だけでなく，分析を妨げることもある．図 10.15 にコンタミネーションの痕跡の例を示す．

一般に，絶縁性粉体の場合，帯電防止には影の部分もコーティングしやすい蒸着装置などを用いて炭素や金など導電性物質を薄くコーティングして観察する．

また電流を絞れば，分解能は向上するが，像質はざらついてくる．この両者はトレードオフの関係にある．加速電圧を低くすると表面の情報は多くなるが，加速電圧を高くすると試料内部の情報が多くなり，滑らかな質感となる．

10.4　EDS による分析

10.4.1　電子線励起による特性X線と連続X線

電子銃によってエミッターから放出された電子は，加速電圧によって加速され，100 eV 程度から数十 keV 程度までのエネルギーが与えられる．SEM の特徴のひとつは，分析者が簡単に加速電圧を変更できることである．たとえば，より表面の情報を得たい場合には，低加速電圧を選択する．

一定エネルギーをもつ電子が試料に入射すると，試料中の原子との相互作用によりX線を発生する（図

10.4)．このX線は特性X線と連続X線の2種類に分類される．すなわち加速された電子が試料に照射されると，原子軌道にある電子との衝突が起こる．このとき加速電子に十分なエネルギーがあれば，この軌道電子を原子外にはじきだすことができる．空になった軌道に，その原子の外殻軌道の電子が落ち込んでくるときに放出される電磁波が特性X線である．連続X線は入射電子が連続的にエネルギーを失うことにより発生する（制動放射）．これはSEM-EDSでは特性X線のバックグランドとなる．

電子の侵入領域とX線の発生領域はCastaingの式によって推定される[11]．すなわちX線の発生領域の大きさ Z_m (μm) は，元素の特性X線を発生するために必要な最低励起電圧 E_C (V)，電子の加速電圧 E_0 (V)，平均原子量 A，平均原子番号 Z，平均密度 ρ (g/cm^3) の関数として次式のように表される．

$$Z_m = 0.033 \cdot (E_0^{1.7} - E_C^{1.7}) \frac{A}{\rho Z} \quad (10.1)$$

電子の侵入深さは加速電子が試料と相互作用してエネルギーを失いながら，最終的にゼロになる深さである．これに対してX線の発生領域は，特性X線を発生するには最低の励起電圧が必要であるため，電子の侵入深さより小さくなる．

10.4.2 EDSとWDS

一般にSEMはEDSを搭載する場合が多く，検出器の種類も目的や予算に応じていろいろなタイプが選択できるようになっている．最近ペルチェ冷却による小型で高計数が得られるSDD（シリコンドリフト検出器）が多く用いられるようになった[12]．検出器の詳細は3.3.2に記されている．軽元素分析用のEDSは，検出素子の前の窓が通常のBeウィンドウに比べて大変薄い膜（Ultra Thin Window: UTW）で覆われている．UTWは軟X線を透過させなければならないし，真空の圧力差にも耐えうる強度がなければならない．このため各社で工夫がなされている．分解能はMn-Kα付近（5.98 keV）で約130 eV前後のタイプが多い．

SEM-EDSにおける定性・定量のためのスペクトル収集には，エネルギー分解能が高いことが必要であるが，画素点数が多いマッピングのためには高速にスペクトルを収集する必要があるので，分解能よりも高強度（高計数タイプ）が好まれる．最近ではデジタルシ

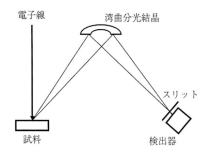

図 10.16 EPMAにおけるWDSの模式図

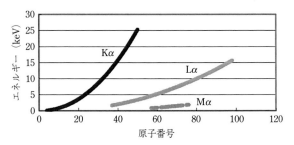

図 10.17 原子番号に対する特性X線エネルギー

グナルプロセッサが主流になったため，従来よりも数倍以上も高計数で計測が可能である．

WDSは図10.16に示すように，分光素子を用いてX線をブラッグの回折条件 $n\lambda = 2d_{hkl}\sin\theta$（1.6.2，式(1.9)参照）によって分光する計器である．分光されたX線は検出器，増幅器を経て計数される．広いX線波長をカバーするように複数の分光素子を用いる．またX線量は蛍光X線に比べて少ないので，分光素子には湾曲したタイプを用いる．大電流を流してX線量が十分に得られるほど微量元素分析には有利であり，たとえば鉄鋼中の微量Pの分析では数十ppmほどの検出も可能である．一方，EDSでは1%弱が限界である．

10.4.3 試料作製法

SEM観察用の試料については10.3.4で述べた．分析のためには，表面がなるべく平滑な試料がよい．これは試料内でのX線の吸収効果などが標準試料のそれと同等であることが補正誤差を少なくするためである．凹凸の著しいものはなるべく研磨して鏡面研磨まで行って分析する．また試料のセットも平滑面を水平に固定する．

10.4.4 定性分析

EDSは，定性分析用のためにはきわめて容易で便

利な計器である．試料中の主元素であれば数秒程度で検出，同定が行えるため広く普及している．SEMに搭載されているものは，0.1 keVから20 keV程度のエネルギー領域がよく用いられる．BからUまでの全元素が分析可能であり，これらの元素からの特性X線（K，L，M線）を利用している．原子番号に対する特性X線（Kα，Lα，Mα）のエネルギーを図10.17に示す．

10.4.5 定量分析
a． 定量のための基礎理論（ZAF法と$\phi(\rho z)$法）

SEM-EDSによる定量分析法は標準試料と未知試料の特性X線強度を比較して求める．この標準試料と未知試料の問題としている元素の特性X線強度比（I_{UNK}/I_{STD}）を相対強度といい，Kで表す．この値がそのまま濃度を表すわけではなく，補正が必要となる．この補正法として後述するZAF法や$\phi(\rho z)$法が用いられている．これらは特性X線の試料内部での発生関数を近似的に求めた結果を用いている．

電子線の試料内部の振る舞いは複雑で，Castaingが1951年に初めて定量補正理論を構築してから半世紀以上が過ぎた現在も，より実際に近い物理モデルが研究されている．大きな流れとしては，1970年代にそれまでのBence and Albee法[13]などの簡易補正法に対して，ZAF法[14]がコンピュータの進歩に伴って急速に普及した．ZAF法を発展させたものとして，1990年代に$\phi(\rho z)$法が提案され，欧米を中心として急速に広まった．

まずZAF法は，未知試料と標準試料による特性X線の相対強度に対して，原子番号効果，吸収効果，蛍光励起効果を補正した手法である．原子番号補正（G^Z），吸収補正（G^A），蛍光励起補正（G^F）である．簡潔にいえば，原子番号効果補正は，未知試料と標準試料の間で，原子番号がかなり異なった場合，試料に入射した電子の散乱の仕方が異なることに基づく．この場合，弾性散乱など反射電子の発生が異なり，間接的に特性X線の発生量もこれに応じて変わる．また電子を侵入から阻止しようとするストッピングパワーも異なり，これらを総じて原子番号効果とよぶ．吸収補正は，内部で発生した特性X線が自己吸収あるいは他の元素から吸収を受けることに基づく．この補正が一般には一番大きな量になる．蛍光励起補正は，検出したい特性X線が他の特性X線あるいは連続X線によって励起される量を補正することである．

相対強度をKとすると，求める濃度Cは，
$$C = K \cdot G^Z \cdot G^A \cdot G^F$$
で表せる．

以下では，これらの3つの補正について特性X線のK線について説明する．

(i) 原子番号補正（直接イオン化数） 電子1個が試料に入射したとき，イオン化する元素Aの原子数をn_K^Aとすると試料中電子の励起経路に沿った単位断面積当たりの直接イオン化数dn_K^Aは，
$$dn_K^A = Q_K^A \cdot \frac{\rho \cdot C_A}{A_A} \cdot N_0 \cdot dz$$
と表される．ここで，Q_K^AはA元素K殻のイオン化数，ρは密度，C_AはA元素の濃度，A_AはA元素の原子量，N_0はアボガドロ数である．

したがって加速電圧をE_0，臨界励起電圧をE_cとすると
$$n_K^A = \int dn_K^A = \frac{C_A}{A_A} \cdot N_0 \cdot \int_{E_c}^{E_0} Q_K^A \cdot \frac{1}{\frac{dE}{d(\rho z)}} \cdot dE$$

ここで，入射電子が試料中$d(\rho z)$を移動するときエネルギーdEを失う．これを表す因子はStopping Power Sと称され，
$$S = -\frac{dE}{d(\rho z)}$$
で表される．したがって
$$n_K^A = C_A \frac{N_0}{A_A} \cdot \int_{E_c}^{E_0} Q_K^A \cdot \frac{1}{S} \cdot dE$$

ここで入射電子はすべてイオン化にあずかるわけではなく，反射電子として失われるものもある．したがってこの因子をRファクターとすると
$$n_K^A = C_A \frac{N_0}{A_A} \cdot R_A \int_{E_c}^{E_0} Q_K^A \cdot \frac{1}{S} \cdot dE$$

Rの算出は以下の式による．
$$R = 1 - \eta_m W_m [1 - G(U_0)]$$
ここで
$\eta_m = 1.75 \times 10^3 Z_p + 0.37 [1 - \exp(-0.015 Z_p^{1.3})]$，$Z_i$：$i$種の原子番号，$Z_p = (\sum C_i Z_i^{0.5})^2$，$W_m = 0.595 + \frac{\eta_m}{3.7} + \eta_m^{4.55}$，$U_0 = E_0/E_C$：オーバーボルテージレシオ．

$$G(U_0) = \frac{U_0 - 1 - \left(1 - \frac{1}{U_0^{a+1}}\right)/(1+a)}{(2+a) \cdot j(U_0)}$$

$$J(U_0) = 1 + U_0(\ln U_0 - 1)$$

$$a = \frac{2W_m - 1}{1 - W_m}$$

したがって測定される K 線の特性 X 線強度はイオン化数に比例するから，未知試料と 100％ の標準試料では，それぞれ

$$I_A^{unk} \propto C_A \cdot \frac{N_0}{A_A} \cdot R_A^{unk} \int_{E_c}^{E_0} Q_K^A \cdot \frac{1}{S_{unk}} \cdot dE$$

$$I_A^{std} \propto \frac{N_0}{A_A} \cdot R_A^{std} \int_{E_c}^{E_0} Q_K^A \cdot \frac{1}{S_{std}} \cdot dE$$

で表され，特性 X 線の相対強度は，

$$K_A = C_A \cdot \frac{R_A^{unk}}{R_A^{std}} \cdot \frac{\int_{E_c}^{E_0} Q_K^A \cdot \frac{1}{S_{unk}} \cdot dE}{\int_{E_c}^{E_0} Q_K^A \cdot \frac{1}{S_{std}} \cdot dE}$$

となる．ここで S の電子エネルギー依存を無視できるとすれば，定数として積分外に出せるので，

$$K_A = C_A \cdot \frac{R_A^{unk}}{R_A^{std}} \cdot \frac{S_A^{unk}}{S_A^{std}} = C_A \cdot G_A^Z$$

となる．ここで S については Bethe の式が用いられる．ストッピングパワーについての Bethe の式は，

$$\frac{dE}{d(\rho z)} = -2\pi e^4 N_0 \frac{Z}{A} \frac{1}{E} \ln\left(\frac{2E}{J}\right)$$

で与えられる[15]．ここで，J は平均イオン化エネルギーで $J = 11.5Z$ である．

(ii) 吸収補正 まず純物質 A の場合，試料表面から試料深さ ρz での微小厚さ $d(\rho z)$ で発生する特性 X 線 dI_A の強度は，$\phi(\rho z) \cdot d(\rho z)$ で表される．したがって A 元素の発生する全特性 X 線強度は，

$$I = \int_0^\infty \phi(\rho z) \cdot d(\rho z)$$

である．しかし，実際にはこの X 線すべてが表面から出て検出されるのではなく，試料中で吸収を受ける．この吸収の過程を考慮すると特性 X 線強度は下式のように表される．

$$I = \int_0^\infty \phi(\rho z) \cdot d(\rho z) \cdot \exp(-\chi_A \rho z) \equiv F(\chi_A)$$

$$\chi_A = \left(\frac{\mu}{\rho}\right)_A^A \mathrm{cosec}\,\theta$$

$(\mu/\rho)_A^A$ は元素 A の特性 X 線に対する元素 A による質量吸収係数，θ は X 線の取り出し角である．未知試料中の元素 A の特性 X 線の質量吸収係数は，$(\mu/\rho)_A^A$．Philbert は，この式を実際に算出しやすいように工夫し[16]，

$$F(\chi) = \frac{1}{\left(1 + \frac{\chi}{\sigma}\right)\left\{1 + h\left(1 + \frac{\chi}{\sigma}\right)\right\}}$$

と表し，σ, h を利用しやすいように実験に基づいて求めた．ここで，σ はレナード定数，$h = 1.2 \sum_i c_i \frac{A_i}{Z_i}$ である．

実際には，上の式を $\chi = 0$ で正規化した

$$f(\chi) = \frac{F(\chi)}{F(0)} \cdot \frac{1 + h}{\left(1 + \frac{\chi}{\sigma}\right)\left\{1 + h\left(1 + \frac{\chi}{\sigma}\right)\right\}}$$

が利用されている．Duncumb によれば，

$$\sigma = \frac{2.39 \times 10^5}{E_0^{1.5} - E_C^{1.5}},$$

$$h = 1.72 \times 10^{-6} \cdot \frac{A}{Z^2} \cdot \sigma E^2$$

である．そこで A 元素についての吸収補正 G_A^A は以下のようになる[17]．

$$K_A = \frac{I_A^{UNK}}{I_A^{STD}} = \frac{C_A^{UNK}}{C_A^{STD}} \cdot \frac{f_A^{UNK}(\chi_A^{UNK})}{f_A^{STD}(\chi_A^{STD})}$$

$$C_A^{UNK} = K_A \cdot C_A^{STD} \cdot \frac{f_A^{STD}(\chi_A^{STD})}{f_A^{UNK}(\chi_A^{UNK})} = K_A \cdot C_A^{STD} \cdot G_A^A$$

(iii) 蛍光励起補正 特性 X 線には，加速電子によって直接励起される特性 X 線以外にほかの元素の特性 X 線や，連続 X 線によって間接的に励起される特性 X 線がある．これは直接的な励起による特性 X 線に比べればはるかに小さく，このための補正が蛍光励起補正で，その補正量は一番小さい．直接励起の特性 X 線を I_D，他の元素の特性 X 線による励起特性 X 線を I_{CH}，連続 X 線による特性 X 線を I_{CX} とすると，ある元素 A の全特性 X 線強度は $I_A = I_D + I_{CH} + I_{CX}$ となる．

重量濃度を C_A，蛍光励起補正を G_A^F とすると

$$C_A = G_A^F \cdot K_A$$

この相対強度 K_A は

$$K_A = \frac{I_{A(D)}^{UNK} + I_{A(CH)}^{UNK} + I_{A(CX)}^{UNK}}{I_{A(D)}^{STD}}$$

ここで $\frac{I_{A(D)}^{UNK}}{I_{A(D)}^{STD}}$ は，吸収補正，原子番号補正が施されているならば，真の重量濃度 C_A と考えられるので，$C_A = \frac{I_{A(D)}^{UNK}}{I_{A(D)}^{STD}}$ と置き換えられる．したがって上式は，

10.4 EDSによる分析

$$K_A = C_A\left(1 + \frac{I_{A(CH)}^{UNK} + I_{A(CX)}^{UNK}}{I_{A(D)}^{STD}}\right)$$

いま $\gamma_A^{CH} = \dfrac{I_{A(CH)}^{UNK}}{I_{A(D)}^{STD}}$, $\gamma_A^{CX} = \dfrac{I_{A(CX)}^{UNK}}{I_{A(D)}^{STD}}$ とすると

$$G_F = \frac{1}{1 + \gamma_A^{CH} + \gamma_A^{CX}}$$

で表される.

この特性X線の蛍光強度 γ_A^{CH} は, Castingによって式の展開が行われたが, 実験に合うようにReedらが修正を加えた. 最終的にB元素の特性X線によるA元素の特性X線の蛍光励起は,

$$\gamma_A^{CH} = \frac{I_{A(CH)}^{UNK}}{I_{A(D)}^{STD}}$$

$$= C_B J(A) D \frac{(\mu/\rho)_B^A}{(\mu/\rho)_B^{AB}}[g(x) + g(y)]$$

と表される[5].

$$J(A) = 0.5 P_{ij} \frac{r_A - 1}{r_A} \bar{\omega}_{K(B)} \frac{A_A}{A_B}$$

P_{ij} は, $P_{KK} = P_{LL} = 1$, $P_{KL} = 0.24$, $P_{LK} = 4.2$, $(r_A - 1)/r_A$ は吸収端のジャンプレシオである. $\bar{\omega}_{K(B)}$ はB元素のK線の蛍光収率を表す.

$$D = \left(\frac{U_0^A - 1}{U_0^B - 1}\right)^{1.67}$$

U_0^A, U_0^B はA, B元素のそれぞれの過電圧比で, たとえば

$$U_0^A = \frac{E_0}{E_C^A}$$

$$x = \frac{(\mu/\rho)_A^{AB} \csc\theta}{(\mu/\rho)_B^{AB}}, \quad \theta は取り出し角度$$

$$y = \frac{\sigma_C}{(\mu/\rho)_B^{AB}}, \quad \sigma_C はレナード定数$$

$$g(x) = \frac{\ln(1+x)}{x}$$

$$g(y) = \frac{\ln(1+y)}{y}$$

さて, 連続X線による蛍光励起は元素の吸収端より短い波長の連続X線によって生じる. この補正にはSpringer(1967, 1972)らの報告がある[18].

たとえばA-B合金中のA元素のK線励起の場合,

$$\gamma_A^{CX} = \frac{I_{A(CX)}}{I_{A(D)}^{STD}} = \text{const} \cdot A_A \bar{Z} E_C \frac{(\mu/\rho)_B^{AB}}{(\mu/\rho)_B^{AB}} \frac{\ln(1 + xU_0)}{xU_0}$$

と与えられる. ここで, const: K線は 4.34×10^{-6}, L線は 3.13×10^{-6}, $\bar{Z}$: 平均原子番号である.

(iv) $\phi(\rho z)$ 法 $\phi(\rho z)$ 法の名称は, 原子番号補正と吸収補正を精度のよい発生関数 $\phi(\rho z)$ を計算して求めることに由来する. とりわけ1981年PackwoodとBrownによって見出された発生関数 $\phi(\rho z)$ の特徴は, より精度のよい $\phi(\rho z)$ を算出するのに都合のよい方法を提供した[19]. こうして $\phi(\rho z)$ 法がより補正精度のよい手法としてZAF法に代わって発展してきている.

さてA元素の原子番号補正は, 被験試料と標準試料の発生関数の積分(特性X線強度)の比で表される(アスタリスクは被験試料を表す).

$$G^Z = \frac{\int_0^\infty \phi(\rho z) \cdot d(\rho z)}{\int_0^\infty \phi^*(\rho z) \cdot d(\rho z)}$$

吸収補正では吸収効果も加味するので, 発生する全X線強度に対する吸収を考慮したX線強度の比で表されるので,

$$G^A = \frac{\dfrac{\int_0^\infty \phi(\rho z) \cdot d(\rho z) \exp\left[-\left(\dfrac{\mu}{\rho}\right)_A^A \csc\theta\right]}{\int_0^\infty \phi(\rho z) \cdot d(\rho z)}}{\dfrac{\int_0^\infty \phi^*(\rho z) \cdot d(\rho z) \exp\left[-\left(\dfrac{\mu}{\rho}\right)_A^{UNK} \csc\theta\right]}{\int_0^\infty \phi^*(\rho z) \cdot d(\rho z)}}$$

したがって, 原子番号補正と吸収補正を一つにまとめることができ,

$$G^Z G^A = \frac{\int_0^\infty \phi(\rho z) \cdot d(\rho z) \exp\left[-\left(\dfrac{\mu}{\rho}\right)_A^A \csc\theta\right]}{\int_0^\infty \phi^*(\rho z) \cdot d(\rho z) \exp\left[-\left(\dfrac{\mu}{\rho}\right)_A^{UNK} \csc\theta\right]}$$

となる. ここでPackwoodとBrownは, $\phi(\rho z)$ の対数値が質量深さ (ρz) の2乗の関数として近似でき, 次のように表されることを見出した[19].

$$\varphi(\rho z) = \gamma \exp\{-\alpha^2(\rho z)^2\}\left[1 - \frac{\gamma - \phi(0)}{\gamma}\exp\{-\beta\rho z\}\right]$$

ここで第1項 $\gamma\exp\{-\alpha^2(\rho z)^2\}$ は, 発生関数がガウス分布であることを示す. また第2項の $\{\gamma - \phi(0)\}/\gamma \exp(-\beta\rho z)$ は, 試料表面において照射電子が反射電子となって試料外に放出されることによる効果を示している. すなわち発生関数は, ガウス分布を試料表面における反射電子によるロスで補正した形式で表される.

b. 応用例

ZAF 法においては，a)に述べたように濃度 C は相対強度 K に対して，下式が成り立つ．すなわち原子番号補正，吸収補正，蛍光励起補正を施すことにより，

$$C_A^{UNK} = K_A \cdot G_A^Z \cdot G_A^A \cdot G_A^F$$

$$= K_A \cdot C_A^{STD} \cdot \frac{R_A^{STD} \cdot S_A^{STD}}{R_A^{UNK} \cdot S_A^{UNK}}$$

$$\cdot \frac{f_A^{STD}(\chi)}{f_A^{UNK}(\chi)} \cdot \frac{1}{1 + \gamma_A^{CH} + \gamma_A}$$

K は未知試料と標準試料の問題としている元素 A の X 線強度を実測し，その比を算出することによって得る．右辺の項に含まれる濃度はあらかじめわかっている訳ではないので，相対強度を用いる．そしてこれによって算出された濃度を用いて右の補正項目を再計算し，これによって再度濃度を算出する．この方式で順次濃度を算出し，収斂すれば計算を終了する．

次に，亜鉛メッキの FeZn 合金の定量計算例を示す．測定条件は加速電圧 20 kV，照射電流 3 nA，計数時間 100 秒である．標準試料にはそれぞれの純金属を用いた．EDS の X 線強度は，一定のエネルギー幅を積分して得られる．たとえば Kα，Kβ の両方をカバーする範囲を収集する．実測した正味の強度は下記のようであった．

	標準試料	未知試料	相対強度
Fe	228928	30903	13.499%
Zn	118346	102450	86.568%

ここで，a)の手順で各補正因子を計算すると，

	G^Z	G^A	G^F
Fe	0.9805	1.0142	0.8921
Zn	1.0031	1.0090	1.000

のように算出される．原子番号効果は互いに近い原子番号のため小さく，補正に対する影響は少ない．Fe は Zn によってやや多く吸収されることがわかり，蛍光励起も受けることがわかる．以上原子番号補正，吸収補正，蛍光励起補正をまとめると下記のようになる．質量濃度は相対強度と ZAF 補正量の積で表されるため，下記のような結果が得られる．

	$G^Z G^A G^F$	mass%
Fe	0.8871	11.975
Zn	1.0121	87.615
Total		99.590

10.5 SEM-EDS と XRF の比較

10.5.1 試料の種類，形状

SEM-EDS では，試料表面は導電性が必要で，絶縁性試料の場合には試料表面を導電性物質のカーボンや金で蒸着またはコーティングすることが望ましい．絶縁性試料を無蒸着で観察，分析するには低真空 SEM が有用である．蛍光 X 線分析（X-ray Fluorescence Analysis: XRF）では絶縁体や液体をそのまま分析できる．

深さ方向の空間分解能は SEM ではサブミクロンから数 μm のため，試料の内部深くまで一度に分析するには向いていない．（横方向には数 mm まで 2 次元的に走査しながら計測は可能である．）これに対し XRF は，金属の場合，数十 nm から数十 μm 程度まで（プラスチックでは数 mm 程度まで）広い領域を一度で分析できる．凹凸による X 線強度の変化も XRF の方が影響を受けにくい．SEM-EDS では凹凸の影響は，試料の検出器に対する立体角や試料と検出器の距離に依存するが，数 mm 程度までの高さの違いの影響は少ない．

10.5.2 分析元素

最近のほとんどの SEM-EDS は B から U まで分析可能な EDS を搭載している．この点では，エネルギー分散型蛍光 X 線分析（Energy Dispersive XRF: ED-XRF）は Na 以降の元素分析に力点がおかれているのと対比される．SEM では表面の情報を得ることに力点がおかれるため，比較的低加速電圧での使用頻度が高く，加速電圧は高くても 20 kV までで用いられることが多い．したがって Sr, Mo などは L 線によって分析が行われる．

10.5.3 分析領域

SEM-EDS の分析領域はサブミクロン程度から数 mm 角程度までであるが，試料ステージ駆動による方式により cm オーダーの大きな面積の分析も可能とな

っている．ED-XRFでは通常は数十μm程度から数mm程度までであるが，マッピングによれば10cm四方程度の広い面積も分析可能で，特殊なステージを用いれば1m程度の試料も分析可能な装置が現れている．また，ハンドヘルド型装置では試料の大きさを問わない．

10.5.4 バックグラウンド

ED-XRFの特性X線に対するバックグラウンドは，SEM-EDSに対するそれよりきわめて低く，微量元素分析により有利である．これはX線よりも電子線の方が物質との相互作用が大きく，EDSの場合には高いバックグラウンドとなる連続X線を発生するためである．たとえばステンレス材料SUS310について両者のスペクトルを比較した結果を図10.18に示す．Fe KαのP/B比を比較するとED-XRFの方が，約8倍程度よい．また微量元素になるほどその効果は大きく，SEM-XRFでは微量Mo, Siがよく検出されている．しかしED-XRFの場合，約4.1 keV付近に回折線が検出されているが，SEMでは検出されていない．これは結晶情報としては興味深いが，元素の判定や定量には妨害線となる．

10.5.5 エネルギー分解能

SEMもXRFも搭載される検出器の素子は同等で，したがってエネルギー分解能はほぼ同等である．ただし利用する上でSEM-EDSではエネルギー分解能や高感度分析を重視するため低計数でもよりエネルギー分解能のよい計数モードが用いられる．これに対し，ED-XRFでは微量を効率よく分析するため高計数率モードが利用される傾向がある．

10.5.6 検出限界，定量値

ED-XRFの検出限界は，SEMに比較して飛躍的に小さくなってきており，分析装置の高感度化により米中のサブppmレベルのCdやAsが定量できるようになってきている（15.1参照）．またSEM-EDSでもSDD（シリコンドリフト型）検出器の開発により，高計数で検出されるようになり約100 ppmまでの検出も可能となってきた．たとえばZiebold (1967) の

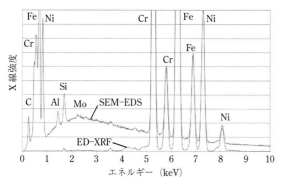

図 10.18　SUS310におけるSEM-EDSとED-XRFのスペクトル比較

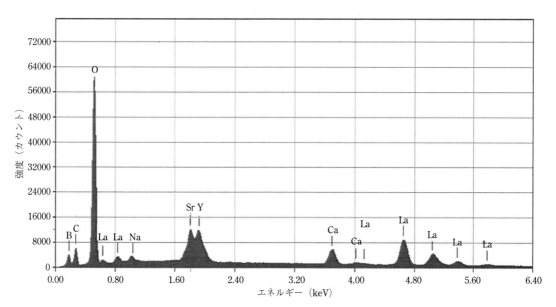

図 10.19　ホウケイ酸ガラスのEDSスペクトル

検出限界の下の推定式によれば，ステンレス中の鉄のスペクトルを用いて算出すると約 130 ppm の検出限界が算出された[20]．(DL 検出限界，C：濃度，t：計測時間 (s)，P：ピーク強度，B：バックグラウンド強度)

$$\mathrm{DL}(\mathrm{ppm}) = \frac{3.29 \cdot C}{\sqrt{P(P/B)} \cdot \sqrt{t}}$$

軽元素分析

最近 SEM-EDS では検出器の性能向上によって B, C, N, O などの軽元素についての計測もよく行われるようになった．たとえば，ホウケイ酸ガラスの分析例を図 10.19 に示す．これに対し，ED-XRF では低エネルギー領域では蛍光収率よりオージェ電子収率が高くなることなどで，このような軽元素の分析は難しい（2.2 参照）．

10.6 低真空 SEM

通常の SEM では水分を含む試料や絶縁体の観察は困難であったが，低真空 SEM の開発により，これらを無蒸着で観察できるようになった．これは試料表面に帯電した電子が，低真空中のガス分子，たとえば空気中の水分などによってトラップされるためである．一般に数百 Pa 程度の低真空でも観察できる．電子がガス分子によって散乱されるうえ，発生した X 線も吸収を受けるので，一般には高真空中で観察した SEM に比べて空間分解能や 1 点での定量分析精度は劣る．特に軽元素における特性 X 線の吸収による影響は大きい．表 10.2 に無蒸着によるケイ酸塩鉱物の各真空モードでの定量分析結果の比較を示す．高真空では帯電が著しく，事実上分析は不可能であるが，20 Pa 以上になると化学分析値に近いデータが得られている．

10.7 TEM の EDS 分析

TEM（Transmission Electron Microscope：透過電子顕微鏡）は，電子顕微鏡による豊富な情報取得装置として長年広い分野で利用されている．最近では SEM のように電子線を走査して EDS によって元素マップ分析なども行えるようになった（STEM-EDS）．

EDS 定量分析では，SEM のようにバルク試料ではなく，数十 nm 以下の薄膜試料であるため，多くの場合吸収効果を無視した補正法で相対的な定量も可能である．

10.7.1 SUS 分析に見る SEM-EDS, XRF-EDS, TEM-EDS の比較

図 10.18 のステンレス鋼に関して TEM においても EDS を用いて定性分析を行った結果を図 10.20 に示す．SEM-EDS に比べてバックグラウンドが低く P/B 比がよくなっている．この結果小さいピークも検出しやすくなっている．

10.7.2 定量分析

TEM の場合，試料内で発生した特性 X 線は SEM などのようなバルク試料内での X 線の吸収による損失が無視できる．したがって，たとえば 2 元系成分の試料であれば

表 10.2 ケイ酸塩鉱物（無蒸着）の各真空モードでの定量結果の比較（mass%）

元素	化学分析値	試料室の真空度（Pa）						
		高真空	10 Pa	20 Pa	30 Pa	40 Pa	70 Pa	100 Pa
O	45.18	−0.01	49.57	49.02	47.60	47.41	46.36	46.53
Na	0.19	0.80	0.27	0.25	0.26	0.24	0.38	0.28
Mg	10.45	0.99	10.38	11.13	10.63	10.58	10.28	10.00
Si	25.30	0.01	21.10	25.16	24.778	24.58	24.10	24.08
Ca	17.56	0.00	10.85	15.75	16.25	16.49	16.27	16.15
Cr	0.39	0.00	0.20	0.30	0.32	0.28	0.26	0.27
Fe	0.87	0.00	0.44	0.79	0.79	0.82	0.81	0.84
合計	99.94	1.79	92.81	102.40	100.63	100.40	98.46	98.15

高真空では帯電により分析は不可能である．低真空モードでは分析精度はやや落ちるが無蒸着で分析可能である．

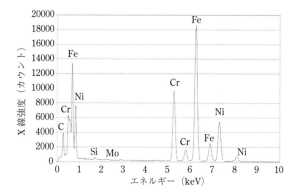

図 10.20 TEM による SUS の EDS スペクトル

表 10.3 SUS の TEM-EDS 定量結果例

元素	(keV)	カウント	質量%	σ	原子数%
Si K	1.739	2824.53	0.31	0.01	0.62
P K	20.13	177.89	0.02	0.01	0.04
S K	2.307	675.5	0.09	0.01	0.15
Cr K	5.411	151443.2	24.06	0.07	25.53
Mn K	5.894	6235.58	1.06	0.02	1.06
Fe K	6.398	308808.2	54.51	0.1	53.85
Ni K	7.471	100394.9	19.91	0.07	18.75
合計			100		100

$$\frac{C_A}{C_B} = K_{AB} \cdot \left(\frac{I_A}{I_B}\right)$$

という簡単な式で表される（Cliff-Lorimer 1975）[21]．ここで K_A はある加速電圧では一定で，最近では装置ごとの個体差などもあるので，あらかじめ装置内にこの K-factor が装置パラメーターとして格納されている．多元系では $\sum I_x = 1$ で規格化される．たとえば表10.3 の定量分析結果は 100 % 規格化して表されている．P/B 比がきわめてよいことと SDD による感度向上により微量の P や S までも検出された．SEM-EDS ではこれらはバックグラウンドに埋もれて検出は困難である．

10.7.3 原子分解能元素分析

最近の EDS では，狭い TEM の試料室内で最大限効率良く検出できるように SDD の形状を設計できる．これによって大きな検出立体角を実現でき，原子分解能で分析できるようになった．たとえば，SiTiO₃ の単結晶を SDD で観察した例を図 10.21 に示す．

上の左側が Ga Kα 像，右側が As Kα 像，下がそれらの合成像であり，きれいに Ga と As が同じサイト

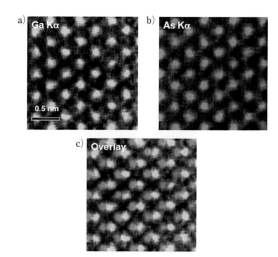

図 10.21 STEM-EDS による GaAs の原子分解能元素マップ（左上：Ga Kα 像，右上：As Kα 像，下：合成像）（口絵 2 参照）

に配列している様子がわかる．最近はさらにこの SDD が複数配置する設計もできるようになり，さらに原子分解能の像が迅速に取得できるようになった．

[髙橋秀之]

参 考 文 献

(SE-EDS, EPMA の参考書としてふさわしいもの)

内山 郁，渡辺 融，紀本 静雄，"X 線マイクロアナライザ"，日刊工業新聞社 (1974).

J. I. Goldstein, D. E. Newbury, P. Echlin, D. C. Joy, A. D. Romig, Jr. Charlrs, E. Lyman, C. Fiori, and E. Lifshin, "Scanning Electron Microscopy and X-ray Microanalysis 2nd ed.", Plenum Press, New York (1992).

堀内繁雄，弘津禎彦，朝倉健太郎，"電子顕微鏡 Q&A"，アグネ承風社 (1996).

日本表面科学会編，"電子プローブマイクロアナライザ"，丸善 (1998).

日本電子顕微鏡学会，"走査電子顕微鏡" 共立出版，(2000).

木ノ内嗣朗，"EPMA 電子プローブ・マイクロアナライザ"，技術書院 (2001).

日本表面科学会編，"ナノテクノロジーのための走査電子顕微鏡"，丸善 (2004).

引 用 文 献

1) J. I. Goldstein, D. E. Newbury, P. Echlin, D. C. Joy, A. D. Romig, Jr. Charlrs, E. Lyman, C. Fiori, and E. Lifshin, "Scanning Electron Microscopy and X-ray Microanalysis 2nd ed.", Plenum Press, New York (1992)

2) 内山 郁，渡辺 融，紀本 静雄，"X 線マイクロアナライザ"，日刊工業新聞社 (1974).

3) 木ノ内嗣朗，"EPMA 電子プローブ・マイクロアナ

ライザー",技術書院 (2001).
4) 日本表面科学会編,"電子プローブマイクロアナライザ",丸善,p. 109 (1998).
5) S. J. B. Reed, "Electron Microprobe Analysis 2nd ed.", Cambridge University Press (1993).
6) 鈴木清一,まてりあ,**40**, 612 (2001).
7) http://www.jeol.co.jp/applicatios/pdf/sem/sm-C004-00.pdf (2010).
8) 高倉 優,鈴木俊明,日本電子アプリケーションノート (2004).
9) 朝比奈俊輔,日本電子アプリケーションノート (2004).
10) 日本電子編集技術資料"走査電子顕微鏡の観察の手引き"(1998).
11) R. Castaing, Ph. D. thesis, Univ. Paris. (1951).
12) E. Gatti, and P. Rehak, *Nucl. Instrum. Methods*, **225**, 608-614 (1984).
13) A. E. Bence, and A. L. Albee, *J. Geol.*, **76**, 382 (1968).
14) 堀内繁雄,弘津禎彦,朝倉健太郎,"電子顕微鏡 Q&A",アグネ承風社 (1996) pp. 28-329, 123-124, 154-155.
15) H. A. Bethe, *Ann. Phys., Lpz.*, **5**, 325 (1930).
16) J. Philiber, and R. Tixier, *Brit. J. Appl. Phys. ser. 2*, **1**, 695 (1968).
17) P. Duncumb, and S. J. B. Reed, "Quntitative Electron Probe Microanalysis", NBS Special Pub., 133 (1968).
18) G. Springer, "X-ray Optics and Microanalysis, eds H. Shinodam K. Kohra and T. Ichinokawa", Tokyo Univ. Press. (1972).
19) P. H. Packwood, and J. D. Brown, X-ray Spectrometry, **10**, 138 (1981)
20) T. O. Ziebold, *Anal. Chem.*, **39**, 858 (1967).
21) G. Cliff and G. W. Lorimar, *J. of Microscopy*, **103**, Pt2, 203 (1975).

コラム6

放射光マイクロビームX線を用いた福島原発事故由来放射性大気粉塵の正体解明

2011年3月の東日本大震災時に発生した福島第一原子力発電所事故によって，膨大な量の放射性物質が環境中へと放出された．果たして放出された放射性物質そのものがどういった物質であったのか，その正体については不明な点が多い．茨城県つくば市の気象研究所において事故直後に採取された大気粉塵のフィルター中に，強い放射能をもつ微粒子が発見された[1]．この微粒子はSiとOを主成分とし，特徴的にFeとZnを含む直径約2μmの球形粒子（図1左上）であり，1粒子で数Bqもの放射性Csを含有していたことから，通称「Csボール」とよばれている．

事故により一次放出された物質の一つであるCsボールには，その生成から放出に至るまでの起源情報が内在しており，Csボールの物理・化学的性状を詳細に解明できれば，事故当時の炉内事象を推定することが可能となる．直径わずか2μmのCsボール1粒子からさまざまな起源情報を引き出すため，筆者らはSPring-8 BL37XUにおける放射光マイクロビーム複合X線分析[2]に着目した．BL37XUではアンジュレータからの高輝度な放射光X線をKirkpatrick-Baezミラー型集光素子によって縦横約1μmにまで集光し，このマイクロビームX線をプローブとして，蛍光X線分析法（XRF）により試料の化学組成を，蛍光法のX線吸収端近傍構造解析法（XANES）により試料に含まれる元素の化学状態を，粉末X線回折法（XRD）により試料の結晶構造を分析することができる．また試料台は電動XYステージに接続されており，試料を細かく縦横に走査することで元素分布を可視化することも可能である（XRFイメージング）．気象研究所で事故直後に捕集されたCsボール3点に対し，この複合分析を非破壊で適用した[3]．

37.5 keVに単色化した放射光X線を用いたXRFにより，先行研究[1]で指摘されていたFe，Zn，Csに加えて，3点のCsボールすべてからRb，Zr，Mo，Sn，BaなどのK線が検出された．また3点のうち2点からUのL線が検出されたほか，一部からCrやMnのK線も検出された．さらにXRFイメージングによってこれらの元素の分布を可視化したところ，粒子中に均一に存在していた（図1）．

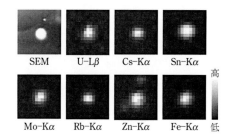

図1 Csボールの電子顕微鏡像（SEM）およびXRFイメージング結果の例[3]
XRFイメージングにより検出された各元素の強度分布は，粒子の形状とよく対応している．

3粒子すべてに含まれていたFe，Zn，Mo，Snの4元素について，K吸収端XANESによる化学状態分析を行ったところ，いずれも高酸化数のガラス状態として存在していた．またXRDでは回折ピークが検出されず，Csボールが非晶質であることが示唆された．先行研究[1]においてCsボールは非水溶性であることが示されていたが，Csボールがガラス状物質であるとする筆者らの結果はこの知見を支持し，Csボールが環境中で長期的な影響力をもつ可能性を示している．

これらの分析結果からCsボールの生成過程を考察すると，まずXRFで検出されたUおよびをはじめとする重元素は，核燃料とその核分裂生成物であると考えられる．これに対し，SiやFe，Znなどの元素は原子炉の構成物に含まれるものである．この結果はCsボールの放出当時，核燃料周辺のみならず，周辺の構成物までもが高温で熔融し，混合状態にあったことを示している．さらにCsボールがガラス状態だとするXANESおよびXRDの結果から，高温の熔融物が大気中へと放出され，急冷されたことで生成された可能性が想定される．このように，放射光マイクロビームX線を用いた複合分析によって，直径わずか2μmの微粒子の詳細な化学的性状を明らかにできたとともに，事故当時の炉内状況をはじめて化学的に推定することができた．

[阿部善也]

引用文献

1) K. Adachi, M. Kajino, Y. Zaizen, and Y. Igarashi, *Scientific Reports*, **3**, 2554 (2013).
2) Y. Terada, H. Yumoto, A. Takeuchi, Y. Suzuki, K. Yamauchi, and T. Uruga, *Nuclear Instruments and Methods in Physics Research Section A*, **616**, 270 (2010).
3) Y. Abe, Y. Iizawa, Y. Terada, K. Adachi, Y. Igarashi, and I. Nakai, *Analytical Chemistry*, **86**, 8521 (2014).

11章　めっき・薄膜の分析

蛍光X線分析法による膜厚測定は，電子部品や機構部品などのめっきの膜厚管理用途に広く普及している．たとえば，電気製品に使われているプリント配線板（図11.1）には，配線材料として一般的に金めっきが利用されている．金めっきの膜厚管理はどのようになされているのであろうか．

図11.1　プリント配線板の例

金めっきの膜厚の仕様は，必要とされる電気的特性および機械的特性によって，最小の膜厚が下方管理限界として決定される．製品のめっき膜厚が下方管理限界よりも小さければ，品質を満足できないため，規格外品としてラインアウトとなる．一方で，上方管理限界を決定づけているのはどの特性であろうか．金めっきの膜厚が厚くなってしまった場合，品質上問題となることは少ないが，余分な金を消費してしまうことになり，無駄なコストになってしまう．

このように基準値にできるだけ近づけて成膜を行うために，蛍光X線分析法による膜厚測定が必要とされている．そこでは，良品/不良品の判定検査すなわち「質・信頼性の確保」だけでなく，「コスト低減」という目的でも用いられている．

11.1　薄膜分析の原理

11.1.1　膜厚と蛍光X線強度の関係

銅板に金めっきを施した試料（ここでは表面層から素材の順番に元素記号を並べてAu/Cuと表現する）にX線を照射した際に蛍光X線が発生する様子を模式的に図11.2に示す．試料に入射したX線（1次X線とよぶ）は表面の金めっき層のAu原子を励起して，金の蛍光X線（Au-蛍光X線）を発生させるだけでなく，めっき層を通過して，素材のCu原子を励起し，銅の蛍光X線（Cu-蛍光X線）も発生させる．

金の膜厚と，Au-蛍光X線強度およびCu-蛍光X線強度の関係を図11.3に示す．

表面層（Auめっき）の蛍光X線強度は，上に凸の曲線となり，表面層（Auめっき）の膜厚が大きくなるにしたがって，増大する．これを励起曲線とよぶ．

一方，素材（Cu）からの蛍光X線強度は，表面層が厚くなると減少する．これは，素材で発生した蛍光X線が，表面のAuで吸収されるためである．このような曲線を吸収曲線とよぶ．

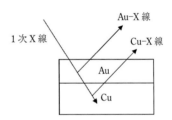

図11.2　めっき試料からの蛍光X線発生

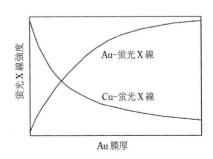

図11.3　Au/Cu試料における膜厚と蛍光X線強度の関係

膜厚既知の標準物質を測定して，膜厚と蛍光X線強度との関係を求めれば，膜厚を決定するための検量線となる．

また，単層めっきを測定する方法として，表面からの蛍光X線強度を測定（励起法）するか，または，素材の蛍光X線強度を測定（吸収法）するかの2つの方法があり，表面層と素材の組み合わせや，測定したい膜厚の範囲によって，最適な方法を選択すればよい．

11.1.2 膜厚測定可能範囲

膜厚と蛍光X線の強度との関係および，X線計測の原理上の制約から，測定可能な膜厚範囲は決定される．例として図11.4に，銅素材に銀めっきを施した試料（Ag/Cu）についての，(a)測定下限のスペクトルと(b)検量線を示す．図(b)の横軸はAg膜厚，縦軸はAg Kα線の強度である．ただし説明のために，強度は，十分な厚みをもつAg試料からのAg Kα線強度を1としたときの強度比で表している．

Ag膜厚が厚くなるにつれて，Ag Kα線強度比は増大する．しかし，表面から深い位置で発生する蛍光X線は，吸収される割合が大きくなるため，次第にX線強度比は飽和する．

ここでバルクのAg試料からのAg Kα線強度を1としたときに，強度比が0.90となる厚みを膜厚測定範囲の上限と定義する（JIS H 8501：1999）．図11.4(b)より，Ag 100 μmが上限値となり，上限を超えた場合には，Ag Kα線強度がほとんど変化しないため，膜厚を決めることは実用上難しいことがわかる．

測定可能な膜厚の下限は，Ag Kα線ピークのバックグラウンドの統計変動の10倍として定義する．これは，蛍光X線分析で濃度分析を行う場合の定量下限の定義と同じ考え方に基づく．

図11.4(a)には，Ag 0.1 μm/CuおよびAg 0.05 μm/Cu，Ag 0 μm/Cu（すなわちCu素材のみ）のピークプロファイルを示している．ここでCu素材のみのプロファイルからバックグラウンド強度を，Ag 0.05 μm/Cuのプロファイルからピーク強度を求め，上記の定義よりAgの下限値を計算すると，この例のAgの下限値は0.01 μmと推定される．

膜厚の測定可能範囲は，元素や分析線（Kα，Lαなど），測定装置のX線光学的な配置，励起の条件によって変わる．表11.1に，市販の蛍光X線膜厚測定装置における代表的な元素の測定可能範囲の例を示す．蛍光X線膜厚測定装置には，X線検出器として比例計数管（proportional counter: PC）を用いたものと，半導体検出器（SSDやSDD）を用いたものがある．SSDやSDDは，エネルギー分解能が高いため，P/B

表 1.11 代表的な元素の測定可能範囲

原子番号	元素記号	分析線	下限(μm)		上限(μm)
			PC仕様	SSD仕様	共通
22	Ti	Kα	0.1	0.01	10
24	Cr	↓	0.1	0.01	10～12
28	Ni	↓	0.1	0.01	30～40
30	Zn	↓	0.1	0.01	30～40
46	Pd	↓	0.1	0.01	80～100
50	Sn	↓	0.1	0.01	80～100
79	Au	Lβ	0.05	0.005	8
82	Pb	↓	0.05	0.005	10

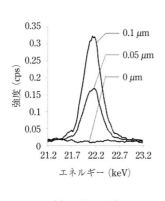

(a) 下限の定義

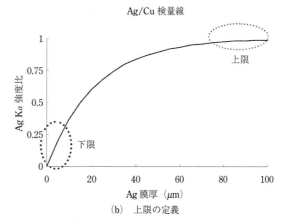

(b) 上限の定義

図 11.4 測定可能範囲の定義

(Peak to Background) 比に優れ, PC に比べて下限が低い.

上限については, 検出器による違いはない. 蛍光 X 線のエネルギーが高くなるにしたがって, 表面から深いところからの蛍光 X 線が試料から脱出しやすいため, 上限は厚くなっている.

11.2 薄膜の定量方法

11.2.1 励起法と吸収法

蛍光 X 線を用いて膜厚測定を行うためには, これらの検量線をあらかじめ準備しておく必要がある. 検量線は, 膜厚のわかっている標準物質を測定することによって得られる,「膜厚と蛍光 X 線強度」の関係のことである. いったん検量線を準備してしまえば, 膜厚のわからない試料を測定することによって, 膜厚を求めることができる.

単層の検量線の場合, 励起法と吸収法の 2 種類がある. 一般的には励起法が用いられるが, 以下のような場合には吸収法が用いられる.
(1) めっきの元素が原子番号 22 (Ti) よりも小さく, かつ素材の原子番号が 22 (Ti) よりも大きい場合
(2) 素材の X 線強度の方が, めっきの X 線強度よりも大きくなるような厚み範囲の場合

(1) は, たとえば Al/Cu を大気中で測定する場合のように, 表面層の元素の蛍光 X 線が測定しにくいケースである. Al の蛍光 X 線はエネルギーが低く, 空気による吸収が大きいために試料室を真空雰囲気にしなければ, 効率よく検出することができない. しかし, Cu の蛍光 X 線は, 空気と Al を十分透過するので, Cu の蛍光 X 線強度による吸収法を用いれば, 真空雰囲気が必要なく, 上限厚さも大きくなる.

(2) は, 表面層の膜厚が小さい場合, 得られる蛍光 X 線強度が小さいため, X 線計数時の統計変動によるばらつきを避ける目的で, 素材からの X 線を測定に用いた方がよい場合がある. このような例として, Sn/Cu の検量線を図 11.5 に示す. Sn/Cu の場合, Sn が 5 μm 以下の領域では, 素材の Cu の蛍光 X 線強度の方が, Sn Kα 強度よりも大きいため, ばらつきの小さな測定を行うことが可能となる.

Sn 1 μm/Cu の 20 回繰返し測定の結果を表 11.2 に示す. 吸収法の方が励起法に比べて変動係数が小さい

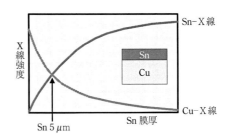

図 11.5 励起法と吸収法の選択

表 11.2 励起法と吸収法の測定例 (単位 μm)

	標準偏差	最大値	最小値	変動係数
吸収法	0.009	1.07	1.04	0.83%
励起法	0.047	1.15	1.01	4.36%

ことがわかる.

ただし, 吸収法を用いる場合には, 測定する一連の試料において, 素材の状態が変わらないことが必要である. たとえば, 素材の厚みが十分に飽和していない場合は, 素材の厚みが一定であり, かつ同じ厚みの素材で検量線を作成することが求められる. また, 素材が合金の場合も, 合金組成を一定にしなければならないことに注意が必要である.

11.2.2 検量線法

単層の検量線は, 式(1.3)を変形することにより以下の式で与えられる.

$$X = \frac{1}{\mu} \ln \frac{I_S - I_0}{I_S - I} \quad (11.1)$$

ここで, X：膜厚, μ：線吸収係数（検量線の傾きを決めている物理定数, 1.3.1 参照）, I_S：バルク（無限厚）試料の X 線強度, I_0：膜厚 = 0 のときのバックグラウンド強度, I：膜厚 X における蛍光 X 線強度.

検量線作成用標準物質を測定することによって, μ を求めて検量線を作成する. 未知試料の測定時は, 測定強度 I をこの式に代入して膜厚 X を計算すればよい.

11.2.3 薄膜 FP 法

検量線の式は, 2 層や合金膜になると複雑となって, 必要な標準物質の数も増大する.

そこで, 理論強度を用いて計算するファンダメンタルパラメーター（FP）法が膜厚測定に拡張されて, 使用されるようになってきた (6.2.11 参照). 図 11.6

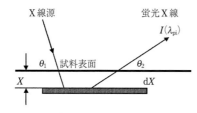 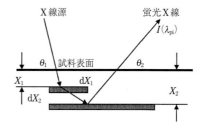

図 11.6 薄膜 FP 法

に薄膜 FP 法の計算モデルを示す．左図は 1 次 X 線によって励起された 1 次蛍光 X 線強度の見積もりを，右図は，同じ層内に存在する他の元素から発生した蛍光 X 線によって，励起された 2 次蛍光 X 線強度の見積もりモデルである．このほかに，異なる層に存在するほかの元素から発生した蛍光 X 線によって，励起された 2 次蛍光 X 線強度も理論的に見積もることができる．6.2 では，薄膜 FP 法のモデルおよび理論強度の計算式の詳細を述べているので，参照されたい．

薄膜 FP 法を用いるメリットは，以下のようになる．

(1) 3 層以上や合金多層膜の測定が可能となる．検量線法ではある層の膜厚や濃度を固定して使い分ける必要がある（層別）．
(2) 必要な標準物質が少ない．

薄膜 FP 法の場合，必要な標準物質は，膜厚・組成のわかっている試料数点があればよい．その理由は，励起効果や吸収効果を理論的に見積もるためである．たとえば，Au/Ni/Cu の Au と Ni の膜厚を同時に決定する場合，検量線法では，最低 10 個の標準物質が必要になるが，薄膜 FP 法の場合は，Au および Ni の十分な厚みをもつ試料と，Au/Ni/Cu の厚みのわかっている試料の合計 3 点があれば測定が可能である．

11.3 装置の構成

11.3.1 マイクロビーム X 線膜厚測定装置

マイクロビーム X 線膜厚測定装置の例を図 11.7 に示す．電子部品などのめっきは，微小な配線パターンなどに施されることが多いため，周囲の影響を受けないように，1 次 X 線の照射領域を数十 μm〜1 mm に制限した装置が測定に用いられている．

X 線管から放出される 1 次 X 線は，シャッターが開放されることによって試料に照射される．このと

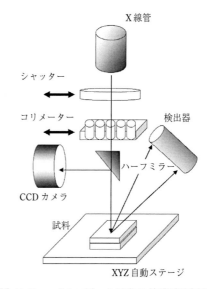

図 11.7 マイクロビーム蛍光 X 線膜厚測定装置

き，X 線のパスにはコリメーターが挿入されて，目的のビームサイズで照射されるようになっている．

測定位置は，1 次 X 線の照射軸と同軸で配置された試料観察用 CCD カメラで観察し，XYZ 自動ステージによって所定の位置に位置決めできる．

試料から発生した蛍光 X 線は，比例計数管や半導体検出器で検出され，X 線計数回路によって X 線スペクトルが生成される．

測定試料に対して，X 線発生部が上方にあり，測定試料の上面を測定する方式を，上面照射型とよぶ．上面照射型のメリットは，表面に凹凸がある試料においても正確な位置決めができるという点である．

11.3.2 検出器による違い

X 線検出器としては，比例計数管（PC）や半導体検出器（SSD），Si ドリフト検出器（SDD）が用いられる．PC は，SSD や SDD に比べて検出器の面積が大きいため，1 次 X 線の強度が同じならば，検出で

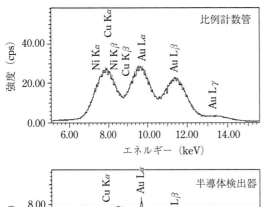

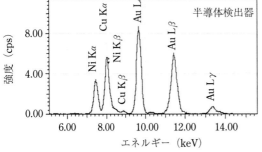

図 11.8 検出器による違い

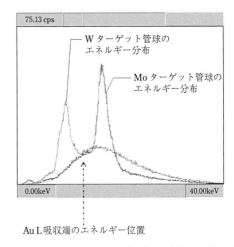

図 11.9 W および Mo ターゲット X 線管のエネルギー分布

きる蛍光 X 線強度が大きい．したがって，品質管理など短時間で多数の測定を行う場合に適している．

一方，SSD や SDD はピーク分解能に優れている．図 11.8 に，検出器によるスペクトルの違いを示す．測定試料は，銅素材の上に Ni 5 μm の箔を載せ，その上に Au 2 μm の箔を載せたもの（Au(2 μm)/Ni(5 μm)/Cu と表記する）である．

PC で取得したスペクトルでは，Au，Ni，Cu の蛍光 X 線ピークが重なってしまうが，SSD で取得したスペクトルでは，Au，Ni，Cu のそれぞれのピークが明瞭に確認できる．

したがって，SSD や SDD を用いた装置は，多層・合金膜などの複数の元素ピークを分離しなければならないケースに適している．また，P/B 比に優れるため，検出下限が低く，非常に薄い膜や，低濃度の合金膜の測定を行うことができる．

11.3.3 X 線管の種類と測定感度

X 線管のターゲット材は，測定するアプリケーションに応じて選択する必要がある．図 11.9 に，W ターゲット X 線管と，Mo ターゲット X 線管のエネルギー分布を示す（検出器は PC）．

X 線管から発生する 1 次 X 線は，ターゲット材の特性 X 線と連続 X 線の組み合わせになる．そこで，特性 X 線のエネルギーによって効率よく励起できる元素を知っておくことが大切である．たとえば，図 11.9 に示すように，Mo の特性 X 線のエネルギー（Mo Kα 線：17.4 keV）は，Au-L 吸収端（AuL$_I$ edge：14.4 keV）の高エネルギー側に位置し，Au の励起効率が高い．他方，W ターゲット管を用いると，W の特性 X 線（WLα 線：8.4 keV，WLβ 線：9.7 keV）は，Ni の吸収端（8.3 keV）の高エネルギー側にあるので，Ni の励起効率が高い（Ni に効率よく吸収される）．

11.3.4 1 次 X 線フィルターの効果

X 線管と測定試料の間に，適当な金属フィルターを挿入することによって，1 次 X 線のエネルギー分布を変えることができる．これを 1 次 X 線フィルターとよぶ．1 次 X 線フィルターの効果は，ひとつはバックグラウンドを下げることにより，P/B 比を向上させて，検出下限を下げることである．もうひとつは，膜厚測定範囲を拡大する目的で使用される．

図 11.10 に，W ターゲット X 線管から発生する X 線のスペクトルを示す．1 次 X 線フィルターを用いないスペクトルをみると，制動放射によるブロードなピークと W-L 線のピークが確認できる．この装置で，たとえば Ni の膜厚を測定すると，WL 線（WLα 線：8.4 keV，WLβ 線：9.7 keV）は Ni-K 吸収端（8.3 keV）により効率よく吸収されるため，励起効率が高く，およそ 17 μm で飽和してしまう．ここで，WL 線のピークを除去するような Zn の 1 次 X 線フィルタ

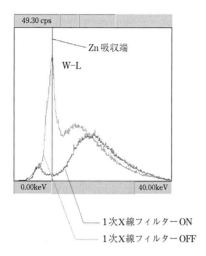

図 11.10　1次X線フィルター使用時のエネルギー分布

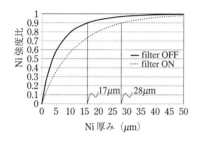

図 11.11　1次X線フィルターを用いた場合の Ni/Cu の検量線

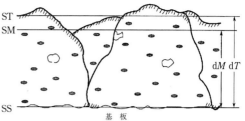

```
SS ：基板面（基板表面分子の集合の平均面）
ST ：薄膜形状表面
SM ：薄膜質量等価表面（バルクと同じ密度になるように再配列）
dT ：形状膜厚（表面粗さ計）
dM ：質量膜厚（蛍光X線法）
```
：吸着層，酸化層その他ガス分子の拡散
◯：Voids
●：空孔，クラスターなどの格子欠陥
〜：結晶粒界

図 11.12　蛍光X線法における膜厚の定義

ーを挿入すると，励起効率が低くなり，28μm まで測定できるようになる（図11.11参照）．5μm以下の薄いNiに対しては，1次X線フィルターを使わずに測定し，厚いNiに対しては1次X線フィルターを用いて測定することにより，測定膜厚範囲を拡大することができる．

11.4　測定における注意点

11.4.1　蛍光X線分析法による膜厚の定義

蛍光X線で求める膜厚は，他の手法（表面粗さによるプロファイル観察）で測定される膜厚とは異なり，絶対膜厚ではない．

表面粗さ計を用いる膜厚測定は，基板にあらかじめマスクを施し，成膜後マスクを除去して形成された段差を接触式の探針でトレースすることによって表面形状を解析する．したがって表面粗さ計で測定される膜厚は，薄膜形状表面 ST と基板面 SS の平均値の差（図11.12）dT（cm）を求めているのに対して，蛍光X線法の場合は，あるX線照射面積（cm^2）から発生したX線強度を測定しており，そのX線強度が，原子の数，すなわち質量（g）に比例することから，蛍光X線法で求めている物理量は，単位面積あたりの質量である膜重量 $\rho \cdot dM$（g/cm^2）ということになる．これを，膜の密度 ρ（g/cm^3）で割ることにより，長さの次元である dM（cm）を得ている．

したがって，換算に用いる膜の密度が，実際の測定皮膜の密度と異なる場合には，誤差になるので注意が必要である．正確な膜の密度が得られないときは，膜厚ではなく面密度を用いて管理することも行われている．

11.4.2　照　射　面　積

X線管から発生したX線を微小に絞る手段としては，コリメーターやX線集光光学系がある．このとき，X線が試料に照射される面積は，X線管とコリメーター（またはX線集光光学系）と試料の位置関係によって決まる．

図11.13に，コリメーターを用いた場合の，X線ビームの広がりを示す．コリメーターは，金属板に開口を設けたものであるので，コリメーターの径よりも照射面積は大きくなり，また，コリメーターと試料の間の距離が長くなるほど，照射面積は大きくなる．

マイクロビーム蛍光X線膜厚測定装置においては，測定対象領域の大きさに合わせて，複数のコリメーターから選択するようになっている．各コリメーターのX線の照射面積を参照して，測定対象領域の大きさ

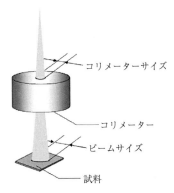

図 11.13　分析領域

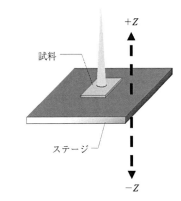

図 11.14　試料の位置合わせと誤差

よりも小さなものを選択する必要がある．

また，X線導管を用いたX線集光光学系を用いる場合は，焦点位置とのずれにより，照射面積が大きく変わるので注意が必要である．9.1.2では，X線顕微鏡に適用する場合の，コリメーター・X線光学系の得失について述べているので参照してほしい．

11.4.3　試料の位置合わせと誤差

図 11.7 に示したようなマイクロビーム蛍光X線膜厚測定装置では，試料の測定位置の高さを一定に保つ必要がある．その理由は，X線管と試料との距離および試料と検出器との距離が変わると，X線強度が変動し，誤差となるためである．

試料を所定の位置から，高さ方向にずらした場合に，膜厚の誤差がどの程度生じるのかを実験した例を図 11.14 に，結果を表 11.3 に示す．Ni 5.25 μm の標準物質を，所定の試料位置高さ $Z=0$ mm から上下2 mm ずつ変動させて測定したときの膜厚誤差は，位置ずれ 1 mm あたりおよそ 6 % であった．

試料の測定位置の高さを一定に保つ手段としては，被写界深度の浅い CCD カメラによって試料画像を観察し，焦点を合わせる方法や，レーザーのスポットを試料面に形成する方法などがあり，どちらかの手段あるいは両方が装置に装備されている．厳密な位置あわせを行えば，誤差の少ない測定結果が得られるので，どちらを使用するかは必要な測定精度との兼ね合いで決定する．

11.4.4　試料の置き方による誤差

蛍光X線膜厚測定装置では，測定対象が均一で広い面積をもつものばかりではなく，さまざまな形状の

表 11.3　試料の位置合わせと誤差

Z (mm)	Ni 膜厚 (μm)	誤差（%）
+2	5.88	11.54
+1	5.58	5.81
0	5.25	—
−1	4.93	−6.42
−2	4.66	−11.62

試料を測定する場合がある．そのような場合，装置の構造をある程度知っておく必要がある．

図 11.15 に段差のある試料の底部を測定する例を示す．この例では，1次X線は試料に対して垂直に入射し，X線検出器は斜めに配置されているとする（図 11.16 参照）．発生する蛍光X線は，全方向に均等に放出するが，検出器が位置Aにある場合は，試料自身の吸収によって蛍光X線強度が著しく減少してしまう．このような場合は試料を反転させて，吸収を受けないように配置すればよい．

また，試料表面が傾いている場合も，試料表面が検出器に対してなす角度によって同じような影響を受ける．

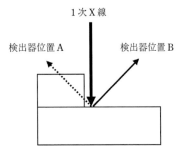

図 11.15　試料の置き方による誤差

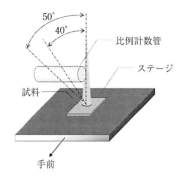

図 11.16 試料と検出器の配置

このように装置の構造（X線源と検出器の配置）を知っておき，誤差の少ない測定（配置）を行うことが重要である．

11.4.5 針状試料の測り方

試料のおき方の例として針金状の試料を測定する場合について述べる．針状試料の場合，図 11.17 に示すようなおき方が最も誤差が小さくなる．

試料の断面図を右図に示す．針状試料の場合，測定位置がずれることによって見かけ上の膜厚が変化する．そのため，できるだけ小さな照射面積を用い，X線照射位置を十分確認したうえで中央部を測定することが，誤差の少ない測定をするうえで非常に重要である．

針状試料を測定する場合，試料の直径に対して3分の1以下の照射面積のX線ビームを用いて測定することが推奨される．

11.5 測定時間とばらつき

任意の膜厚における狭い範囲において，膜厚と X線強度の関係は比例関係であると近似できる（図 11.4 参照）．したがって，膜厚測定における統計変動誤差は，検出強度の標準偏差に比例する．検出強度の標準偏差は，以下のように示される．

$$\text{強度の相対標準偏差} \approx \sqrt{\frac{1}{I \cdot t}} \quad (11.2)$$

ここで，I は検出強度（cps），t は測定時間（s）である．

したがって，ばらつきを小さくするためには，検出強度を大きくするか測定時間を長くする必要がある．前者はたとえばコリメーターサイズを大きくすることによって実現できる．この関係から測定時間を4倍にするとばらつきは半分になると予想できる．

11.6 めっき・薄膜の分析例

11.6.1 比例計数管による測定例

装飾めっきは，眼鏡のフレーム，アクセサリーなどで広く用いられている．真鍮上の Au/Ni 2層めっきの例として時計の外装部品を分析した結果を，図 11.18 に示す．比例計数管を用いているため，Ni の蛍光X線ピークは，Cu のピークと重なるが，ここではピークデコンボリューションを行うことによって正味の強度を求め，計算に供している．

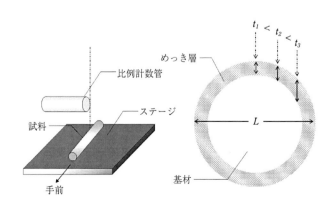

誤差の少ない置き方　　　実照射サイズ<$L/3$

図 11.17 針状試料の測り方

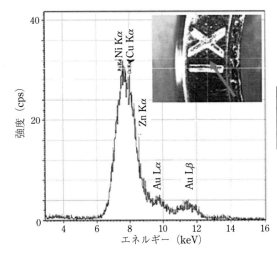

図 11.18 比例計数管による測定例（測定時間 1 点あたり 10 秒）

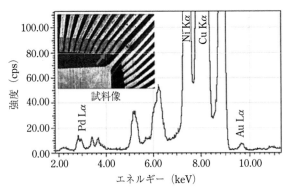

図 11.19 集光光学系と SDD を用いた測定例

11.6.2 集光光学系と SDD を用いた測定例

電子部品やプリント基板，コネクタなどでは厚みが数〜数十 nm のめっきが利用されている．銅素材上に Au/Pd/Ni 3 層めっきを施したリードフレームの分析例を図 11.19 に示す．分析したい領域の直径が 100 μm 以下であり，かつ厚みが非常に小さいため，集光光学系と SDD を用いて測定を行った．

この例では，厚み 6 nm の Au を標準偏差 0.2 nm で分析を行えており，品質管理に用いられている．

［田村浩一］

参 考 文 献

大野勝美，川瀬 晃，中村利廣，"X 線分析法"，共立出版 (1987).

合志陽一，佐藤公隆 編，"エネルギー分散型 X 線分析"，学会出版センター (1989).

Ron Jenkins, R. W. Gould, Dale Gedcke, "Quantitative X-ray Spectrometry," Marcel Dekker (1995).

田村浩一，佐藤正雄，一宮 豊，高橋正則，X 線分析の進歩，**25**，185 (1994).

コラム7

SDDを用いた開放型EDXによる鉱物および鋼板のオンライン分析

a. 鉱石のオンライン分析

鉱業はプロセス制御におけるさまざまな課題に直面している．ベースメタルのほとんどの高品位資源が終わりに近づいているなか，遠隔地での低品位資源や鉱山は財政魅力的になってきており，鉱物選鉱材料サプライチェーンにおけるマイニングプロセスに大きな影響をもつことになる．低品位資源の開発は，早期材料の選別および鉱物加工段階で追加の最適化の努力が必要になり，破砕前における廃棄岩石分離・濃縮工程の強化は，鉱山での乾式および湿式製錬プロセスの効率を向上させる．

蛍光X線分析は非破壊で迅速な分析手法として幅広い分野で使用されているが，昨今では液体窒素が不要でエネルギー分解能が高い高性能な検出器であるSDD (Sillicon Drift Detector) が開発され液体窒素の補充が必要なく，かつ高性能な分析が可能になったので，採掘現場での高精度なスクリーニング分析が実現した．

開放型 EDXRF S2 KODIAK の使用例を図1に示す．採掘した粒径を大きく3種類のグループ（<30 cm，<5 cm，<0.5 cm）に分けて分析が可能である．

この装置を使用し，クロムの濃度を監視することで無駄のないスクリーニング分析が実現した（図2）．

b. 最先端産業への用途

このほか産業用途として鋼板上の薄膜・めっき自動分析装置としての応用などが考えられる．たとえば，Fe 上の Ti, Cr 薄膜，スチール上のポリマーおよび塗料分析，その他，ポリマー上のコーティング層分析，CIGS（ソーラーパネル），タッチパネル（ITO），など，さまざまな分野でのオンライン高速分析が可能である．

CIGS ソーラーパネルの組成と膜厚分析例

（Cu, In, Ga, Se）組成と膜厚の分析を実施．

分析形態はパネルをベルトコンベアで搬送途中，またはパネルを立てた状態（図3）ともに可能である．

分析結果例を表1にまとめた．

測定時間：10秒

組成だけでなく，同時に膜厚の結果も表示される

［水平　学］

図1　開放型 EDXRF S2 KODIAK（<30 cm 試料用）

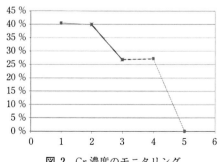

図2　Cr 濃度のモニタリング

図3　試料を立てて分析

表1　CIGS組成および膜厚分析結果

パラメーター	ターゲット組成(mol%)	相対分析精度(%)
Cu	26.0	0.09
Ga	20.0	0.15
Se	5.0	0.20
IN	49.0	0.18
膜厚	2.0 (μm)	3.7 (nm)

12章 ハンドヘルド蛍光X線分析計

ハンドヘルド蛍光X線分析計は，基本原理においては卓上タイプのエネルギー分散型蛍光X線分析装置（1.7b参照）と差異がない．エネルギー分散型の利点を最大限に活かして，装置を小型化したものであるが，各種小型X線デバイスの出現も小型化に大きく貢献した．比較的新しい技術で，実用化された後も短期間で各種の進化をとげた．2010年代に入ると，メーカーが上位機種とよぶ各機種においては，性能面でも卓上型に近づき，機能的にも完成度が高まった．この章では，2010年代のハンドヘルド蛍光X線分析計の性能・機能とそれを活かした応用について述べる．

12.1 発達過程と現在の技術

ハンドヘルド測定が可能な小型蛍光X線分析計の原型は，すでに1980年代後半に存在していたが，ラジオアイソトープを使用したタイプのものであった．2000年にミニチュアX線管[1]が登場し，現在普及しているハンドヘルド蛍光X線分析計の初期のものができあがった．2000年代半ばにはハンドヘルド蛍光X線分析計を手がけるメーカーが増加し，応用についても現在主流となっている金属分析，環境計測，鉱山関連分析などの原型が作られた．この時期においては，メーカー間で設計思想や装置仕様に差があり，黎明期としての多様性が存在した．

2000年代後半には，小型X線管，小型検出器などのX線デバイス，エレクトロニクスや定量アルゴリズムの改良により，ハンドヘルド蛍光X線分析計主要メーカーの装置の性能・機能が一様に向上した．X線管についていえば，それまで最大印加電圧が40 kVまたはそれ以下であったが，50 kV（メーカーによっては45 kV）が主体となった．検出器については，高性能機にSDD（Silicon Drift Detector）（3.3.2c参照）が使用されるようになった．

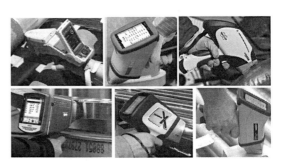

図12.1 各種ハンドヘルド蛍光X線分析計（裏表紙参照）

2010年代に入ると各メーカーの装置のブラッシュアップもさらに進み，設計思想や装置操作の思想もどちらかといえば統一される方向に進んだ．本章において，最近のハンドヘルド蛍光X線分析計について述べるが，特定のメーカーの装置にのみあてはまる事項は少なく，複数のメーカーに共通の内容の方が主体となっている．

図12.1は，現在の各種ハンドヘルド蛍光X線分析計の写真である．各写真では，特定の測定対象に対して装置が使用されているが，ここに示されている機種は，いずれも必要な測定モードを搭載することにより種々の目的に使用することが可能なものである．

12.2 装置の主要構成要素

ハンドヘルド蛍光X線分析計は，原理的にはエネルギー分散型蛍光X線分析装置であり，おもな構成要素としては，小型X線管および高電圧発生器，1次側フィルター，小型X線検出器，広帯域の信号処理回路，演算処理部，LCD表示部，バッテリーなどである．X線管の最大出力は，機種により1〜5 Wと設置型の装置に比べると小さい．そのため，X線検出器は，試料に接する測定窓に極力近づけ，蛍光X線取り込み立体角を大きくしている．1次側フィルターは，X線管と測定窓の間にあり，分析目的の元素

に適した励起エネルギー領域設定に用いられるが，通常X線管印加電圧も連動して最適設定される．各種元素の一斉分析では，通常はエネルギー領域自動切り替え機能を使用する．

演算処理部による定量演算については，設置型の蛍光X線分析装置と若干基本思想に違いがある．ハンドヘルド蛍光X線分析計の多くは，FP法と内蔵検量線法に重点がおかれ，検量線法は分析目的により必要な場合のみ使用される．これは，ラボから離れた場所に標準物質を持参する必要性を極力少なくするためである．また，基本的には迅速性重視で，測定開始直後からデータを表示し，データの質が目的に合致したレベルに達したと判断されれば，いつでも測定を終了させることができる．

以上は，ハンドヘルド蛍光X線分析計内部の構成要素であるが，必要に応じて別ユニットを設ける場合がある．代表例は，ポータブルテストスタンドまたはこれを簡略化したものである．ポータブルテストスタンドは，卓上に設置し，X線照射窓に近接した位置に試料をおいてカバーをかぶせて測定する方法である．カバーはX線遮蔽機能を有しており，カバーを閉めないとX線を発生できない機構を有している．大きな試料には適用できないが，試料が小型の場合，X線に対する知識が十分でない作業者でも安全面に問題がない点と長時間の作業でも手が疲れないことが利点となる．

もう一つの例は，市販のPCである．通常これに装置との接続用の専用ソフトを搭載して使用する．装置単体で測定を繰り返しても，一連の測定が終わった後データをPCにダウンロードし，報告書などを作成する目的で使用する．また，多くのメーカーでは，PCからハンドヘルド蛍光X線分析計を操作する機能も付加し，双方向通信の形をとっている．その場合は，ハンドヘルド蛍光X線分析計としての使用法，卓上型蛍光X線分析装置としての使用法の両方が可能となる．

12.3　ハンドヘルド型の特長と役割

ハンドヘルド蛍光X線分析計の特長の1番目は，測定対象物のある現場に装置の方を持参して測定することが可能なことである．バッテリー駆動のため，屋内のみならず屋外や僻地でも使用できる．2番目は，非裁断・非損傷の分析手段としての特長である．設置型の蛍光X線分析装置の試料室には入らない大きな測定対象物も裁断せずに分析できる．また，発光分光分析と異なり，測定部に痕跡が残ることもない．

分析対象物のその場分析は，金属材料に関する各種品質管理，金属廃材リサイクルの分野をはじめ，環境計測，有害元素対応，鉱山開発・鉱石品質管理などの産業界の各分野でのプロセス全体の効率向上に貢献する．

非裁断での分析も効率向上の一要素であるが，同時に裁断作業に伴う危険を除去するものでもある．また非損傷は，文化財調査では勿論絶対的に必要なことであるが，工業界においても，検査した材料・部品をそのまま製品に使用できるというメリットをもたらす．

12.4　最新の性能・機能の活用

2010年代に進歩あるいは普及した性能・機能の各分野での有効活用について述べる．

12.4.1　金属材料品質管理
a.　低合金鋼中添加元素の迅速定量分析

低合金鋼には，使用目的に応じて，耐熱鋼，低温度用鋼，耐候性鋼，高引張高降伏強度鋼など多くの種類がある．いずれにおいても，使用目的に合う特性が得られるか否かは，Cr，Mo，Ni，Cu，Pなどのなかから適切な元素が適切な量添加されているかどうかにより決まる．これらの元素を迅速に，しかも正確に分析する能力が，重要視される．

一例として，耐熱低合金鋼について記載すると，一般には0.5～9％のCrと0.5～1％のMoを含んでおり，これらの元素により耐腐食性と高温での硬度を両立[2]させている．

図12.2に，SDD搭載機を用いて鋼中のCr，Moを分析した際の定量値再現性および認証値と測定値の相関を示す．測定時間10秒であるが，各濃度10回の繰り返し測定において高い再現性を示し，認証値と実測値の相関においてもすぐれていることがわかる．

b.　アルミ材中不純物の分析

市販の工業用アルミ材は，Fe，Siを不純物として含む場合が多い．これらの不純物が耐食性などに影響を与えるために，含有量管理が必要とされる．図12.3に，SDD搭載機を用いて，市販のアルミ材のFe，

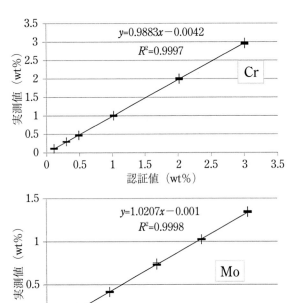

図 12.2　再現性および認証値と測定値の相関
標準物質：日本鉄鋼連盟 JSS150～155
測定時間：10秒　繰り返し回数：各試料10回

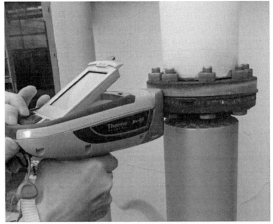

図 12.4　フランジ部の検査

Time 10.8 sec		
No Match 6.7		
	%	±2σ
⇒ Fe	72.45	0.24
⇒ Zn	14.05	0.19
Cu	0.120	0.026
Mn	0.287	0.047

図 12.5　検査結果

測定時間	Time 26.3 sec		
合金種名　ヒット率	6063	0.0	
（入力した試料名）	Al plate		
濃度単位　変動幅		%	±2σ
定量値 ⇒	Al	99.65	0.36
⇒	Si	0.096	0.040
⇒	Fe	0.237	0.025
	Cu	0.011	0.004

図 12.3　アルミ材中不純物の測定

Si 含有量を測定した際の測定結果の LCD 画面表示例を示す．対象元素に Al，Si などの軽元素が含まれるため，励起エネルギー領域の重元素用設定と軽元素用設定を自動切換えして測定した．図中に ±2σ が表示されているが，迅速性重視の短時間測定などにおいて，統計的変動による誤差の程度を考慮する必要があるためである．通常は標準偏差の2倍である 2σ を統計誤差の範囲の目安に用いるが，σ または 3σ を用いることもある．

c.　構造物の検査

ハンドヘルド蛍光 X 線分析計による金属材料の検査は，素材だけでなく，構造物や構造物になる前の部品やユニットに対しても可能である．このような検査は，PMI（Positive Material Identification）[3] とよばれる．最も多いのは，プラントにおいて配管の劣化の可能性を事前に把握する目的で行う検査である．配管自身のほか，配管の溶接部やフランジ部の検査を行う．ハンドヘルドタイプでのみ可能な材料品質管理である．

一例として，図 12.4 および図 12.5 に，配管のフランジ部の検査の写真および検査結果を示す．鉄以外の元素としては亜鉛が圧倒的に多いことから，低合金鋼に亜鉛メッキを施したものであることが確認できた．なお，図 12.5 および以降の測定結果の LCD 画面表示図においては，図 12.3 においてデータの左側に示した説明は極力省略する．

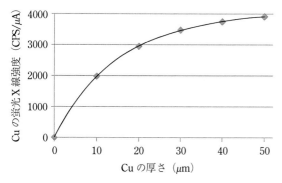

図 12.6 表面層厚さと表面層蛍光X線強度

理論値	5.0	15.0	25.0	35.0	45.0
実測値	5.3	15.1	25.2	35.4	45.6

単位：μm

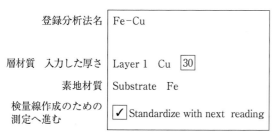

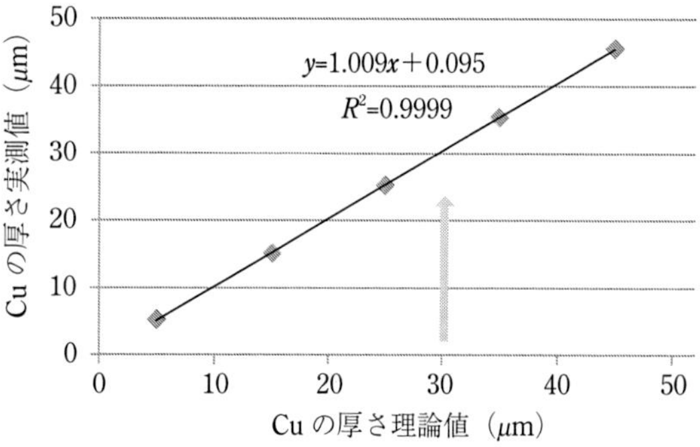

図 12.8 表面層厚さの理論値と実測値の相関

登録分析法名　Fe-Cu

層材質　入力した厚さ　Layer 1　Cu　30

素地材質　Substrate　Fe

検量線作成のための測定へ進む　✓ Standardize with next reading

図 12.7 表面層の厚さ入力

溶接部など狭い範囲を測定するには，スモールスポット（小ビーム径）機能[3,4]を使用する．これは，試料に照射するX線ビーム径を，たとえば通常の8mmから3mmに切り替えてカメラ像で位置を確認して測定する機能である．

d． めっき厚分析

ハンドヘルド蛍光X線分析計においては，常に非裁断でめっき厚分析を行うことができる．めっき厚が複数の標準物質を用いて検量線を作成した後めっき厚未知の試料を測定する検量線法と，FP法に基づく方法の両方の機能を有する装置を使用したが，ここでは後者の機能を取り上げる．理由は標準物質が1件でもめっき厚の算出が可能で，現場分析に適するためである．

代表例として，素地がFe，表面層がCuの場合について示す．図12.6に示すように，実際には表面層厚さとその蛍光X線強度の関係は，曲線状になっている．そのため，装置内部では，素地の元素と表面層の元素のX線特性に基づく補正演算（11.1参照）が行われる．

準備段階で，素地の元素Feと表面層の元素Cuを指定した後，図12.7に示したように標準物質のCuの厚さ（30μm）を入力する．次に，Cu層厚さ（30

μm）の標準物質の測定を行う．これにより補正演算パラメーターが設定され，準備が完了する．

準備完了後，5種類の試料について，Cu層厚さの実測を行った．Cu層厚さの理論値と実測値の一致度の確認結果を図12.8に示す．30μm近辺以外でも両者の間に強い相関が見られる．

12.4.2　金属廃材の分別

a． 金属廃材分別の重要性

日本の産業界は，天然資源の多くを海外に依存しているので，国内で生じる金属廃材は貴重な国内資源である．しかし金属廃材を集めただけでは価値は低く，合金種を判別することで，リサイクル材料として価値が高まる．ハンドヘルド蛍光X線分析計の用途のなかで，金属廃材合金種判別は，社会的にも大切な意味をもつ．ここでの実例は，以下の1件のみにとどめるが，実際にはハンドヘルド蛍光X線分析計が最も多く使用されている重要な分野である．

b． 金属廃材合金種判定の実例

図12.9は，軽元素対応機を用いて類似した組成の2種類の鋼材の判定を行った例である．鋼材Aは，Sが観測され，合金種はSUS303を意味するSS-303と表示された．鋼材Bは，Sが観測されず，合金種はSUS304を意味するSS-304と表示された．一般に，軽元素により合金種が異なる場合には，SDD搭載の軽元素対応機が不可欠となる．

また，この分野においては，短時間できわめて多くの廃材を分別しなければならず，1回の測定時間は短いほど好ましい．軽元素を含め鋼種判別に関係するす

	Time 17.6 sec	
⇒	SS-303 0.0	
	Steel A	
	%	±2σ
⇒	S 0.232	0.034
	Fe 70.04	0.48
	Ni 8.14	0.17
	Cr 18.16	0.13
	Mn 1.60	0.10

鋼材 A

	Time 18.8 sec	
⇒	SS-304 0.0	
	Steel B	
	%	±2σ
	Fe 70.17	0.75
	Ni 8.13	0.21
	Cr 18.36	0.12
	Mn 1.92	0.10

鋼材 B

図 12.9 軽元素対応機による鋼種判別の例

標準物質2件中1件目　1/2
認証値　測定結果　known　Result
Al の認証値・測定結果　Al　3.00　**2.79**

標準物質名（入力済標準物質名）　Standard name　211R

図 12.10 認証値との対比
Al の認証値 3.00 %

標準物質2件中2件目　2/2
認証値　測定結果　known　Result
Al の認証値・測定結果　Al　2.75　**2.29**

標準物質名（入力済標準物質名）　Standard name　612

図 12.11 認証値との対比
Al の認証値 2.75 %

測定時間　Time 49.5 sec
（入力した分析名）　Al Cem
濃度単位 変動幅　%　±2σ
定量値
⇒ Al　2.89　0.30
　 Mg　1.47　0.86
　 Si　21.32　0.75
　 P　0.514　0.093
　 S　0.612　0.055

図 12.12 補正後の標準物質測定結果
Al の認証値 2.86 %

べての元素を短時間で定量できる感度が要求される．

12.4.3 工業材料の品質管理用機能

a. User Cal Factor, Type Standardization による定量正確さの向上

セラミックス，セメント，ガラスなどの工業材料およびその原料のなかには，通常のシリカ系材料とはマトリクスが大きく異なるものも多く，通常のシリカ系材料を対象にしたFP法では誤差が避けられない場合がある．このような場合のために，以前よりUser Cal Factorとよばれる方法が用いられてきた．これは補正係数入力機能のことで，類似マトリクスの標準物質を測定して，その結果により補正係数を入力してFP法の定量演算に補正を加えるものである．多くの標準物質を必要としないこととFP法による各種の自動補正がそのまま生きる利点がある．この定量演算補正は，マトリクスの特殊性に基づく誤差のみならず，試料セルやバッグのX線透過部のX線吸収による誤差を補正する目的にも使用される．

Type Standardization は，User Cal Factor をさらに進化させたもので，検量線法と同様一定の手順に添って標準物質の測定を行えば，FP法の結果に修正が加えられる．User Cal factor と同じ利点を有するが，両者とも基本となる定量モードがすでに存在することが前提である．

b. Type Standardization によるセメント中アルミニウムの定量

アルミニウムは，セメントの重要成分の一つであり，アルミネートまたはフェライトの形態でセメント中に存在する．通常はFP法に基づく鉱物モードで測定するが，セメントのマトリクスが通常の鉱物と異なるため，若干の定量値誤差を生ずる．定量値の正確さを重視しなければならない状況で，標準物質が得られる場合は，Type Standardization を用いる．

一例として，標準物質2点によりFP法の結果を補正した例を示す．図 12.10，図 12.11 は，標準物質の認証値と標準物質の実測値の対比を表す画面である．図 12.10 は，Al の認証値が 3.00 % である標準物質を測定した結果が 2.79 % であることを意味する．図 12.11 は，Al の認証値が 2.75 % である標準物質を測定し

た結果が 2.29 % であることを意味する．これらにより，装置内部で自動的に定量演算に対する補正式が設定される．

図 12.12 は，補正のかかった状態で，Al の認証値 2.86 % の標準物質を測定した結果である．定量正確さが向上していることがわかる．

12.4.4 環境関連におけるスクリーニング分析
a. 土壌・岩片中の有害元素分析[5]

2010 年 4 月の土壌汚染対策法の改正により，3,000 m^2 以上の土地の形質変更を行う場合は有害物質の調査対象になり，また自然由来[6]の有害物質を含有する土壌も規制の対象となる．そのため，有害物質の調査が必要とされるケースは増えている．この状況の中で，最近の携帯型蛍光 X 線装置は，土壌汚染対策法の含有量規制値付近の濃度の元素を 30 秒前後で定量することができ，この分野での期待が高まっている．

図 12.13 は，エネルギー領域の自動切り替えの機能を用いて，規制元素を一斉に分析した例である．ここでは，測定時間を約 45 秒と長めに設定し，含有量が約 20 ppm 以下の水銀を含む一斉分析を行った．

この分野における ISO 規格としては，2013 年 3 月にハンドヘルド型および携帯型（ボックス型だが現地に携帯可能）の蛍光 X 線分析装置による土壌中有害元素のスクリーニング法が，ISO 13196 として公布された．

ISO 13196 においては，現地での土壌中有害元素のスクリーニングには，スタンダードレスの定量演算が推奨されている．具体的には，装置メーカーにより搭載された検量線をそのまま使用する内蔵検量線法か FP 法のいずれかを用いることになる．マトリクスに特殊性の少ない土壌の場合は内蔵検量線法が用いられ，特定の元素を大量に含む鉱山ズリのようなものには FP 法が推奨されている．

b. 産業界における有害元素規制への対応

世界の有害元素規制は，電気製品を対象にした欧州の RoHS 指令をはじめとし，各種消費者用製品を対象にした米国の CPSC，玩具を対象にした欧州の EN71-Part3 など多くのものがある．また最近では，世界各国でハロゲンフリーへの動きも活発化している．現在のハンドヘルド蛍光 X 線分析計においては，各種母材中の 100 ppm 前後のカドミウム，各種母材中の数百 ppm の塩素を短時間で分析できるため，上記の規制のいずれに関しても使用することができる．

RoHS 指令対応の例として，図 12.14 にプラスチック部品中の規制元素の分析例を，図 12.15 に黄銅部品中の規制元素分析の例を示す．プラスチックの例においては，規制値が 100 ppm と厳しいカドミウムにおいても，規制値付近の濃度を 15 秒で定量している．他方，黄銅中の規制値付近の濃度のカドミウムの定量には約 30 秒要しているが，それでも他の分析手段に比べればきわめて迅速であるといえる．

図 12.16 は，スモールスポット機能の RoHS 対応への活用例である．RoHS 指令は，基本的に単一の部材に対して有害元素の含有量を規制するものである．過去の考え方からすると，複合部材は分解して単一部材にしてから分析しなければならなかった．しかし，スモールスポット機能の活用により，多くの場合，特定の部分を非破壊で分析することが可能となった．この例では，IC のピンのみについて，Pb の有無を検査している．カメラ機能を活用し，直径 3 mm の測定範

Time 44.9 sec		
	ppm	±2σ
Cd	134	22
Pb	227	12
As	86	10
Se	71	5
Hg	14	8

図 12.13 有害元素の一斉分析
認証値：Cd 142±9 ppm, Pb 223±11 ppm, As 93±10 ppm, Se 66±5 ppm, Hg 17.4±5.4 ppm

Time 15.3 sec Non-PVC Type Inconclusive		
	ppm	±2σ
Cd	98	13
Pb	98	9
Br	nd	<3
Hg	nd	<8
Cr	98	60

図 12.14 プラスチック中微量 Cd の迅速分析

Time 29.7 sec C377ForgBs* 3.9 Fail		
	ppm	±2σ
Cd	98	29
Pb	25.4K	0.7K
Br	nd	<48
Hg	nd	<256
Cr	nd	<269

図 12.15 黄銅中微量 Cd の迅速分析

においては，短時間での合否判定や，基準値より大幅に低いレベルの分析には，塩素の感度が高いSDD搭載の軽元素対応機を用いることが好ましい．

12.4.5 産業生成物および産業生成物中有価元素のリサイクル

ハンドヘルド蛍光X線分析計のリサイクル分野での活用は，現在金属廃材関連が先行している．しかし，ハンドヘルド蛍光X線分析計の性能・機能の進歩は著しく，リサイクル関連での用途も多様化の方向にある．

図12.18に焼却灰の分析結果を示す．焼却灰は，セメント製造のための代替原料として使用されるが，成分がセメントメーカーの受け入れ基準を満たさなければならない．有害重金属も規制されるが，特定の軽元素についても規制があるため，SDD搭載軽元素対応機が必要となる．この例において，Pは元素としての含有量のほか酸化物としての含有量も表示されている．受け入れ基準が酸化物で定められることが多いため，Pseudo Elements（計算値表示）機能を生かして酸化物含有量に換算したものを表示項目に入れた．

このほか，廃棄物中有価元素の分析も一般化している．最近では，ハンドヘルド蛍光X線分析計の性能・機能の進歩により，自動車触媒中の白金族や各種スクラップ中の希土類の分析も可能になっている．

12.4.6 鉱 山 関 連

日本においては，鉱山関連で活用される割合は高くないが，地下資源の豊富な国では，ハンドヘルド蛍光X線分析計が幅広く使用されている．鉱石の品質管理のほか，鉱脈の調査にも用いられる．後者に関して

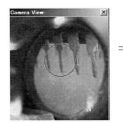

Time 16.1 sec
No Match　5.1
Fail

	ppm	±2σ	3 mm
Cd	nd	<1603	
Pb	4718	2238	
Br	nd	<607	
Hg	nd	<3571	
Cr	nd	<7368	

図 12.16 スモールスポット機能によるICのピンの検査

Time 40.4 sec
Non-PVC Type
Fail

		ppm	±2σ
⇒	Cl	813	21
⇒	Br	841	23
⇒	Cl＋Br	1653	31
	Pb	95	14
	Cd	129	18

図 12.17 ハロゲンフリー対応データ表示画面

囲を意味するカメラ像中の円形のマークの中にピンが来るよう試料位置を設定している．

図12.16は，PC接続の際にPC上に表示された画面であるが，カメラ像は装置本体のLCD画面上にも表示される．

図12.14～図12.16に示したデータは，RoHS対応に関係するものであるが，消費者用製品や玩具を対象にした各種規制への対応にも同じ機能が使用される．

図12.17は，最近多くなっているハロゲンフリー対応用の測定結果表示画面である．IEC 61249-2-21においては，Cl: 900 ppm以下，Br: 900 ppm以下，Cl＋Br: 1500 ppm以下と定められている．ハロゲンフリー画面は，これに対応した表示形態になっている．この例では，Cl＋Brが1500 ppmを越えているため，不合格判定されている．

以上のほか，リサイクル燃料RPF（Refuse Paper & Plastic Fuel）中のClの量の判定にもハンドヘルド蛍光X線分析計が用いられる．Clを対象にした検査

Time 49.2 sec

		ppm	±2σ
⇒	P2O5	1.55	
⇒	P	0.679	0.028
	Ca	19.07	0.51
	Si	4.59	0.11
	Al	2.47	0.13
	S	1.64	0.04

図 12.18 焼却灰の分析

は，内蔵または外付けのGPS機能が大きな役割を果たす．鉱物の分布マップは，鉱山開発において有用なものである．最近では，Google Earthとのリンクも可能な装置も出ている．

12.4.7 学術研究分野

学術研究分野で最近ハンドヘルド蛍光X線分析計の活用頻度が増加しているのは，歴史遺産や文化財の調査の分野である．非損傷が絶対的な前提であるとともに，測定対象物の移動が許可されない場合のあることがハンドヘルド蛍光X線分析計の必要性を高めている．

学術研究関連のその他の分野としては，環境科学，地球科学，鉱物学，海洋資源学などがある．

12.5 ハンドヘルド蛍光X線分析計での分析に関する注意事項

各種蛍光X線分析装置共通の注意事項は，ここでは省略し，ハンドヘルド蛍光X線分析計固有の注意事項について以下にまとめる．

a. 装置に損傷を与えぬための注意

携帯型あるいはハンドヘルドとよばれる分析計のすべてに共通することであるが，装置を誤って床や地面に落下させることのないよう十分に注意が必要である．必ずリストストラップに手首を通して装置をホールドするように習慣づけしなければならない．

一方対象物に押し当てて測定する際に，対象物に鋭利な突起がないかどうかを事前に確認する必要がある．特に金属廃材の分析において，金属の切粉などを測定する際にこの注意は不可欠である．前述のように，ハンドヘルド蛍光X線分析計においては，一般にX線管および検出器を測定窓に近接させる．特に検出器は，蛍光X線の取り込み立体角を大きく取るため，測定窓との距離が10 mm以下に設定された機種もある．このことは，蛍光X線のカウント数をかせぐうえで重要であり，また測定対象物表面の凹凸の影響を小さくする効果もある．しかし，同時に検出器を損傷する可能性は，十分認識する必要がある．測定窓のうえに保護フィルムを有するアタッチメントを付加することを推奨するメーカーもあるが，アタッチメントを付加した場合でも最低限の注意は必要である．

b. 土壌中元素の定量分析における誤差要因

前述のISO 13196には，土壌中の元素を定量分析する際の注意事項が記載されている．おもな内容を以下にまとめる．

土壌中元素の分析における誤差要因のなかで最も大きいのは，元素の偏在の影響である．ハンドヘルド蛍光X線分析計は，その簡便性のために，先端を地面に押し当てて測定する方法がしばしば用いられる．しかし，それはあくまでX線が照射された場所の測定結果と考えるべきである．数十cm離れた場所を測定すると，測定値が異なることの方が多い．土地の汚染度を判断する場合には，表面土をかき集めて袋に入れ，撹拌により均一化した後測定することが好ましい．装置先端を地面に押し当てて測定する方法は，むしろ汚染のホットスポットの特定など定性的目的に適している．

水分も誤差要因の一つである．土壌中有害元素の含有量規制は，水分が無視しうる状態を前提に定められるため，多くの水分を含んだ状態で測定することは好ましくない．水分の影響は，定量演算アルゴリズムにもよるが，含水率（水の質量/土壌の総質量）を10%以下にすることが理想である．水分を除去する必要がある場合は，通常100〜110℃[7]の温度で加熱乾燥する．しかし，この場合水銀が消失する可能性があるため，水銀が対象項目に含まれる環境分析の場合は，自然乾燥または55℃以下[7]の準加熱乾燥が望ましい．

地面の直接測定における誤差要因は前記したが，土壌を採取してセルに入れて測定する際の誤差要因にも留意する必要がある．セルに入れる土壌の厚みが少ないと，重元素側で値が小さく出る傾向がある．ISO 13196では，厚みは5 mm以上必要とされている．

c. 複合材料の分析について

規制対応のための分析などでは，部材の複合された試料も対象となることが多い．蛍光X線分析法は，基本的に均質試料について正しい定量分析結果を与えるものであり，複合部材の定量分析結果については，複合の状態に応じた考察が必要となる．その結果，単なる定性的情報としなければならない場合も多い．複合材料であってもおのおのの部材が一平面状に配置されている場合は，X線のビーム径を小さく設定して，一つの部材のみを測定することも可能である．一方，複合材料のなかにはペイントが塗られた材料，メッキが施された金属板，絵の具が層状に塗られた絵画のよ

うに，異質の材料が層状に形成されているものもある．おのおのの層の材質によりどの深さまで測定されるかが著しく異なるため，材質を見きわめた考察が求められる．

d. 歴史遺産・文化財における非接触分析

この分野では，測定対象物によっては，非損傷にとどまらず非接触が要求される場合がある．この場合は，手持ちの測定は行うべきではない．専用の拡張アームの先端に装置を取り付け，拡張アームを三脚に固定した後，装置の先端が測定対象物から数 mm の位置に来るよう調整し，測定を行う．

e. X線の安全性に関する注意

ハンドヘルド蛍光 X 線分析計は，ポータブルテストスタンドまたはこれに類する X 線遮蔽機能付き付属装置を用いないかぎり，オープンビームである．そのために，IEC 62495 により，X 線の誤放射防止用インターロック，X 線放射中の警告灯，注意ラベルなどについて規定されている．しかしながら，規定は細部に至るものではなく，特にインターロックについては，複数の方式のなかからメーカーが選択可能な形になっている．日本国内で市販されている装置においても，メーカーにより安全性仕様が異なるため，事前に取り扱い説明書の安全性に関する章で確認することが必要である．

〔野上太郎・牟田史仁〕

引用文献

1) 遠山恵夫, 河合 潤, "ハンドヘルド蛍光 X 線分析の裏技"「金属」2014/9 臨時増刊号, pp. 38-42.
2) 乙黒靖男, 圧力技術, **36**, 67-79, (1998).
3) 野上太郎, 牟田史仁, X 線分析の進歩, **46**, 145-158 (2015).
4) 遠山恵夫, S. Piorek, X 線分析の進歩, **40**, 1-20 (2009).
5) 野上太郎, 産業と環境, **39** (4), 77 (2010).
6) 丸茂克美, 産業と環境, **39** (4), 29 (2010).
7) C. L. Miller et al., *Environmental Research*, **125**, 20-29, (2013).

コラム8

放射光蛍光XAFS法による生体濃縮元素の非破壊状態分析

a. 生体濃縮・生体鉱物化現象

生物は，生命活動に必要な物質やエネルギーを外から取り込み，代謝生成物を体外に放出する，「開かれた系」の存在である．生物は長い進化の歴史のなかで，自分が必要とする物質を積極的に吸収・蓄積する「生体濃縮」の機能を高めてきた．また，それを高密度で固体化し，欠乏に対する備えとして元素を蓄積したり，さらに骨や歯のような新しい機能をもった組織として活用しながら，地球表層での生物間の元素の獲得競争に対抗できた生物群が現世に残っている．このように，生物が濃集した元素を無機固体化し硬組織として利用する現象を生体鉱物化現象とよび，その代表格は炭酸塩やリン酸塩の形で外骨格・内骨格に広く用いられているカルシウムである．また必須元素として生体濃縮を受ける遷移金属としては，鉄や亜鉛がよく知られているが，元素の必須性や濃縮率は生物により異なり，通常の生物にはみられない濃集元素と濃集効率が特異的に高い生物が発見されることがある．

b. エラコが濃集するバナジウムに対する放射光蛍光XAFSを用いた非破壊状態分析

ヒトをはじめとする脊椎動物は鉄を含むヘモグロビンを，軟体動物や昆虫などは銅を含むヘモシアニンを，それぞれ酸素運搬のために活用しており，これらの金属はそれぞれの生物群の必須元素となっている．

しかし，ホヤがこれらの代わりにバナジウムを濃集することが発見され，ついで三陸沿岸で採取されたゴカイの一種のエラコ（*Psevdopotamilla occelata*, 図1）がそれよりも高いバナジウム濃集を示すとして注目が集まった[1]．これらのバナジウムをどのような目的で使っているのか，また体内でバナジウムはどのような化学形で存在するのか．特に後者はバナジウムの役割を解明するために重要であるが，生物が生きたままの状態で実施することのできる分析手法は限られていた．そこで，透過力の高く輝度の高いシンクロトロン放射光を用いた蛍光XAFSの適用を試みた．

図1 エラコの外観

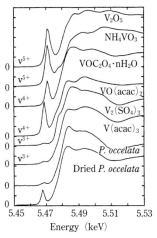

図2 標準試料とエラコのV K-XANESペクトル

V K-XAFS測定はKEK PF BL7CでSi(111)モノクロメーターとLytle型検出器を用いた．バナジウムは三価・四価・五価のイオンになる遷移金属であるので，それぞれの酸化状態で，バナジウムのまわりの局所構造が異なる参照試料をいくつか用意しエラコのバナジウムと比較を行った．エラコは生きたまま3個体分をポリエチレンの袋に海水とともに封入して検出器の試料ホルダーに固定し，約1時間の積算時間でXAFSスペクトルの測定を行った．測定終了後もエラコが生きていることを確認した．また，比較のために，死んだエラコを乾燥させたものも同じ条件で測定を行った．

これらの試料のV K-XANESスペクトルを図2に示す．参照試料を比較すると，三価・四価・五価と酸化数が高くなるに従い，吸収端前に出現するプレエッジピークの強度が大きくなることがわかった．これに対して生きたエラコ（図1）のスペクトルではプレエッジピークがほとんど見られないためにバナジウムは三価，乾燥したエラコではそれよりもプレエッジピークが大きく出ているので，部分的に空気酸化を受けて四価が混在していることが示唆された．ここから，生きた状態ではバナジウムを低酸化状態に維持する機構が存在し，死んでそれが失われると酸化が始まる様子が明らかとなった．

このように蛍光XAFSは，生物に含まれる重金属元素の化学状態を生きたままで調べることができる強力な分析手法であり，これからも，環境問題，医学・薬学分野への応用や，地球表層での生物を介した物質循環，資源回収，環境評価など，生物が関与する多くの研究に活用されると考える．　　　　［沼子千弥］

引用文献

1) T. Ishii, I. Nakai, C. Numako, K. Okoshi, and T. Otake, *Naturwissenschaften*, **80**, 268-270 (1993).

13章 放射光利用

13.1 放射光蛍光X線分析

a. 放射光とは

放射光は，加速器で電子を光速近くまで加速し，その進行方向を電磁石で曲げたときに，その接線方向に発生する電磁波をいう．蛍光X線分析の光源として，以下に述べるすぐれた特徴をもつ．

放射光は，専用の放射光実験施設で利用する．SPring-8とよばれる世界最大の施設が兵庫県の西播磨にある．筑波の高エネルギー加速器研究機構に大型施設PFがあり，中型施設が岡崎，愛知，滋賀，広島，佐賀にあるので，日本は放射光に恵まれた環境にある．放射光を利用するには，各施設で行われる募集に，課題申請して認められることが必要である．使用料の有無は，各施設によって，また利用形態によって異なる．

放射光施設には，ビームライン（BL）とよばれる放射光を取り出すいわば蛇口がある．そこに，研究目的に応じて実験ステーションが設置されている．放射線防御のため実験設備は鋼鉄製のハッチのなかに設置され，測定装置の制御は遠隔操作で行われる．

電子の軌道を曲げて放射光を取り出すための磁石は偏向電磁石とよび，赤外線からX線までの連続した波長の白色X線が得られる．さらに高輝度のX線をつくるには，挿入光源を電子軌道にいれる．アンジュレーターは電磁石をN極S極交互に多数並べ，電子を周期的に蛇行させ，発生する放射光を干渉させる装置で準単色のきわめて輝度の高いX線が得られる．超伝導磁石などを用いてさらに高磁場を利用する挿入光源をウイグラーといい，高エネルギーのX線の利用に適していて300keVのX線がSPring-8では利用できる．

b. 蛍光X線分析における放射光の利用

SPring-8のBL37XUを例に，典型的な放射光蛍光X線分析の実験ステーションの光学系を，図13.1に

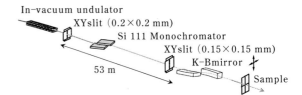

図13.1 放射光蛍光X線分析ビームラインの構成（SPring-8 BL37XU）

示す．ここでは，アンジュレーターから発生した高輝度X線が，Si（111）2結晶モノクロメーターで単色化される．そして，K-Bミラー型の集光素子により，上下，左右方向にサブミクロンサイズまで集光され，試料に照射される．X線ビームの位置は常に一定で，2次元分析のためには，試料をXYステージに載せ，試料をXY方向に走査することにより分析する．蛍光X線の検出器は，最近はSDD検出器が多いが，高エネルギーX線の検出にはSi（Li）やGe検出器等，さまざまな検出器が用いられる．

c. 放射光を利用するメリットと課題

1. 単色X線

放射光はモノクロメーターを使って容易に単色X線を試料に照射でき，その結果，白色X線の散乱によるBG（バックグラウンド）のない低BGのスペクトルが得られ，高感度分析（13.2節参照）に適している．

2. 高輝度・高強度

蛍光X線の強度は，照射X線の強度に比例して増大するので，微量分析に適している．

3. 平行光

レーザー光のように，広がらないビームであるので分析の指向性がよく，微小領域の分析のための，特に，ミラーを用いた集光に適している．

4. マイクロビームの利用

3の特徴をいかすことで，比較的容易にサブミクロンのマイクロビームを得ることができ，条件がよいと，数十nmのビームも得られる（13.4節参照）．

微小領域の分析法として，広く用いられている

SEM-EDSでは，電子ビームをプローブに用いるので，電磁レンズで容易に1μmまで集光できる．両者を比較すると，SEM-EDSは軽元素（Caくらいまで）の分析に適しているがSR-XRFは重元素に感度がよい．電子線は試料への侵入深さは浅いが，放射光X線は数ミクロンから高エネルギーでは数cmに達する．したがって，深さ方向の情報が重なって得られるので，試料厚みを薄くしないかぎり，ビームサイズは空間分解能を表さない．1μmくらいが実用的である．

5. エネルギー可変

分析元素のX線吸収端の少し高エネルギー側が励起効率がよく微量分析では特に有効である．また，妨害元素が励起できないエネルギーを選択したり，蛍光XAFSによる化学状態分析が可能である（13.5節参照）．

6. 偏光利用

放射光が偏光していることを利用して，偏向面内で入射X線に対して垂直方向にX線検出器をおくと，BGが最も低くなり，微量分析に適している．

7. 高エネルギーX線の利用

たとえば，116 keVのX線を励起光に用いると，Uまでの全重元素を，K線で分析できる（13.3節参照）．

d. 複合X線分析

放射光蛍光X線分析は，すでにルーチン分析の段階になって久しい．その真価をいかせる分析として，複合X線分析をあげたい．第1章の図1.2に示したように，X線と物質はさまざまな相互作用をする．放射光マイクロビームを試料に照射し，蛍光X線による組成情報，蛍光XAFSによる化学状態分析，そして回折X線による結晶構造情報を試料の同一点から複合的に得ることができる．実例として放射光μ-XRFを用いた堆積性鉄鉱石の複合分析によりヒ素を含む温泉水のヒ素濃度が自然環境で低下する機構を解明した研究を紹介する[1]．

図13.2（上）に示す岩石試料の薄片をμ-XRF分析で2次元分析して，Asの分布をもとめたのが図13.2（下）でさらに細かく分析すると図13.3(a)が得られた．As濃集点P1にどのような鉱物がAsを蓄積しているのか回折データを収集すると図13.3(b)が得られ，ストレング石$FePO_4 \cdot 7H_2O$と同定できた．P1で，Asがどのような形で，ストレング石に存在するかを解明するために，蛍光XAFS法でP1点のAs K-XANESスペクトルを測定したところ，ヒ素は五価のヒ酸イオンAsO_4^{3-}で存在することがわかった．EXAFS解析を行うと図13.4の動径構造関数が得られ，Asから3.36Å離れた位置にFeがあることがわかった．構造中でFeO_6八面体とAsO_4四面体が連結していることを示す．以上より，環境水中でヒ酸イオン（AsO_4四面体）は鉄のリン酸塩とともに沈殿し，ホストはストレング石でそのPO_4四面体の一部を，AsO_4が置換して存在し，結晶内ではAsO_4四面体はFeO_6八面体に連結して存在していることが明らかになった．　　　　［中井　泉］

引 用 文 献

1) S. Endo, Y. Terada, Y. Kato and I. Nakai, *Env. Sci. Tech.*, **42**, 7152 (2008).

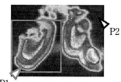

(a) Asの分布
ビームサイズ：1.8μm×2.8μm
ステップサイズ：1μm×1μm
P1, P2：XRD, XAFS測定点

(b) X線回折パターン（P1）

図13.3 P1のAsの分布と結晶構造（カラー口絵3参照）

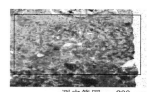
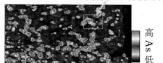

測定範囲　200μm
高濃度As蓄積部位

図13.2 鉄鉱石試料（上）とAsのXRFイメージング（下）

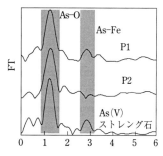

図13.4 As原子の動径構造関数（局所構造）

13.2 超微量分析

a. 背景

きわめて微量の金属が各種工業材料や環境物質,あるいは生体系のなかで決定的に重要な役割を果たす場合が多くあることが知られている[1]. そのような微量物質を検出し,化学種を識別するための高感度な分析・計測技術は重要である. 蛍光X線分析法は,多数の元素を対象として定性・定量分析を非破壊的に行うことのできる手法であるが,超微量分析の方法とは一般的には考えられていない. 高輝度放射光の登場とビームラインで利用できる光学系の進歩により,分析の対象となる濃度の範囲,絶対量の範囲も大きく変わりつつあるが,数値も桁数も語らない「超微量」の乱用による誤解も少なくない.

b. 微量測定の限界を決めるものはなにか

蛍光X線強度は用いる入射X線の強度に比例して強くなるので,放射光のなかでも特にアンジュレーターなどの高輝度光源を用いれば,微量物質からの弱い信号を桁のオーダーで強くすることができる. 原理としてはその通りであるが,実際にはそうはならない. なぜなら,入射X線の強度が強くなれば,バックグラウンドや主成分の元素からの強い蛍光X線も,また同じように比例して強くなり,弱い信号が埋もれてしまうことに変わりはないからである. 多くのX線検出器が数えることのできる単位時間あたりのカウント数には制限があり,同じ装置が,そのような桁違いに強い光源で使えるわけでもない.

微量物質の検出能力を引き出すためには,信号対バックグラウンド(S/B)の比そのものを変える工夫の導入が重要になる. 高輝度放射光では,いまや0.1~0.3 μm あるいは,それ以下の大きさのビームを使う実験が増えてきた. 広い試料全体にしめる濃度がきわめて希薄で,たとえばppbレベルといった超微量のレベルであっても,その元素が存在する場所の近傍だけで考えれば,濃度は高く,つまり,その地点に限定すれば信号対バックグラウンド比は十分高くすることができる. 微小ビームを利用する技術が,広い試料の平均濃度で見れば超微量の元素に対して有効になる可能性があるのはこのためである. これは放射光に限らないことで,微小ビームの技術にはすべて当てはまる. 電子顕微鏡では,原子1個の蛍光X線スペクトルも取得されている[3,4].

他方,実際の分析は,そのような極端な微小領域の分析で代替することができない場合も多い. 0.1 mm~cm 程度の分析面積を前提とし,そのなかでの信頼性のある分析を超微量の濃度域で行いたい場合はどうすればよいのか. おそらくその最も有力な解の1つがバックグラウンドを大きく下げることのできる全反射蛍光X線分析法(第8章参照)である. 放射光を用いた全反射蛍光X線分析法は,20世紀の後半にはさかんに応用が試みられた. オーストリアの研究グループは1997年にはシリコンウェーハ上の表面汚染に関して13フェムトグラム(ニッケル)の検出限界を報告した[2]. その後,SPring-8では,それをさらに上回る水準の超微量分析をめざす技術開発[5~7]が行われた.

c. 波長分散型の全反射蛍光X線分析法

蛍光X線分析法では,半導体検出器を用いるエネルギー分散型と結晶分光器を用いる波長分散型の2つの方法が知られていて,目的により一長一短がある. 非常に高輝度の光源の利用を前提とする場合には,全反射蛍光X線分析法の検出能力をさらに高めるために,当たり前のように使用されている半導体検出器をあえて使用せず,波長分散型を用いるのが有力である. 一見常識に反するようであるが,特に高効率になるように工夫された超小型の結晶分光器を使うと,従来の半導体検出器ベースの全反射蛍光X線分析法よりもさらによい結果が得られる. 強度の損失はもちろん生じるが,光源の高輝度性で十分補われて信号対バックグラウンド比の大幅改善というおつりがくるのである.

図13.5は,微量金属を含むNIST標準試料のスペクトル[7]であり,全反射条件を使用しない通常配置で取得された. Si(Li)検出器を用いる通常のスペクトルよりもエネルギー分解能が約30倍優れており,多数のピークを効果的に分離できている. その結果,S/B比が大幅に改善されている.

d. 放射光による超微量分析の極限

図13.6は,シリコンウェーハ上に滴下された微小液滴中の微量金属(20 ppbのニッケル,コバルト,鉄)の全反射蛍光X線スペクトルである[4]. この測定は分光結晶の角度をスキャンして10~15分ほどでスペクトルが取得された. (後には1次元または2次元検出器を使用してスキャンを行わない方法で同等以上

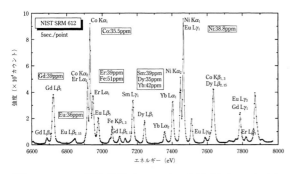

図 13.5 NIST 標準試料（ガラス中の微量金属）の波長分散型蛍光 X 線スペクトル（全反射を使用しない通常配置）[7]

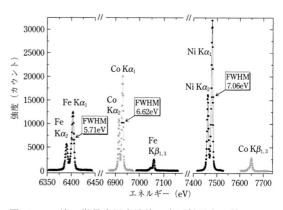

図 13.6 1 滴の微量金属水溶液の全反射蛍光 X 線スペクトル[6]

のデータを得られるようになった.）得られたスペクトルのエネルギー分解能は約 6～7 eV であり，散乱 X 線に起因するバックグラウンドや原子番号の隣接する元素の影響を著しく減少させることができる．例えば，Si(Li) 検出器で得られるスペクトルであれば，コバルトの Kα 線は隣接する元素である鉄の Kβ 線と重なり，鉄の含有量が多いときはコバルトの検出は困難であるが，この測定では完全に分離して検出することができている．検出限界は大幅に更新され，0.1 μL 程度の微小液滴に含まれる超微量のニッケルで 0.31 フェムトグラム，濃度では，ppt（1 兆分の 1）以下の超微量物質の分析が可能となった[6].

超微量分析は，光源と分光器だけで行えるわけではない．大気浮遊物等，周囲からのコンタミネーションを極限的に低減させなければ，そもそも測定は無意味である．クリーンルームの実験ハッチ・ビームラインなども必要不可欠なわけであるが，世界中の放射光施設のビームラインは，微量分析専用にはデザインされておらず，そのような設備がまったくない場合さえある．前述の研究では，そのビームタイムのときだけ，人も装置もすっぽりはいる 2 重構造のクリーンブースを実験ハッチのなかと外にそれぞれ 1 式ずつ設置して行われた．試料は，実験ハッチ前のクリーンブースのなかで調整され，その直後に測定された．

蛍光 X 線分析は非破壊性に大きな利点があるが，あまりにも強い光源を用いる場合には，試料への損傷を避けるための工夫もよく考える必要がある．全反射配置はその点でも本来有利であるが，測定条件を探す際の調整方法などにも注意を払う必要がある．

e. 今後の展望

本節で述べた分析技術を効果的に用いると，今までほとんど分析が不可能と諦められていたような超微量の物質にも科学のメスが入ることになる．ナノ材料開発や生体，医学，環境物質の分析など，多方面で貢献することが期待されている．　　　　　　　　［桜井健次］

引 用 文 献

1) 木村　優,"微量元素の世界", 裳華房 (1990).
2) P. Wobrauschek, R. Gorgl, P. Kresamer, C. Streli, S. Pahlke, L. Fabry, M. Haller, A. Knochel, and M. Radtke, *Spectrochim. Acta*, **B52**, 901 (1997).
3) K. Suenaga, T. Okazalo, E. Okunishi, and S. Matsumura, *Nature Photonics*, **6**, 545 (2012).
4) T. C. Lovejoy, Q. M. Ramasse, M. Falke, A. Kaeppel, R. Terborg, R. Zan, N. Dellby, and O. L. Krivanek *Appl. Phys. Lett.* **100**, 154101 (2012).
5) K. Sakurai, H. Eba, K. Inoue, and N. Yagi, *Nucl. Instrum, & Methods*, **A467-468**, 1549 (2001).
6) K. Sakurai, H. Eba, K. Inoue, and N. Yagi, *Anal. Chem.* **74**, 4532 (2002).
7) 桜井健次, X 線分析の進歩, **35**, 201 (2004).

13.3 放射光高エネルギー蛍光X線分析

a. 背　景

物質中にごく微量に存在する希土類元素などの重元素は，その起源（由来）を考察するための有用なトレーサーとなる．近年は誘導結合プラズマ発光／質量分析法（ICP-AES/MS）が微量重元素分析に広く用いられており，レーザーアブレーション装置を接続することで固体試料の直接分析も可能であるが，破壊可能な試料にしか適用できない．

蛍光X線分析法により希土類元素などの重元素を分析する場合，K吸収端が40 keVを超えるため，励起電圧50 kV前後のX線管を搭載した一般的な分析装置では励起に不十分である．そのため低エネルギーのL線やM線を分析することになるが，重元素のL・M線が検出されるエネルギー領域には，地殻中の存在量が多いSi, Caなどの軽元素，あるいはFeなどの第一遷移金属元素のK線が検出され，ピークが複雑に重複する．波長分散型の装置ならば重複の影響をある程度軽減できるが，従来のエネルギー分散型の装置では微量重元素の分析は困難であった．

b. 高エネルギー放射光の利用

微量重元素を蛍光X線で分析するには，高エネルギー放射光の利用が有効である．高エネルギーかつ単色化された放射光X線を励起光として用いれば，軽元素によるスペクトルの妨害を受けることなく，微量な重元素をK線で分析できる．国内においては，第3世代の放射光施設であるSPring-8の登場により，100 keVを超える高エネルギーのX線をルーチン的に利用することが可能となった．中井ら[1]はSPring-8のBL08Wにおいて，UのK吸収端（115.6 keV）を励起できる116 keVに単色化した放射光X線を励起光に用いることで，Uまでのすべての重元素をK線で分析可能な画期的な蛍光X線分析法を発案し，1998年に発生した「和歌山毒物カレー事件」において証拠品の鑑定に利用した[2]．

c. 測　定　法

ここではSPring-8 BL08Wでの測定を例に，放射光高エネルギー蛍光X線分析の測定法を述べる．分析システム自体の構成は通常の蛍光X線分析とほとんど変わらない．ここでは楕円ウィグラー光源から発生した高エネルギーの放射光X線をSi(400)モノクロメータにより116 keVに単色化し，励起光として用いている．単色化された放射光X線をスリットにより縦横500 μm程度に整形して試料へと照射し，散乱角90°の位置に置かれたGe半導体検出器によってスペクトルを計測する．測定は全て大気雰囲気で行うことができる．

d. 得られるスペクトル

さまざまな重元素を約50 ppmずつ添加したソーダ石灰ガラス製の認証標準物質SRM613（NIST製，厚さ約1 mm）を測定し得られたスペクトルを図13.7(a)に，一部を拡大したものを図13.7(b)にそれぞれ示した．図13.7(a)において116 keVに検出されているピークが励起光のトムソン散乱線であり，微量なU（37.38 ppm）のK線も検出されている．散乱角90°におけるコンプトン散乱線は94.5 keVを中心に幅広いピークとして検出される．図13.7(b)に示したエネルギー範囲はS/B比が高く，^{55}Csから^{74}Wまでの19元素（^{61}Pmを除く）が定量化も含めた解析に適している[3,4]．検出下限は試料や測定条件により異なるが，厚さ5 mm以下のケイ酸塩ガラスを500秒間測定した場合であれば，上記の19元素の検出下限は1 ppm前後となる[3]．十分にスペクトルを積算することでS/N比を高めれば，0.1 ppmレベルの重元素を非

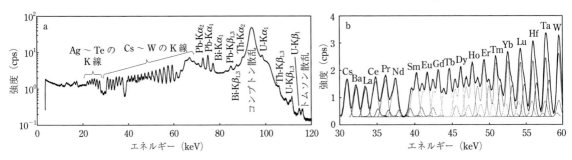

図13.7 NIST SRM613（ガラス認証標準）のスペクトル
(a) スペクトル全体，(b) 30～60 keVの拡大．

破壊で検出することも可能である．

e. 応用例：古代ガラスの起源推定

実際の応用例として，サーサーン朝ペルシアのガラス器に関する研究[5]を紹介しよう．サーサーン朝ペルシアは，現在のイラン・イラクを中心に3～7世紀に繁栄した大帝国である．表面を研磨して浮彫を施した「切子（カット）装飾」のガラス容器が知られ，今日，世界中の博物館に収蔵されているが，現存するものの大部分は正規の発掘資料ではなく盗掘品であり，正確な出土地や年代は不明である．こうした背景からサーサーン・ガラスは，特徴的な器形や装飾に着目した研究は数多く行われているが，化学分析に基づく解釈がなされていなかった．しかし近年，サーサーン朝の王宮跡で出土したガラス片に対してICP-MSを用いた化学組成分析が行われ，原料の異なる3種類の組成タイプが存在し，流通時期にも差が見られることが明らかとなった[6]．その一方で，この研究に用いられた試料はすべて破片であり，従来研究が行われていた器形や装飾と関連付けた考察はなされていない．

そこで筆者らは，岡山市立オリエント美術館との共同研究として，その特徴的な器形・装飾と化学組成を結びつけるために，サーサーン・ガラス器の非破壊放射光高エネルギー蛍光X線分析を行った．ここでは成果の一部として，「突起装飾碗」と「円形切子碗」の2種類を取り上げる．「突起装飾碗」は貝殻のような突起をもつ薄手の碗で，数少ない発掘例からサーサーン朝の初期（3～4世紀）に作られたとされる．「円形切子碗」は最も典型的なサーサーン・ガラス器の一つで，後期（6～7世紀）のものと推定される．日本にも正倉院「白瑠璃碗（はくるりのわん）」などの伝来品が知られる．LaとCeの定量値をプロットし，王宮都市出土ガラス片の文献値[6]と比較してみると（図13.8参照），「突起装飾碗」には不純物の多い原料が使用されており，王宮出土ガラス片のうち3～4世紀に流通した「Sasanian 1a」タイプの組成と一致した．一方で「円形切子碗」には選別・精製された高純度の原料が用いられており，5世紀以降に登場した「Sasanian 2」タイプに分類され，それぞれの装飾に対して推定されていた年代が化学的に裏付けられる結果となった．このように，完全非破壊の蛍光X線分析を活用することで，文化財の起源に関して非常に多くの情報を読み取ることができるのである．

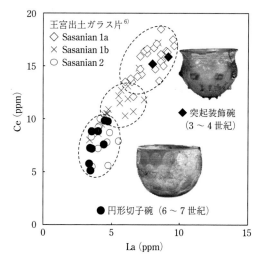

図13.8 岡山市立オリエント美術館所蔵のサーサーン・ガラスの分析結果と王宮都市跡出土ガラス片[6]の比較

f. まとめ

本法はppmレベルの微量重元素分析が可能なすぐれた実用的分析手法として確立されている．文化財応用のほか，地球科学試料や環境試料の分析にも適しており，自動化により1日100試料以上分析でき，日本全国の土砂の重元素組成分析[4]にも活用されている（コラム2参照）．近年では100 kVまでの高電圧をかけられる装置が販売され，実験室系でも高エネルギー蛍光X線分析が可能となったが，本法は放射光の利点を活かした局所分析や2次元分析，高エネルギーX線の試料透過性を活かした分析など，実験室系にはない特長を有し，さらなる応用が期待される．

[阿部善也]

引用文献

1) I. Nakai, Y. Terada, M. Ito, and Y. Sakurai, *J. Synchrotron Rad.*, **8**, 1078 (2001).
2) 中井 泉, "はかってなんぼ，社会編", p. 49, 丸善 (2004).
3) 阿部善也, 菊川 匡, 中井 泉, X線分析の進歩, **45**, 251 (2014).
4) I. Nakai, S. Furuya, W. Bong, Y. Abe, K. Osaka, T. Matsumoto, M. Itou, A. Ohta, and T. Ninomiya, *X-Ray Spectrom.*, **43**, 38 (2014).
5) "SPring-8 NEWS No. 75", JASRI (2014), p. 2.
6) P. Mirti, M. Pace, M. Malandrino, and M. Negro Ponzi, *J. Archaeol. Sci.*, **36**, 1061 (2009).

13.4 高空間分解能化のための光学技術

a. はじめに

蛍光X線分析は,試料中の元素分布や,XAFSと組み合わせた結合状態分析など幅広い応用が期待されるX線分析法である.その空間分解能を向上するためには,プローブX線を極細化した走査型X線顕微鏡システムを構築する必要がある.近年の放射光光源の高輝度化によって,集光点での光子密度が著しく増大し,特に第3世代放射光施設の完成によって,走査型X線顕微鏡における高い空間分解能とスループットが,原理的に両立できる状況が整った.このため,2000年頃から,ゾーンプレートやレンズ,ミラーなどのさまざまなX線光学素子によるナノビーム形成を目指した研究が世界レベルで進んだ[1-11].これらの光学素子のなかでも,ミラーは,集光効率が高く,大きなワーキングディスタンスが確保できることから,他の光学素子を大きく凌ぐ優位性をもっている.ここでは,近年,急速に高性能化したミラーによるナノ集光技術に焦点を絞り,その発展を概観する.

b. ミラー光学系に求められる精度

第3世代放射光光源で得られるX線は,可干渉性をもつ.このことから,X線ミラーの動作シミュレーションにおいて波動光学の導入が始まり,回折限界条件でのX線集光の議論が開始された.回折限界での集光は,ミラー上の各点で反射したX線が,集光点において強め合いの干渉をする必要がある.このためには,レイリー基準によれば,反射X線の波面誤差が波長の1/4以下である必要がある[12].波長に対する比率で表した波面誤差 ε は,X線の波長を λ,ミラーの形状誤差のPV(Peak-to-valley)を d,ミラーへのX線の斜入射角を θ とすると,

$$\varepsilon = \frac{2d\sin\theta}{\lambda} \quad (13.1)$$

で与えられる[12].必要な形状精度 d は θ に反比例し,θ はミラーの開口数にほぼ比例して大きくなる.大まかにいうと,50 nm レベルの集光を実現するためには,d は 2 nm 程度が必要であり,10 nm レベルの集光を実現するためには,1 nm 以下が求められる.

c. 走査型顕微鏡用ナノ集光ミラー

近年のX線集光ミラーの高性能化は,急速に発展した光学加工技術に負うところが大きい.日本の研究

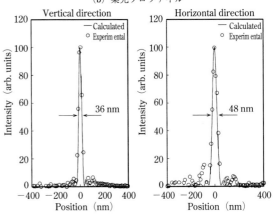

図 13.9 SPring-8 で実現した Sub-50 nm 集光光学系の試験結果.(a) ミラー表面の形状評価結果.レイリー基準を満たす 2 nmPV の精度で楕円形状が作製されている.(b) 集光プロファイルをナイフエッジ法によって測定した結果.

者が中心になり,SPring-8 の共用開始後,X線ミラー作製に特化した超精密加工・計測技術の開発が開始された.2000年以降,反射光内のスペックル除去法[13],高精度光干渉計測によるミラー形状評価法[14,15],原子スケールの平滑面が得られる EEM 法(elastic emission machining)[16]と組み合わせた決定論的形状創成法などの確立を経て,2005年には,図 13.9 に示す Sub-50 nm 集光が全反射ミラーによって達成された[3].さらに,2010年には,初めて補償光学がX線顕微鏡光学系に導入され,7 nm のプローブビームが形成されている[17].このとき,At-wavelength 波面計測法が提案され[18],集光点近傍のビーム強度プロファイルから位相回復法によって波面誤差が求められた.そして,図 13.10 に示すように,上流に置かれた形状可変ミラーによって,その場補正が行われている.

また,研究段階であるが,常に回折限界の条件を満たすビームサイズ可変光学系(ズームコンデンサ)の開発も始まっている.第3世代放射光光源はアップグレードが計画され,100倍以上の高輝度化が見込まれ

13.4 高空間分解能化のための光学技術

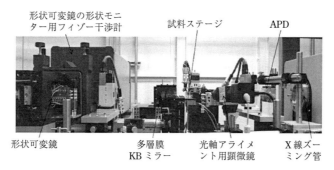

図13.10 SPring-8に構成されたSub-10 nm集光光学系の写真
上流に波面補正用の形状可変ミラーが設置されている.

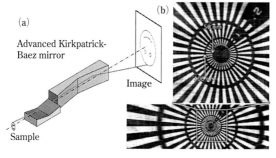

図13.11 ミラーによる4回反射型の拡大結像光学系
水平・垂直方向が独立した光学系であるため，それぞれの方向に双曲面と楕円面で構成される反射面をもつ．(a) 光学系の模式図．(b) ジーメンステストパターンの結像結果．50 nm のライン＆スペースが明確に解像されている．

ている[19]．これによって，顕微鏡観察のスループットが飛躍的に向上することから，貴重な試料を多角的に調べる複合分析システム実現への期待が高まっている．ズームコンデンサは，さまざまな分析に対応した最適なサイズのプローブに即座に切り替えることができ，今後のX線顕微鏡の発展に大きく貢献するものと期待されている[20,21]．

d. 拡大結像型ミラー光学系

プローブビームの微細化以外に，分析の空間分解能を高めるためには，拡大結像型の光学系を用いる方法がある．この光学系には色収差がないことが求められ，全反射ミラーを用いた光学系が最適である．しかし，斜入射条件で用いるミラー光学系では，結像に必要な正弦条件[12]を満たすためには，複数の反射面をもつ光学系である必要がある．その代表がWolterミラーとよばれ，たとえば，回転双曲面と回転楕円面を直列に備えた2回反射光学系である[22]．硬X線領域では，全反射条件の関係から，曲率半径が1 mm前後となり非常に作製が困難である．このため，図13.11のような二組のK-B（Kirkpatrick-Baez）ミラーに展開した光学系が実現され，2015年に分解能Sub-50 nmの回折限界性能が達成されている[23]．

e. おわりに

ミラー光学系に焦点を絞り，近年の発展を概観した．蛍光X線分析の高度化を支える基盤技術であり，測定系構築の参考に成れば幸いである．紙面の都合から，関連技術の説明がまったく不十分であるが，必要に応じて引用した文献を参考にしていただきたい．

[山内和人・松山智至]

引用文献

1) Liu, W. et al., *Rev. Sci. Instrum.*, **76**, 113701 (2005).
2) Yamauchi, K. et al., *J. Synchrotron Rad.*, **9**, 313 (2002).
3) Yumoto, H. et al., *Rev. Sci. Instrum.*, **76**, 063708 (2005).
4) Hignette, O. et al., *Rev. Sci. Instrum.*, **76**, 063709 (2005).
5) Schroer, C. G. et al., *Appl. Phys. Lett.*, **82**, 3360 (2003).
6) Suzuki, Y. et al., *Jpn. J. Appl. Phys.*, **44**, 1994 (2005).
7) Kang, H. C. et al., *Phys. Rev. Lett.*, **96**, 127401 (2006).
8) Bergemann, C. et al., *Phy. Rev. Lett.*, **91**, 204801 (2003).
9) Schroer, C. G. and Lengeler, B., *Phys. Rev. Lett.*, **94**, 054802 (2005).
10) Morawe, Ch. et al., *Opt. Express*, **16**, 16138 (2008).
11) Suzuki, Y., *Jpn. J. Appl. Phys.*, **43**, 7311 (2004).
12) Born, M. and Wolf, E., *"Principles of Optics"* 7th edition, 527, Cambridge Univ. Press (1999).
13) Yamauchi, K. et al., *Appl. Opt.*, **44**, 6927 (2005).
14) Yamauchi, K. et al., *Rev. Sci. Instrum.*, **74**, 2894 (2003).
15) Mimura, H. et al., *Rev. Sci. Instrum.*, **76**, 045102 (2005).
16) Yamauchi, K. et al., *Rev. Sci. Instrum.*, **73**, 4028 (2002).
17) Mimura, H. et al., *Nat. Phys.*, **6**, 122 (2010).
18) Mimura, H. et al., *Phys. Rev. A*, **77**, 0158121 (2008).
19) *SPring-8-II Conceptual Design Report*, RIKEN SPring-8 Center (2014).
20) Kimura, T. et al., *Opt. Express*, **21**, 9267 (2013).
21) Goto, T. et al., *Rev. Sci. Instrum.*, **86**, 043102 (2015).
22) Wolter, H., *Ann. Physik*, **10**, 94 (1952).
23) Matsuyama, S. et al., *Sci. Rep.*, **7**, 46358 (2017).

13.5 放射光蛍光XAFS法による機能性材料の非破壊状態分析

a. X線吸収分光法

X線吸収スペクトルに出現する振動構造を解析することにより目的元素周辺の局所構造や電子状態・酸化状態を明らかにすることのできるX線吸収微細構造法（X-ray Absorption Fine Structure, XAFS）は，非破壊で目的元素の状態分析を行うことのできる強力な分析手法である．

XAFSは，X線吸収スペクトルにおいて吸収端後の約1000 eVの範囲に出現する振動構造である．吸収端に現れる微細構造をX線吸収端近傍構造（X-ray Absorption Near Edge Structure; XANES），それより高エネルギー領域に広域に出現する振動構造を広域X線吸収微細構造（Extended X-ray Absorption Fine Structure; EXAFS）とよぶ．X線吸収端のエネルギー位置は，吸収元素の酸化状態に応じてシフトするので，価数が既知の標準試料と比較することで，未知試料の酸化状態を調べることができる．さらにXANESスペクトルは，その形状が吸収元素の電子構造や結晶構造を明瞭に反映するため，物質の同定に活用することができる．EXAFSは，吸収元素まわりに存在する元素の種類，配位数，結合距離により変化するために，振動構造を解析することにより，吸収元素まわりの局所構造解析が可能である．

b. 蛍光XAFSの特長：機能性材料の状態分析

XAFSスペクトルは，モノクロメーターで単色化したX線を徐々にエネルギーを変化させながら試料に照射し，入射X線強度（I_0）と透過X線強度（I_t）をモニターすることで測定することができる（図13.12(a)）．このため，蛍光X線分析と同様に，適切な濃度の試料がこのX線の光路に入っていれば測定が可能であり，結晶はもちろんのことガラスのような非晶質や気体・液体でも適用が可能であることが大きな特長である．また，試料まわりの空間の自由さから，高温・低温装置や高圧装置などを用いることで極端な条件下にある物質の化学状態や局所構造を求めることもできる．また，X線の吸収端を選ぶことにより，試料に含まれる特定の元素だけに注目したスペクトルの測定が可能で，機能性材料の機能発現現場の元素の化学状態を非破壊でその場分析することができるな

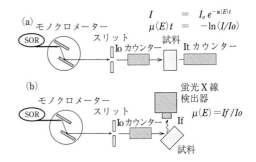

図13.12 放射光を用いたXAFS測定のレイアウト
(a) 透過法，(b) 蛍光法

ど，多くの特長を有する．

一方，X線の吸収と蛍光X線の発生は1：1対応するので，蛍光X線スペクトルの測定系に入射X線のエネルギーのスキャン機構を導入すれば，まったく同じ系でXAFS測定も可能になる（図13.12(b)）．試料によるX線吸収をモニターする透過法では，他の吸光度分析と同様に，試料が均質で厚みが一定であり，かつ適切なX線吸収量を示す元素濃度にする様に試料調製が必要であり，生体試料や文化財・惑星科学試料などへの適用が困難であった．これに対して蛍光法でのXAFS測定は，不均一な試料に対しても解析に耐えうる質のスペクトルを得ることができること，検出器としてSSDなどを用いることで感度のよいXAFS測定をすることができること，そのままの試料で測定を実施することができることなど，透過法よりも応用範囲が広い．一方，蛍光法には①高濃度試料では，試料による蛍光X線の自己吸収でXAFSスペクトルの形状がゆがむことがある，②低濃度試料では蛍光X線強度は微弱であることが多いため，EXAFSスペクトルにノイズが乗りやすい，③本来透過法の測定を原則とするEXAFSを，蛍光法で近似しているために解析は注意することが多くあるなど，デメリットもあることに留意しなければならない．

c. 測定事例：衛生陶器の抗菌釉薬に含まれるAg

抗菌効果が付与された市販の衛生陶器（トイレ等）には，陶器表面の釉薬にAgが添加されていることがあるが，なぜAgが抗菌効果を示すのか明らかになっていない．そこで，（株）LIXILが製造している衛生陶器に対してシンクロトロン放射光を利用した蛍光XAFS測定を実施し，そこに含まれるAgの非破壊状態分析を試みた．測定試料は，抗菌効果試験（フィルム密着法（JIS Z2801））により抗菌効果を検証済みの

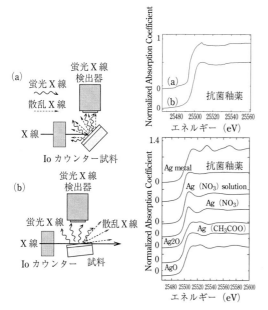

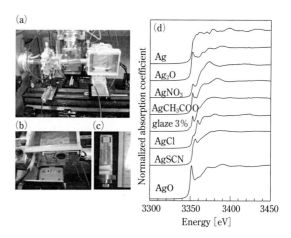

図 13.13 蛍光 XAFS スペクトルの測定レイアウトと抗菌釉薬と Ag 標準試料の Ag K-XANES スペクトル
(a)：通常モード，(b)：斜入射モード，右上：(a) と (b) で測定した Ag K-XANES スペクトルの比較，右下：抗菌釉薬と Ag 標準試料の Ag K-XANES スペクトル

図 13.14 (a)〜(c) SX モードでの蛍光 XAFS スペクトル測定システムと (d) 抗菌釉薬・Ag 標準試料の Ag L_{III}-XANES スペクトル

衛生陶器片（実製品と同等）を用いた．蛍光 X 線分析により衛生陶器の釉薬の元素分析を行ったところ，マトリクスは酸化物として Si 66 %，Al 10 %，Ca，Mg，K，Na が計 17 % からなるガラス質で，そこに微量成分として Zn 2 %，Zr 5 %，Ag 0.08 % が含まれていた．釉薬の厚さは約 600 μm で，その下に素地が密着していた．

この釉薬を塗布した衛生陶器の組織構造に抗菌発現の理由があるかもしれないため，本研究では衛生陶器片を非破壊でそのまま測定に用いることとした．また，Ag 濃度は 0.08 % と希薄であるために，19 素子 SSD を用いた蛍光法による測定を実施した．Ag-K 吸収端 (25.514 keV) の測定は PF-AR NW10A において，Ag L_{III} 吸収端 (3.351 keV) の測定は PF BL9A においてそれぞれ行った．

Ag-K XAFS スペクトル測定は，大気中，常温常圧下で行った．通常の蛍光 XAFS 測定では図 13.12 (b) に示すようなレイアウトを採用するが，衛生陶器片のようなバルク試料の場合には，このままでは試料からの散乱 X 線が多量に検出器に入り，半導体検出器が飽和してしまう（図 13.13(a)）．そこで，散乱 X 線の影響を軽減するために，入射 X 線とほぼ並行に試料を設置し，浅い角度で X 線を入射することで，散乱 X 線の多くを X 線の進行方向に逃し，検出器に入る蛍光 X 線の割合が多くなるようにした（図 13.13(b)）．その結果，蛍光 XAFS スペクトルの S/N 比やバックグラウンドの影響によるスペクトルのゆがみも改善され，EXAFS 解析に用いることのできる質のスペクトルを得ることができた．しかし，標準試料と抗菌釉薬の Ag K-XANES スペクトルの振動構造は緩慢で，スペクトルの比較による抗菌釉薬中の Ag の酸化状態の決定は困難であった．そこで，Ag L_{III} XAFS スペクトルでこの検討を行うこととした．

Ag L_{III} XAFS スペクトルは X 線の光路をヘリウムで充填させ蛍光 X 線を Lytle 型検出器で検出する SX (Soft X-ray) モードで測定を行った（図 13.14(a)〜(c)）．その結果，図 13.14(d) に示したような，微細構造が明瞭な XANES スペクトルを得ることができた．抗菌釉薬中の Ag は，標準試料のなかでは $AgNO_3$ に X 線吸収のエネルギーとスペクトルの形状が類似していたことから，酸化数は一価で，ガラス質の釉薬中で溶液のように銀イオンが拡散している状態であることが示唆された．しかし EXAFS に関しては Ag L_{III} 吸収端は解析領域を十分確保することができなかった．このように，2 種類の吸収端に対して XAFS 測定を行い，衛生陶器片に対する蛍光 XAFS 解析を行った．

[沼子千弥]

13.6 腎臓内に蓄積したウランの非破壊放射光蛍光X線分析

a. はじめに

ウランは地殻成分の一つであり，土壌や海水等，環境中に広く分布している．そのため食物中にも微量含まれており，われわれは食事を介してウランを摂取している．その1日摂取量はおよそ 1.1 μg/day であり[1]，水銀やカドミウムなどの重金属の摂取量より 1/4〜1/20 程度低く[2,3]，通常は健康上問題とならない．しかしながら高濃度のウランを含む地下水を飲用した場合には，腎障害を引き起こすことが報告されている．一方，ウランは原子力発電の燃料として利用されている．原発事故を経験し，飛散した多くの放射性核種と同様に，その内部被ばく影響は今後長期化する廃炉作業に鑑み社会的に高い関心が向けられている．

ウランはα線核種としての放射線毒性と重金属としての化学毒性の両面を合わせもつと考えられている．その生体影響を理解するうえで組織内挙動や細胞局在を把握することはきわめて重要である．すなわち，α線核種であるウランの精度の高い被ばく線量評価には，およそ隣接する細胞間距離に相当する 30 μm 付近でα線のエネルギー付与が最大であることから，ウランの細胞局在の情報が不可欠である．一方，放射線毒性よりも優勢と考えられている化学毒性の発現機序を明らかにするためには，標的細胞におけるウラン蓄積を正確に把握し，組織影響との量-反応関係を示さなくてはならない．しかしながら，これまでウランの適切な局所分析法がないために，標的細胞に関する情報は乏しく，そのウラン動態はよく理解されていなかった．

シンクロトロン放射光による高エネルギーマイクロビームを用いた蛍光X線分析（μSR-XRF）では，生体多量元素に妨害を受けないウランのL線（13.6〜20.2 keV）の検出が可能であり，組織中微細構造に対応したウランの検出を行うことができる．本研究では，薄切分析標準を用いた局所定量化手法およびこれを用いたウラン腎毒性研究への応用事例を紹介する．

b. 腎臓組織中ウランの in situ 検出と薄切分析標準を用いた局所定量

ラット腎臓は中央部から上部と下部に分割し，上部から腎臓横断面の凍結切片（10 μm 厚）を作製し，ポ

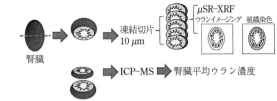

図 13.15 ラット腎臓の μSR-XRF 測定試料の作製

リプロピレン膜に付着させ，SR-XRF 測定試料とした（図 13.15）．また，腎臓分割下部の上部との隣接部の腎臓試料を用い，誘導結合プラズマ質量分析（ICP-MS）によりウラン濃度を測定し，平均腎臓ウラン濃度を求めた．SR-XRF 測定試料に隣接する腎臓切片はヘマトキシリン-エオジン（HE）染色を行い，腎臓組織構造と対応させた．

μSR-XRF は高輝度光科学研究センターの大型放射光施設（SPring-8）BL37XU にて行った[4]．動物組織中にはルビジウム（Rb Kα, 13.4 keV）が数 ppm 程度含まれ[5] U Lα（13.6 keV）の妨害となるため，ウランの検出は U Lβ1, β2（16.1〜17.6 keV）で行った．ウラン局所量の定量は薄切分析標準を用いた．凍結切片を作成する時に使用される支持体（ポリエチレングリコール 4.26%，ポリビニールアルコール 10.24%，緩衝成分を含む水 85.5%）をベース材料とし，任意の濃度の酢酸ウラン溶液を 1/100 容量添加し（0〜500 μg/g），組織試料と同様に薄切試料（10 μm 厚）を作製し分析標準とした[6]．おのおのの蛍光X線強度（25 分析点の平均）から検量線を作成し，ウラン量を算出した．

c. 腎臓内ウラン挙動と組織損傷

ウランの腎毒性は，腎臓近位尿細管下流部位（S3 セグメント）の部位特異的な損傷が特徴として知られている[7]．ラットに酢酸ウランを投与し腎臓内ウラン挙動を調べたところ，ウランは投与後初期（3 時間後）から腎臓の皮質内辺部から髄質外辺部にかけての領域に分布し，尿細管損傷（投与後 8 日目）から回復期（投与後 15 日目）にかけても部位特異的な蓄積が持続することがわかった[8,9]．S3 尿細管はこの皮質内辺部から髄質外辺部にかけての領域に分布しており，ウランは選択的に S3 尿細管に蓄積し組織損傷を引き起こすことが示された（図 13.16）．

d. ウラン濃集と毒性影響

S3 尿細管についてさらに詳細なウラン分布を調べたところ，尿細管上皮には平均腎臓ウラン濃度の 50

倍以上のレベルのウラン濃集部が散在することが明らかとなった（図13.17）[9]．年齢の異なるラットを用いた検討では，発達期における腎臓は成熟期に比べ腎臓中ウラン濃度が低く，組織損傷も軽度であったが，腎臓からの排泄が遅く，成熟期と同等レベルのウラン濃集部が残存することから[8]，長期的な影響を検討する必要性が考えられた．

e．まとめ

μSR-XRFにより，従来法の腎臓平均ウラン濃度の推移からは把握できなかった局所的なウラン濃集とその残存性が明らかとなった．この様な不均一分布のもたらす毒性修飾を明らかにしていくことは内部被ばく影響を考えるうえで重要であり，ウランの長期的影響に向け本手法を駆使し，ウラン濃集とそれに起因する組織影響に関する基礎データを構築していきたい．

［武田志乃］

引用文献

1) K. Shiraishi, K. Tagami, Y. Muramastu, and M. Yamamoto, *Health Physics*, **78**, 28 (2000).
2) IPCS Assessing human health risks of chemicals: Derivation of guidance values for health-based exposure limits. Geneva, World Health Organization, International Programme on Chemical Safety (1994).
3) 松田りえ子，厚生労働科学研究費補助金，平成17年度総括研究報告書．
4) Y. Terada, S. Homma-Takeda, A. Takeuchi, and Y. Suzuki, 2010. X-Ray Optics and Instrumentation, DOI: 10.1155/2010/317909 (2010).
5) S. Homma-Takeda, Y. Terada, H. Iso, T. Ishikawa, M. Oikawa, T. Konishi, H. Imaseki, and Y. Shimada, *International Journal of PIXE*, **19**, 39 (2009).
6) S. Homma-Takeda, Y. Nishimura, H. Iso, T. Ishikawa, H. Imaseki, and M. Yukawa, *Journal of Radioanalytical and Nuclear Chemistry*, **279**, 627 (2009).
7) S. Homma-Takeda, Y. Terada, A. Nakata, S. K. Sahoo, S. Yoshida, S. Ueno, M. Inoue, H. Iso, T. Ishikawa, T. Konishi, H. Imaseki, and Y. Shimada, *Nuclear Instruments and Methods in Physics Research*, **B267**, 2167 (2009).
8) S. Homma-Takeda, T. Kokubo, Y. Terada, K. Suzuki, S. Ueno, T. Hayao, T. Inoue, K. Kitahara, B. J. Blyth, M. Nishimura, and Y. Shimada, *Journal of Applied Toxicology*, **33**, 685 (2013)
9) S. Homma-Takeda, K. Kitahara, K. Suzuki, B. J. Blyth, N. Suya, T. Konishi, Y. Terada, and Y. Shimada, *Journal of Applied Toxicology*, **35**, 1594 (2015).

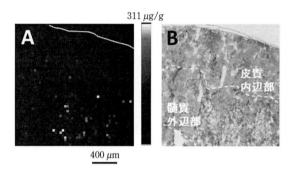

図13.16 腎臓のウラン分布（口絵5参照）
酢酸ウランを皮下投与（0.5 mg/kg）したラット腎臓における，8日後のウランイメージング（A）とヘマトキシリン－エオジン染色（B）．30 keVのマイクロビーム（1 μm×1 μm）を40 μmステップでスキャンした．ウラン濃度はイメージング右のグレースケールに対応しており，白い点がウラン濃集部を示す．スケールバーは400 μmに相当．平均腎臓ウラン濃度は3.18±0.79 μg/g．文献[8]より引用，一部を改変．

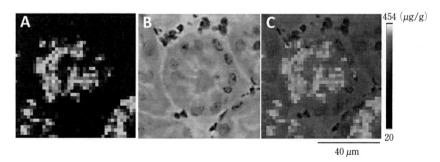

図13.17 S3近位尿細管におけるウラン分布（口絵6参照）
酢酸ウラン投与（0.5 mg/kg）1日後の腎臓．（C）はウランイメージング（A）とヘマトキシリン－エオジン染色像（B）をオーバーラップした．30 keVのマイクロビーム（1 μm×1 μm）を2 μmステップでスキャンした．スケールバーは40 μmに相当．尿細管上皮の核近傍にウラン濃集部（白い点）が散在．平均腎臓ウラン濃度は1.13±0.74 μg/g．文献[9]より引用，一部を改変．

14章 新しいアプローチと特殊応用

14.1 斜出射X線分析

a. はじめに

斜出射X線分析法では特性X線を試料表面からすれすれの角度,すなわち斜出射角度で測定する.この測定配置により,表面敏感なX線分析が可能となり,連続X線バックグラウンドも減少する[1,2].斜出射X線分析では励起源がX線のみならず,電子線や荷電粒子でも適用できる.それぞれ斜出射EPMA (electron probe micro analysis),斜出射PIXE (particle-induced X-ray emission),斜出射蛍光X線分析として研究が進められている.

b. 斜出射EPMA

EPMAでは固体試料中での電子の散乱のために,特性X線の発生体積は数μmに広がる.よって,EPMAにおける空間分解能も数μmになってしまう.モンテカルロシミュレーションによると[3],X線発生領域は試料極表面では大きく広がっていない.そこで,斜出射配置において試料極表面から発生する特性X線のみを測定すれば空間分解能の向上にもつながる[4].EPMAの空間分解能を向上させる方法として低加速電圧でのEPMAが利用されることもある.しかし,この場合は分析可能な特性X線が低エネルギー領域に限られてしまう.斜出射EPMAを用いると15 kVなどの通常の加速電圧の下で空間分解能を高めた表面分析が可能となる[2].図14.1に示すように,特性X線の分光法も波長分散型(WDS)とエネルギー分散型(EDS)の2つの方法が報告されている.

EPMAにおいて取り出し角度を制御するには,図14.1のように試料台を傾斜させる方法が簡便である.この場合,電子線照射部とX線分析器の位置は固定されるため,試料台の傾斜により入射角度が変化することに注意が必要である.

大気中の浮遊粒子状物質の1粒子分析をEPMAで

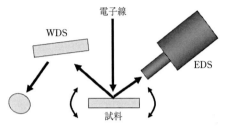

図 14.1 斜出射 EPMA 法

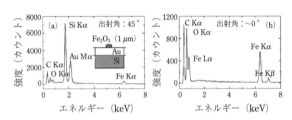

図 14.2 単一微粒子の斜出射 EPMA 分析

行うことが可能である.微粒子を平坦基板に分散捕集する.粒子径が数 mm 以下の微粒子を EPMA 分析すると,通常,1次電子は粒子を突き抜け,保持基板からも特性X線や連続X線が観測される.図14.2はFe_2O_3粒子をAu/Si基板上に分散させ,EPMAで1粒子を分析した結果である.出射角度が45°の場合,電子線が微粒子を通過し,図14.2(a)に示されるように,下地のAuやSiからの特性X線が大きく観測された.一方,出射角度をゼロ近傍にした場合,基板に由来する特性X線は消失し,図14.2(b)のように,単一粒子からの特性X線のみが観測された[4].このように斜出射EPMAを適用すると,下地からの影響を受けない単一粒子分析が可能となる.

鉄鋼表面に存在する介在物の斜出射EPMA分析も報告されている[5].鉄鋼中の介在物は材料の強度特性に大きく影響するため,広範囲での介在物の迅速な評価方法が求められている.この目的にEPMAは適している.しかし,介在物を構成する元素が母相にも含

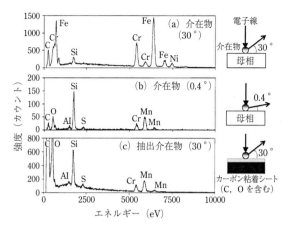

図 14.3 ステンレス鋼腐食面上の単一サブミクロン介在物（直径 0.2 μm）の斜出射 EPMA 分析[5]

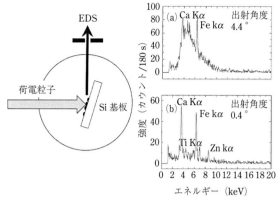

図 14.4 大気中浮遊粒子状物質の斜出射 PIXE 分析[6]

まれていることが多いため，母相（鉄鋼）の組成と区別して介在物の組成分析を行う必要がある．そこで，表面に露呈された介在物（直径 0.2 mm）に対して斜出射 EPMA が適用された[5]．図 14.3 において，出射角度 30°で測定すると母相からの Fe などが強く観測された（図 14.3(a)）．出射角度を 0.4°にすると，介在物のみからの特性 X 線を測定することができた（図 14.3(b)）．これは，介在物を母相から抽出して炭素膜上に保持して測定したスペクトル（図 14.3(c)）ときわめて類似していることからも，介在物単一粒子分析が実現されていると考えられる．このように，本手法を用いると，サブミクロンの介在物を母相（鉄鋼）の影響を受けることなく組成分析ができる．

c. 斜出射 PIXE

PIXE（粒子線励起 X 線）分析は，陽子などの荷電粒子を加速して試料に照射し発生する特性 X 線を計測する方法で，高感度な微量分析法として環境分析，生体・バイオ試料などに広く適用されている．PIXE が微量分析に適する理由の 1 つは，連続 X 線バックグラウンドが低いことにある．陽子などの荷電粒子は電子に比べて質量が大きいために制動放射の発生が少ない．しかし，2 次的に発生する電子によって制動放射が発生するため，特に低エネルギー側でバックグラウンドが大きくなり，その結果，PIXE の軽元素の検出限界は必ずしもよくない．そこで，PIXE に斜出射 X 線分析法を適用した例を図 14.4 に示す[6]．試料は大気中の浮遊粒子状物質であり，これをシリコンウェーハの小片上に捕集した．測定配置を図 14.4 の左に示す．陽子ビームにより励起された特性 X 線を比較的大きな角度で測定すると図 14.4(a) に示されるように数 keV あたりに大きな連続 X 線が観測される．同じ試料を斜出射角で検出したところ，図 14.4(b) に示すように低エネルギー側のバックグランドが軽減し，結果として，Ca，Ti などの軽元素の特性 X 線が明確に観測された．

d. 斜出射微小部 XRF

第 8 章で紹介された全反射蛍光 X 線分析法では試料全面が平坦である必要があるが，斜出射 XRF 法ではこの制約はゆるくなる．加えて，マイクロ X 線ビームを励起源とすることも可能であり，固体試料の微小部での蛍光 X 線表面分析が実現される[1]．この斜出射微小部 XRF の層構造試料への適用例[1,7]や，植物の葉の表面分析への応用例[8]などが報告されている．

[辻　幸一]

引用文献

1) 辻　幸一，ぶんせき，**338**，83 (2003).
2) K. Tsuji, *Spectrochim. Acta B*, **60**, 1381 (2005).
3) K. Tsuji, K. Tetsuoka, F. Delalieux, and S. Sato, *e-J. Surf. Sci. Nanotech.* **1**, 111 (2003).
4) K. Tsuji, Z. Spolnik, K. Wagatsuma, R. Nullens, and R. Van Grieken, *Mikrochim. Acta*, **132**, 357 (2000).
5) T. Awane, T. Kimura, K. Nishida, N. Ishikawa, S. Tanuma, and M. Nakamura, *Anal. Chem.*, **75**, 3831 (2003).
6) K. Tsuji, Z. Spolnik, K. Wagatsuma, R. E. Van Grieken, and R. D. Vis, *Anal. Chem.*, **71**, 5033 (1999).
7) T. Emoto, Y. Sato, Y. Konishi, X. Ding, and K. Tsuji, *Spectrochim. Acta B*, **59**, 1291 (2004).
8) T. Awane, S. Fukuoka, K. Nakamachi, and K. Tsuji, *Anal. Chem.*, **81**, 3356 (2009).

14.2 ポリキャピラリーX線集光素子と微小部蛍光X線分析

a. はじめに

可視光においては光を伝達する手段として光ファイバーが実用化されているが、ガラスキャピラリー内での全反射現象を利用したX線伝達も研究されてきた。Kumakhovらはガラスキャピラリーを複数束ねたポリキャピラリーについて報告している[1]。開発当初はアッセンブリー型であったが、現在は一体型のポリキャピラリーが市販されている。

b. 構造と特性

ポリキャピラリーX線集光素子（9.1節参照）は点から点へ集光したり、平行X線ビームを微小点に集光する（もしくは、その逆）目的で利用される。ポリキャピラリーレンズには入射側と出射側での焦点距離があり、微焦点X線管や試料の位置に関して厳密な調整が必要である[2,3]。この集光素子では大きな立体角でX線を取り込むことができ、集光点において大きなゲインが得られる。

集光されたX線ビームの直径は金属細線の走査から評価できる。図14.5はAuの細線をX線ビームに対して走査しつつ、Auの蛍光X線強度をプロットした結果である。この場合、半値幅は9.7 μmであった。このビーム径は評価する蛍光X線エネルギーに依存する[4]。ポリキャピラリーによる集光ではX線全反射現象を利用しているので、ビーム径評価には全反射臨界角のエネルギー依存性が反映される。集光点において高エネルギーX線は中心部に、低エネルギーX線は周辺部にも分布している[4]。よって、低エネルギーの蛍光X線を発する金属細線を用いると大きなビーム径として評価される。

同様に透過率にもエネルギー依存性が見られる。図14.6にはポリキャピラリーX線レンズの透過率のエネルギー依存性をしめす[5]。高エネルギー領域では全反射臨界角が小さくなることから、X線の伝達効率が悪くなり、透過率が下がる。これらのエネルギー依存性はキャピラリーの材質（密度）にも依存する。

c. 微小部蛍光X線分析への応用

図14.7にポリキャピラリーX線レンズを組み込んだ微小部蛍光X線分析装置の構成例を示す。ポリキャピラリーX線集光素子で微細ビームを得るには、微焦点型X線管と組み合わせることが有効である。X線管のターゲットにおいて、50 μm程度の焦点を有

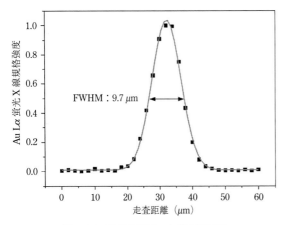

図 14.5 X線集光ビーム径の評価例

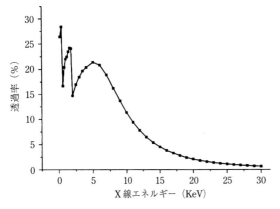

図 14.6 ポリキャピラリーX線レンズにおける透過率[5]

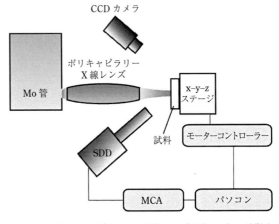

図 14.7 ポリキャピラリーX線レンズを組み込んだ微小部蛍光X線分析装置の構成例

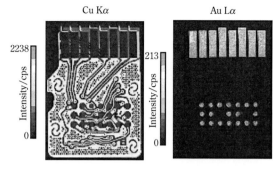
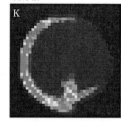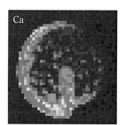

図 14.8 マイクロ SD メモリーカードの分析例[6]（口絵 7 参照）

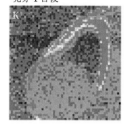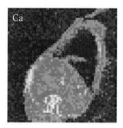

図 14.10 キノア種子の微小部蛍光 X 線測定例[7]

図 14.9 試料台に取り付けたキノア種子

する X 線管も入手できる．試料位置とエネルギー分析を連動させることにより，元素分布像が得られる．実例として，

携帯電話などに利用されるマイクロ SD メモリーカードに対して元素分析像を取得した例を図 14.8 に示す．Au は電極の接点部分に分布し，Cu はプリント基板の回路配線に利用されている様子が可視化されている[6]．

植物の成長過程のモニタリングに適用した例を紹介する．図 14.9 に示すように，キノアと呼ばれる種子（直径 2 mm 程度）を湿らせた脱脂綿に取り付け，図 14.7 の微小部蛍光 X 線分析装置により元素マッピングを行った．その結果，図 14.10 に示すように，種子の状態では K, Ca は果皮や胚部分に集積していたが，発芽 1 日後には，K は芽（子葉，胚軸）の部分に移動したのに対して，Ca は芽と種子全体に見られた[7]．

d. ポリキャピラリー素子の全視野型 XRF イメージングへの応用

集光目的以外に，直線型のポリキャピラリー素子が 2 次元のコリメーターとして利用されることもある．前述の走査型と異なり，一度に広い視野の元素分布像を得る全視野型の蛍光 X 線イメージングに有効である[8]．2 次元のコリメーターを利用することにより，試料表面の元素分布を 1 対 1 の関係で X 線 2 次元検出器（X 線カメラ）に導くことが可能となる

[辻 幸一]

引用文献

1) M. A. Kumakhov, and F. F. Komarov, *Phys. Rep.* **191**, 289 (1990).
2) 辻 幸一，ぶんせき，**380**, 78 (2006).
3) 田中啓太，堤本 薫，荒井正浩，辻 幸一，X 線分析の進歩，**37**, 289 (2006).
4) A. Matsuda, Y. Nodera, K. Nakano, and K. Tsuji, *Anal. Sci.*, **24**, 843 (2008).
5) N. Gao, K. Janssens, Polycapillary X-ray Optics, "X-Ray Spectrometry: Recent Technological Advances", edited by K. Tsuji, J. Injuk, R. E. Van Grieken, John Wiley & Sons, Ltd, (2004) pp. 89–110.
6) T. Nakazawa, and K. Tsuji, *X-Ray Spectrom.*, **42**, 123 (2013).
7) T. Emoto, Y. Sato, Y. Konishi, X. Ding, and K. Tsuji, *Spectrochim. Acta B*, **59**, 1291 (2004).
8) K. Tsuji, T. Matsuno, Y. Takimoto, M. Yamanashi, N. Kometani, Y. C. Sasaki, T. Hasegawa, S. Kato, T. Yamada, T. Shoji, and N. Kawahara, *Spectrochim. Acta B*, **113**, 43 (2015).

14.3 共焦点型微小部蛍光X線分析

a. はじめに

共焦点型微小部蛍光X線分析法のアイデアは1993年の論文に見ることができる[1]．ポリキャピラリーX線レンズ（14.2参照）は1次X線を微小点に集光できる．その焦点位置ではビーム幅は最小となり，輝度も高い．そこから発生した蛍光X線のみを検出器に導くために，試料と検出器の間に第2のポリキャピラリーX線レンズを取り付ける．つまり，2つのポリキャピラリーの焦点を合致させることにより微小空間の蛍光X線分析が可能となる．2000年には共焦点型の蛍光X線分析装置が組み上げられ，最初の実験結果が報告された[2]．ついで，試料の位置を共焦点に対して深さ方向に移動させることにより，深さ方向分析が可能となることが2003年に報告された[3]．3次元方向に走査することにより，各元素の3次元分布像を構築することも可能である．

b. 共焦点型微小部蛍光X線分析装置と分析特性

図14.11に共焦点型微小部蛍光X線分析装置の一例を示す[4]．図14.11の右側に1次X線用の集光用ポリキャピラリーレンズが，左側には検出用のポリキャピラリーハーフレンズが取り付けられている．図14.11において，検出側のポリキャピラリーをはずした微小部配置と，2つのポリキャピラリーを有する共焦点配置とで，ガラス標準物質（NIST SRM621）を測定した結果のスペクトルを図14.12に比較して示す．検出限界の評価値は文献[4]に報告されているが，共焦点配置では分析体積が小さいにもかかわらず，バックグラウンドが低減した結果，いくつかの元素におい

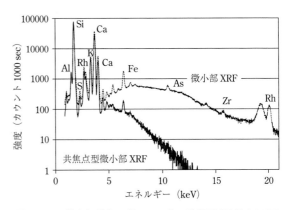

図14.12 微小部蛍光X線スペクトル取得例（試料はNIST SRM621）[4]

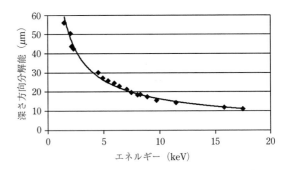

図14.13 深さ方向分解能のエネルギー依存性[4]

て検出限界が向上した．

共焦点型微小部XRFにおける空間分解能，特に，深さ方向の分解能は金属薄膜を走査させることにより評価できる．図14.11の装置で予測された空間分解能を図14.13に示す．ポリキャピラリーX線レンズ内でX線全反射現象を利用するため，空間分解能にもエネルギー依存性が表れる．このため，低エネルギー側で空間分解能の低下が見られた．

c. 試料内部の分析例

共焦点配置では，図14.14に示すように2種類の元素イメージングが可能である．14.2節で報告したマイクロSDメモリーカード（図14.8参照）に対して，異なる分析深さ（35 μm と 90 μm）で取得した銅のXRF強度分布像を図14.15に示す[5]．図14.15では分析深さにより異なる分布像が得られた．これは，銅によるプリント配線が多層構造を取っていることを示唆している．このように，深さ選択的な元素イメージングが非破壊的に得られることが本手法の大きな特徴である．

非破壊的に深さ方向の元素分布に関する情報が得ら

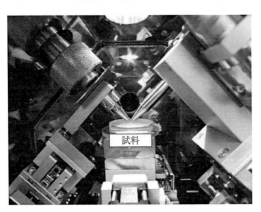

図14.11 共焦点型微小部蛍光X線分析装置の一例

14.3 共焦点型微小部蛍光 X 線分析

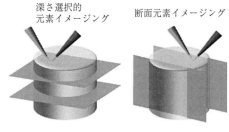

図 14.14 共焦点型微小部蛍光 X 線分析における元素イメージング[5]

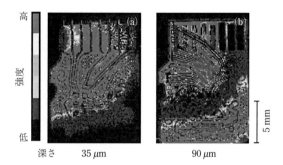

図 14.15 異なる深さでの CuKα 強度分布像 (試料はマイクロ SD メモリーカード)[6] (口絵 8 参照)

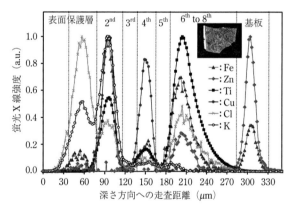

図 14.16 自動車塗膜片 (青色:右上写真) に対する非破壊的深さ方向元素プロファイル[7]

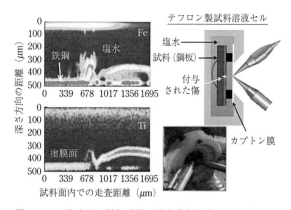

図 14.17 塩水中の鉄鋼試料の腐食進行過程のその場 XRF イメージング

れることは法科学試料の分析にも有効である. 自動車事故現場には小さい塗膜片が残されることがある. 図14.16 には, 青色の自動車塗膜片に適用した深さ方向の XRF 強度プロファイルを示す[7]. 6 元素に対して特徴的な深さ方向プロファイルが得られており, この塗膜片は多層構造をしていることがわかる.

塩水中に置かれた鉄鋼材料表面での腐食進行過程の観察にも本法が適用されている[8]. 図 14.17 の右上にテフロン製の試料溶液セルを示す. 水溶液層の深さ方向に約 500 μm, 試料面内方向に約 1700 μm の範囲で Fe, Ti などの蛍光 X 線強度分布を取得した. 図 14.17 の分布図は腐食開始から 240 時間後の様子である. 試料の鉄鋼表面は Ti を含む塗膜で覆われており, 試料表面に付与された傷から腐食が進行し, 膨れ破壊が発生し, そこから溶解した金属元素 (Fe) が水溶液層に拡散する様子が可視化されている.

また, 絵画の非破壊分析にも応用され, 上塗り層で隠された黒猫の描画が可視化された[9]. 　　[辻 幸一]

引用文献

1) W.-M. Gibson, and M. A. Kumakhov, *Proceedings of SPIE*, **1736**, 172 (1993).
2) X. Ding, N. Gao, and G. Havrilla, *Proceedings of SPIE*, **4144**, 174 (2000).
3) B. Kanngieber, W. Malzer, and I. Reiche, *Nucl. Instr. and Meth. in Phys. Res. B*, **211**, 259 (2003).
4) T. Nakazawa, and K. Tsuji, *X-Ray Spectrom.*, **42**, 374 (2013).
5) K. Tsuji, T. Matsuno, Y. Takimoto, M. Yamanashi, N. Kometani, Y. C. Sasaki, T. Hasegawa, S. Kato, T. Yamada, T. Shoji, and N. Kawahara, *Spectrochim. Acta B*, **113**, 43 (2015).
6) T. Nakazawa, and K. Tsuji, *X-Ray Spectrom.*, **42**, 123 (2013).
7) K. Nakano, C. Nishi, K. Otsuki, Y. Nishiwaki, and K. Tsuji, *Anal. Chem.*, **83**, 3477 (2011).
8) 辻 幸一, 平野新太郎, 八木良太, 中澤 隆, 秋岡幸司, 土井教史, 鉄と鋼, **100**, 897 (2014).
9) K. Nakano, A. Tabe, S. Shimoyama, and K. Tsuji, *Microchem. J.*, **126**, 496 (2016).

14.4 超伝導検出器

a. はじめに

エネルギー高分解能のX線検出器としては半導体検出器が広く用いられている．しかしながら，半導体検出器のエネルギー分解能はたとえば6 keVのX線に対して130 eV程度であり，特性X線を分離する能力は波長分散型に比べて劣っている．これに対して超伝導転移端センサー（Transition Edge Sensor: TES）や超伝導トンネル接合を用いた検出器では半導体検出器より優れたエネルギー分解能が実現されている．超伝導トンネル接合検出器には，1つの超伝導トンネル接合で直接にX線を吸収して検出する超伝導単接合検出器，および基板でX線を吸収してそのエネルギーをフォノンに変換し，基板上に設けた多数の超伝導トンネル接合でフォノンを検出することによってX線のエネルギーを測定する超伝導直列接合検出器がある．

b. 超伝導体X線検出器の原理

TESは放射線が入射して検出器の温度が上昇することを利用して放射線のエネルギーを測定するカロリメータの一種である．吸収体にX線が入射すると，そのエネルギーを吸収して吸収体の温度が上昇する．微小温度の増加がTESで発生すると，TESの抵抗値が増加する．TESは定電圧で駆動され，抵抗の増加によりTESに流れる電流が減少する．この電流の変化の大きさが，入射したX線のエネルギーに比例する．

図14.18に超伝導トンネル接合の構造の例とトンネル効果を示す．2つの超伝導膜の間に厚さが1 nm程度と非常に薄い絶縁膜が挟まれている．左右の超伝導体のフェルミーエネルギー E_F に差があるのはトンネル接合に外部からバイアス電圧が印加されているからである．左側の超伝導体電極でX線によって電子がエネルギーギャップの上に励起されると励起電子はトンネル障壁を通り抜けて右側の電極に移動することができる．右側の電極で電子が励起された場合には，右側の空いた準位に左側のエネルギーギャップの下の電子が移動できる．透過した電荷量から放射線のエネルギーを知ることができる．

超伝導トンネル接合検出器は半導体検出器と同じように量子型検出器である．エネルギー分解能の理論限界は放射線によって検出器中で励起される電子の数

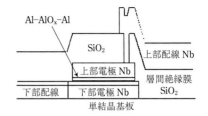

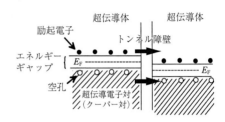

図 14.18 超伝導トンネル接合の構造とトンネル効果の模式図

N の統計的揺らぎ ΔN によって決まる．揺らぎの割合（$\Delta N/N$）が小さいほど分解能の理論限界は小さくなる．電子を1個励起するのに必要な平均エネルギーを ε とし，放射線のエネルギーを E とすると，$N=E/\varepsilon$ である．また $\Delta N \propto N^{1/2}$ であるから，$\Delta N/N \propto (\varepsilon/E)^{1/2}$ となり，ε が小さいほどエネルギー分解能がよくなりえる．半導体のエネルギーギャップの大きさは1 eV程度であるが，金属超伝導体のエネルギーギャップの大きさは超伝導電子対（クーパー対）の結合エネルギーに相当しており，1 meV程度と小さい．

フォノンのエネルギーは通常数十 meV以下であるため，半導体中では電子をエネルギーギャップの上に励起することはできないが，超伝導体の場合には電子の励起過程で放出されるフォノンのうちエネルギーが 2Δ より大きいものは電子を励起することができる．その結果，エネルギーギャップが小さいだけでなく，放射線のエネルギーによって電子が効率よく励起され，放射線のエネルギーの約60 %が信号電荷に寄与する．

c. 超伝導単接合検出器

超伝導単接合検出器は，超伝導トンネル接合で直接にX線を吸収してトンネル効果で励起電子を信号電荷として取り出す量子型検出器であり，毎秒数万個のX線が計測可能である．エネルギー分解能はTESよりは劣るが，半導体検出器よりも数倍から10倍程度すぐれた値が得られている．X線用の超伝導単接合検出器のトンネル接合の面積は通常0.01〜0.04 mm²

程度と小さく，検出効率が低い．1つの基板の上に1個あたりの面積が0.01 mm²の超伝導トンネル接合を100個形成し，それぞれの接合からの信号を別個に取り出して処理することによって，検出効率と計数率を向上させた例もある．

d. 超伝導直列接合検出器

超伝導直列接合検出器では，サファイア（Al_2O_3）やSiなどの単結晶基板のうえに直列および並列に接続した多数の超伝導トンネル接合を形成する．X線は基板の裏側に入射させ，そのエネルギーをフォノンに変換する．フォノンは単結晶基板中を伝播して表側の超伝導トンネル接合に吸収されてそこで電子を励起する．励起された電子はトンネル効果で信号電荷として取り出される．そのため，検出器の厚さは，たとえばSi基板の厚さの400 μmになる．また，単接合検出器の場合の信号電圧Vは接合の面積Sに反比例した（$V \propto S^{-1}$）が，直列接合検出器では，トンネル接合の接合部の総面積Sに応じて直列に接続する接合の数を最適化することによって$V \propto S^{-1/2}$にすることができ，その結果として大面積化が可能になる．

図14.19には面積が3×3 mm²のSi基板の上に作製した超伝導直列接合検出器の構造が示されている．下部電極と上部電極の面積がそれぞれ45×45 μm²と25×25 μm²である超伝導トンネル接合が16直列×32並列×4＝2048個使用されている．それらの超伝導トンネル接合は4つの領域に分けられており，それぞれの領域に属する接合はすべて接続されている．検出器からは4つの信号が取り出され，4つの信号の大きさから各X線の入射位置の情報も得ることもできる．図14.20には，その超伝導直列接合検出器の中心の面積が約1 mm²の領域に⁵⁵FeからのX線を照射して得られた波高スペクトルが示されている．5.9 keVのX線に対するエネルギー分解能は63.5 eVであり，半導体検出器より約2倍すぐれている．信号は半導体検出器用の電荷有感型前置増幅器で取り出されている．信号の立ち上がりのとき時定数は約2 μsであり，毎秒2万個程度までのX線が測定可能だと考えられる．また，超伝導単接合検出器でエネルギーの高いX線を測定するときに問題となったバックグラウンド信号の増加はほとんどない．超伝導直列接合検出器のエネルギー分解能はTESや超伝導単接合検出器よりは劣るが，超伝導直列接合検出器は高効率で高速の高分解能X線検出器である．

d. 超伝導体X線検出器の特徴

超伝導体X線検出器では半導体検出器よりもすぐれたエネルギー分解能が得られているが，検出器としての特性は検出器の種類によって大きく異なっている．表14.1に，分解能，検出効率，最大計数率，計測可能エネルギーについて，半導体検出器（SDD：シリコンドリフト検出器）の典型的な値で規格化した場合の各検出器での代表的な値を示している．

表 14.1 X線検出器の特性の比較（相対値）

X線検出器の種類	エネルギー分解能 (5.9 keV)	検出効率 (5.9 keV)	最大計数率	計測可能エネルギー
半導体検出器（SDD）	1	1	1	1
超伝導遷移端センサー	70	1/200	1/500	1/2
超伝導単接合検出器	10	1/5000	1/5	1/10
超伝導直列接合検出器	2	1	1/5	1

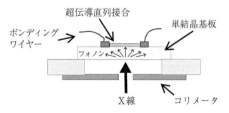

図 14.19 超伝導直列接合検出器の構造例

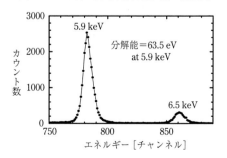

図 14.20 超伝導直列接合検出器で得られた⁵⁵FeからのX線の波高スペクトル

e おわりに

超伝導現象を用いたX線検出器は，長い年月，多くの研究者により開発がなされたが実用化にはならなかった．近年その可能性が見いだせたことより，超伝導体検出器を用いた近い将来の研究が楽しみである．

［谷口一雄］

14.5 波長分析技術を用いたエネルギー分散型蛍光X線分析

a. はじめに

蛍光X線分析装置には波長分散型と，エネルギー分散型とがある．波長分散型はX線のエネルギーを分光するために分光器を必要とすることから大型で，おもに研究室内で利用される．これに対してエネルギー分散型では，試料からの蛍光X線はエネルギー分解能をもった半導体検出器で検出され，X線のエネルギーに比例したパルス高の電気信号を計測し，直接スペクトルを得る．このために計測時間が短縮され，また駆動部がないことより装置を小型化することができる．最近は性能も向上し，多くのユーザに使用されるようになってきた．しかしながらエネルギー分散型の長所を生かしながら，検出性能のさらなる向上が求められている．

検出性能の向上，すなわち超高感度分析の「シナリオ」は下記の活用である．

① 単色X線による励起
② 試料のみを励起
③ 高いエネルギー分解能をもつ検出器の活用

エネルギー分散型装置では③の活用は当面難しい．しかしながら①，②の活用は可能である．ここではエネルギー分散型蛍光X線分析装置に波長分散技術を活用することにより，大型の波長分散型蛍光X線分析装置の性能を上回る可能性について述べる．

b. 結晶分光

結晶分光，すなわちBraggの法則に基づいた波長分散技術はX線分析における基礎技術であり，波長分散型の装置の基幹部分となるが，エネルギー分散型装置でも活用が期待される．最も簡単な例としては，入射X線を分光結晶で集光・単色化し使いたい励起X線だけを用いる技術がある．この場合は単色化により，最も注目すべき分析対象元素にあった励起X線を選択できるという利点が生じる．

製作する分光結晶には平板結晶をリング状に並べる，ヨハン型に湾曲させて，かつリング状になるように2重に湾曲させ，利用できる結晶の表面積を拡大させるログスパイラル型などが活用されている．

ログスパイラル型2重湾曲分光結晶の一例を図14.21に示す．たとえば，X線管からの発散X線は数学

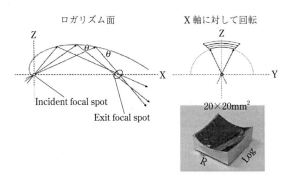

図 14.21 ログスパイラル型2重湾曲分光結晶の構造

的演算で求まるロガリズム面に入射する．ロガリズム面での入射角は常に一定角度 θ で入射し，X線管からの入射X線はBragg角 θ で回折し試料に入射する．結晶の一部だけで回折が行われる通常のヨハン型に比べて強度が大きくなる．この結晶面をX線管と試料中心とを結ぶ線で回転させることにより，さらに励起に寄与する入射X線量は多くなり，高効率の分光集光素子になる．このような構造を特にログスパイラル型2重湾曲分光結晶（ログスパイラル型DCC）とよんでいる．

d. 単色X線励起エネルギー分散型装置

通常のエネルギー分散型装置の高級版（たとえばテクノエックス社製FD-20）などでは2重湾曲分光結晶（DCC）で入射側のX線を分光して試料を励起し，検出性能を向上させている．

e. 波長分散を用いたエネルギー分散型装置

通常のエネルギー分散型蛍光X線の蛍光X線側を2重湾曲分光結晶を用いて特性X線を分光させ，検出器に入射する散乱X線を減少させることができる．この方式では元素ごとに2重湾曲分光結晶を設置しなければならないが，検出器にエネルギー分散型を使用することにより，1つの検出器で複数の元素を測定することができる．図14.22(a)に波長分散を用いたエネルギー分散型装置の分光系を，またテクノエックス社製WD-10を用いてオイル中のP，S，Clを同時計測したスペクトル例を図14.22(b)に示す．

f. 固定チャンネル方式

1元素のみを計測する目的で，その元素の励起に適した単色X線を励起源に使用し，試料からの蛍光X線は特性X線のみを検出するためにさらに分光し，これを検出器で検出することにより検出下限の向上を図る．図14.23にこの方式の光学系を示す．しかしながらこの方式は1元素しか計測できないために，多元素同時分

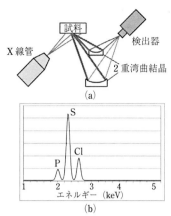

図 14.22 2重湾曲分光結晶を用いて蛍光 X 線を分光

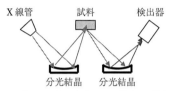

図 14.23 固定チャンネル方式による蛍光 X 線装置の光学系

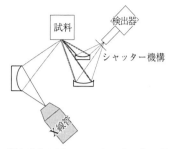

図 14.24 単色励起固定チャンネル式エネルギー分散型装置光学系

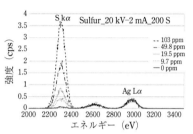

図 14.25 軽油標準物質での S 濃度変化に伴う蛍光 X 線スペクトル変化

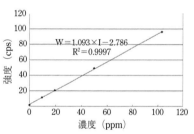

図 14.26 軽油中 S の蛍光 X 線強度の検量線

析ができない欠点がある．検出下限は通常の波長分散型よりもよく，かつ装置は小型のために石油中の S，Cl，P，Si などの軽元素分析などで活用されている．この方式はエネルギー分散型蛍光 X 線装置ではない．

g. 単色励起固定チャンネル式エネルギー分散型装置

試料の励起には単色 X 線を使用し，試料からの蛍光 X 線もさらに分光して，それをエネルギー分解能をもつ 1 つの検出器で検出する方式を単色励起固定チャンネル式エネルギー分散型とよぶ．図 14.24 に単色励起固定チャンネル式エネルギー分散型装置の概略図を示す．X 線管（たとえば Ag ターゲット）から発生した 1 次 X 線は X 線管の前に配置されたログスパイラル型の二重湾曲結晶によって Ag Lα 線（2984 eV）だけが分光・集光され，試料に照射される．試料で発生した蛍光 X 線は各元素の特性 X 線の分光に対応した DCC により，特定元素の蛍光 X 線だけが分光，かつ集光されエネルギー分解能をもつ検出器で検出される．この 1 つの波長の分光に対して，1 つの分光結晶を用いる方式を特に固定チャンネル式とよぶ．固定チャンネルの 1 つを散乱線に用いることで C/H や O 含有量などのマトリクス成分に対する補正を行うことができる．一方，元素間で極端な濃度差がある場合，高濃度の元素チャンネルを閉じて分析することで低濃度の小さなピークが高濃度の大きなピークに埋もれることを防ぐことができる．

S 濃度の異なる 5 種類の試料を測定した時のスペクトルを図 14.25 に示す．バックグラウンド強度がきわめて低い分析が達成できている．Cl Kα 線の位置に微小なピークがあるが，試料ごとに強度差がないことから試料汚染ではなく試料から発生した散乱 X 線のうち，Cl Kα 線近傍のエネルギー領域の X 線が Cl 用の DCC で回折されたため生じたと考えられる．図 14.26 に S の検量線を示す．良好な検量線が得られており，この検量線から S の検出下限値は 0.3 ppm と算出された．

f. おわりに

エネルギー分散型蛍光 X 線技術は急速に発展した．しかし検出下限の向上に向けてさらなる改善が必要である．今後多くの研究者により波長分散型を上回る改善が期待できると考える．

［谷口一雄］

14.6 SDDの最新技術

a. はじめに

X線分析装置の小型化が急速に進んでいる．検出器の小型化がそれを可能にした．従来よりエネルギー分散型蛍光X線分析装置はX線分光の駆動部などが無いことより装置を小型にすることが可能であった．しかし多くの場合には検出素子の冷却のために液体窒素が用いられた．このために小型ではあるが，可搬性には乏しかった．しかし2000年の初め頃から液体窒素温度まで冷却しなくてもよい半導体素子構造が提案され，併せて携帯電話の飛躍的発展により，計測回路の小型化が急速に進み，これらを組み合わせることにより，可搬性のあるエネルギー分解能をもつ半導体検出システムが市場に供給された．これを活用して，従来では想像もつかなかった小型の蛍光X線分析装置が製品として世に出まわり，現場分析に大いなる寄与をしている．まさに21世紀の大技術革新である．

ここではこの大技術革新をなしたSi半導体検出器SDDの最新の技術を紹介する．

b. Si(Li) 半導体検出器

半導体検出器として用いられる素子材料としてはSiやGeの単結晶が主体である．CdTeやHgI$_2$などの化合物が検出素子として用いられる場合もある．半導体検出器の基本的な原理を図14.27に示す．BなどをドープしたSiのp型単結晶にLiを熱拡散して，p-n$^+$接合ダイオードをつくり，そのうえでp側に負のバイアスを印加させLi$^+$イオンをp領域へドリフトさせる．Li$^+$イオンはp型不純物のアクセプタとイオン結合を行い，見かけ上の真性領域（i層）が形成される．この過程でp層の部分は減少し，i層の部分が増大する．この結果p-i-n$^+$構造のダイオードができる．このi層に入射したX線により電子・正孔対が生成されアノードに集められた電子を出力信号として取り出すことができる．1対の電子・正孔対を生成するのに要するエネルギーをεとすると，入射X線のエネルギーがEの場合に生成される電子・正孔対の数Nは$N=E/\varepsilon$となる．生成される電子・正孔対の数Nは入射X線のエネルギーEに比例するために，出力信号V_pは入射X線のエネルギーEに比例する．

c. Si-PIN型検出器

半導体デバイスの発展に伴い高純度のSiやGeの単結晶が得られるようになるとLiイオン等を用いて補償層（いわゆるi層）をつくる必要がなくなる．すなわちpn接合を有するダイオードに高い逆電圧を印加するだけでi層をつくることができる．Siを用いたこのような検出器を特にSi-PIN X線検出器とよんでいる．Si-PIN検出器は通常のウェーハを用いて半導体製造プロセスと同じ方法で製作することができる．かつ検出器が小さいために液体窒素による冷却ではなく，ペルチェ素子等による冷却で十分なために非常に小さな検出器をつくることができる．

d. Silicon Drift Detector (SDD)

Si-PIN検出器はSiウェーハを基板として通常のデバイス製造技術により製造され，その小型化のために新しい応用が開けた．Si-PINの製造とほぼ同じ時期にドイツのKemmerらは陽極を円筒状の多重電極として，この多重電極に異なる電位を付加し，電位勾配を設けることにより電荷収集効率を高め，結果的にエネルギー分解能が向上するドリフト型検出器（Silicon Drift Detector: SDD）を提案し，その後製品化を行った．図14.28に当時の構造を示す．彼らは初段FETをSDDのなかに設けることにより雑音の軽減を同時に図った．しかし，その後このFETが放射線損傷を受けエネルギー分解能の劣化を招くことより，SDD素子外に取り付けている．

また，FETの放射線損傷を受けないようにするためにFETを検出器の中心から外れて設計する構造も現れた．

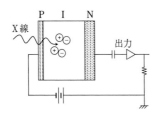

図 14.27 半導体検出器の原理

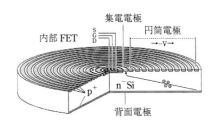

図 14.28 半導体SDD検出器の原理

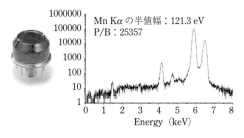

図 14.29 SDD 検出器の外観と検出器から得られるスペクトル

検出器は Si-PIN と同様 TO-8 と呼ばれるケースに収められ，ペルチェ素子で冷却されている．

SDD 検出器の外観とともに，得られたスペクトルの代表例を図 14.29 に示す．Mn Kα で半値幅 121.3 eV を，P/B 比 25357 を得ている．SDD の最大の特徴はシェーピングタイムが短いことである．Si(Li) や Si-PIN はシェーピングタイムが 6 μs から 12 μs で使用されているのに対して，SDD では 0.1 μs 程度にすることができる．すなわち Si-PIN に比較して 2 桁以上の 10^6 cps 程度の高計数測定が可能である．また SDD の有効受光面積も大きくなり，1 個の素子で 7 mm^2 から 150 mm^2 程度の大きさのものまである．

e. 大受光面積 SDD

1 個の素子の有効受光面積の最大は 150 mm^2 である．蛍光 EXAFS 等の計測では受光面積を大きくしたい要望が大きい．これに応えるために複数個の検出素子を一つのケース内に配置して受光面積の増大を図ることができる．図 14.30 に示すように 100 mm^2 を 3 個配置して 300 mm^2，また 6 個配置して最大受光面積を 600 mm^2 したものもある．

f. 中心に開口部を持つ SDD

大口径 SDD を用いる目的の多くは試料からの蛍光 X 線を効率よく受光したいためである．この目的を達成するために検出器の中心に励起 X 線が通るように開口部をもつ検出器がある．図 14.31 に中心に開口部をもつ大口径 SDD 検出器を示す．(a) は計測の概

図 14.30 大口径 SDD 検出器

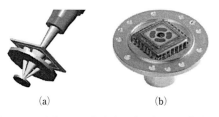

図 14.31 中心に開口部をもつ大口径 SDD 検出器

念を示したもので，中心から入射した励起線は検出器を通過し，試料を励起する．試料からの蛍光 X 線は多素子の SDD（b）で効率よく検出することができる．

g. 多素子大受光面積 SDD

SDD 素子を同一基板上に作成し，これを一つの検出器として活用することもできる．図 14.32 にこれらの検出器の代表的なデザインを示す．目的に応じて種々設計可能である．

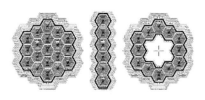

図 14.32 多素子大受光面積 SDD

h. カラーX 線カメラ

可視光のカラーカメラとして CCD カメラはよく知られている．可視光では色分解が可能であるが，X 線ではできない．X 線カメラの撮像素子として CCD もよく使われている．この CCD カメラをフォトンカウンティング法で信号処理して，エネルギー情報を 2 次元で得る試みがスタートしている．図 14.33 に PNsensor が開発を進めているカラー X 線検出素子（a）と，それから得られた C Kα スペクトル（b）を示す．

[谷口一雄]

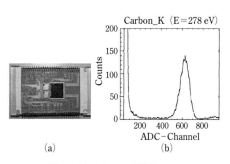

図 14.33 カラーX 線カメラ

14.7 蛍光X線分析装置のキット

かつての蛍光X線分析装置は高価で複雑な据置型装置であったが，2000年代頃からハンドヘルド型が主流となり，2014年からキット製品が市場に出現した．X線管やX線検出器の部品単体としての完成度も高くなり，装置の自作も容易になっている．

キット製品が現れた理由は，X線管の入力電力が数Wの装置と，数kWの装置を比較して，感度にほとんど差がないことがわかったからである．5W以下のX線管を用いたハンドヘルド蛍光X線装置では，軽元素マトリックス中の有害重金属元素分析感度は数十ppm台で，kW級の水冷X線管を用いた場合と大差ない．鉱山用では，迅速に高精度分析が要求されるが，全元素を90秒で2θスキャンする波長分散型蛍光X線分析装置が市販されたのは最近であるし，鉄鋼分野では，最高40台の分光結晶を搭載し，40元素同時分析可能な工程管理用の波長分散型蛍光X線分析装置は現在も使われている．一方で，毎回分析すべき試料の種類や形状が異なる環境分析のような用途では，ハンドヘルド装置で十分な精度と感度が得られる場合が多い．

ハンドヘルド装置の次に現れたのがキットであり，装置の低価格化も進行している[1]．デジタル・オシロスコープをDSP（デジタル・シグナル・プロセッサ）として利用すれば，さらに格安で自作可能である[2]．

a. キットと自作蛍光X線装置の実例

AMPTEK社[3]，MOXTEK社[4]にも同様なキットがある（図14.34）．AMPTEK社のキットはドライバー1本で組み立て可能で，典型的な価格は17500米ド

図14.34 AMPTEK（左）とMOXTEK（右）の蛍光X線キット

図14.35 イタリアSassari大学の自作蛍光X線装置[6]

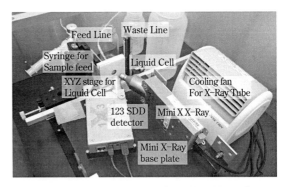

図14.36 信越化学国谷の自作蛍光X線装置[7]

ルである．

リオデジャネイロ連邦大学のLopesのグループと[5]，イタリアSassari大学のCesareoのグループ（図14.35）[6]の自作蛍光X線装置もある．いずれも2010年代のもので，類似装置は，筆者が知っているだけでも，ブダペスト，リスボン，京大にもある．

図14.36[7]は2015年に信越化学の国谷が発表した自作装置である．酸性試料の測定をしなければならなかったが，耐酸性の装置を特注すると高額になることから自作したそうである．自作といえども市販の装置と遜色はない．X線検出器を購入すれば，定量に用いるためのさまざまなソフトウエアもついてくる．

b. 全反射蛍光X線分析装置

全反射蛍光X線分析装置は，単色X線を用いなければ高感度分析ができないとする飯田・合志論文[8]以来単色X線式が主流だったが，国村・河合[9]によって，白色X線を用いれば数WのX線管の方がむしろ高感度なことがわかってから小型化が一挙に進んだ．国村・河合が設計しOURSTEX社が市販した装置で，内部構造を図14.37に示す．ポータブル[10]でありながらピコグラム台の検出下限を達成している．

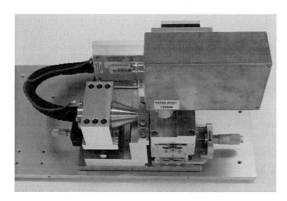

図 14.37 OURSTEX 社製全反射蛍光 X 線分析装置（数 W の X 線管でピコグラム感度を達成した 7 kg の装置）

X 線管のパワーを増やしても，検出器が飽和するだけなので，数 W で十分であり，白色 X 線を用いるので，加速電圧以下に吸収端が存在する全元素が分析対象となる．モノクロメータによる単色化 X 線を用いる装置は，既知試料のルーチン分析には向いているが，未知試料のスクリーニング分析には向いていない．結晶モノクロメータという複雑な機械装置が不要であり，かつ，数 W の X 線管の方が感度がよいのであるから，キット化も容易である．

c. DSP の自作

X 線検出器には，デジタルシグナルプロセッサ（DSP）が組み込まれている．DSP の本質はデジタル・オシロスコープにすぎない[11,12]．

d. 手のひらサイズ EPMA

焦電結晶を用いる X 線発生源の，電子ビームターゲットに試料片をおけば，乾電池で作動する電子線プローブ X 線アナライザー（EPMA）が製作可能になる[13]．焦電結晶は $LiTaO_3$ の 3 mm×3 mm×10 mm の単結晶で，温度を室温と 100 ℃ 程度の間で上下させると，膨張・収縮して，高電圧が発生する．焦電結晶に針を立てると，電子レンズなどを使わなくても，電子ビームを 100 μm まで収束させることができる[14]．これを利用して，手の平サイズの EPMA が自作可能

となった．自作方法はオープンアクセスジャーナルに掲載している[25]．焦電結晶は信越化学から手頃な価格で市販されている．氷砂糖は巨視的なサイズの圧電結晶であり，真空中でハンマーで叩くと，X 線を発生する[16]．焦電結晶とほぼ同じ原理であり，安全な X 線源として利用できる．蛍光 X 線分析装置はユーザーが自作可能な時代に入った．X 線管や検出器や DSP も自作可能である[17,18]．　　　　　［河合　潤］

参 考 文 献

1) 遠山惠夫，河合　潤，ハンドヘルド蛍光 X 線分析の裏技，アグネ技術センター，「金属」誌別冊（2014）．
2) 河合　潤，中江保一，弘栄　介，井田博之，*Radioisotopes*, **60** (6), 249-263 (2011).
3) http://www.amptek.com/products/complete-xrf-experimenters-kit/
4) http://moxtek.com/x-ray-products/
5) C. F. Calza, M. D. Barcellos, G. de Oliveira et al., *Bol. Mus. Para. Emílio Goeldi. Cienc. Hum. Belém*, **8** (3), 621-638 (2013).
6) EXRS (2014) ボローニャ市，イタリアでの Sassari 大学のポスターの写真．
7) 国谷讓治，X 線分析の進歩，**46**, 339 (2015).
8) A. Iida, and Y. Gohshi, *Jpn. J. Appl. Phys.*, **23**, 1543 (1984).
9) S. Kunimura, and J. Kawai, *Anal. Chem.*, **79**, 2593 (2007).
10) H. Nagai, H. Shino, Y. Nakajima, and J. Kawai, *Adv. X-Ray Anal.* (2016).
11) Y. Nakaye, and J. Kawai, *X-Ray Spectrom.*, **39**, 318 (2010).
12) 中江保一，河合　潤，X 線分析の進歩，**42**, 255 (2011).
13) 弘栄　介，山本　孝，河合　潤，X 線分析の進歩，**41**, 195 (2010).
14) 今西　朗，今宿　晋，河合　潤，X 線分析の進歩，**44**, 155 (2013).
15) J. Kawai, Y. Nakaye, and S. Imashuku, The Scanning Electron Microscope, ed. V. Kazmiruk (2012). InTech - Open Access Publisher, Rijeka, Croatia, pp. 89-100.
16) 横井　健，松岡駿介，今宿　晋，河合　潤，X 線分析の進歩，**45**, 227 (2014).
17) 河合　潤，蛍光 X 線分析，共立出版（2012）．
18) 河合　潤，放射線，**42** (2)，印刷中（2016）．

15章　蛍光X線分析の実際：応用事例集

15.1 高感度蛍光X線分析装置による農産物中のカドミウムとヒ素の迅速定量

a. はじめに

食品中のカドミウム（Cd），ヒ素（As），鉛（Pb），水銀（Hg）などの重金属の有害性については古くから知られており，近年は，環境汚染に端を発した食品中の汚染物質に対する関心が高まっている．2006年，国際的な食品の成分規格を定めるコーデックス委員会でコメをはじめとした農産物中のCd濃度の最大許容値が策定され，2011年には国内で食品衛生法の改正により，コメ中のCd基準値が1.0 mg/kgから0.4 mg/kgに引き下げられた．さらに2014年，コーデックス総会において，精米中の無機As基準値が0.2 mg/kgで採択された．

これらの流通規制に対応し食の安全性を確保するためには多検体を迅速に分析する必要があるが，現在行われている原子吸光分光分析（AAS），誘導結合プラズマ発光分光分析（ICP-OES）および誘導結合プラズマ質量分析（ICP-MS）では，熟達した技術や時間，コストがかかる試料前処理が必要なため，低コストで誰でも簡単に迅速分析する方法が求められていた．

近年，高感度なエネルギー分散型蛍光X線分析（EDXRF）装置が開発され，従来の装置では検出することが困難だったサブmg/kgオーダーの重金属の検出が可能となった．

本項では，高感度EDXRF装置により各種農産物中のCdとAsの濃度を迅速定量した例を示す．

b. 方法

分析試料には，粉末状もしくは粒状の試料を専用の試料容器に約3.4 g充填したものを用いた．

分析には，EDXRF装置（EA1300VX，（株）日立ハイテクサイエンス製）を用いた．この装置は，Cd K線に対して励起効率がよいタングステン管球と，大面積シリコンドリフト検出器（SDD）を搭載し，X線光学系の最適化をはかることにより，特にCdの検出感度を向上させた．

表15.1にCdおよびAsの測定条件，表15.2に検量線作成に使用した標準物質を示す．標準物質には，国立環境研究所（NIES）および産業技術総合研究所計量標準総合センター（NMIJ）頒布の玄米粉末および白米粉末を用いた．検量線は，横軸に各元素濃度を，縦軸に蛍光X線強度をコンプトン散乱X線強度で除した規格化強度を用いて作成した．分析線には，Cd Kα, As Kαをそれぞれ用いた．測定は，標準物質測定時には1800 s，未知試料測定時にはCd: 900 s，As: 600 sで行った．

次に，この検量線を用いて，玄米粉末の認証標準物質NMIJ CRM 7531-a（認証値 Cd: 0.308 mg/kg, As:

表 15.1　CdおよびAsの測定条件

測定条件		Cd用	As用
管電圧		50 kV	30 kV
管電流		1000 μA	750 μA
測定時間	標準物質	1800 s	1800 s
	未知試料	900 s	600 s

表 15.2　検量線作成に使用した標準物質

試料名	品目	Cd認証値（mg/kg）
NIES CRM No.10-a	玄米粉末	0.023 ± 0.003
NIES CRM No.10-b		0.32 ± 0.02
NIES CRM No.10-c		1.82 ± 0.06
NMIJ CRM 7501-a	白米粉末	0.0517 ± 0.0024
NMIJ CRM 7502-a		0.548 ± 0.020
NMIJ CRM 7503-a		0.194 ± 0.007

試料名	品目	As認証値（mg/kg）
NMIJ CRM 7502-a	白米粉末	0.109 ± 0.005
NMIJ CRM 7531-a	玄米粉末	0.280 ± 0.009
NMIJ CRM 7532-a		0.320 ± 0.010

0.280 mg/kg）を繰返し測定し，得られた分析値の精度と真度を評価した．さらに，各種農産物を分析し，AASやICP-MSの分析値と比較することで定量分析の有効性を評価した．

c. 結　果

CdおよびAsの検量線の直線性は両者ともR^2=0.999以上と良好であり，検出限界は，Cd: 0.08 mg/kg，As: 0.06 mg/kgであった．

分析値の精度と真度を評価するため，玄米粉末の認証標準物質NMIJ CRM 7531-aを1日3回，5日間で計15回の測定を行った結果，高い精度，真度が得られた（図15.1）．

さらに，各種農産物を分析した結果を図15.2および図15.3に示す．まずコメの粉末および粒（いずれも未乾燥）試料のCdおよびAs濃度を分析した結果，AASおよびICP-MSによる分析値とよい一致を示した（図15.2）．現在，水稲栽培では水稲へのCdの吸収を抑制するために水田の水管理を行っているが，水稲へのCdとAsの吸収抑制はトレードオフの関係にある．さらにAASではCdとAsは異なる前処理を要することから，EDXRFでCdとAsを前処理なく迅速に分析ができることの意義は大きい．

コメ以外の農産物としてオクラ，サトイモ，キャベツ，ダイズ，ムギ（いずれも乾燥・粉砕）試料について，玄米粉末および精米粉末によって得られたCdの検量線を用いてCd濃度を分析した結果，いずれもAASによる分析値とよく一致し，コメのCdの検量線が各種農産物中のCd濃度分析に適用できることがわかった（図15.3）．

d. まとめ

高感度EDXRF装置は，従来は検出が困難だった食品中のサブmg/kgオーダーの重金属の検出を可能にした．試料前処理することなく誰でも簡単に短時間で測定できるため，スクリーニング分析にきわめて有効である．すでに国内では農業協同組合や食品加工メーカーなどでこの装置の導入が進んでいるが，昨今の報道などにより危惧されている海外の流通米の管理などのニーズへの対応が今後期待される．　　［深井隆行］

引用文献

1) 的場吉毅，深井隆行，田村浩一，安井明美，進藤久美子，森　良種，高橋正則，第91回日本食品衛生学会学術講演会講演要旨集，54 (2006).
2) 深井隆行，田村浩一，本間利光，第72回分析化学討論会講演要旨集，46 (2012).
3) 本間利光，金子（門倉）綾子，大峡広智，深井隆行，田村浩一，日本土壌肥料学雑誌，**84** (5), 375-380 (2013).
4) 深井隆行，坂元秀之，大柿真毅，日本化学会第94春季年会2014予稿集，1PA-093 (2014).
5) 川崎　晃，牧野知之，深井隆行，大柿真毅，日本分析化学会第63回年会講演要旨集，404 (2014).

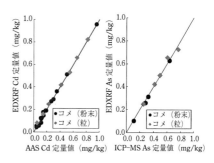

図15.2　EDXRFによるコメ中のCd, As濃度分析

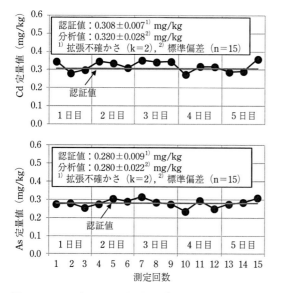

図15.1　コメ中のCdおよびAs濃度分析の日間再現性

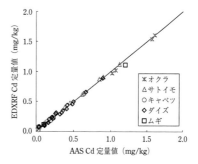

図15.3　EDXRFによる農産物中のCd濃度分析

15.2 微小部蛍光X線分析装置による異物の分析

a. はじめに

上面照射型の蛍光X線分析装置は微小X線ビームとXYZ電動ステージ，試料観察のためのCCDカメラを組み合わせることで試料上の特定の微小エリアをねらって測定できる．この特長により，異物の分析を非破壊で行う目的に広く使用されている．

さらに，近年では高速な電動ステージを搭載した装置も登場し，目に見える表面の異物を直接ねらって測定するだけでなく，高速なマッピングを行って目に見えない微小な異物を短時間で検出できるようになった．

ポリキャピラリーによるX線集光光学系を搭載した装置を用いて，より高輝度なX線を微小な領域に照射することで，ステンレスなどの微小金属異物を短時間で検出した事例を紹介する．

b. 測定装置

測定には（株）日立ハイテクサイエンス製の蛍光X線分析装置 EA6000VXF を用いた．図15.4に EA6000VXF の概略図を示す．

図15.4に示すように，EA6000VXF は Mo ターゲットのX線管球とポリキャピラリーを用いた上面照射方式を採用している．試料は XYZ 電動ステージに載せられ，プログラムによって自動的に制御される．測定部位の位置決めのために，CCDカメラが2台搭載されている．1台は広域観察用のカメラであり，ステージ全体を写真に取り込む．もう1台は，微小領域（狭域）観察用のカメラであり，10 μm 程度の大きさの異物であってもはっきりと認識できる解像度をもつ．照射X線軸と試料観察のための光学軸を同軸にすることで，正確な位置決めが可能である．

c. Liイオン2次電池正極材中の金属異物測定事例

Liイオン2次電池はスマートフォンやノートパソコンなど，さまざまな電化製品で広く使用されている．近年，モバイル機器だけでなく電気自動車の登場により，その重要性から大容量化が進んできている．Liイオン2次電池は，正極と負極から構成されており，その間にあるセパレータで直接接触しないよう分離している（図15.5）．しかし，正極材や負極材，セパレータ等に金属異物が混入していると電池性能の低下の要因となり，また金属異物がセパレータを突き破って正極と負極が短絡した場合に発火や爆発といった危険な事故へとつながるおそれがある．したがって，製造工程の改善のために金属異物の種類や数，大きさなどを把握することはきわめて重要である．

従来から，金属異物の解析には光学顕微鏡や走査型電子顕微鏡などが使われているが，表面にある目視可能な異物しか解析できないのが課題であった．微小部分析可能な蛍光X線分析装置を使用すると，ある程度の試料内部の情報も得ることができ，より多くの異物について解析が可能となる．

微小な金属異物が含まれる正極材（$LiCoO_2$）粉末を薄く広げたものについて EA6000VXF で1点あたり 20 μm/ステップでマッピングを行った．マッピングの範囲は 5 mm×5 mm であり，測定に要した時間は10分未満である．その結果，Fe Kα と Cr Kα のマッピング像からこれらを含む異物が存在する部位が複数検出された（図15.6）．いずれの部位においても

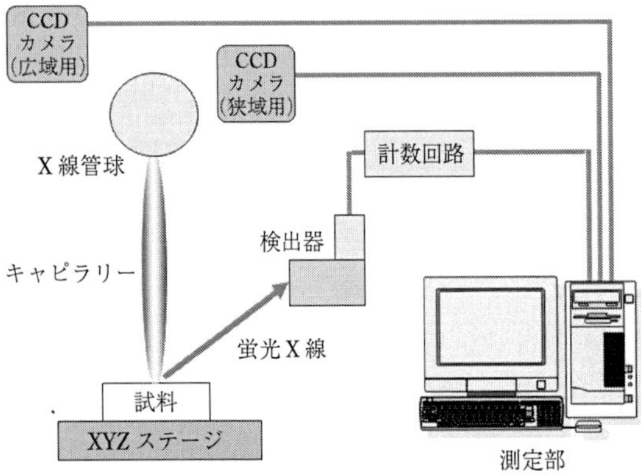

図 15.4 EA6000VXF 概略図

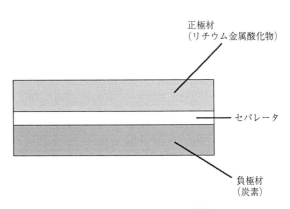

図 15.5 Liイオン2次電池の構造概要

15.2 微小部蛍光X線分析装置による異物の分析

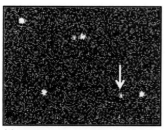

(a) Fe Kα

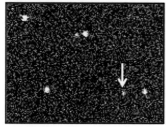

(b) Cr Kα

図 15.6　正極材（LiCoO$_2$）の異物のマッピング像

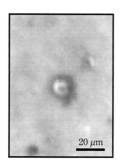

図 15.7　観察された金属異物
（図 15.6 の矢印の部分を CCD カメラで観察）

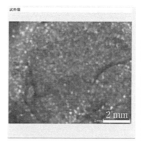

(a) 試料像　　　(b) Fe Kα マッピング像

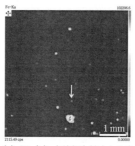

(c) 図 (b) 点線部を拡大したもの

図 15.8　口紅中の異物のマッピング像

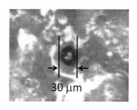

図 15.9　観察された異物
（図 15.8(c) の矢印の部分を CCD カメラで観察）

Fe と Cr がともに検出されており，これらはステンレス系の異物であると考えられる．図 15.6 の矢印で示した部位を CCD カメラで観察したところ，約 15 μm の小さな異物が確認できた（図 15.7）．

d. 化粧品中の金属異物測定事例

口紅中に混入した金属異物について EA6000VXF で 1 点あたり 20 μm/ステップでマッピングを行った．マッピングは 9.2 mm×7.8 mm の範囲について行い，測定に要した時間は約 22 分である．その結果，Fe Kα のマッピング像から Fe を含む異物が存在する部位が多数検出された（図 15.8）．得られた Fe Kα 像の一部を拡大したものを図 15.8(c) に示した．図 15.8(c) のうち，矢印で示した部位を CCD カメラで観察したところ，約 30 μm の小さな異物が確認できた（図 15.9）．

e. まとめ

ポリキャピラリーを使用した高輝度な微小 X 線ビームにより，目視では困難な数十 μm の微小な金属異物をマッピングすることで迅速に発見することができた．

このように微小部分析可能な蛍光 X 線分析装置は異物の検査にも有効であるといえる．　　[泉山優樹]

参考文献

金村聖志編著，"自動車用リチウムイオン電池"，日刊工業新聞社（2010）．

15.3 卓上型 EDX 装置による炭素〜フッ素分析

a. 背景

エネルギー分散型の普及により，蛍光 X 線分析装置が従来の生産ラインでの品質管理や精密分析用だけでなく，よりサンプリングの現場に近い場面でのスクリーニング分析や受け入れ検査などに使用されるようになっている．その測定用途としては特定の有害物質を非破壊で簡易に分析するために使われることが多く，エネルギー分散型といえば，いわゆる重元素分析用途という位置づけであった．

卓上型 EDX は一般的に 1 次 X 線照射に伴う発熱量が低いため，据置型の WDX 装置で測定が困難な揮発性元素や，X 線照射に伴うダメージに弱い測定試料を分析する場合には WDX 装置よりも適している．そのため，従来の EDX では食品やプラスチック試料，オイル試料などに含まれる金属分析がおもな用途であった．

しかし近年の半導体産業の著しい進歩に伴い，液体窒素冷却が必要な Si(Li) 検出器からペルチェ冷却式のシリコンドリフト検出器 (SDD) が開発され，より高いカウントレートを得ることができるようになるなど，高性能化が進んでいる．さらに低エネルギー領域における感度と分解能が向上したことで，Na はもとより C の蛍光 X 線を検出することが可能な SDD が搭載され始めたこと[1]で，卓上型 EDX 装置がさらに様々な用途で活用されるようになってきている．

実際の測定においては，共存元素の L 線やエスケープピークなどの重なりの影響を考慮する必要があるなど，ファンダメンタルパラメーター (FP) 法で簡便に微量成分を定量するにはまだ難がある．また，軽元素の蛍光 X 線感度は金属に比べると高くないため，精度を確保するために測定時間をかけることも必要である．ここでは C〜F を卓上型 EDX で分析した例を紹介する．

b. 測定条件

低エネルギーの軽元素の蛍光 X 線を高感度に測定するために固体試料を真空雰囲気にて測定した．Pd ターゲットの 1 次 X 線管球を管電圧 10 kV で動作させた．また測定表面の粗さ情報等も，分析深さが浅い軽元素測定に影響を及ぼすため，粉末試料をプレス成型して真空測定する際には十分粉砕・均質化した試料を用意した．

c. 測定装置

エネルギー分散型蛍光 X 線装置には Bruker AXS 社製 S2 Ranger LE を用いた．管球のターゲットは Pd あるいは Ag のいずれかを装置導入時に選択することが可能である．また，検出器には軽元素測定に高感度な特殊薄窓を採用している SDD を用いている．

d. 炭素を主成分とした試料の FP 測定

主成分が C や F で構成される試料では共存元素の影響がほぼ無視できるため，化学式から計算される各元素の含有量とほぼ相違のない定量結果が得られる．FP 法による半定量結果を表 15.3 に示す．共存元素に重元素が含まれる場合は図 15.10 に示すように軽元素測定の感度が悪くなる都合，FP 法で定量するのは困難となる．より測定対象を絞りこむ場合には標準添加法を用いた検量線法が有効となる．

e. セメント試料中の炭素分析

コンクリートは大気中の炭酸ガスにより，表面から徐々に炭酸化反応が進むこと[2]が知られている．炭酸化したコンクリート内部の鉄筋が Cl イオンにより発錆することがコンクリート劣化を引き起こす原因となる．炭酸化の度合を定量的に評価するために，セメ

表 15.3 C を主成分とした化合物の FP 半定量結果 (wt%)

	C	O	F	Ca
$C_6H_{10}O_5$	49.36 (50.67)*	50.63 (49.33)	—	—
C_2F_4	23.95 (24.02)	1.94	74.02 (75.98)	—
$CaCO_3$	12.65 (12.00)	44.65 (47.96)	—	42.56 (40.04)

( )*：化学式から計算される理論的な含有量．

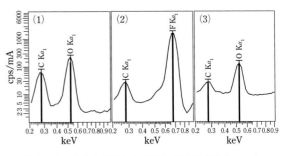

図 15.10 C を主成分として含む試料の定性チャート
(1) セルロース，(2) テフロン，(3) 炭酸カルシウム

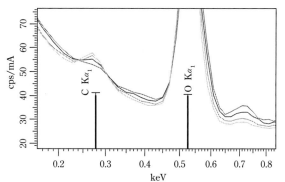

図 15.11 セメント試料中 C Kα スペクトル
（C 濃度：0～8 wt%）

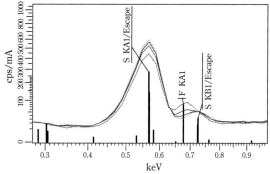

図 15.13 石膏試料の F Kα スペクトル
（F 濃度 0～20 wt%）

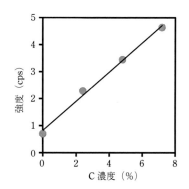

図 15.12 セメント試料中 C 検量線

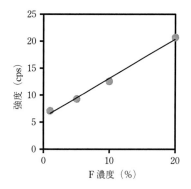

図 15.14 石膏試料中 F 検量線

ント粉末に $CaCO_3$ を適宜添加した C 検量線の作成を試みた．定性測定結果と検量線を図 15.11 および 15.12 に示す．

C としての濃度範囲 0～8 % で良好な直線性の検量線を得ることができた．測定時間 600 秒における検出下限は 2.5 % であった．

f. 石膏試料中のフッ素分析

建築物の解体作業で回収される廃石膏ボードは石膏の原材料や土壌改良剤などに再利用される．再処理する過程で発生する F が石膏の原材料のなかに混入する可能性があり，環境中で溶出する可能性が懸念されている．再処理品の品質管理として EDX が広く使われることを想定し，模擬試料による検討を行った．

通常 EDX で石膏を測定すると，主成分である S のエスケープピークが F Kα に干渉する．最近の SDD では低エネルギーにおける分解能も向上しており，干渉の影響を受けながらも図 15.13 に示すように F Kα のピークトップを捉えることが十分可能となっている．

$CaSO_4$ 中に CaF_2 を 0～20 % 含有するように添加混合した試料を用意し，ライブタイム 60 秒で測定した検量線の結果を図 15.14 に示す．測定時間 60 秒における検出下限は 1.0 % である．測定時間を 10 倍の 600 秒にした場合，X 線の統計変動がおよそ 1/3 になることを考慮すると，土壌汚染対策法でフッ素の含有量基準値として定められている 4000 mg/kg を下回る検出下限まで下げることが予測できる．

g. まとめ

現在汎用機として使われている卓上型 EDX 装置は SDD の性能の進歩により，C といった軽元素から測定できるようになっている．これまで EDX は重元素が主な測定対象であり WDX でなければ測定が難しかった微量の軽元素の分析も可能となっている．今後さらなる高性能化に伴った検出下限の向上が期待される．

[柴田康博]

引用文献

1) 辻　幸一, X 線分析の進歩, **36**, 63, (2005).
2) 小林一輔, 宇野祐一, 生産研究, **41** (8), 677 (1989).

15.4 ポータブル蛍光X線装置によるコンクリート塩害の分析

a. 背　景

近年，コンクリート構造物における劣化問題が深刻となっている．現存しているコンクリート構造物の多くが高度成長期につくられたものが多く，建設後50年を超える構造物も今後増え続けていくことになる．構造物を新しくつくり直すことは現実的ではないため，劣化における早期診断および早期補修が重要な課題である．コンクリート塩害は，コンクリート表面に付着した塩分が徐々に内部へ浸透し，構造物内部の鉄筋を腐食させる．鉄筋が錆びると膨張するため，コンクリートに亀裂ができさらに塩害が進む．最悪の場合，コンクリート片の落下や崩壊などの危険が考えられる．コンクリート塩害はおもに以下の原因より発生する．

(1) 飛来塩分によるもの
(2) 寒冷地での凍結防止剤散布によるもの
(3) 海砂利を使用した構造物

通常，コンクリート中の塩害を測定する際には，電位差滴定法による分析が行われているが，大きなコアを抜いて試料採取をする必要があり，前処理にも多大な時間を要している．一方，蛍光X線分析では，ドリルによりドリル粉を採取することで測定が可能なため，構造物へのダメージも最小で，測定時間も大幅に短縮できるメリットがある．

b. 測定装置

測定は，アワーズテック社製のOURSTEX101FAを用いて行った．コンクリート中の塩分を測定する場合，大気中の測定ではClのX線強度の減衰が問題になるため，本装置の分光室内部を低真空にして，測定を行っている．また，X線管にはAgを用いてClの励起効率を大幅に高めて測定している．さらにX線管への印加電圧を6 kVと低電圧にすることで，コンクリート主成分であるCaの強度を落としてClの検出感度を高めている．測定条件は，印加電圧6 kV，管電流1 mA，測定時間120秒にて行った．

c. 試料調整法

試料調整には，ドリル等で採取したコンクリート粉末を100 μm程度に粉砕処理を行った．試料容器は，4 μmの高分子膜を貼ったカップに，5 g以上充填させたものを試料とした．図15.15に試料容器と測定装置写真を示す．

図15.15　装置と試料容器写真

d. 検量線

定量分析には検量線法を用いた．標準試料にはセメントペーストに塩分を添加・調整したものを用いている[1]．検量線の濃度範囲は0.4～20 kg/m³である．図15.16に作成した検量線を示す．

検量線作成の結果，非常に高い相関性があることが確認できた．また，図15.17に，測定したスペクトル

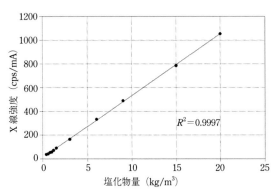

図15.16　検量線

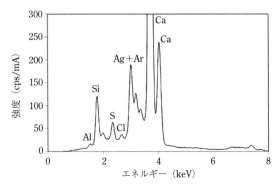

図15.17　蛍光X線スペクトル

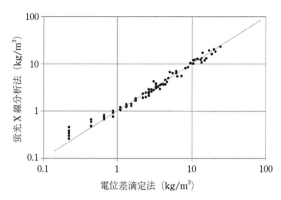

図 15.18 電位差滴定法と蛍光 X 線分析法の相関図

を示す．セメント成分である Al, Si, S, Ca が検出されている．また，検出された Cl は，1.2 kg/m^3 に相当する．鋼材の発錆限界塩化物イオン濃度は，一般的にコンクリート標準示方書に示されている 1.2 kg/m^3 が多く用いられているため[2]，1.2 kg/m^3 付近の濃度が正確に測れる必要がある．なお本装置の検出下限値は 0.1 kg/m^3 である．

図 15.18 に実際の構造物より採取したコンクリート粉末を電位差滴定法および蛍光 X 線分析法それぞれ個別で測定し相関性を調べた結果を示す[3]．結果より，電位差滴定法と蛍光 X 線分析法には，高い相関性が得られた．これらの結果より，簡易分析法である蛍光 X 線分析法でもコンクリート中の塩害調査が可能であることを示している．

表 15.4 に装置の変動を調べた結果を示す．試料はコンクリート粉末中にそれぞれ 20 kg/m^3，1.4 kg/m^3 の塩化物イオン濃度が含まれている物を使用し，$N=10$ で試料を動かさずに単純繰り返し測定を行った．その結果，20 kg/m^3 では変動率が 2 %，1.4 kg/m^3 では 1.2 % となり，どちらの濃度域でもバラツキの少ない測定が行えていることが確認された．

e. まとめ

蛍光 X 線分析法を用いたコンクリート塩害分析は，簡便な操作ですぐに結果を得ることができることから，工事期間が限定される構造物の調査などに有用である．また，電位差滴定法との比較においても高い相関性が得られることから，現在では，高速道路や鉄道，トンネル，橋梁など多くの場所で蛍光 X 線分析法が活用されつつある． [永井宏樹]

表 15.4 単純繰り返し測定結果

N	蛍光 X 線分析値 塩化物量（kg/m^3）
1	20.044
2	19.798
3	20.083
4	19.727
5	19.338
6	19.442
7	19.481
8	19.785
9	19.778
10	19.774
平均	19.725
標準偏差 σ	0.23
変動率（%）	1.17

N	蛍光 X 線分析値 塩化物量（kg/m^3）
1	1.466
2	1.413
3	1.456
4	1.413
5	1.379
6	1.410
7	1.445
8	1.459
9	1.478
10	1.433
平均	1.435
標準偏差 σ	0.03
変動率（%）	2.05

引 用 文 献

1) 金田尚志，石川幸宏，魚本健人，コンクリート工学，**44** (6), 16-23 (2006).
2) 土木学会，コンクリート標準示方書［維持管理編］2013.
3) 永井宏樹，検査技術，**13** (3), 71-75 (2008).

15.5 合金化溶融亜鉛めっき鋼板の分析

a. はじめに

溶接性，耐食性，塗装性が優れた合金化溶融亜鉛めっき鋼板（Galvannealed Steel Sheet: GA 鋼板）は，世界的な自動車用鋼板の需要拡大に伴い生産が拡大している．GA 鋼板は，CGL（Continuous galvanizing line）内で亜鉛めっきされた後，加熱処理して，亜鉛めっき層中に鋼板の鉄を相互拡散させた後，冷却してZn-Fe 合金層を形成した鋼板である（図 15.19）[1]．GA 鋼板の Zn-Fe 合金化層は，均一ではなく表層から ζ 相，δ_1 相，Γ 相で構成（図 15.20）され，付着量30～90 g/m^2，Fe 平均含有率 11 mass％程度で，ζ 相，Γ 相を極小に，最も特性の優れた δ_1 相を最大にして生成されている．

Zn-Fe 合金化層の付着量と Fe 含有率を管理することが重要であり一般的に化学分析法（重量法，ICP 法など）が用いられているが熟練が必要である．そこで，各種試料の管理分析に広く使用されている多元素同時蛍光 X 線分析装置を用いて，GA 鋼板の正確で迅速な分析ができる装置を開発した．

b. 分析方法の検討

b.1 分析線と測定深さの検討

最適な分析線の選択と取出角度を組み合わせることで，Zn-Fe 付着量と Fe 含有率の正確な分析が可能と

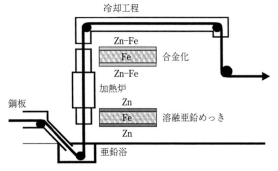

図 15.19 合金化溶融亜鉛めっき鋼板の製造プロセス

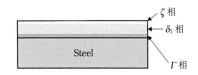

図 15.20 Zn-Fe 合金化層の層構造

表 15.5 分析線に対する取出角度と測定深さの関係

分析線	取出角度（°）	測定深さ（g/m^2）
Zn Kα	32	227
Fe Kα	32	165
Zn Lα	32	10
Zn Kα	40	264
Zn Kβ	40	325
Zn Kα	20	159
Fe Kα	40	190
Fe Kα	20	117

なる．表 15.5 は，Zn-Fe 合金層からの蛍光 X 線の測定深さ（強度が無限厚試料（バルク厚，5.1.2 参照）の 99％）を理論的に求めたものである．1 次 X 線の入射角はすべて 90°である．

分析線の強度は付着量と含有率の両方の影響を受けるが，取出角度が大きくなると測定深さが大きくなり付着量の情報を多く含み，取出角度が小さくなると含有率の情報を多く含む．

薄膜 FP（ファンダメンタルパラメーター）法は，2 つの分析線の組合せによる X 線強度を用いて，付着量と含有率を連立方程式で解いて同時に求める方法である．したがって，使用する 2 つの分析線による測定深さの差ができるだけ大きい方が，より正確な付着量と含有率が得られる．また，めっき層が異なる合金層で構成され不均一であることから，分析線に対しても測定深さがめっき層の厚さより大きいことも重要である．

b.2 強度比を利用した新 FP 法

合金化溶融亜鉛めっき鋼板を 2 つの異なる取出角の光学条件で X 線強度の測定を行い付着量と含有率を定量するが，以下の 2 つの観点から Zn と Fe の X 線強度比を使用することにした．① 一定の X 線強度差に対して付着量と含有率の定量値の変化が少ない．② 鋼板試料のバリや反りによる試料表面の高さ変化に対して，付着量と含有率の定量値への影響が少ない．

具体的分析線としては，低角度側が Zn Kα と Fe Kα 線，高角度側は Zn Kβ と Fe Kα 線とし，Zn と Fe の強度比を FP 法の定量演算に使用した．また，高角度側の Zn 測定には，測定深さが深い Zn Kβ 線を使用した．

図 15.21 に，各めっき付着量と Fe 含有率における低角度側と高角度側の Zn と Fe の強度比の相関を示

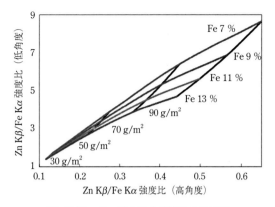

図 15.21 低・高角度の強度比の相関図

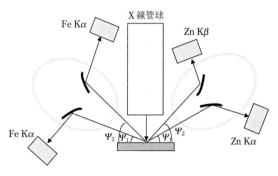

図 15.22 GA 鋼板測定用特殊光学系

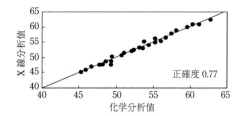

図 15.23 Zn-Fe 付着量分析結果（g/m²）

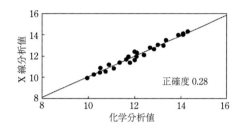

図 15.24 Fe 含有率分析結果（mass%）

表 15.6 繰り返し再現性（$N=10$）

$N=10$	Zn-Fe 付着量 (g/m²)	Fe 含有率 (mass%)
平均値	50.38	12.09
標準偏差（σ）	0.036	0.022
変動係数 C.V.%	0.07	0.18

した．取出角は，低角度側が20°高角度側を40°とし，めっき層内で合金層が均一であると仮定してFP法でX線強度を計算して求めた．図よりめっき付着量が大きいほど，強度比変化に対する付着量とFe含有率の変化が少ないことがわかる．

c. 特殊光学系

合金化層のZn-Fe付着量とFe含有率を薄膜FP法により定量した．高角度と低角度について，ZnとFeのX線強度比を用いることで，Zn-Fe付着量とFe含有率の正確な同時測定が可能となり，測定面の高さによる影響を大幅に軽減できた．

リガク/多元素同時型蛍光X線分析装置Simultixに低角度と高角度取出角の固定チャンネルを組み込んだ特殊光学系（図15.22）の装置を開発した．また，強度比法を用いた薄膜FP法プログラムを組み込み，Zn-Fe付着量とFe含有率の同時分析を可能にした．図15.22のΨが取出角である．

d. 測定結果

Zn-Fe付着量範囲45〜63 g/m²に対して正確度が0.77 g/m²（図15.23），またFe含有率範囲10〜15 mass%に対して正確度が0.28 mass%（図15.24）と良好な結果が得られた．また同一試料の繰り返し再現性（$N=10$）も良好な結果（表15.6）が得られた[2]．

e. まとめ

合金化溶融亜鉛めっき鋼板は，鋼板がFeで，その上にZn-Feの合金層があり，また，めっき層は，3つの合金相で構成され不均一であることから，従来の蛍光X線分析装置では，分析が不可能であったが，適切な取出角の組み合わせと強度比法による薄膜FP法を搭載した多元素同時分析装置により高速で正確なめっき付着量とFe含有率測定が可能となった．この装置は，すでに合金化溶融亜鉛めっきラインの管理分析法として多く利用されている． ［古澤衛一］

引用文献

1) 川辺順次，藤永忠男，木村 肇，押場和也，安部忠廣，高橋俊雄，川鉄技報，**18**，129-135（1986）．
2) 片岡由行，古澤衛一，河野久征，リガクジャーナル **38**（1），30-33（2007）．

15.6 蛍光X線分析装置による PM2.5 捕集フィルター試料の成分分析

a. 背景

PM2.5 とは大気中に浮遊している 2.5 μm 以下の小さな粉塵粒子のことで，非常に小さいため肺の奥深くまで入りやすく，呼吸系への影響に加え循環器系への影響が心配されている[1]．

PM2.5 などの大気エアロゾル中に含まれる成分分析は，汚染物質の発生源推定や環境影響評価を行うための情報として重要である．特に無機元素成分分析に関しては，わが国では酸分解/誘導結合プラズマ質量分析（ICP-MS）法による分析が用いられてきたが，試料処理が煩雑で，また試料の回収ができないという難点もある．そこで，平成 19 年に環境省により定められた暫定マニュアルにおいて，エネルギー分散型の蛍光X線分析法が推奨手法として提示されることとなった（平成 25 年 6 月一部改訂）[2]．蛍光X線分析法を用いることで，フィルターに捕集された PM2.5 の無機元素成分を，迅速・簡便かつ非破壊で分析することができ，また，土壌由来成分として主要な割合を占める Si の分析も可能となる．

本項では，蛍光X線分析法を用いた PM2.5 捕集フィルター試料の分析手法について，実試料の分析結果例とともに紹介する．

b. 測定装置

装置は，(株)リガク製の偏光光学系エネルギー分散型蛍光X線分析装置 NEX CG を用いた．NEX CG は X 線管と試料の間に 5 種類の 2 次ターゲットを設置した偏光光学系を採用している[3]．X 線管は Pd ターゲットのエンドウィンドウ型で，管電圧 25～50 kV，出力は 50 W である．また，検出器には SDD（シリコンドリフトディテクター）を用いている．測定元素範囲は，Na から U までとし，分析径は 20 mm，真空雰囲気下で測定を行う．

c. 測定手順

フィルター上に捕集した試料は，乾燥作業を行った後，そのまま装置に設置して測定を行うことができる．試料の測定手順を図 15.25 に示す．試料を試料カップに設置し，アルミカップを被せて固定させた後，オートサンプルチェンジャー上に設置する．その後，測定条件を設定するとすぐに測定が可能である．測定

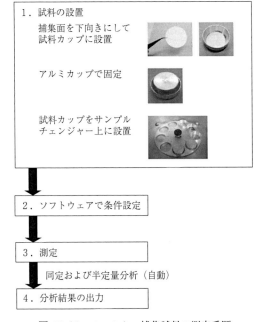

図 15.25 フィルター捕集試料の測定手順

時間は通常，必要な測定精度に応じて数分～1 時間程度である．測定終了後，スペクトル同定及び定量分析が自動で行われ，結果が出力される．

d. 定量分析方法

定量分析方法について，"PM2.5 成分分析マニュアル"では検量線法と FP 法（ファンダメンタルパラメーター法）の 2 通りが規定されている[2]．検量線法の場合，標準試料で検量線を作成し，精度が高い分析が可能であるが，対象成分が多い PM2.5 捕集試料では，大量の標準試料を用意する必要がある．また，他の成分由来のスペクトルが重なる場合や，捕集量が大きく異なる場合などにおいて，各種補正が必要になり，分析値に対する信頼性の低下が懸念される．

一方，装置に登録された感度を用いて定量分析を行う FP 法は，分析試料と同一品種の標準試料が不要な，いわゆるスタンダードレスの分析法である．FP 法による定量分析であれば，共存元素の吸収励起効果を加味して含有量（または付着量）を算出するため，多様な成分で構成される試料に対しても，特に複雑な補正を設定する必要なく正確な分析値が得られる．

FP 法による定量分析値に関する妥当性について，Okuda ら[4]は，実試料を捕集したフィルター試料に対し，EDXL 300（NEX CG の旧名称）を用いて FP 法による定量分析を行った結果と，ICP-MS による定

量分析値との相関を求めて評価した結果，Al，K，Ca，V，Fe，Cu，Zn などの無機成分の定量分析に，FP 法が十分適用可能であることを確認している[4]．図 15.26 には例として Ca と Cu について両手法の分析結果の相関がよいことを示す．

e. 大気中 PM2.5 捕集試料の分析結果

大気中の PM2.5 について，2014 年 10 月 20 日に東京都昭島市の(株)リガク工場屋上において，下記の条件で捕集してフィルター試料とした．捕集装置にはローボリュームエアサンプラーを用い，PTFE フィルター（WHATMAN 製，pore size 2 μm）上に捕集した．吸引流量は 20 L/min，捕集時間を 2 時間とした（吸引量：2.4 m³）．PM2.5 の分級にはインパクター（東京ダイレック社製，NL-20-2.5A）を用いた[3]．試料の定性分析チャートを図 15.27 に示す．図 15.27 では，2 次ターゲットごとに最適感度が得られるエネルギー領域を示している．2 時間という短時間の捕集でも，Na，Mg といった軽元素も含め，10 成分以上のピークを検出できている．図 15.27 のチャートから FP 法による定量分析を行った結果を表 15.7 に示す．このように蛍光 X 線分析法により，簡便・迅速に結果を得ることが可能である．

f. まとめ

蛍光 X 線分析法は PM2.5 の無機成分分析を簡便，迅速，かつ非破壊で行うことができる手法であり，素早く成分濃度を得ることができるスクリーニング分析として貢献することが期待される．　　　［森川敦史］

引 用 文 献

1) 環境省 HP http://www.env.go.jp/air/osen/pm/info.html
2) 環境省，大気中微小粒子状物質（PM2.5）成分測定マニュアル（2013）．
3) 森川敦史，池田 智，森山孝男，堂井 真，X 線分析の進歩，46，251-259（2015）．
4) T. Okuda, E. Fujimori, K. Hatoya, H. Takada, H. Kumata, F. Nakajima, S. Hatakeyama, M. Uchida, S. Tanaka, K. He, Y. Ma, and H. Haraguchi, *Aerosol and Air Quality Research*, 13, 1864-1876 (2013).

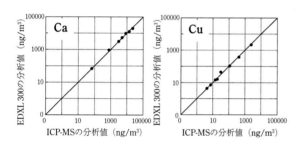

図 15.26 ICP-MS 法による分析値と EDXL 300 の分析値の相関[3]

表 15.7 定量分析結果（単位：ng/m³）

成分	大気中濃度	成分	大気中濃度
Na	147	K	212
Mg	22	Ca	121
Al	81	Ti	22
Si	417	Mn	14
P	13	Fe	99
S	920	Cu	24
Cl	58	Zn	34

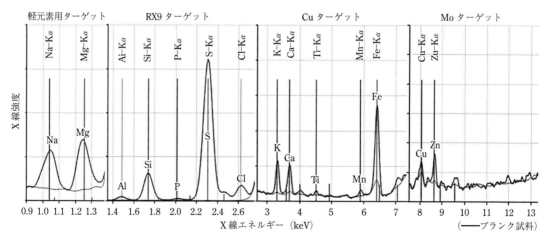

図 15.27 実大気中 PM2.5 を捕集したフィルター試料の定性分析チャート
※ Al ターゲット領域では，いずれの成分も検出されなかったため非表示．

15.7 残分推定機能を用いた FP 法による半定量分析

a. 背景

FP 法による定量分析では試料を構成する全成分の元素情報が必要となるため，試料に含まれるが測定していない成分については，その組成を残分として設定する必要がある．蛍光 X 線分析の測定元素範囲は Be ～U だが，液体や粉末など試料を高分子フィルムで覆って測定する場合には，フィルムの影響により F 以下の元素の分析はできなくなる．また，EDX など F 以下の元素については対応していない装置もある．このため，金属や酸化物粉末の分析を除けば，残分の設定が必要となる．設定した残分と実際の残分が異なる場合は誤差が発生するため，残分は試料に合わせて分析者が選択する．

残分が比較的明確なセメント，有機物を含まない土壌，岩石，水溶液などは表 15.8 に示す設定により，従来の FP 法でも対応できるが，有機物を含む土壌，生体，汚泥，廃油などは残分の組成が不明なため設定が適切に行えないことによる誤差が発生する．散乱線 FP 法はこのような試料に対応するために開発された手法である[1]．

b. 散乱線 FP 法

試料に照射されたターゲット元素の特性 X 線は試料中でいろいろな方向に散乱し，コンプトン散乱線とトムソン散乱線として検出される．これら散乱線の X 線強度は試料の組成および厚さの情報が反映されている（6.3 参照）．たとえば，試料が厚いほど散乱線強度が高くなり，試料中の元素により発生強度や吸収度合が異なる．有機物の含有率が異なる土壌における散乱線のピークプロファイルを図 15.28 に示す．有機

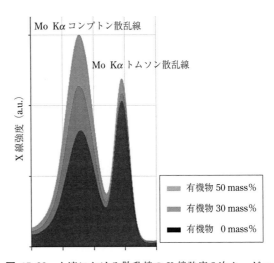

図 15.28 土壌における散乱線の X 線強度 2 次ターゲット：Mo

物の含有率によって散乱線の X 線強度が異なることがわかる．散乱線 FP 法ではこの原理を利用している．非測定残分は散乱線の X 線強度から自動的に推定するため，これまで行っていた残分設定は不要となり，さらに残分の組成が不明な試料にも対応できる．

c. 測定装置

測定には(株)リガク製エネルギー分散型蛍光 X 線分析装置 NEX CG を用いた．X 線管は，Pd ターゲット空冷タイプの 50 W，励起システムは 2 次ターゲット方式と偏光光学系を採用している（表 15.9）．模式図を図 15.29 に示す．2 次ターゲットにより励起 X 線を元素に合わせて切り替えるため，幅広い元素範囲に対して高感度かつ高精度な分析ができる．また偏光光学系によりバックグランドを大幅に低減しているため，微量元素の検出にも優れている．

d. 有機物を多く含む土壌の分析

測定試料は土壌の認証標準物質 NIST SRM2711a にセルロースを混合して作成した．NIST SRM2711a は

表 15.8 残分設定例

試料	残分
酸化物（土壌，岩石など）	O*
ポリマー	CH$_2$
水溶液	H$_2$O
オイル	CH$_2$

* 検出成分を酸化物と見なし，全成分を酸化物として（残分：なし）分析することもある．

図 15.29 NEX CG の光学系の模式図

15.7 残分推定機能を用いたFP法による半定量分析

表15.9 測定条件（測定元素範囲：$_{11}$Na～$_{92}$U）

2次ターゲット	RX9	Cu	Mo	Al
元素範囲	Na～Cl (K線) Zn～Mo (L線) Pt～Bi (M線)	K～Cr (K線) Ag～Dy (L線)	Mn～Y (K線) Nd～U (L線)	Zr～Nd (K線)
kV-mA	25-2	50-1	50-1	50-1
測定時間（秒）	100	100	100	200
雰囲気	真空			

表15.10 主要成分の含有率を認証値と混合比から求めた換算値（単位：mass%）

	Si	Al	Fe	Mn	Mg	Ca	K
換算値	15.7	3.36	1.41	0.034	0.54	1.21	1.27

表15.11 散乱線FP法による分析値（単位：mass%）

	Si	Al	Fe	Mn	Mg	Ca	K
散乱線FP法 (残分：推定)	14.6	3.60	1.33	0.033	0.55	1.23	1.16
従来のFP法 (残分：O，固定値として$C_6H_{10}O_5$：50 mass%)	14.3	3.52	1.30	0.033	0.54	1.21	1.14
従来のFP法 (残分：O)	16.9	4.16	1.55	0.039	0.63	1.45	1.36

有機物をほとんど含んでいないため酸化物（残分：O）として扱える．そこで有機物としてセルロース（$C_6H_{10}O_5$）を添加し擬似的に残分が不明な試料を作成した．NIST SRM2711aとセルロースの混合の割合は重量比で1：1とした．主要成分の含有率を認証値と混合比から求め，分析値の評価に用いた（表15.10）．調合した試料はプロレンフィルムを分析窓として張った容器に入れて測定した（図15.30）．測定はNa～Uの範囲で行った．

分析は散乱線FP法，および比較のために従来のFP法の両方で行った．通常，従来のFP法では，試料に含まれる有機物の組成を固定値入力することは困難であるため，土壌の分析では残分（O）のみを設定する．正確に残分組成を設定した場合の分析値を確認するために，添加したセルロースの含有率を固定値入力する方法も試みた．すべての分析結果を表15.11にまとめる．

散乱線FP法による分析値は，セルロースの含有率を固定値入力した従来のFP法と同様に，全体的に換算値に近い分析値が得られた．このことから散乱線FP法の分析値は，複雑な残分の影響が効果的に補正されていることがわかる．一方，残分をOで代表し設定した従来のFP法では，全成分の分析値が換算値より高いという誤差が発生している．従来のFP法において，残分をOとした場合，セルロースの影響により分析誤差が大きくなっている．土壌分析をはじめとする実際の分析では，残分組成を個別に設定することが不可能な場合が多く，残分が不明な試料において散乱線FP法は非常に有用であるといえる．

e. まとめ

本項ではEDXによる分析例を紹介したが，WDXにおいても散乱線FP法は利用されている．

散乱線FP法を用いることで，より簡単にさまざまな試料の分析が行えるようになる．土壌に限らず，廃棄物や廃油，食品，化粧品，医薬品など実際に利用されている範囲は広い．環境への取組みと産業の発展とともに変化する分析の要求に呼応するように散乱線FP法の活躍の場がこれからも増え続けることを期待する．

[池田 智]

引用文献

1) Y. Kataoka, N. Kawahara, S. Hara, Y. Yamada, T. Matsuo, and M. Mantler, *Advances in X-ray Analysis.*, **49**, 255-260 (2005).

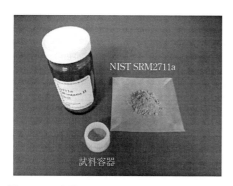

図15.30 土壌の認証標準物質 NIST SRM2711a

15.8 動植物試料のX線分析顕微鏡による観察・研究

a. はじめに

生体は様々な元素から構成されており，体内外での元素の収支や輸送などにより各器官を動作・維持している．生体中の元素分布を明らかにすることで，輸送された特定の元素が生体内のどこに溜りやすいか等がわかり，生育過程などを解明することができる．元素分布を取得する方法としてはSEM-EDSがあるが，生体試料中には液体が多量に存在するため，真空に入れることは難しい．また，電子線照射による熱損傷を受けることから，特別に空間分解能が必要な場合や，前処理で乾燥させたものの分析以外にはSEM-EDSは向かない．一方，蛍光X線顕微鏡（第9章参照）を用いると，X線照射による試料の損傷が少ない分析が可能になる．ただしX線においても放射光施設などの高強度な白色X線ビームを用いる場合には試料へのダメージがある場合がある．

b. 蛍光X線顕微鏡

蛍光X線顕微鏡は，光学像と同軸で1次X線を照射でき，エネルギー分散型X線検出器により，蛍光X線を検出する（図15.31）．集光素子によって集光された1次X線により，最小10 μm の空間分解能で蛍光X線・透過X線マッピングが可能な装置である[1]．機種によっては試料台の下に配置された透過X線検出器により透過X線像が得られるものもある．大気下の分析では原子番号がSi以下の軽元素の検出効率が非常に悪くなるため，X線光学系を真空にするかHeパージをすることによって軽元素の検出感度を改善することが可能で，Na，Mgなどの元素も試料を大気中に設置しながらのマッピング測定が可能となる．ここでは集光素子にモノキャピラリー，光学系雰囲気を真空にすることのできる装置で測定した内容を紹介する．

c. 生体試料の測定

生物が物質を取り込み・排出する過程において，物質の体内における濃度が平衡に達したとき，その濃度が外界の濃度を著しく超えている場合，この現象を生物濃縮とよぶ[2]．植物における生物濃縮の一例として，ウマノスズクサを TiO$_2$ ナノ粒子 1 ppm 混濁液に浸した湿潤脱脂綿にて水耕栽培した後の元素分布を測定した例を紹介する．

試料の前処理として，葉の部分を PET フィルムではさみ，開口部のあるアクリル板に図15.32のように設置した．アクリル板などの保持するものがX線の照射経路に存在すると散乱X線が発生しスペクトルのバックグラウンドが増加する．そのため，PETフィルムなどの薄膜で保持し，散乱X線によるバックグラウンドを低減することで，コントラストのよいマッピング像を得ることができる．また，茎を試料台の横に設置した湿潤脱脂綿に浸しながら測定を行うことで生きたままの測定が可能となる．図15.33に示すマッピング像よりSは葉に分布することがわかる．Sはおもにタンパク質に由来するもので，葉の生きた細胞には多く含まれている．葉脈や茎の導管は，セルロースが主成分でタンパク質をあまり含まないため，Sの分布が少なくなるものと推定される．また，湿潤脱脂綿に添加した TiO$_2$ ナノ粒子が湿潤脱脂綿より吸われて茎および茎に近い葉に分布していることがわかる．

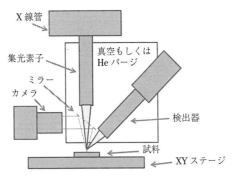

図 15.31 蛍光X線顕微鏡

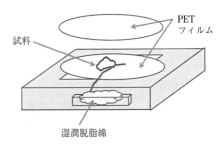

図 15.32 ウマノスズクサ前処理

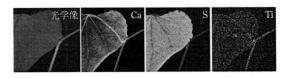

図 15.33 ウマノスズクサの光学像（左）と元素分布

蛍光X線分析を用いることで，生きたままで測定が可能であり，植物の成長過程における元素分布の変化もマッピングによって観察することができる．

d. マッピング分析後の画像解析

ステージ走査方式の蛍光X線のマッピング像はX線照射径が小さくなればなるほど1ピクセルあたりの強度が減少し，シグナル/ノイズ比（以下S/N比）が低い画像となる．S/N比を改善するために測定時間を長くしても，S/N比はX線強度の統計変動に依存するため，測定時間の平方根でしか改善されない．S/N比が低くても画像解析が可能になるように，ノイズ除去効果の高いNon-Local Means Filter[3]処理を施すことで，ノイズ成分を平滑化することが可能である．図15.34にノイズ低減後のマッピング像を示す．

試料の厚みの変動が大きい試料や凹凸のある試料のマッピングを行うときにはマッピング画像を取得後に画像間演算を行うことで，正確な分析が可能になることがある．元素マッピング時に散乱X線のマッピング像を取得しておくと，散乱X線のマッピング像は密度・厚みの情報を含むため，各元素画像と散乱X線画像間の商を求めることで密度・厚み情報を考慮した画像が得られる．処理後の画像を図15.35に示す．

生データでは茎の部分も輝度が高かったCa，Tiは密度・厚み情報を考慮することによって葉の部分に濃度が高い部分があることがわかるようになった．

マッピング分析は生体試料にかかわらず生データを取り扱われることが多いが，ピークがないところでも散乱X線強度の変化によりコントラストに変化が現れるため，データを解釈するときに正確な知見を得に

図 15.34 ノイズ低減後のマッピング像

図 15.35 散乱X線強度で規格化したマッピング画像

図 15.36 ウナギの耳石とSr分布　　図 15.37 アユの耳石とSr分布

（試料提供 東京大学海洋研究所 白井先生）

くい．今回用いた処理により，厚みや密度がばらつくような試料に対しても画像解析が可能になる．この方法以外にも，マッピングでコントラストがついた場所にその元素が存在するかどうかを判別する手段として，その周辺部におけるポイント分析でスペクトルを測定し，ピークの有無を確認することも有効である．

e. 耳石の測定

淡水産の天然ウナギ・天然アユから，耳石を採取しPETフィルムを張った試料台に設置して分析を実施した．魚類は海洋での滞在期間に海水中のSrを蓄積する．耳石は年輪のように外側に成長するため[4]，Srの分布からその魚類の成長過程で海洋にいたのか河川にいたのか試料を切断することなく推察できる．ウナギの耳石について，図15.36からSrは中心に高濃度の部分があるのみで，海洋で誕生し河川で成長したことが推察される．アユの耳石について，Srはドーナツ状に分布しているため（図15.37），河川で誕生し海で成長，また河川に戻ってくるという回遊の履歴が推察される．

f. おわりに

蛍光X線を用いることで，試料の元素分布を非破壊で分析することが可能である．損傷を受けやすい生体試料もフィルムで包むなどの前処理を加えることで元素マップの取得が可能であり，元素マップからの情報により動植物の生育履歴を推測できることがわかる．

［青山朋樹］

引用文献

1) S. Komatani, and S. Ohzawa, *Readout*, 30, 70-73 (2005).
2) T. Ishii et al., *Naturwissenschaften*, 80, 268-270 (1993).
3) A. Buades, B. Coll, J. M. Morel, "A non local algorithm for image denoising" IEEE Computer Vision and Pattern Recognition 2005, 2, 60-65, (2005).
4) S. Tsuji, T. Aoyama, *Bull. Japan. Soc. Sci Fish*, 50, 1105-1108 (1984).

15.9 電子線とX線を用いた，試料同一力所の表面から深部の同時元素分析

a. 背景

一般にエネルギー分散型X線分析法（EDS）と蛍光X線分析法（XRF）は，おのおの別々の装置を用い測定を行ってきた．しかし，2つの異なる分析手法を組み合わせることで新たな情報を得ることができる．EDSは高速，全元素分析に秀でているが，微量元素分析には一定の制約がある．また，電子線を用いたEDSでは電子と試料の相互作用が大きく，その分析領域は試料表面に限定される．しかし，EDSの情報にXRFの情報を加味することで，EDS単独では得ることのできない新たな情報を加えることができる．

SEM-EDSで試料深部の分析を行うためには走査型電子顕微鏡（SEM）の加速電圧を高く設定する必要があるが，SEMで照射可能な最大加速電圧は30 kV程度であり，ケイ素（Si）に対する電子線侵入深さは高々7 μm程度である．（図15.38，ケイ素（Si）に対するモンテカルロシミュレーション結果[1]）．

このようにSEM-EDSでは試料深部の元素分析が困難であり，通常は試料劈開・断面処理を施し，元素分析を行うか，侵入深さが電子線よりも深いX線を励起線源として用いる蛍光X線分析装置を用い分析を行なっている．

本稿では，走査型電子顕微鏡（SEM）にEDS検出器とXRFを組み合わせることで，EDS-XRFのデータを同一試料，同一視野から取得可能な装置を用い，試料の異なる深さでの分析例，微量元素を含む高速全元素分析の事例を紹介する．図15.39に本装置の構成

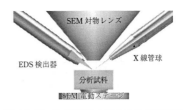

図15.39 X線管球-EDS検出器配置図

を示す．通常のSEM-EDSの構成に加え，X線照射位置が電子線照射位置と同一になるようX線源を配置した．

b. 測定装置

近年ではEDS検出器は，シリコンドリフト検出器SDDが主流になっており，毎秒600 kcps以上の高カウントレートのX線を取込み，処理することが可能である．また，EDSのエネルギー分解能は121 eVにまで達しており，軽元素の分析に加え遷移金属元素のL線，M線を用いた分析が十分に可能なレベルに達している．一般に広く用いられているSEM-EDSシステムにX線管球を搭載することで電子線励起のEDSに加えX線を励起源とした蛍光X線分析が可能

図15.40 EDS検出器 XFlash

図15.41 ポリキャピラリー型X線管球 XTrace

表15.12 XTrace 仕様

X線管球種類	ポリキャピラリータイプ高輝度X線管球
照射スポットサイズ	40 μm 以下
X線管球ターゲット種類	Rh もしくは Mo
X線励起強度	50 kV，600 μA（最大出力30 W）
フィルター	3枚

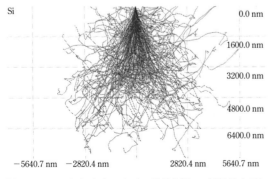

図15.38 ケイ素（Si）における試料内部での電子線広がりの様子

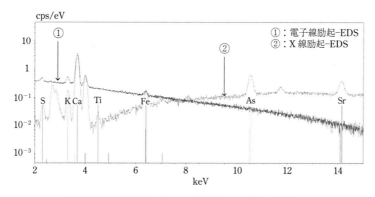

図 15.42 NIST620 ガラス標準試料の定性スペクトル

表 15.13 NIST620 ガラス標準試料の定量分析値

元素	認証値	電子線励起定量値 (wt%)	X線励起定量値 (wt%)
O	46.82	45.71	—
Na	10.68	10.54	10.32
Mg	2.22	2.32	2.27
Al	0.95	1.34	0.89
Si	33.70	33.94	34.99
S	0.11	0.16	0.12
K	0.34	0.37	0.35
Ca	5.08	5.30	5.34
Ti	0.01	<LoD	0.01
Fe	0.03	0.28	0.03
As	0.04	0.04	0.06
Sr	—	0.00	0.04

となり，同一試料において電子線，X線，両方を励起源とした元素分析が可能になる．測定には，ブルカー・エイエックスエス社製 EDS 検出器 XFlash® に加えて X 線管球 XTrace（図 15.41）を SEM に搭載し測定を行った．XTrace の仕様は表 15.12 の通りである．

c. 測定例 1（微量元素を含む全元素分析）

図 15.42 に NIST620 ガラス標準試料を電子線，X線励起した際の EDS 定性スペクトルを示す．

電子線励起（EDS）の場合には強い連続 X 線が発生し，バックグラウンドが増加し X 線励起の蛍光 X 線分析（XRF）の場合と比較し P/B 比が低下する．XRF はその良好な P/B 比から微量の Ti，Fe，As，Sr などの重元素を検出する際に有利になる．しかしながら，XRF には軽元素分析ができないという大きなデメリットがある．そこで，本手法では EDS により主要構成元素の分析を行い，これに XRF の微量元素分析結果を加味する『微量元素を含む全元素分析』法を検討した．表 15.13 に EDS と XRF の結果を組

図 15.43 (a) X 線励起面分析結果（XRF）と (b) 電子線面分析結果（EDS）（口絵 9 参照）

み合わせた本手法での定量値を示す．NIST620 の認証値と比較して十分よい一致を得た．

d. 測定例 2（深さ方向分析）

図 15.43 に PCB（プリント回路基板）の同一視野での面分析測定結果を示す．電子線は X 線に比べ，試料内部への侵入深さが浅くなる．そのため電子線励起では，Au の内部配線状態を検出することが不可能であるが，X 線励起では試料深部の検出が可能になる．また，SEM のステージ駆動を用い広範囲での X 線励にて起試料面分析を行うことも可能である．

e. ま と め

走査型電子顕微鏡（SEM）に X 線管球を搭載することで，試料の同一カ所の電子線，X 線励起による元素分析が可能である．これにより
1. 微量元素を含む全元素分析
2. 試料表面と深部の深さ方向分析

を同一視野・同一箇所で行うことが可能となった．

［菱山慎太郎］

引 用 文 献

1) http://www.gel.usherbrooke.ca/casino/

15.10 高輝度X線光学素子を用いた大型絵画などの元素マッピング分析例

a. 美術・考古学的用途としての蛍光X線分析

従来より美術・考古学において歴史的背景，作者の思想，地域性などを推し量るうえで蛍光X線を用いた元素分析はよく行われている．特に絵画では使用された顔料はこれらの特徴を表している場合が多い．また，絵画の場合布製のキャンバスに描かれることが多いため通常の分析レベルのX線照射（50 kV 励起）でも容易に透過してしまい表面に描かれている絵の具の情報だけでなく，その裏に描かれた下絵や，場合によっては遊び心からくる"隠し絵"も見ることができる．しかし，これまで行われてきたこれらの分析はそのほとんどがハンドヘルドタイプのような小型の装置によるポイント分析であり，いわゆる"マッピング分析"は汎用品を用いて完全自動で行われたことはまれであった．

b. 全自動大型試料マッピング装置の歴史

前述のようにまずはハンドヘルドタイプを三脚に固定し一点一点目的の場所を測定，解析を行う手法から，Heパージを行えるような機能を付けた専用機（図15.44）が開発された．（Heガスを吹き付けることで軽元素や重元素のM線分析を高感度で行うことが可能になる）

さらにある程度大きな試料（200 mm×160 mm：絵画としては小型かもしれない）を真空中で完全自動マッピングができる装置へと改良された．（図15.45）

しかし，依然として大型の絵画などは放射光施設を用いて分析していたため，可搬型でポリキャピラリーを使用し高輝度化されたX線による大型試料対応自動測定装置が要望により開発された（図15.46）．

この装置の開発の過程で，2008年にゴッホの描い

図 15.46 改良型 II

改良型 II 名称： M6 JETSTREAM
測定可能範囲：80×60 cm² （×9 cm 高）
出力：50 kV-600 μA
集光：ポリキャピラリー
分析スポットサイズ： 100～500 μm 可変
検出器：BRUKER 社 SDD <145 eV@Mn Kα
分析手法：ポイントおよびマッピング法

た風景画に女性の肖像画が隠されていたという論文が発表[1]され，世界中で話題となった．

2012年に大型絵画用自動マッピング装置が完成し，この研究者らはさらに多くの絵画などを分析した[2]．

分析例 1. "織物商組合の幹部たち"（図15.47）

図 15.47 （レンブラント，1662作，アムステルダム国立美術館所蔵，190.5×280.5 cm）

この絵画を蛍光X線分析した結果（図15.48），下絵に何人かの人物像が発見された．（黒丸部分）

図 15.48 X線像（Pb Lα マッピング画像）

また，この絵を分析した Joris Dik 教授，オランダ・デルフト工科大学らはさらに四角で囲まれた部分（布生地組合長，Willem van Doeyeburg）に着目し，レンブラントはこの部分を描きなおしたのだろうと推察した．

図 15.44 初期型　　　図 15.45 改良型 I

分析例2. "デイジーとアネモネが入った花瓶"（図15.49）

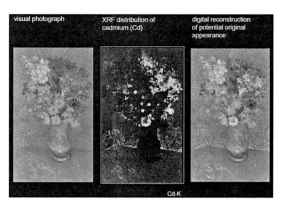

図15.49 （ゴッホ，1887作，クレラー・ミュラー美術館，オランダ・オッテルロー所蔵）

現状可視光で見える絵では確認が困難であった鮮やかな黄色（カドミウム・イエロー）はX線分析によって本来表現されるべき状態が復元された．左が作品の写真画像，中央はX線により検出されたCdの分布，右はその結果をもとに復元された絵画のデジタル処理画像である．

分析例3. "スペインのゴンドラの船頭"（図15.50）

図15.50 （マックス・クリンガー，1881作，ライプチヒ造形美術館所蔵，15 cm×35 cm）

この絵は裏に厚く絵の具が塗られておりその剥げた部分から表と異なる絵が垣間見られたのでX線により分析したところ，図15.51のような絵柄が浮かび上がった．

図15.51 裏面のX線元素分析画像

左に大きな壁があり右には草木が生え，地面には黒い服を着た夫人が横たわっていた（画像では元素分布を表すため異なる色で表示）．

c. まとめ

蛍光X線分析は非破壊であり検出された元素を色分けすることで貴重な絵画の制作過程や"隠された作品"の発見にもつながる．特にX線照射にポリキャピラリーレンズを用いることでその場で大型の作品を感度よく精密に分析することが可能になりより多くの作品の制作過程や背景を追うことができるであろう（図15.52）．

図15.52 イギリスBBCで放映された分析風景

［水平　学］

引用文献

1) J. Dik, K. Janssens, G. van der Snickt, L. van der Loeff, K. Rickers, M. Cotte, *Analytical Chemistry*, **80**, 6436-6442 (2008).
2) Stefan Langner, Bruker nano analysis, Berlin, Germany, First Newsletter, December, Issue24 (2013).

15.11 ゴッホ「ドービニーの庭」に隠されていた"黒猫"の発見

a. はじめに

フィンセント・ファン・ゴッホの油彩画《ドービニーの庭》には，バーゼル美術館所蔵作品（図15.53，口絵10.a）と，ひろしま美術館所蔵作品（口絵10.b）の2枚がある．バーゼル作品は左下に黒猫が描かれているが，ひろしま作品の左下に黒猫はいない．そこは，茶褐色に描かれている．黒猫を塗りつぶしてしまったのか？

油彩画は，画家の主題がキャンバス上に油絵具の重なりと広がりによって表現される．また，油彩画に使われる絵具は，それぞれ固有の主成分元素をもっている．言い換えれば，使われた絵具の主成分元素が重なり広がっている．もし，塗りつぶした絵具層の下に黒猫が描かれているならば，重なって広がる絵具の主成分元素を分別し，分別した各元素の分布状態を観察することによって，隠された黒猫の姿が絵具の主成分元素とともに確認できる．

そこで，まず放射性同位元素（RI）を線源とする蛍光X線分析を行い絵具の主成分元素を特定し，次にX線分析顕微鏡によって特定した元素の分布状態をマッピング像として解析した．

b. RI蛍光X線分析[1]

装置の構成を図15.54, 55に示した．この装置は，AET Technology製アメリシウム241 Am密封環状線源：A，遮蔽材：B，Amptek製XR-100CR型ペルチェ冷却式小型シリコン半導体（Si-PIN）検出器：C，同社製PX2T/CR型プリアンプ：D，およびPMCA-8000A小型マルチチャンネル波高分析器：E，そしてパーソナルコンピュータ：Fからなる．総重量はコンピュータ（F）を除き約1.8 kgである．線源（A）は，セラミックスで密封した粒状の241 Amを

リング状に配置して内包させ，厚さ3 mm，外形φ18 mm，内径φ12 mmの環状に樹脂で成型したもので放射線強度（数量）は1.85 MBqであり13.95と17.74 keVのX線および59.54 keVのγ線を放出する．遮蔽材（B）は，線源から放出される放射線が直接検出器に取り込まれないよう，厚さ2 mmの鉛板で環状線源の周囲と上部そして中央の空洞部側面を包み込み，さらに厚さ1 mmの銀製の管（内径φ6 mm）を中央空洞部に施してある．検出器（C）の先端部の窓（φ5 mm）には遮光を兼ねた厚さ1 mil（25 μm）のベリリウム膜があり，その内部に面積2.4×2.8 mm，厚さ300 μmのSi-PINホトダイオードがある．この検出器の先端部の窓が線源（A）を覆っている遮蔽材（B）の中央空洞部に位置するように密着させて取り付け，その線源部の下に試料（G）を置き，試料表面から約5 mmの空間を持たせて（非接触の状態で）保持する．そして，大気中で線源（A）から放出される放射線を試料面に照射し，そのとき試料から発生する2次X線（蛍光X線）を遮蔽材（B）中央空洞部から検出器（C）の窓（ベリリウム膜）を通して検出する．こ

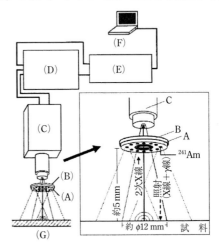

図15.54 RI線源を用いた蛍光X線分析装置の構成

図15.53 ゴッホ《ドービニーの庭》（バーゼル作品）

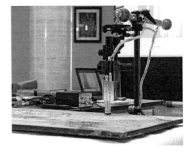

図15.55 RI蛍光X線分析装置による調査

15.11 ゴッホ「ドービニーの庭」に隠されていた"黒猫"の発見

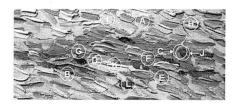

図 15.56　RI蛍光X線分析装置による測定点

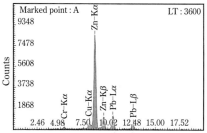

図 15.57　測定点Aから得られたスペクトル

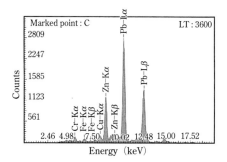

図 15.58　測定点Cから得られたスペクトル

の空間距離における試料表面の測定面積は，約 φ12 mm となる．なお，この装置のエネルギーチャンネル校正は，鉄，銅，鉛，金，銀等の標準物質（ニラコ製）をそれぞれ用いて行う．

　ひろしま作品（口絵 10.b）左下，茶褐色に描かれた部分とその周辺を分析した．測定点は図 15.56 に示した．蛍光X線分析の結果，周辺部（A，B，D，E，H，I，K，L）と茶褐色部分（測定点：C，F，G，J）の両者に共通する元素として，クロム，銅，亜鉛，鉛が検出され，亜鉛の強度は周辺部の方が強く，鉛の強度は茶褐色部分の方が強かった．また，測定点AとCから得られたXRFスペクトル（図 15.57 と 15.58）を比較すれば明らかなように，鉛の強度が強い茶褐色部分からは周辺部にない鉄が同時に検出された．これらのことから，もし黒猫が描かれているとすれば，それは鉄を主成分元素とする青色絵具「プルシャンブルー」が想定された．

図 15.59　X線分析顕微鏡による非破壊分析調査

c.　X線分析顕微鏡によるマッピング像の解析

　RI蛍光X線分析によって特定された各元素のマッピング像をX線分析顕微鏡（XGT-5000）によって測定し解析した．この装置には，ひろしま作品（サイズ：53.3×103.2×2.0 mm）のように大型試料であっても，XYZ方向にモータドライブできる大型のステージを取り付けてある（図 15.59）．茶褐色に描かれている平面のXとY軸を 60.416×60.416 mm とし，約 1.8 mm/s の速度で平行移動させながら 100 μm に集光したX線ビーム（50 kV/1 mA）を垂直に照射し，重なって広がっている絵具層から，特定した各元素が放出する2次X線を約 0.23 mm 移動するごとに計測し分別してマッピング像とし，それぞれの分布状態を解析した．クロム，クロムと鉄，亜鉛，そして鉛のマッピング像を口絵に示した．クロムのマッピング像（口絵 10.c）から猫の頭（a），耳（b），首（c），前足（d），胴体（e），腹（f），腰（g）そして尾（h）の形態が観察でき，茶褐色の絵具層の下に黒猫が描かれていることがわかった．また，これらのマッピング像から，次のことが解析できた[2]．ゴッホはジンクホワイト（主成分元素：亜鉛）を多用し，黒猫を描く場所は空けて置き（口絵 10.e），そこにクロムイエロー（主成分元素：クロムと鉛）とプルシャンブルー（主成分元素：鉄）を用いて（口絵 10.d）濃い青緑の黒猫をバーゼル作品と同様に描いていた．しかし，その黒猫はシルバーホワイト（主成分元素：鉛）をベースとした有彩色の絵具で塗りつぶされ隠されてしまった（口絵 10.f）．

[下山　進]

引用文献

1) 下山　進，野田裕子，分析化学，**49**，1015（2000）．
2) 下山　進，大原秀之，吉田寛志，大下浩司，古谷可由，"ゴッホ《ドービニーの庭》のすべて"，第1部 科学調査，p. 15（2008）（ひろしま美術館・吉備国際大学）．

16章 分析結果を論文・報告書に書くときの注意事項

蛍光X線分析法によって得られた分析結果を論文や報告書などの外部に発表する文書に書く場合は，ほかの機器分析法と同様に分析値の信頼性がどのくらいかということを明らかにする必要がある．

分析値の信頼性を示す指標として，精度と正確度がある．精度とは，同一試料を繰返し測定したときの測定値のばらつき，すなわち再現精度のことである．正確度とは，真の値からの測定値の隔たりのことである．分析値の信頼性は，この精度と正確度の両方によって決まる．したがって，蛍光X線分析法による分析結果を論文や報告書に書くときは，精度と正確度の両方がわかるように記述すると，信頼性があると判断される．

ここでは，分析結果の信頼性をはかるのに必要なX線の理論変動，再現精度，正確度，検出下限，トレーサビリティーなどについて述べる．

16.1 X線の統計変動（理論変動）

X線分析におけるX線強度は検出器に入射したX線の光子（粒子）をパルスとして計数したものである．したがって，X線強度（カウント数）には理論的な変動（ゆらぎ）があり，統計変動（理論変動）とよばれている．

16.1.1 統計変動（理論変動）

X線強度が N カウント（counts）の場合の統計変動による標準偏差 σ と変動係数 CV は，それぞれ式(16.1)，(16.2)で計算できる．

$$\text{標準偏差 } \sigma = \sqrt{N} \qquad (16.1)$$

$$\text{変動係数 } CV(\%) = \frac{\sigma}{N} \times 100$$
$$= \frac{1}{\sqrt{N}} \times 100 \qquad (16.2)$$

ここで，N：X線強度（counts），σ：理論標準偏差（counts），CV：理論変動係数（%，Coefficient of Variation）．

これらの式から，カウント数 N が大きくなるほど標準偏差 σ は大きな値となるが，カウント数に対する相対的な変動率である変動係数 CV（%）は小さくなることがわかる．

X線強度の単位がcpsすなわち1秒間あたりのカウント数で表される場合の標準偏差 σ と変動係数 CV（%）は，それぞれ式(16.3)，(16.4)で計算される．

$$\text{標準偏差 } \sigma = \sqrt{\frac{I}{t}} \qquad (16.3)$$

$$\text{変動係数 } CV = \frac{\sigma}{I} \times 100$$
$$= \frac{1}{\sqrt{I \cdot t}} \times 100 \qquad (16.4)$$

ここで，σ：理論標準偏差（cps），I：X線強度（cps），t：測定時間（s），CV：理論変動係数（%）．

EDXでは，X線強度の単位を単位電流あたりに換算したcps/μAで表示している場合があるので，測定時の管電流を掛けてcpsの単位に換算すれば，式(16.3)，(16.4)から統計変動を計算することができる．

式(16.4)から理論変動係数は，X線強度 I（cps）が大きくなると小さくなり，測定時間 t（s）が長くなると小さくなることがわかる．つまり再現性のよい測定結果（変動が小さい）を得るためには，X線強度を大きくするか，または測定時間を長くすればよいことがわかる．

式(16.4)から計算されたX線強度の理論標準偏差 σ を含有量の変動に換算するには，検量線（$W = a \cdot I + b$）の傾き a を掛けて，$(a \cdot \sigma)$ で計算する．含有量に対する変動係数 CV（%）は，式(16.5)で計算される．

$$CV = \frac{\sigma}{W} \times 100 \qquad (16.5)$$

ここで，σ：含有量の理論標準偏差（%），W：含有量

16.2 再現精度の評価方法

表 16.1 再現性試験方法

	種類	測定方法	評価内容
1	単純繰返し再現性	試料を測定位置に設置した状態で連続測定する（試料位置固定）	短時間の装置の安定性（最も基本的な性能）
2	試料出入れ再現性	試料を測定ごとに出し入れする，または，置き換える	装置の試料セットの安定性
3	日間再現性	数日間の繰返し測定	長時間の安定性
4	試料作製再現性	同一試料を研磨，または複数個作製して測定する	装置の安定性と試料の前処理技術

(%) ($W=a \cdot I+b$)，CV：含有量の理論変動係数 (%).

通常，X線強度が十分大きければ，X線強度の理論変動と含有量の理論変動はほとんど同じになり，X線強度の変動から，実際の含有量での変動が推定できる．しかし，ネット強度に対してバックグラウンド強度が大きい（検量線の b が大きい）場合や，検量線の傾きが小さい（検量線係数 a が大きい）場合には，含有量の変動が X線強度の理論変動より大きくなることがあるので注意が必要である．

16.1.2 バックグラウンド補正した場合の統計変動

微量分析の場合，バックグラウンド補正を行うことがある．(6.1.6 参照) この場合，検量線は Net 強度を用いて作成するが，理論変動はバックグラウンド強度の変動も含めて計算する必要があり，式(16.6)で計算される．

$$\text{標準偏差 } \sigma=\sqrt{\sigma_T^2+\sigma_B^2} \quad (16.6)$$

ここで，σ_T：ピーク＋バックグラウンドのトータル強度（WDX ではピーク位置の強度）の標準偏差，σ_B：バックグラウンド強度の標準偏差．

16.1.3 対比法を用いた場合の統計変動

内標準法では，定量元素の測定強度をほかのスペクトルとの対比をとり，定量分析を行っている（6.1.8 参照）．ほかのスペクトルとの対比法を用いた場合の理論変動係数は，対比したスペクトルの変動も含めて計算する必要があり，式(16.7)で計算される．

$$\text{変動係数 } \varepsilon=\sqrt{\varepsilon_S^2+\varepsilon_R^2}$$

$$=\sqrt{\left(\frac{\sqrt{N_S}}{N_S}\right)^2+\left(\frac{\sqrt{N_R}}{N_R}\right)^2}$$

$$=\sqrt{\left(\frac{1}{\sqrt{N_S}}\right)^2+\left(\frac{1}{\sqrt{N_R}}\right)^2}$$

$$=\frac{1}{\sqrt{N_S}} \cdot \sqrt{1+\frac{N_S}{N_R}} \quad (16.7)$$

ここで，ε_S：測定スペクトルの変動係数，ε_R：対照スペクトルの変動係数，N_S：測定スペクトルの X線強度 (counts)，N_R：対照スペクトルの X線強度 (counts).

この式(16.7)から，対比法を用いた場合の統計変動は，測定スペクトルのみと比べて $\sqrt{1+N_S/N_R}$ 倍わるくなることがわかる．対照スペクトルの強度を測定スペクトルより十分大きくすれば，対比法を用いることによる変動の増加を少なくすることができる．

16.2 再現精度の評価方法

分析値の信頼性を示すためには，精度を把握する必要がある．精度は，実際に同一試料を繰返し測定して求める．繰返し測定すると，その平均値を中心にばらつき（偏差）が発生する．ばらつきの標準偏差をとれば，再現精度を評価することができる．これを再現性試験とよぶ．通常よく用いられる4種類の再現性試験方法を表16.1に示す．再現性試験の繰返し回数は5～10回が一般的である．

再現精度は，標準偏差 σ と変動係数 CV で示され，式(16.8)～(16.10)により計算される．

① 平均値 　$\bar{X}=\dfrac{\sum X_i}{n}$ 　(16.8)

② 標準偏差 　$\sigma=\sqrt{\dfrac{\sum d_i^2}{n-1}}$ 　(16.9)

　　　　　　　$d_i=X_i-\bar{X}$

③ 変動係数 　$CV=\dfrac{\sigma}{\bar{X}} \times 100$ 　(16.10)

ここで，$\bar{X}$：平均値 (%)，X_i：定量値 (%)，d_i：偏差 (%)，σ：標準偏差 (%)，CV：変動係数 (%)，n：繰返し回数．なお，含有量の単位は任意で ppm

なども使用できる.

　実際の変動の値を知るには，標準偏差 σ で評価するとわかりやすい．しかし，標準偏差は，含有量によって値が変わるので，通常は含有量に対する相対的な変動率である変動係数 CV で評価することが多い．変動係数は通常百分率で表示され，蛍光 X 線分析装置の限界 CV % は，WDX では 0.02 %，EDX では 0.2 % 程度である．これは X 線の計数量に依存していると考えられる.

　再現性試験を行う場合，まず装置を立ち上げてから安定するまでの時間を十分にとる必要がある．安定性には温度の影響が大きい．WDX では分光室を温度調整しているので分光結晶まで一定の温度になるには数時間かかる．EDX は温度調整機構がないので室温をできるだけ一定にするのが望ましい.

　再現性試験により実測した標準偏差および変動係数が妥当であるかどうかの判断は，前述の理論標準偏差および理論変動係数と比較して行う．実測値が理論値と同等であれば装置はきわめて安定していることになる．また，実測値が理論値の 2 倍以内程度であれば，装置としては問題ないと考えられる．しかし，実測値が理論値の 3 倍以上であれば，測定試料の変化あるいは装置の異常を疑う必要がある．測定試料の変化がなければ，単純繰返し再現性が，装置の最も基本的な安定性を示している.

16.3　分析値の正確度の評価方法

　分析値の正確度とは，真の値からの隔たりのことである．しかし，実際には真の値を定義することは困難である．そこで，蛍光 X 線分析では，蛍光 X 線分析法以外の公定法などに認められている化学分析，原子吸光，ICP-AES などにより得られた信頼性が高い分析値を真の値と考えて，正確度を評価することが多い．また，蛍光 X 線分析法は標準試料との比較分析法であるので，標準試料の標準値の信頼性（正確度）から，蛍光 X 線分析法による分析値の正確度を推定することも可能である．もちろんそのためには，装置の安定性，試料前処理などの精度がよいことが前提である．

　検量線法と FP 法では，分析値の正確度の評価方法が異なるので，ここではそれぞれ説明する.

16.3.1　検量線法

　検量線法における正確度の計算方法は，6.1.4「検量線の作成および定量値の評価」の項でも述べたとおりであり，その検量線の正確度が定量値の信頼性を示している．このとき，未知試料と標準試料の前処理方法が同一であることが前提条件である．正確度の値が，標準値の有効数字の最も下の位と同じレベルであれば，検量線はきわめてよくできていると判断できる．したがって，検量線法による定量値を，論文や報告書に書く場合は，標準試料の内容および検量線の正確度を明らかにする必要がある.

　検量線法では，基本的には 1 元素ごとに正確度および再現精度を評価できるが，共存元素補正を行った場合は，補正元素の誤差が定量元素の誤差に影響を与えるので注意が必要である.

16.3.2　FP 法

　FP 法による定量分析の場合，すべての含有元素について常にトータル 100 % として定量計算を行うので，1 元素のみの正確度および精度を議論することは困難であり，含有しているすべての元素について検討が必要である．実際の試料の分析では含有量が大きい元素（主成分など）の正確度および再現精度が，他の微量元素の正確度および再現精度に大きな影響を与える場合があるからである（6.2.8 参照）.

　複数の標準試料を用いた FP 法による定量分析の場合，正確度は，検量線法のように 1 元素ごとに元素感度曲線（6.2.5 参照）から直接，値を読み取ることはできない．そこで，まず定量元素すべてについて元素感度曲線を作成し，その係数を用いてすべての標準試料を再計算して，各元素の定量値を求める．各元素の正確度は，それらすべての標準試料の定量値と標準値の誤差から検量線法と同様に式(6.4)を用いて計算することができる.

　装置内蔵の元素感度係数を用いた FP 法による定量分析（6.2.6 参照）の場合は，概略の定量値が得られるという意味で，半定量分析とよばれている．この方法では，未知試料によく似た組成で標準値が既知の試料を分析し，概略の正確度を把握する必要がある．あるいは，未知試料によく似た組成の標準試料により元素感度係数を求めることにより，ある程度の正確度を推定することができる.

16.4 分析結果の表記方法

分析結果を論文や報告書に書く場合は，分析装置から出力された数値をそのまま記載するのではなく，有効数字が明確になるように，確からしい桁数で数字を丸める必要がある．有効数字の丸め方はJIS Z 8401 (数値の丸め方)にあるので参照してほしい．

実際の蛍光X線分析法による分析値の有効数字は，前述の再現精度と正確度から読み取ることができる．たとえば，再現精度σあるいは正確度の値が0.1 %であった場合，定量値の0.1 %の位に誤差を含むことを示しているので，有効数字は，この位よりも下の位になることはない．また，検出下限および定量下限以下の値は，数字を表記するのではなく，検出下限以下（n.d.; not detected）という表現をする方がよい．

蛍光X線分析法は比較分析法であるので，蛍光X線分析の定量値の有効数字は，常に標準試料の標準値の有効数字を上回ることはない．

16.5 検出下限および定量下限

微量分析を行う場合の目安として，検出下限が用いられる．検出下限の算出方法は，実測する方法と理論計算する方法の2つがある．基本的な考え方は，バックグラウンド（BG）強度の統計変動の3倍を検出下限（3σDL）と定義していることである．

16.5.1 ブランク試料を実測する方法

検出下限を実測する場合は，低含有量の試料を用いて作成した検量線を用いて含有量が0 %，あるいは0 %に近い試料について，単純10回繰返し再現性試験を行い，その標準偏差σの3倍を検出下限とする．

16.5.2 検量線から理論計算する方法

検出下限を理論計算する場合は，低含有量の試料を用いて作成した検量線から計算する．検量線の式を $W = a \cdot I + b$ とすると，次の手順で計算される．（図16.1 参照）

① バックグラウンド（BG）強度を計算する．含有量 $W = 0$ %における強度をBG強度とする．

$$\mathrm{BG} = -\frac{b}{a} \quad (16.11)$$

② BG強度の理論標準偏差を計算する．

$$\sigma = \sqrt{\frac{BG}{t}} \quad (16.12)$$

③ 理論標準偏差を3倍し，含有量に変換する．

$$\mathrm{LLD} = 3 \cdot a \cdot \sigma \quad (16.13)$$

ここで，a：検量線の勾配（%/cps），b：検量線の切片（%），t：測定時間（s），BG：バックグラウンド強度（cps），σ：標準偏差（cps），LLD：検出下限（%，lower limit of detection. LLDは，minimum limit of detection，MLDともよばれている）．

これらの計算式(16.11)～(16.13)では，強度の単位は必ずcpsを用いて計算する．もし単位がkcpsやcps/μAの場合は必ずcpsに直してから使用する．

また，これらの式では，測定強度はバックグラウンド差引きをしていない強度を用いているが，もしバックグラウンド差引きをした場合は，BG強度の値は，実測の値を用いて計算する．

16.5.3 1点の試料を用いて理論計算する方法

着目元素について検出限界に近い含有量をもつ標準試料1点を用いて，一定時間（t）スペクトルを測定

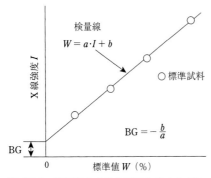

図 16.1 検量線から検出下限を求める方法

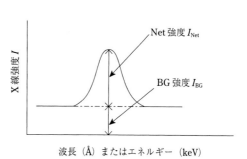

図 16.2 1点試料で検出下限を求める方法

し，着目元素のNet強度（I_{Net}）とバックグランド強度（I_{BG}）をスペクトルから読み取り，文献の含有量（W）とともに式（16.14）に代入するとLLDが計算できる（図16.2参照）．

$$\text{LLD} = 3 \cdot \frac{W}{I_{Net}} \cdot \sqrt{\frac{I_{BG}}{t}} \quad (16.14)$$

ここで，W：含有量（%），t：測定時間（s），I_{Net}：Net強度（cps），I_{BG}：バックグラウンド強度（cps）．

16.5.4 検出下限を下げる方法

これらの理論計算式(16.11)，(16.12)から，検出下限を下げるためには，次の3つの方法があることがわかる．

① BG強度（cps）を小さくする．
② 検量線の勾配 a（%/cps）を小さくする．つまり感度（cps/%）を上げる．
③ 測定時間 t(s) を長くする．測定時間を2倍にすると，検出下限は $\sqrt{1/2}$ になる．

16.5.5 定量下限

通常，蛍光X線分析における検出下限は3σDLが用いられる．定量下限は明確に定義されていないが，実際の試料前処理も含めた定量下限は，検出下限のさらに3倍程度と考えられる．あるいは，ほかの分析手法では，検出下限は3σ，定量下限を10σと定義している場合もあるので，蛍光X線分析でもこれに従う場合もある．

16.6 トレーサビリティー

蛍光X線分析法による定量値を，製品の管理分析などの品質保証システムに利用する場合に，分析値のトレーサビリティー（traceability）が問題となる場合がある．トレーサビリティーとは，第7章で説明したように分析値のもとをたどれば，国際標準または国家標準にたどりつけることである．

蛍光X線分析法は，標準物質による比較分析法であるので，定量分析に用いた標準物質のトレーサビリティーがとれているかどうかを確認する必要がある．認証標準物質（CRM，第7章参照）であれば問題ない．

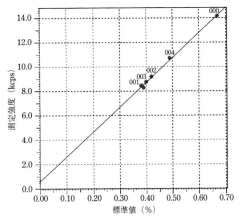

図 16.3 ステンレス鋼中のSiの検量線

16.7 検出下限を計算してみよう

WDXによるステンレス鋼中のSiの検量線（図16.3）から検出下限を計算してみよう．
検量線の式は以下のように表せる．

$$W = 0.049117 \times I - 0.027697$$

ここで，W：含有量（%），I：X線強度（kcps），測定時間 t：40 s．

① 式(16.11)よりバックグランド（BG）強度を計算する．

$$\text{BG} = -\frac{b}{a} = -\left(-\frac{0.027697}{0.049117}\right) \times 1000$$
$$= 563.9 \text{(cps)}$$

② 式(16.12)よりBG強度の理論標準偏差を計算する．

$$\sigma = \sqrt{\frac{BG}{t}} = \sqrt{\frac{563.9}{40}} = 3.755 \text{(cps)}$$

③ 式(16.13)より理論標準偏差 σ を kcps 単位になおして3倍し，含有量に変換する．

$$\text{LLD} = 3 \cdot a \cdot \sigma = 3 \cdot 0.049117 \cdot \frac{3.755}{1000}$$
$$= 0.00055 \text{(\%)}$$

16.8 再現精度を計算してみよう

上記の検量線用試料1点の再現性試験結果（単純10回繰返し測定）を以下に示す．

	含有量 W(%)	X線強度 I(kcps)
平均値 $\bar{X}$	0.4989	10.7216
標準偏差 σ	0.0005	0.0107
変動係数 CV	0.1053	0.0997

この試料における理論変動を計算してみよう．

X線強度の理論変動は，式(16.3)，(16.4)を用いて計算する．X線強度の単位はcpsとする．

$$\sigma = \sqrt{\frac{I}{t}} = \sqrt{\frac{10721.6}{40}} = 16.37 \text{(cps)}$$

$$\text{変動係数 } CV = \frac{\sigma}{I} \times 100 = \frac{16.37}{10721.6} \times 100 = 0.153\%$$

X線強度の標準偏差を含有量の理論標準偏差に換算すると

$$\sigma = 0.049117 \times \frac{16.37}{1000} = 0.0008\%$$

含有量の理論変動係数は，式(16.5)を用いて計算する．

$$CV = \frac{\sigma}{W} \times 100 = \frac{0.0008}{0.4989} \times 100 = 0.16\%$$

これらの計算結果から，実測値は理論値よりも小さく，よい再現精度が得られていると判断できる．

16.9　論文・報告書に用いる蛍光X線分析の用語

蛍光X線分析の結果を論文・報告書に書く場合の用語は，できるだけ以下のJIS規格を参照して使用するとよい．

JIS K 0119:2008 蛍光X線分析通則
JIS K 0211:2013 分析化学用語（基礎部門）
JIS K 0212:2007 分析化学用語（光学部門）
JIS K 0213:2014 分析化学用語（電気化学部門）
JIS K 0214:2013 分析化学用語（クロマトグラフィー部門）
JIS K 0215:2005 分析化学用語（分析機器部門）
JIS K 0216:2014 分析化学用語（環境部門）

また，本書で使用している用語は，これらJISの用語にできるだけしたがって使用している．JISに記載がない用語についても，経験的によく使用されている用語を採用しているので，推奨される．

分析条件については，次の項目を明記すると信頼性が高い結果となる．分析条件の項目は，装置名，分散方式（エネルギー分散，波長分散），X線管の種類，ターゲット物質，管電圧，管電流，検出器の種類，測定時間，測定雰囲気，1次X線フィルター，2次X線フィルター，分析径などを記載する．

定量分析の場合，使用した標準試料については7章を参考に記載する．

分析した試料の形態は，標準試料，未知試料ともに明記する．とくに薄膜として取り扱う場合は，内容を明記する必要がある．

バルクとは，含有元素および測定スペクトルの分析深さに対して，十分な厚さをもつ試料であり，定量値は含有量のみで表される．用語としては「バルク」，「無限厚」は同じ意味として取り扱える．

薄膜については，構成元素および測定スペクトルの分析深さに対して，十分な厚さが得られない，すなわち「有限な厚さ」とみなされる試料である．この場合，層の構成を示し，定量値はそれぞれについて膜厚または膜重量，元素の含有量を示す．また，蛍光X線では膜厚の測定はできないので，膜重量あるいは面密度として定量値を示すか，膜厚として示す場合は，計算に用いた密度も示した方が信頼性が高い．

[西埜　誠]

参 考 文 献

日本分析化学会編，"分析および分析値の信頼性"，丸善(1998)．

藤森利美，"分析技術者のための統計的手法（第2版）"，（社）日本環境測定分析協会（1995）．

17章 法令と届出

蛍光X線分析装置において，最も一般的なX線発生源は，X線管球である．この章ではX線管球をX線発生源とする蛍光X線分析装置に関する法令について記載する．したがって，基本的には，内部被ばくに関する内容，X線以外の放射線，蛍光X線分析装置以外のX線分析装置，X線透過像観察装置，各種医療用X線装置に関する事項は，対象外とする．

また，法令の遵守は，事業者の責任のもとに行われるものであり，この章において引用する法令の条項においては，"事業者は"という文頭のことばは，すべて省略している．

17.1 遵守しなければならない法令

関係する法令としては，以下のものがある．
・労働安全衛生法：昭和47年法律第57号
・労働安全衛生法施行令：昭和47年政令第318号
・電離放射線障害防止規則：昭和47年労働省令第41号
・労働安全衛生規則：昭和47年労働省令第32号
・人事院規則1015（昭和38年9月25日）
・地方公務員法：昭和25年法律第261号
・労働基準法：昭和22年法律第49号

以上のなかで，電離放射線障害防止規則と労働安全衛生規則は，労働安全衛生法およびこれに基づく労働安全衛生法施行令の下位に位置する規則である．

電離放射線障害防止規則は，蛍光X線分析装置に関係する事項も多く記載されているため，関連項目の詳細を後述する．

17.2 装置設置にあたり必要な届出

X線装置の設置・移動・変更に際しては，労働安全衛生法第88条，労働安全衛生規則第85，86条他，電離放射線障害予防規則第15条1項に基づき，以下のとおり届出が必要となる．ただし仮設の場合は，この限りではない．

◎工事開始の30日前までに労働基準監督署に提出

ただし，上記は民間機関およびそれに準ずる機関すなわち独立行政法人（各種大学法人を含む）などに適用されるものであって，中央省庁，公立機関は，以下のとおりとなる．

● 中央省庁：装置設置の検査終了後30日以内に人事院に提出
● 公立機関：工事開始の30日前までに各都道府県の人事委員会に提出

注：中央省庁は，府・省・庁・委員会およびそれらの付属機関と地方支分部局を指す．公立機関には，都道府県の各種機関や各種公立学校が含まれるが，公立大学法人は民間機関に準じる．

◎ 装置の設置に当たり提出すべき書類
(1) 「建設物／機械等／設置・移転・変更届」（様式第20号）
(2) a.「放射線装置摘要書」（様式第27号）または
b.「放射線装置室等摘要書」（様式第28号）
a.とb.はX線装置の外部放射線による実効線量率の値により，いずれかを適用する．20 μSv/hをこえない場合はa.を適用し，20 μSv/h以上の場合は，b.を適用する．
(3) 管理区域の説明書
(4) 事業場の周囲の状況および四隣との関係を示す図面
(5) 敷地内の建物および主要な機械等の配置を示す図面
(6) 原材料又は製品の取り扱い，製造などの作業の方法の概要を記載した書面
(7) 建築物（前号の作業を行うものに限る）の各階の平面図および断面図並びにその内部の主要な機械等の配置および概要を示す書面または図

面
(8) 前号の建築物その他の作業場における労働災害を防止するための方法および設備の概要を示す書面または図面

17.3 蛍光X線分析装置と管理区域

本章では，管理区域およびこれを管理するX線作業主任者に関する事項が各所に出てくるが，市販の蛍光X線分析装置においては，特例が適用される場合がある．

平成13年の厚生労働省通達「基発第253号」によれば，現状の蛍光X線分析装置は，その多くがX線作業主任者の選任が不要であり，放射線装置室の設置などもいらないと判断してよい．すなわち，蛍光X線分析装置の外側での実効線量が3月間につき1.3 mSvを超えないように遮へいされ，照射ボックスの扉が閉じられた状態でなければX線が照射されないようなインターロックを有し，当該インターロックを労働者が容易に解除することができないような構造であればよいとされる．この場合，管理区域は蛍光X線分析装置の内部とみなされる．

上記については，装置導入前に，カタログその他のメーカの発行する書類により，確認することが必要である．

17.4 労働安全衛生法・施行令・規則

労働安全衛生法および関連する施行令・規則等は，労働者の安全と健康を確保することを目的とする．X線装置に関する部分を要約すると，波高値による定格管電圧10 kV以上のX線装置で，研究や教育目的のためにそのつど組み立てるものや医療用以外のものは，「特定X線装置」として規格や安全装置が要求される．蛍光X線分析装置もこれに該当する．波高値による定格管電圧1000 kV以上のものは，さらに厳しい規制を受けるが，通常の蛍光X線分析装置は該当しない．

労働安全衛生法および関連する施行令・規則等においては，統括安全管理者，安全管理者，衛生管理者，産業医などの選任，安全委員会，衛生委員会の設置などが必要とされ，業種や事業場の規模に応じての必要事項の詳細が記載されている．しかし，これらのことは，労働者を有する事業体において基本的に必要なことである．管理者や産業医の選任および委員会の設置などは，放射線装置の導入に際して一部を見直す必要がある場合もあるが，この節においては，各法令の全文の入手先URLを示すにとどめる．なお，URLは変更される場合があるので注意を要する．

労働安全衛生法
http://law.e-gov.go.jp/htmldata/S47/S47HO057.html
労働安全衛生法施行令
http://law.e-gov.go.jp/htmldata/S47/S47SE318.html
労働安全衛生規則
http://law.e-gov.go.jp/htmldata/S47/S47F04101000032.html

17.5 電離放射線障害防止規則

以下に電離放射線障害防止規則の中から注意しなければならない項目を抜粋して記載する．蛍光X線分析装置においては，実際には厚生労働省通達「基発第253号」に適合する場合のほうが多い．しかし，電離放射線障害防止規則の各条項は，人体の存在しうる場所に管理区域が発生する場合に重点を置いているため，本節の内容も「基発第253号」に適合しない場合に関係する事項が中心になっている．また記載されている規定は，事業者の責任のもとに遵守されねばならないものである．

電離放射線障害防止規則における物理量

本論に入る前に電離放射線障害防止規則に出てくる物理量について，以下に記載する．
(1) カーマ

ある単位質量の物質中で，X線や中性子のような電荷をもたない放射線（間接電離放射線という）によって発生した全荷電粒子の初期運動エネルギーの総和をカーマと定義する．物質が空気である場合，空気カーマという．カーマの単位は，次に述べる吸収線量と同じ J/kg であり，その特別な名称をグレイ（gray：記号 Gy）という．
(2) 吸収線量

吸収線量は，放射線照射を受けた物質の単位質量あたりに吸収されたエネルギーと定義され，放射線の種類や吸収物質の種類の如何にかかわらない．

X線の照射により物質1 kgにつき1 Jの仕事に相当するエネルギーが与えられるときの吸収線量を1グ

レイとする．したがって，1 Gy＝1 J/kg となる．

なお，高エネルギー X 線や物質の表面近傍のような特別な場合を除き，カーマと吸収線量は数値的には等しい．

(3) 等価線量

等価線量は，放射線防護を目的とした防護量の1つである．

放射線の臓器・組織に対する影響は，放射線の種類とエネルギーに依存する．そこで，放射線の種類とエネルギーにより放射線荷重係数を定めて吸収線量に荷重する．等価線量の単位は吸収線量と同じ J/kg となるが，吸収線量と区別するために，特別な名称であるシーベルト（Sv）が用いられる．

X 線の場合，放射線荷重係数が1なので，吸収線量と等価線量は数値的には等しく，1 Gy＝1 Sv となる．

(4) 実効線量

実効線量も放射線防護を目的とした防護量の1つであるが，発がん性や遺伝的影響などのように，しきい値をもたない確率的影響を評価するためのものである．このような影響は，組織により異なるため，等価線量に組織別に定められた組織荷重係数を乗じて合計したものである．

(5) 実用量

等価線量と実効線量は，放射線管理には適しているものの，いずれも人体内部における線量と定義されているため，実際の計測は困難である．そこで，計測には，人体組織と類似した材料でつくった人体や臓器の模型（ファントム）が，用いられている．この表面から特定の深さの点での吸収線量に，線質係数を乗じた量を線量当量（基発第253号では"線量"）と定義し，実際の測定は線量当量について行う．深さとしては，1 cm または 70 μm が選ばれ，それぞれの測定結果は 1 cm 線量当量，70 μm 線量当量とよばれる．線量当量率は，単位時間あたりの線量当量を意味する．

17.5.1　管理区域の明示等

外部放射線による実効線量が3カ月間につき 1.3 mSv を超えるおそれのある区域には標識で表示し，必要のある者以外立ち入らせない．上記実効線量の算出は，1 cm 線量当量によって行うものとする．

管理区域の労働者が見やすい場所に，放射線測定器の装着に関する注意事項，事故が発生した場合の応急措置など放射線による労働者の健康障害の防止に必要な事項を掲示しなければならない．蛍光 X 線分析装置などにおいて，装置カバーを閉めないかぎり X 線が発生しない機構になっていて，装置カバーの外側では 3 月で 1.3 mSv をこえないならば，装置カバー内部が管理区域であることを表示する．

一時的に管理区域を設定するには，ロープ，柵などで管理区域の境界を設定して，標識をつける．

17.5.2　放射線業務従事者の被ばく限度

実効線量は 5 年間につき 100 mSv をこえず，かつ 1 年間につき 50 mSv をこえないこと．女性（妊娠する可能性がないと判断されたものを除く）の受ける実効線量については，3 カ月間につき 5 mSv をこえないようにしなければならない．

等価線量は，目の水晶体では1年間につき 150 mSv，皮膚では1年間につき 500 mSv をそれぞれこえないようにしなければならない．

妊娠中（妊娠と診断されてから出産までの間）の女性は妊娠中の全期間につき腹部表面（に受ける等価線量）が 2 mSv をこえないこと．

以上は平常時についての規則であるが，事故発生などで緊急作業がある場合の被ばく限度は別途定められている．

17.5.3　被ばく線量の測定

放射線業務従事者，緊急作業に従事する労働者および管理区域に一時的に立ち入る労働者の管理区域における外部被ばくによる線量の測定をしなければならない．

外部被ばくによる線量の測定は，1 cm 線量当量，70 μm 線量当量について行うものとする．ただし，下記の各種部位に放射線測定器を装着して行う測定は，70 μm 線量当量について行うものとする．

外部被ばくによる線量の測定は，所定の部位に放射線測定器を装着させて行わなければならない．ただし，これが著しく困難な場合は，測定器によって測定した線量当量率を用いて算出し，これも著しく困難な場合には計算によって値を求めることができる．

通常の場合，所定の部位は，"男性または妊娠する可能性がないと診断された女性にあっては胸部，その他の女性にあっては腹部"を意味する．特定の部位に多く放射線が照射される場合については別に定められ

る.

17.5.4 線量の測定結果の確認，記録等

1日における外部被ばくによる線量が1cm線量当量について1mSvをこえるおそれのある労働者については，外部被ばくによる線量の測定結果を毎日確認しなければならない．また，前節記載の測定または計算結果に基づき，次に記載する放射線業務従事者の線量を，遅滞なく，厚生労働大臣が定める方法により算定し，これを記録し，これを30年間保存しなければならない．ただし，当該記録を5年間保存した後において，厚生労働大臣が指定する機関に引き渡すときは，この限りではない．

(1) 男性または妊娠する可能性がないと診断された女性の実効線量の3月ごと，1年ごと，5年ごとの合計（5年間において，実効線量が1年間につき20mSvをこえたことのない者にあっては，3月ごとおよび1年ごとの合計）
(2) 女性（妊娠する可能性がないと診断されたものを除く）の実効線量の1月ごと，3月ごと，1年ごとの合計（1月間に受ける実効線量が1.7mSvをこえるおそれのないものにあっては，3月ごとおよび1年ごとの合計）
(3) 人体組織別の等価線量の3月ごと，1年ごとの合計
(4) 妊娠中の女性の腹部表面に受ける等価線量の1月ごとおよび妊娠中の合計

17.5.5 放射線装置室

外部における1cm線量当量率が20μSv/hをこえている放射線装置は，専用の放射線装置室に設置しなければならない．ただし，装置を随時移動させなければならないときなどには，その限りではないとされている．

17.5.6 警報装置等

放射線装置に電力が供給されている場合には，その旨を関係者に周知させる措置を講じなければならない．また，X線管電圧が150kVを越え，かつ，放射線装置室で使用する場合には，自動警報装置で知らせなければならない．

17.5.7 立入禁止

17.5.5項のただし書きに準じて，装置を放射線装置室以外の場所で使用する場合は，X線管の焦点，および被照射体から5m以内の場所（外部照射による実効線量が1週間につき1mSv以下の場所を除く）に立ち入らせてはいけない．

17.5.8 緊急措置

a. 退避

遮蔽物がX線照射中に破損し，かつ，その照射をただちに停止することが困難などの事故が発生した場合，その事故によって受ける実効線量が15mSvをこえるおそれのある区域から直ちに労働者を退避させなければならない．

退避区域が生じた場合，その区域を標識で明示し，緊急作業に従事する者以外の立入を防止する．

b. 事故に関する報告ほか

退避措置が必要な事故が発生した場合は，速やかに所在地を管轄する労働基準監督署長に報告しなければならない．

退避区域にいた労働者および被ばく限度（17.5.2項参照）をこえて被ばくした労働者に速やかに医師の診察または処置を受けさせなければならない．また，それらの労働者および緊急作業に従事した者が受けた実効線量および等価線量などを記録し，これを5年間保存しなければならない．

17.5.9 X線作業主任者の選任および職務

X線作業主任者免許を受けた者のうちから，管理区域ごとに，作業主任者を選任しなければならない．

なお，作業主任者を選任したときは，作業主任者の氏名およびその者に行わせる事項について，作業場の見やすいところに掲示により，関係労働者に周知させる必要がある．

X線作業主任者の職務のなかで，蛍光X線分析装置に関係する，あるいは関係する可能性のある項目を抜粋して以下に記載する．

・管理区域および立入禁止区域の設定と標識による明示
・労働者の被ばく線量ができるだけ少なくなる措置
・警報装置などについて，措置が行われていることの確認
・労働者が立入禁止区域に入っていないことの確認

・放射線測定器の装着に関する点検

17.5.10 線量当量（率）の測定

管理区域について1月以内（放射線装置を固定して使用する場合は6月以内）ごとに1回，定期的に外部放射線による線量当量率または線量当量を測定し，測定結果は，測定日時など定められた事項について記録し，それを5年間保存しなければならない．

測定器による測定が著しく困難な場合は，計算により算出してもよい．

測定は，原則として1cm線量等量（率）について行う．ただし，70μm線量当量（率）が1cm線量当量（率）の10倍をこえるおそれのある場所については，70μm線量当量（率）について行う．

17.5.11 健康診断

放射線業務に常時従事する労働者で，管理区域に立ち入るものに対し，雇入れまたはその業務に配置替えの際，およびその後6月以内ごとに1回定期的に医師による健康診断を行わなければならない．

健康診断の項目は，以下のとおりとする．
(1) 被ばく歴の有無の調査およびその評価
(2) 白血球数および白血球百分率の検査
(3) 赤血球数の検査および血色素量またはヘマトクリット値の検査
(4) 白内障に関する眼の検査
(5) 皮膚の検査

6月以内ごとに1回の定期健康診断については，上記の(2)項～(5)項は，医師が必要でないと認めるときは，省略することができる．また，前年度の実効線量が5mSv以下で，当該年度も5mSvをこえるおそれのない者も同様に省略が可能である．（ただし，医師が必要と認める場合は実施）

17.5.12 健康診断の結果の記録

健康診断の結果に基づき電離放射線健康診断個人票を作成し，30年間保存しなければならない．ただし，5年間保存した後において，厚生労働大臣が指定する機関に引き渡すときは，この限りではない．

17.5.13 健康診断の結果についての医師からの意見聴取

電離放射線健康診断の結果に基づく医師からの意見聴取は，電離放射線健康診断が行われた日から3月以内に行うこと．

17.5.14 健康診断の結果の通知

健康診断を受けた労働者に対し，遅滞なく，当該健康診断の結果を通知しなければならない．

健康診断（定期のものに限る）を行ったときは，遅滞なく，電離放射線健康診断結果報告書を所轄労働基準局監督署長に提出しなければならない．

17.5.15 放射線測定器の備付け

この省令で規定する義務を遂行するために必要な放射線測定器を備えなければならない．ただし，必要な都度容易に放射線測定器を利用できるように措置を講じたときは，この限りではない．

FAQ

Q1. X線装置の設置・移転・変更に際しては，必ず届出が必要なのですか．

A1. 法律の対象となる特定X線装置は，"定格管電圧が波高値10kV以上で，研究や教育目的のためにそのつど組み立てるものを除く"とされています．市販の蛍光X線分析装置は，実質上すべて特定X線装置であり，設置・移転・変更に際しては，必ず届出が必要となります．

Q2. 大学の教職員や学生にも労働安全衛生法や労働基準法が適用されるのですか．

A2. 大学と教職員の間には，雇用契約関係が存在し，教職員はいわゆる労働者に該当します．したがって，私立大学はもとより独立行政法人化された国立大学の教職員にもこれらの法律が適用されます．学生の場合は，大学との間に雇用契約関係があるわけではなく，労働者には該当しません．しかし，学生については学校保健安全法の適用があり，大学は，学生にも健康診断や危険防止など，必要な措置を講じる義務が課せられています．

Q3. 17.1節に記載された各法令は，X線装置など放射線を用いた装置の使用に関してのみ遵守しなければならない法令なのですか．

A3. 違います．電離放射線障害防止規則は，各種放射線に関与する業務について定められた規則ですが，労働安全衛生法をはじめとするその他の法令は，労働

者の安全と健康のための管理体制について，多くの角度から規定しています．中央省庁，公立機関，民間機関のいずれであるかにより法令の種類は異なりますが，各事業場においては，放射線を用いた装置の導入がなくとも，労働者の安全と健康を確保するための法令を遵守することが必要です．

Q4. 法令における事業場の意味を確認させてください．

A4. 事業場は，"一定の場所での組織的な作業のまとまり"を意味します．ただし，同じ場所であっても労働状態が違えば別の事業場とみなします．例えば，工場で生産にあたる労働者と，工場内の食堂で食事を作る労働者とでは，業態が全く異なるため，別々の事業場とみなします．また，場所が離れていても，従業員1名の出張所などは，通常その上位の組織と一括して扱われます．

Q5. 法令における事業者の定義は何ですか．

A5. 事業者は，法人においては法人そのもの，個人企業においては，事業主個人を意味します．

Q6. 17.3節に記載されている管理区域に関する特例は，厚生労働省通達「基発第253号」のどこに記載されているのですか．

A6. "第3細部事項"の"3 第3条関係"の(6)に記載されているので，ご参照ください．

Q7. 蛍光X線分析装置が，17.3節に記載されている厚生労働省通達「基発第253号」の条件を満足する場合，不要となる措置と依然必要な措置を確認させてください．

A7. 蛍光X線分析装置が，厚生労働省通達「基発第253号」の条件を満足する場合について，各措置の要否は以下のとおりとなります．

参照条項において，無印は"電離放射線障害防止規則"，「法」は"労働安全衛生法"，「規」は"労働安全衛生規則"を意味します．

参照条項	措置内容	要否
法 第88条	計画の届出等	必要
規 第85条	計画の届出等（様式第20号）	必要
規 第86条	計画の届出等（様式第27号）	必要
第3条	管理区域の明示等	必要[*2]
第3条の2	施設等における線量の限度	不要[*1]
第4-6条	放射線業務従事者の被ばく限度	不要[*4]
第8条	線量の測定	不要[*2]
第9条	線量の測定結果の確認，記録等	不要[*2]
第10条	照射筒等	不要[*3]
第11条	ろ過板	不要[*3]
第15条	放射線装置室	不要[*1]
第17条	警報装置等	不要[*1]
第18条	立入禁止	不要[*1]
第46条	エックス線作業主任者の選任	不要[*2]
基発第253号	安全衛生教育	必要[*2]
基発第253号	管理責任者	必要[*2]
第54条	線量当量率の測定等	不要[*2]
第56条	健康診断	不要[*2]
第57条	健康診断結果の記録	不要[*2]
第58条	健康診断結果報告	不要[*2]
第46条	放射線測定器の備付け	不要[*2]

[*1] — 装置外側の実効線量限度を満たすので放射線室を設ける必要はありません．
[*2] — 管理区域に関する措置は不要です．
　ただし，装置の内部のみが管理区域であることの明示と装置を取り扱う人への安全教育などは，必要です．
[*3] — 装置外側の実効線量限度を満たすことにより，測定の妨げとなる可能性のある照射筒，ろ過版の使用は義務づけられません．
[*4] — 装置を取り扱う人は放射線業務従事者に該当しません．

［野上太郎・牟田史仁］

付録 A 蛍光 X 線分析に関する JIS, ISO および IEC 規格

蛍光 X 線分析法はすでに多くの製品および材料の分析法として採用されている．蛍光 X 線分析法を採用している代表的な日本工業規格 JIS（Japanese Industrial Standards），国際標準化機構 ISO（International Organization for Standardization）および国際電気標準化会議 IEC（International Electrotechnical Commisson）の規格をまとめた．日本規格協会のホームページ（http://www.jsa.or.jp/）で，JIS，ISO，IEC の規格を検索できる．また，JIS 規格のみであれば，JISC 日本工業標準調査会のホームページ（http://www.jisc.go.jp/）からも検索することができ，かつ内容の閲覧も可能である．

1. JIS および ISO 規格

標題に『蛍光 X 線分析』を含む JIS および ISO 規格の代表例を以下に示す（用語は原文のまま）．

JIS K 0119：2008 蛍光 X 線分析方法通則
蛍光 X 線分析装置を用いて蛍光 X 線を測定し，これによって元素の定性分析・定量分析を行う場合の一般的事項について規定．以前の 1997 年版からのおもな改正点は，スクリーニング，半定量分析，元素マッピングの項目が追加されたことである．

JIS G 1256：1997 鉄および鋼―蛍光 X 線分析方法
鉄鋼および超合金の塊状または板状試料の蛍光 X 線分析方法ついて規定．共存元素補正方法について詳しく記述している．JIS G 1254（ステンレス鋼の蛍光 X 線分析方法），および JIS G 1255（銑鉄，鋳鉄，炭素鋼および低合金鋼の蛍光 X 線分析方法）があったが 1986 年に廃止され，JIS G 1256 に統合されている．また，JIS G 1204 鉄および鋼の蛍光 X 線分析方法通則は 2004 年に廃止された．2010 年追補 1，2013 年追補 2 により修正された．

JIS G 1351：2006 フェロアロイ―蛍光 X 線分析方法
JIS G 2301（フェロマンガン），JIS G 2302（フェロシリコン），JIS G 2303（フェロクロム），JIS G 2304（シリコンマンガン），JIS G 2312（金属けい素），JIS G 2315（シリコクロム）および JIS G 2318（フェロボロン）に規定されたフェロアロイの蛍光 X 線分析方法について規定．

JIS H 1287：2015 ニッケルおよびニッケル合金―蛍光 X 線分析方法
ニッケル，ニッケル合金および超合金中の規定された 16 成分（けい素，マンガンなど）の含有率を，蛍光 X 線分析方法によって定量する方法について規定．

JIS H 1292：2005 銅合金の蛍光 X 線分析方法
銅合金（伸銅品，鋳物用地金および鋳物）の塊状または板状の試料の蛍光 X 線分析方法について規定．

JIS H 1631：2008 チタン合金―蛍光 X 線分析方法
チタン合金中の規定された 12 成分（アルミニウムなど）の蛍光 X 線分析方法について規定．

JIS H 1669：1990 ジルコニウム合金の蛍光 X 線分析方法
ジルコニウム合金の塊状または板状試料の蛍光 X 線分析方法について規定．この規格は，鉄，ニッケル，クロム，すずおよびニオブに適用．

JIS K 0470：2008 土砂類中の全ひ素および全鉛の定量―エネルギー分散方式蛍光 X 線分析法
工場敷地などにおける土砂類中に含まれるすべての形態のひ素および鉛をエネルギー分散方式蛍光 X 線分析装置を用いて定量する方法について規定．

JIS M 8205：2000 鉄鉱石―蛍光 X 線分析方法
ガラスビード法による鉄鉱石の蛍光 X 線分析方法について規定．鉄は規定に入っていない．対応国際規格として ISO 9516：1992 があり，対応の程度を示す記号（同等性）は，MOD（修正している）である．

ISO 9516-1：2003 Iron ores — Determination of various elements by X-ray fluorescence spectrometry — Part 1: Comprehensive procedure
標題仮訳：鉄鉱石― X 線蛍光分光分析法による様々な元素の定量―第 1 部：包括的手順
ガラスビード法による鉄鉱石の蛍光 X 線分析方法について規定．ISO 9516：1992 が改定され，鉄が規定に入り，鉄以外の対象元素が増加した．

JIS R 2216：2005 耐火物製品の蛍光 X 線分析方法
耐火物製品および耐火物原料中の酸化物成分のガラスビード法による蛍光 X 線分析方法について規定．

耐火物標準物質系列としては，次の8材質が整備されている．(1) 粘土質，(2) けい石質，(3) 高アルミナ質，(4) マグネシア質，(5) クロム・マグネシア質，(6) ジルコン-ジルコニア質，(7) アルミナ-ジルコニア-シリカ質，(8) アルミナ-マグネシア質．

対応国際規格としてISO 12677：2011があり，対応の程度を示す記号（同等性）は，MOD（修正している）である．

ISO 12677：2011 Chemical analysis of refractory products by X-ray fluorescence (XRF) — Fused cast bead method (MOD)

標題仮訳：蛍光X線 (XRF) による耐火物の化学分析—溶解キャストビード法

JIS R 5204：2002 セメントの蛍光X線分析方法

ガラスビードを用いた蛍光X線分析によるセメントの化学分析方法について規定．

JIS K 2541-7：2003 原油及び石油製品—硫黄分試験方法 第7部：波長分散蛍光X線法（検量線法）

自動車ガソリン，灯油，軽油などの均質な液体燃料の硫黄分5～500質量ppmを定量する方法について規定．

ISO 8754：2003 Petroleum products—Determination of sulfur content—Energy-dispersive X-ray fluorescence spectrometry

標題仮訳：石油製品—硫黄含有量の定量—エネルギー分散蛍光X線分析法

ISO 14596：2007 Petroleum products—Determination of sulfur content — Wavelength-dispersive X-ray fluorescence spectrometry

標題仮訳：石油製品—硫黄の定量—波長分散蛍光X線分光法

JIS K 0148：2005 表面化学分析—全反射蛍光X線分析法（TXRF）によるシリコンウェーハ表面汚染元素の定量方法

シリコン鏡面ウェーハまたはエピタキシャルウェーハの表面原子濃度を，全反射蛍光X線分析法（TXRF）によって定量する方法について規定．

対応国際規格としてISO 14706：2014があり，対応の程度を示す記号（同等性）は，IDT（一致している）である．

ISO 14706：2014 Surface chemical analysis — Determination of surface elemental contamination on silicon wafers by total-reflection X-ray fluorescence (TXRF) spectroscopy

標題仮訳：表面化学分析—全反射蛍光X線分光法によるシリコンウェーハの表面元素汚染の測定法

次に，標題に『蛍光X線分析』を含んでいないが，蛍光X線分析法を採用している代表的なJIS規格を以下に示す．

JIS H 8501：1999 めっきの厚さ試験法

10種類の試験法の1つとして蛍光X線式試験方法があり，附属書3（参考）に注意事項が記載されている．電子部品などのめっき厚測定には蛍光X線分析装置がよく用いられており，めっき厚測定専用装置も市販されている．

JIS Z 3910：2008 はんだ分析方法

JIS Z 3282に規定するはんだ中のすず，鉛，銀，アンチモン，銅，ビスマス，亜鉛，鉄，アルミニウム，ひ素，カドミウム，インジウム，金およびニッケルの定量方法について規定．波長分散方式蛍光X線を採用．

これら以外にも標題に『蛍光X線分析』を含んでいないが蛍光X線分析法を採用しているJIS規格がある．たとえば，引用JIS規格として，JIS K 0119 蛍光X線分析方法通則を採用している規格を検索すると多くのJIS規格が検索される．蛍光X線分析法が利用できるかどうかは，必ず規格の本文を読んで確認することが大切である．

2. IEC規格

標題に『蛍光X線分析』を含むIEC規格は，次の1件である．欧州のRoHS指令の試験法として制定された国際規格であるIEC62321が2008年に発効された．この規格のPart 3-1に蛍光X線分析法によるスクリーニングが採用されている．IEC62321は，IEC 62321 Ed. 1.0：2008 (b) を基にして，Part 1～7の規格が発効されている．さらにPart 3-2も発効されている．

IEC 62321-3-1 Ed. 1.0:2013 (b): Determination of certain substances in electrotechnical products – Part 3-1: Screening – Lead, mercury, cadmium, total chromium and total bromine using X-ray fluorescence spectrometry

標題仮訳 電気機械製品内の特定物質の定量—第3-1部：スクリーニング—蛍光X線分光法による鉛，水銀，カドミウム，総クロム及び総臭素　［西埜　誠］

付録B 知っていると便利な蛍光X線分析の関連情報

蛍光X線分析を行ううえで役に立つ情報を以下に紹介する.なおURLは変更されることがあるので注意されたい.

1. X線関連

○ X-ray Data Booklet

Lawrence Berkeley National Laboratory(アメリカ)の Center for X-ray Optics and Advanced Light Source から頒布されている,X線に関するデータブック.特性X線および吸収端のエネルギー,各元素における内殻電子の結合エネルギーなどの基礎的なデータが掲載されているほか,関連する物理定数や役立つ計算式も一覧にまとめられている.下記ウェブサイトから入手の手続き(無料)ができるだけでなく,すべての内容を閲覧でき,PDF形式でのダウンロードも可能.2009年に内容が更新された.冊子は小型で携帯しやすく,内容も非常に充実している.

http://xdb.lbl.gov/

○ X線周期表

周期表の元素名をクリックすると,特性X線および吸収端のエネルギーや,蛍光収率などのデータが表示される.

http://www.csrri.iit.edu/periodic-table.html

○ X線吸収係数

S. Sasaki, KEK Report, 1990-16, pp. 1-143 に掲載された「X-Ray Absorption Coefficients of the Elements (Li to Bi, U)」のデータ表を以下のウェブサイトより参照できる.

http://lipro.msl.titech.ac.jp/abcoeff/abcoeff2.html

2. 関連する国内の学会・協会

○(公社)日本分析化学会・X線分析研究懇談会

「X線分析討論会」(年1回・秋)の主催,「X線分析の進歩」(アグネ技術センター,年1回発行)の出版や,蛍光X線分析など各種X線分析の講習会・講演会を開催.本書を監修.

http://www.jsac.jp/ (日本分析化学会)

http://www.nims.go.jp/xray/xbun/ (X線分析研究懇談会)

○日本放射光学会

放射光の発生から利用までを対象としたシンポジウムを開催(年1回・年始).学会誌「放射光」を年6回発行.国内外の放射光施設へリンクがある.

http://www.jssrr.jp/

○(公社)日本分光学会

分光学の基礎研究および分光・計測技術に関する講演会やシンポジウムを開催.会誌「分光研究」を年6回発行.また「日本分光学会分光測定入門シリーズ」としてX線分析に関する書籍も出版している.

http://www.bunkou.or.jp/

○(一社)日本分析機器工業会(JAIMA)

分析手法のハンドブック「分析機器の手引き」を発行.日本最大の分析機器の展示会である「日本分析科学装置展 JASIS(旧:分析展)」を年1回主催.

http://www.jaima.or.jp/index.html

3. 標準物質(第7章参照)

蛍光X線分析において定量的な議論を行う場合には,適切な標準物質の導入が不可欠である.ここでは標準物質に関するデータベースのほか,代表的な標準物質の頒布・販売を行っている機関を紹介する.

○国際標準物質データベース International database for certified reference materials (COMAR)

世界27ヵ国で製造された1万点をこえる標準物質が登録されているデータベース.物質の形状,製造者の情報,化学的・物理的特性など,標準物質に関するさまざまな情報を掲載.

http://www.comar.bam.de/en/

○ Geological and Environmental Reference Materials (GeoReM)

Max Planck Institute for Chemistry により開発された,地球・環境科学用の標準物質に特化したデータベース.認証値などの情報のほか,GeoReM による分析値も掲載されている.

http://georem.mpch-mainz.gwdg.de/

○アメリカ国立標準技術研究所 National Institute of

Standards and Technology（NIST）

合金などの工業製品から食品を含む生体環境試料まで，幅広い種類の標準物質（Standard Reference Material，SRM）を約1300種供給している．

https://www-s.nist.gov/srmors/

〇産業技術総合研究所 計量標準総合センター（NMIJ）

国家計量機関として，EPMA用材料標準物質や食品分析用の環境組成標準物質などを生産，頒布．

https://www.nmij.jp/

〇（公社）日本分析化学会

WEEE/RoHS規制対応標準物質などを頒布．

http://www.jsac.or.jp/srm/srm.html

〇（一財）日本規格協会

標準物質を直接頒布している機関ではないが，ISOやJISといった規格の検索が可能．また標準物質やトレーサビリティに関するセミナーを行っている．

http://www.jsa.or.jp/

ここでの紹介機関はごく一部であり，ほかにも国内外に標準物質を頒布する機関が多数存在する．その多くは特定の用途に特化しており，利用目的や分析対象に合わせた標準物質を適宜検索するとよい．

4. 放射光実験施設

現在稼働中の代表的な大型放射光施設を紹介する．このほかにも世界各地にさまざまな放射光施設があり，以下のウェブサイトにもリンクが貼られている．

〇（公財）高輝度光科学研究センター（JASRI），SPring-8（Super Photon ring-8 GeV）／兵庫県佐用町

http://www.spring8.or.jp/ja/

〇高エネルギー加速器研究機構（KEK），物質構造科学研究所，放射光科学研究施設（Photon Factory，PF）／茨城県つくば市

http://www2.kek.jp/imss/pf/

〇（公財）科学技術交流財団，あいちシンクロトロン光センター／愛知県瀬戸市

http://www.astf-kha.jp/synchrotron/

〇自然科学研究機構 分子科学研究所，極端紫外光研究施設（UVSOR）／愛知県岡崎市

https://www.uvsor.ims.ac.jp/index.html

〇 Argonne National Laboratory, Advanced Photon Source（APS）／アメリカ，Argonne

https://www1.aps.anl.gov/

〇 Lawrence Berkeley National Laboratory, Advanced Light Source（ALS）／アメリカ，Berkeley

http://www-als.lbl.gov/

〇 European Synchrotron Radiation Facility（ESRF）／フランス，Grenoble

http://www.esrf.eu/

〇 Pohang Accelerator Laboratory, Pohang Light Source（PLS）／韓国，Pohang

http://pal.postech.ac.kr/

5. X線発生装置を取り扱うための資格試験（第17章参照）

蛍光X線分析装置を届け出す労働基準監督署によっては，管理区域の明示を指導されることがある．この場合，装置を扱う事業者は，管理区域ごとにエックス線作業主任者を選任する必要がある．

〇（公財）安全衛生技術試験協会　エックス線作業主任者試験

受験資格や試験日程のほか，過去の問題についても一部紹介している．

http://www.exam.or.jp/exmn/H_shikaku701.htm

〇エックス線作業主任者受験準備講習会

エックス線作業主任者の資格取得希望者を対象として，受験準備講習会が開催されている．ここでは講習会を開催している代表的な団体を紹介する．

https://www.toukiren.or.jp/　（（公財）東京労働基準協会連合会）

http://www.esi.or.jp/workshop/workshop01.html　（（一財）電子科学研究所）

https://www.nustec.or.jp/x-rays/x-rays.htm　（（公財）原子力安全技術センター）

6. 解析ソフトウェア

市販装置の多くには専用のスペクトル解析ソフトウェアが付随しているほか，ソフトウェアのみを販売しているメーカーもあるが，ここでは無料配布されているソフトウェアの例を紹介する．動作環境については各自で確認のこと．

〇 PyMca

ESRFのソフトウェアグループにより開発・配付されている蛍光X線スペクトル解析専用のソフトウェア．

http://pymca.sourceforge.net/

〇 College Analysis

主成分分析や判別分析など，分析で得られた数値を用いた多変量解析を行うことが可能．

http://www.heisei-u.ac.jp/ba/fukui/analysis.html

7. 参考書

本書以外にも蛍光X線分析に関する参考書は数多く発行されており，基礎の理解から実例の紹介まで幅広い情報が得られる．なお，各装置メーカーからもユーザー向けにマニュアルと合わせて入門書が頒布されていることが多いため，市販の装置を扱っている場合には開発元に問い合わせてみるとよい．

○蛍光X線分析の基礎と応用
1) "蛍光X線分析の手引き"，リガク編（1993）．
2) "蛍光X線分析（分析化学実技シリーズ 機器分析編）"，日本分析化学会編，河合 潤著，共立出版（2012）．
3) "エネルギー分散型X線分析—半導体検出器の使い方（日本分光学会測定法シリーズ）"，合志陽一，佐藤公隆編，学会出版センター（1989）．
4) "セラミックス材料の蛍光X線分析—基礎と応用—"，日本セラミックス協会（2004）．
 ※一般書店での取り扱いがないため，日本セラミックス協会に直接連絡
5) "X線分析最前線"，佐藤公隆，アグネ技術センター（1998）．
6) "X線・放射光の分光（分光測定入門シリーズ）"，日本分光学会編，講談社サイエンティフィク（2009）．

○シンクロトロン放射光
1) "シンクロトロン放射光—化学への基礎的応用（日本分光学会測定法シリーズ）—"，市村禎二郎，井口洋夫，簱野嘉彦編，学会出版センター（1991）．
2) "放射光ビームライン光学技術入門—はじめて放射光を使う利用者のために—"，日本放射光学会編（2008）．
 ※一般書店での取り扱いがないため，日本放射光学会に直接連絡
3) "放射光科学入門 改訂版"，渡辺 誠，佐藤 繁編，東北大学出版会（2010）．
4) "シンクロトロン放射光物質科学最前線—先端未踏領域を照らし出す英知の光—"，高橋 功編，アドスリー（2010）．
5) "放射光が解き明かす驚異のナノ世界—魔法の光が拓く物質世界の可能性（ブルーバックス）—"，日本放射光学会編，講談社（2011）．

○XAFSの基礎と応用
1) "X線吸収微細構造—XAFSの測定と解析（日本分光学会測定法シリーズ）—"，宇田川康夫編，学会出版センター（1993）．
2) "EXAFSの基礎—広域X線吸収微細構造—"，石井忠男，裳華房（1994）．
3) "X線吸収分光法—XAFSとその応用—"，太田俊明編，アイピーシー（2002）．
4) "内殻分光—元素選択性をもつX線内殻分光の歴史・理論・実験法—"，太田俊明，横山利彦，アイピーシー（2007）．

○放射線の物理学および検出
1) "Q&A放射線物理 改訂2版"，大塚徳勝，西谷源展，共立出版（2015）．
2) "放射線技術学シリーズ 放射線計測学"，日本放射線技術学会監修，オーム社（2003）．
3) "放射光ユーザーのための検出器ガイド—原理と使い方（KS物理専門書）—"，日本放射光学会監修，岸本俊二，田中義人，講談社（2011）．
4) "X線物理学の基礎（KS物理専門書）"，ジェン・アルスニールセン，デスモンド・マクマロウ，講談社（2012）．

○洋書
1) "Handbook of X-ray Spectrometry, 2nd Edition (Practical Spectroscopy Series)", ed. by R. E. Van Grieken and A. A. Markowicz, CRC Press (2001).
 X線分光分析全般を網羅したハンドブック．数表などの資料が充実．
2) "X-ray Florescence Spectrometry, 2nd Edition", R. Jenkins, John Wiley & Sons, Inc. (1999).
3) "Handbook of Practical X-Ray Fluorescence Analysis", ed. by B. Beckhoff, B. Kanngiesser, N. Langhoff, R. Wedell, H. Wolff, Springer (2006).
4) "X-ray Spectrometry: Recent Technological Advances", ed. by K. Tsuji, J. Injuk, R.E. Van Grieken, John Wiley & Sons, Inc. (2004).
5) "Microscopic X-ray Fluorescence Analysis", ed. by K.H.A. Janssens, F. Adams, A. Rindby, John Wiley & Sons, Inc. (2000).

蛍光 X 線による微小部分析に特化した 1 冊．実験室系と放射光利用の双方を解説．

6) "Quantitative X-Ray Spectrometry, 2nd Edition (Practical Spectroscopy Series)", R. Jenkins, R.W. Gould, D. Gedcke, CRC Press (1995).
蛍光 X 線分析法による定量分析における諸問題を解説した教科書．正しい定量のための試料処理，測定条件，スペクトル解析，定量計算（FP 法を含む各種マトリクス補正法）など．

7) "Total-Reflection X-Ray Fluorescence Analysis and Related Methods, 2nd Edition", R. Klockenkamper, A. von Bohlen, John Wiley & Sons, Inc. (2015).
全反射蛍光 X 線分析法に関しての数少ない専門書籍．理論，装置，応用に関して詳しく解説．

8. X 線関連の論文誌

X 線に関する最新の研究事例を知るには，関連する論文を参考にするとよい．以下では関連する主要な論文誌を紹介する．

○ X 線分析の進歩
X 線に関する研究を専門的に扱う査読付論文誌．日本分析化学会・X 線分析研究懇談会編．1964 年創刊．毎年刊行．
http://www.nims.go.jp/xray/xbun/

○分析化学
日本分析化学会の査読付論文誌．1952 年創刊．X 線に限らず，分析化学の理論・応用に関する幅広い研究を取り扱う．毎月発行．
http://www.jsac.jp/node/47/

○ X-ray Spectrometry
米国 John Wiley & Sons 出版の査読付論文誌．1972 年創刊．主に分光分析を中心とした X 線の理論・応用研究を専門的に取り扱う．隔月刊行．
http://onlinelibrary.wiley.com/journal/10.1002/(ISSN)1097-4539/

○ Advances in X-ray Analysis
国際回折データセンター ICDD により毎年夏期に開催されている X 線研究に関する国際会議「Denver X-ray Conferences」のプロシーディング誌．ICDD により公開されている．
http://www.dxcicdd.com/

○ Journal of Analytical Atomic Spectrometry
英国王立化学会 RSC 出版の査読付論文誌．1986 年創刊．分光学的手法による元素分析に関する幅広い研究論文とレビューを掲載．毎月刊行．
http://www.rsc.org/journals-books-databases/about-journals/jaas/

○ Applied Physics A: Materials Science and Processing
ドイツ Springer Science+Business Media 出版の査読付論文誌．1973 年創刊．応用物理学に関する理論・実験に関する研究を扱う論文誌で，X 線に関する論文も多く扱われている．毎月刊行．
http://www.springer.com/materials/journal/339

○ Spectrochimica Acta
オランダ Elsevier 出版の査読付論文誌．1939 年創刊で，「Molecular and Biomolecular Spectroscopy」の Part A と，「Atomic Spectroscopy」の Part B に分けられ，ターゲットとする研究分野が異なるが，X 線を用いた研究も多い．毎月刊行．
http://www.journals.elsevier.com/spectrochimica-acta-part-a-molecular-and-biomolecular-spectroscopy/
http://www.journals.elsevier.com/spectrochimica-acta-part-b-atomic-spectroscopy/

○ Journal of Synchrotron Radiation
米国 Wiley-Blackwell の査読付論文誌．1994 年創刊 X 線に限らず，幅広い放射光研究を対象とする．隔月刊行．
http://onlinelibrary.wiley.com/journal/10.1107/S16005775/

○ Analytical and Bioanalytical Chemistry
ドイツ Springer 出版の査読付論文誌．1862 年刊行．分析化学に関する研究を幅広く扱う．隔週刊行．
http://www.springer.com/chemistry/analytical+chemistry/journal/216

○ Analytical Chemistry
アメリカ化学会 ACS 出版の査読付論文誌．1929 年刊行．分析化学に関する研究を幅広く扱う．隔週刊行．また蛍光 X 線分析に関する定期的なレビューの情報が掲載されている．
http://pubs.acs.org/journal/ancham/

ここでは代表的な論文誌のみを紹介したが，X 線分析の応用研究においては，その応用分野の専門誌についても参考にするとよい．　　　　　［阿部善也］

付録 C　蛍光X線分析のための数学

ここでは，XRF 分析にかかわる公式で使用されるいくつかの関数について説明する．

A-1　三角関数　sin, cos, tan, rad

三角関数は図 A.1 から以下のように定義される．

$\sin\theta = PQ/OP \quad (-1 \leq \sin\theta \leq 1)$

$\dfrac{d}{d\theta}\sin\theta = \cos\theta$

$\cos\theta = OQ/OP \quad (-1 \leq \cos\theta \leq 1)$

$\dfrac{d}{d\theta}\cos\theta = -\sin\theta$

$\tan\theta = PQ/OQ = \sin\theta/\cos\theta \quad (-\infty \leq \tan\theta \leq +\infty)$ 　(A.1)

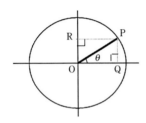

図 A.1　円と三角関数

ここで，第1章1.2.2a，図1.8との関連をもたせて考えると，

OQ＝OA となり

OP＝OC＝d_{hkl},

PQ＝CA＝$d_{hkl}\sin\theta$,

一方，式(A.1)より

PQ/OP＝$\sin\theta$＝CA/OC,

CA＝OC$\sin\theta$＝$d_{hkl}\sin\theta$

よって両式が成り立ち，ブラッグの条件を求めることができる．

また，式(A.1)からブラッグの式を微分すると

$n\dfrac{d\lambda}{d\theta} = 2d\cos\theta \rightarrow \dfrac{d\theta}{d\lambda} = \dfrac{n}{2d\cos\theta}$

再びブラッグの式から $n = \dfrac{2d\sin\theta}{\lambda}$ を上式に代入して

$\dfrac{d\theta}{d\lambda} = \dfrac{2d\sin\theta}{\lambda 2d\cos\theta} = \dfrac{\tan\theta}{\lambda}$

第3章3.3.1 ii，式(3.6)が得られる．

X線分析では角度を「度（°）2θ」で表すが，三角関数で用いる角度は通常ラジアンで rad という単位で表される．「弧角(こかく)」ともいう．

「度」との関係は，円周率 π を用いて

1 rad＝180°/π となる．

A-2　指数関数，対数

指数関数 a^x が $\dfrac{d}{dx}a^x = a^x$ を満たすときの a をネイピア数 $e(=2.7182818\cdots)$ といい，このときネイピア数は自然対数 ln の底である．

主な公式は

$\left.\begin{array}{ll} e^x e^y = e^{x+y} & e^x/e^y = e^{x-y} \\ (e^x)^y = e^{xy} & e^0 = 1 \\ \ln x^y = y\ln x & \ln xy = \ln x + \ln y \\ \ln(x/y) = \ln x - \ln y & \ln e = 1 \end{array}\right\}$ (A.2)

第1章式(1.2)を考えてみよう．

$I/I_0 = \exp(-\mu t)$

式両辺の対数を取ると，式(A.2)を用いて

$\ln(I/I_0) = \ln e \cdot -\mu t = -\mu t$

たとえば，強度 I が初期強度 I_0 の 1% とすると，

$\ln(0.01) = -4.605 = -\mu t,$

すなわち物質厚みは $t = 4.605/\mu$ となる．

A-3　和関数 $\sum$

連続した数の和を求めるときに用いる．記号の下部に始まりの数，上部に終わりの数を示す．マトリックス補正や統計計算に使われる．

例えば，第16章16.2式(16.8)に平均値を求める式があるが，1，2，3，4，5 の平均値は

$\dfrac{\sum_{x=1}^{5} x}{5} = \dfrac{1+2+3+4+5}{5} = 3$

となる．

A-4　その他（FP法の換算に使われるときがある）

円の面積：πr^2　　円周：$2\pi r$

面積 X の試料と同じ面積の円の半径 $r = \sqrt{\dfrac{X}{\pi}}$

[水平　学]

参 考 文 献

中井泉, 泉富士夫, 粉末X線回折の実際, 朝倉書店, (2002).

付録 D　特性 X 線と吸収端のエネルギー表

　ここでは，蛍光 X 線分析でよく使う基本的なパラメータである元素の特性 X 線と吸収端のエネルギーを表にまとめた．単位は eV とした．これらの数値は，元素のいろいろな物理定数をまとめた "X-RAY DATA BOOKLET"[1] から引用した．各元素の特性 X 線は，Table 1.2 Photon Energies から，吸収端は Table 1.1 Electron Binding Energy から引用した．この本の PDF 版は，http://xdb.lbl.gov/ からダウンロードできる．また，このページでデータを閲覧することも可能である．各数値の参照文献も示されているので，さらに元の文献を調べることができる．元素毎のまとめたデータがみたい場合は，最初のページの "Periodic Table of X-ray Properties" または "X-RAY PROPERTIES" の周期表から元素を選択すればよい．

　実際のエネルギー分散型蛍光 X 線分析装置（EDX）では，$K\alpha_1$ と $K\alpha_2$ は分離することができない場合が多く，装置では区別せずに $K\alpha$ と表記してある場合がある．この場合の $K\alpha$ のエネルギーは，$K\alpha_1$ と $K\alpha_2$ の遷移確率に応じて加重平均したものをエネルギーの値として用いている．たとえば，ほとんどの元素で K 核から電子がはじき出されたときに，$K\alpha_1$ が 1 に対して $K\alpha_2$ が約 0.5 の割合で発生するため，$K\alpha$ のエネルギーとしては次のように計算されたエネルギーが利用される．

$$E_{K\alpha} = \frac{E_{K\alpha_1} + P_{K\alpha_2/K\alpha_1} E_{K\alpha_2}}{1 + P_{K\alpha_2/K\alpha_1}} \cong \frac{E_{K\alpha_1} + 0.5 E_{K\alpha_2}}{1.5}$$

ここで，$E_{K\alpha}$，$E_{K\alpha_1}$ および $E_{K\alpha_2}$ はそれぞれ $K\alpha$，$K\alpha_1$ および $K\alpha_2$ のエネルギー値であり，$P_{K\alpha_2/K\alpha_1}$ は $K\alpha_2$ が発生する確率を $K\alpha_1$ が発生する確率を 1 として相対的に示したものである．

　この式を用いて計算した $K\alpha$ のエネルギー値を表に示した．$L\alpha$ については，$L\alpha_1$ と $L\alpha_2$ の強度比は約 10：1 となり，$L\alpha_1$ のエネルギーに近い値となるので，計算は省略した．

　M 線については，$M\alpha_1$ 線と，$M\alpha_1$ 線が発生する際に，電子が遷移してくる（空孔がある）M_5 吸収端のみを示した．ここでは限られたページ数で各元素の主要な特性 X 線と吸収端を示すことを目的としているので，M 核の一部や N，O 核のすべての吸収端，M 線の一部，N 線，O 線のすべての特性 X 線を省略している．さらに詳しい数表については引用文献を参照されたい．また，元素の特性 X 線，吸収端だけでなく，質量吸収係数，蛍光収率，遷移確率などの物理定数も掲載している参考図書を示したので，参考にされたい．

[西埜　誠]

参　考　図　書

G. L. Clark, ed., "The Encyclopedia of X-rays and Gamma rays", Reinhold Publ. Co., New York (1963).

R. E. Van Griken, and A. A. Markowicz, ed. "Handbook of X-ray Spectrometry 2nd ed." CRC Press, New York (2001).
ISBN：978-0-8247-0600-5
Web 上で，ISBN 番号を検索することで印刷本，電子本ともに購入可能．

G. Zschornack, "Handbook of X-ray Data", Springer (2007)
ISBN：978-3-540-28618-9
Web 上で，ISBN 番号を検索することで印刷本，電子本ともに購入可能．

引　用　文　献

1) A. C. Thompson, and D. Vaughan, ed. "X-RAY DATA BOOKLET", Lawrence Berkeley National Laboratory (2009)

付録D 特性X線と吸収端のエネルギー表

単位：eV

元素		$K\alpha$	$K\alpha_1$	$K\alpha_2$	$K\beta_1$	K吸収端	$L\alpha_1$	$L\alpha_2$	$L\beta_1$	$L\beta_2$	$L\gamma_1$	L_1吸収端	L_2吸収端	L_3吸収端	$M\alpha_1$	M_5吸収端
1	H					13.6										
2	He					24.6										
3	Li		54.3			54.7										
4	Be		108.5			111.5										
5	B		183.3			188.0										
6	C		277.0			284.2										
7	N		392.4			409.9						37.3				
8	O		524.9			543.1						41.6				
9	F		676.8			696.7										
10	Ne		848.6	848.6		870.2						48.5	21.7	21.6		
11	Na	1,041	1,041	1,041	1,071	1,071						63.5	30.7	30.8		
12	Mg	1,254	1,254	1,254	1,302	1,303						88.7	49.8	49.5		
13	Al	1,487	1,487	1,486	1,557	1,560						117.8	73.0	72.6		
14	Si	1,740	1,740	1,739	1,836	1,839						149.7	99.8	99.4		
15	P	2,014	2,014	2,013	2,139	2,146						189.0	136.0	135.0		
16	S	2,308	2,308	2,307	2,464	2,472						230.9	163.6	162.5		
17	Cl	2,622	2,622	2,621	2,816	2,822						270.0	202.0	200.0		
18	Ar	2,957	2,958	2,956	3,191	3,206						326.3	250.6	248.4		
19	K	3,313	3,314	3,311	3,590	3,608						378.6	297.3	294.6		
20	Ca	3,691	3,692	3,688	4,013	4,039	341.3	341.3	344.9			438.4	349.7	346.2		
21	Sc	4,089	4,091	4,086	4,461	4,492	395.4	395.4	399.6			498.0	403.6	398.7		
22	Ti	4,509	4,511	4,505	4,932	4,966	452.2	452.2	458.4			560.9	460.2	453.8		
23	V	4,950	4,952	4,945	5,427	5,465	511.3	511.3	519.2			626.7	519.8	512.1		
24	Cr	5,412	5,415	5,406	5,947	5,989	572.8	572.8	582.8			696.0	583.8	574.1		
25	Mn	5,895	5,899	5,888	6,490	6,539	637.4	637.4	648.8			769.1	649.9	638.7		
26	Fe	6,400	6,404	6,391	7,058	7,112	705.0	705.0	718.5			844.6	719.9	706.8		
27	Co	6,925	6,930	6,915	7,649	7,709	776.2	776.2	791.4			925.1	793.2	778.1		
28	Ni	7,472	7,478	7,461	8,265	8,333	851.5	851.5	868.8			1,009	870.0	852.7		
29	Cu	8,041	8,048	8,028	8,905	8,979	929.7	929.7	949.8			1,097	952.3	932.7		
30	Zn	8,631	8,639	8,616	9,572	9,659	1,012	1,012	1,035			1,196	1,045	1,022		10.1
31	Ga	9,243	9,252	9,225	10,264	10,367	1,098	1,098	1,125			1,299	1,143	1,116		18.7
32	Ge	9,876	9,886	9,855	10,982	11,103	1,188	1,188	1,219			1,415	1,248	1,217		29.2
33	As	10,532	10,544	10,508	11,726	11,867	1,282	1,282	1,317			1,527	1,359	1,324		41.7
34	Se	11,208	11,222	11,181	12,496	12,658	1,379	1,379	1,419			1,652	1,474	1,434		54.6
35	Br	11,909	11,924	11,878	13,291	13,474	1,480	1,480	1,526			1,782	1,596	1,550		69.0
36	Kr	12,632	12,649	12,598	14,112	14,326	1,586	1,586	1,637			1,921	1,731	1,678		93.8

付録D　特性X線と吸収端のエネルギー表

元素	Kα	Kα$_1$	Kα$_2$	Kβ$_1$	K吸収端	Lα$_1$	Lα$_2$	Lβ$_1$	Lβ$_2$	Lγ$_1$	L$_1$吸収端	L$_2$吸収端	L$_3$吸収端	Mα$_1$	M$_5$吸収端
37 Rb	13,375	13,395	13,336	14,961	15,200	1,694	1,693	1,752			2,065	1,864	1,804		112.0
38 Sr	14,143	14,165	14,098	15,836	16,105	1,807	1,805	1,872			2,216	2,007	1,940		134.2
39 Y	14,933	14,958	14,883	16,738	17,038	1,923	1,920	1,996			2,373	2,156	2,080		155.8
40 Zr	15,747	15,775	15,691	17,668	17,998	2,042	2,040	2,124	2,219	2,303	2,532	2,307	2,223		178.8
41 Nb	16,584	16,615	16,521	18,623	18,986	2,166	2,163	2,257	2,367	2,462	2,698	2,465	2,371		202.3
42 Mo	17,444	17,479	17,374	19,608	20,000	2,293	2,290	2,395	2,518	2,624	2,866	2,625	2,520		227.9
43 Tc	18,328	18,367	18,251	20,619	21,044	2,424	2,420	2,538	2,674	2,792	3,043	2,793	2,677		253.9
44 Ru	19,236	19,279	19,150	21,657	22,117	2,559	2,554	2,683	2,836	2,965	3,224	2,967	2,838		280.0
45 Rh	20,169	20,216	20,074	22,724	23,220	2,697	2,692	2,834	3,001	3,144	3,412	3,146	3,004		307.2
46 Pd	21,125	21,177	21,020	23,819	24,350	2,839	2,833	2,990	3172.0	3329	3,604	3,330	3,173		335.2
47 Ag	22,105	22,163	21,990	24,942	25,514	2,984	2,978	3,151	3,348	3,520	3,806	3,524	3,351		368.3
48 Cd	23,111	23,174	22,984	26,096	26,711	3,134	3,127	3,317	3,528	3,717	4,018	3,727	3,538		405.2
49 In	24,141	24,210	24,002	27,276	27,940	3,287	3,279	3,487	3,714	3,921	4,238	3,938	3,730		443.9
50 Sn	25,195	25,271	25,044	28,486	29,200	3,444	3,435	3,663	3,905	4,131	4,465	4,156	3,929		484.9
51 Sb	26,276	26,359	26,111	29,726	30,491	3,605	3,595	3,844	4,101	4,348	4,698	4,380	4,132		528.2
52 Te	27,382	27,472	27,202	30,996	31,814	3,769	3,759	4,030	4,302	4,571	4,939	4,612	4,341		573.0
53 I	28,514	28,612	28,317	32,295	33169	3,938	3,926	4,221	4,508	4,801	5,188	4,852	4,557		619.3
54 Xe	29,672	29,779	29,458	33,624	34,561	4,110	—	—	—	—	5,453	5,107	4,786		676.4
55 Cs	30,857	30,973	30,625	34,987	35,985	4,287	4,272	4,620	4,936	5,280	5,714	5,359	5,012		726.6
56 Ba	32,068	32,194	31,817	36,378	37,441	4,466	4,451	4,828	5,157	5,531	5,989	5,624	5,247		780.5
57 La	33,306	33,442	33,034	37,801	38,925	4,651	4,634	5,042	5,384	5,789	6,266	5,891	5,483	833	836.0
58 Ce	34,573	34,720	34,279	39,257	40,443	4,840	4,823	5,262	5,613	6,052	6,549	6,164	5,723	883	883.8
59 Pr	35,867	36,026	35,550	40,748	41,991	5,034	5,014	5,489	5,850	6,322	6,835	6,440	5,964	929	928.8
60 Nd	37,190	37,361	36,847	42,271	43,569	5,230	5,208	5,722	6,089	6,602	7,126	6,722	6,208	978	980.4
61 Pm	38,540	38,725	38,171	43,826	45,184	5,433	5,408	5,961	6,339	6,892	7,428	7,013	6,459	—	1,027
62 Sm	39,919	40,118	39,522	45,413	46,834	5,636	5,609	6,205	6,586	7,178	7,737	7,312	6,716	1,081	1,083
63 Eu	41,329	41,542	40,902	47,038	48,519	5,846	5,817	6,456	6,843	7,480	8,052	7,617	6,977	1,131	1,128
64 Gd	42,767	42,996	42,309	48,697	50,239	6,057	6,025	6,713	7,103	7,786	8,376	7,930	7,243	1,185	1,190
65 Tb	44,236	44,482	43,744	50,382	51996	6,273	6,238	6,978	7,367	8,102	8,708	8,252	7,514	1,240	1,241
66 Dy	45,735	45,998	45,208	52,119	53,789	6,495	6,458	7,248	7,636	8,419	9,046	8,581	7,790	1,293	1,293
67 Ho	47,265	47,547	46,700	53,877	55,618	6,720	6,680	7,525	7,911	8,747	9,394	8,918	8,071	1,348	1,351
68 Er	48,826	49,128	48,221	55,681	57,486	6,949	6,905	7,811	8,189	9,089	9,751	9,264	8,358	1,406	1,409
69 Tm	50,419	50,742	49,773	57,517	59,390	7,180	7,133	8,101	8,468	9,426	10,116	9,617	8,648	1,462	1,468
70 Yb	52,038	52,380	51,354	59,370	61,332	7,416	7,367	8,402	8,759	9,780	10,486	9,978	8,944	1,521	1,528
71 Lu	53,702	54,070	52,965	61,283	63,314	7,656	7,605	8,709	9,049	10,143	10,870	10,349	9,244	1,581	1,589
72 Hf	55,397	55,790	54,611	63,234	65,351	7,899	7,845	9,023	9,347	10,516	11,271	10,739	9,561	1,645	1,662
73 Ta	57,114	57,532	56,277	65,223	67,416	8,146	8,088	9,343	9,652	10,895	11,682	11,136	9,881	1,710	1,735

元素	Kα	Kα₁	Kα₂	Kβ₁	K吸収端	Lα₁	Lα₂	Lβ₁	Lβ₂	Lγ₁	L₁吸収端	L₂吸収端	L₃吸収端	Mα₁	M₅吸収端
74 W	58.873	59.318	57.982	67.244	69.525	8.398	8.335	9.672	9.962	11.286	12.100	11.544	10.207	1.775	1.809
75 Re	60.666	61.140	59.718	69.310	71.676	8.653	8.586	10.010	10.275	11.685	12.527	11.959	10.535	1.843	1.883
76 Os	62.496	63.001	61.487	71.413	73.871	8.912	8.841	10.355	10.599	12.095	12.968	12.385	10.871	1.910	1.960
77 Ir	64.360	64.896	63.287	73.561	76.111	9.175	9.100	10.708	10.920	12.513	13.419	12.824	11.215	1.980	2.040
78 Pt	66.259	66.832	65.112	75.748	78.395	9.442	9.362	11.071	11.251	12.942	13.880	13.273	11.564	2.051	2.122
79 Au	68.199	68.804	66.990	77.984	80.725	9.713	9.628	11.442	11.585	13.382	14.353	13.734	11.919	2.123	2.206
80 Hg	70.178	70.819	68.895	80.253	83.102	9.989	9.898	11.823	11.924	13.830	14.839	14.209	12.284	2.195	2.295
81 Tl	72.192	72.872	70.832	82.576	85.530	10.269	10.173	12.213	12.272	14.292	15.347	14.698	12.658	2.271	2.389
82 Pb	74.247	74.969	72.804	84.936	88.005	10.552	10.450	12.614	12.623	14.764	15.861	15.200	13.035	2.346	2.484
83 Bi	76.344	77.108	74.815	87.343	90.524	10.839	10.731	13.024	12.980	15.248	16.388	15.711	13.419	2.423	2.580
84 Po	78.481	79.290	76.862	89.800	93.105	11.131	11.016	13.447	13.340	15.744	16.939	16.244	13.814	—	2.683
85 At	80.663	81.520	78.950	92.300	95.730	11.427	11.305	13.876	—	16.251	17.493	16.785	14.214	—	2.787
86 Rn	82.877	83.780	81.070	94.870	98.404	11.727	11.598	14.316	—	16.770	18.049	17.337	14.619	—	2.892
87 Fr	85.143	86.100	83.230	97.470	101.137	12.031	11.895	14.770	14.450	17.303	18.639	17.907	15.031	—	3.000
88 Ra	87.457	88.470	85.430	100.130	103.922	12.340	12.196	15.236	14.841	17.849	19.237	18.484	15.444	—	3.105
89 Ac	89.813	90.884	87.670	102.850	106.755	12.652	12.501	15.713	—	18.408	19.840	19.083	15.871	—	3.219
90 Th	92.218	93.350	89.953	105.609	109.651	12.969	12.810	16.202	15.624	18.983	20.472	19.693	16.300	2.996	3.332
91 Pa	94.674	95.868	92.287	108.427	112.601	13.291	13.122	16.702	16.024	19.568	21.105	20.314	16.733	3.082	3.442
92 U	97.181	98.439	94.665	111.300	115.606	13.615	13.439	17.220	16.428	20.167	21.757	20.948	17.166	3.171	3.552
93 Np						13.944	13.760	17.750	16.840	20.789					
94 Pu						14.279	14.082	18.294	17.255	21.417					

索　引

ア　行

亜鉛メッキ　164
アクチニド汚染　57
アメリシウム 241　236
アンジュレーター　190

イオンマイグレーション　150
位相　15
1次X線フィルター　38, 105, 174
1次側フィルター　180
1次蛍光X線　103
1次蛍光X線強度　108
1次フィルター　61
1 cm 線量当量　246
異物分析　149
イメージング　201

ウイグラー　190
ウォルター型　146
ウォルターミラー　146
薄切分析標準　200
ウラン　200

液体法　85
エージング　38
エスケープピーク　9, 48, 51, 67
X線　2
　——の強度　15
　——の取り出し角　162
X線回折パターン　191
X線管　11, 34, 62, 110
X線管電圧　105
X線吸収スペクトル　4
X線吸収端近傍構造（XANES）　4, 31, 169, 198
X線吸収微細構造（XAFS）　198
X線顕微鏡　142
X線集光効率　145
X線集光素子　143
X線集光ミラー　196
X線スペクトル　20
X線導管　142
X線反射率　131
X線反射率法　139

X線ビーム　147, 151
X線望遠鏡　142
X線ミラー　142
X線リソグラフィー　142
X線励起　148
エッジ効果　156, 157
エッチング　155
エネルギー校正　115
エネルギー準位　5, 7
エネルギーチャンネル校正　237
エネルギー分解能　55
エネルギー分散型（EDX）　32, 211, 220
エネルギー分散型装置　33
エネルギー分散型分光器　152
エネルギー分散型分光法　12
塩害調査　223
塩化物イオン濃度　223
遠心鋳造機　78
エンドウィンドウ型　35

凹凸情報　153
応用分野　14
大型試料　234
オージェ遷移　22
オージェ電子　7
オージェ電子収率　22, 166
オービタル（軌道）　16
温度調整機構　115
音波　15
オンライン分析　179

カ　行

加圧成形法　79
介在物　202
回折　142
回折限界　196
回折線　116
回転対陰極型X線管　35
拡張X線吸収微細構造（EXAFS）　4
重なり効果　96
重なり補正　95, 98
数え落とし　92, 107
加速電圧　161
加速電子　160
画素点数　160

カップリング　17
過電圧比　163
カドミウム　216
カーマ　245
下面照射型　32
カラーX線検出素子　213
ガラス工芸品　19
ガラスビード法　81, 91
カルテシアン　42
含水試料分析　150
乾燥痕　133
管理区域　245, 246
管理試料　115

機器分析法　13
基元素　93, 96
貴重品分析　150
キット　214
軌道の多重度　20
希土類元素　69, 194
基発第253号　245
キャピラリー　143
吸収係数　252
吸収線量　245
吸収端　36, 93, 257
吸収法　172
吸収補正　161
共焦点型　206
共焦点型微小部蛍光X線分析　206
共存元素　96
共存元素補正　96
強度補正　94
局所定量　200
距離特性　42
金属廃材　183

空間分解能　147, 154
クエンチングガス　48
屈折　142, 143
屈折率　143
グラインダー　78
クリーンルームの実験ハッチ　193
クロス・コンタミネーション　72
クロムイエロー　237

蛍光X線イメージング　205

蛍光X線強度 138
蛍光X線顕微鏡 230
蛍光X線スペクトル 7
蛍光X線分析の特徴 13
蛍光X線膜厚測定装置 171
蛍光収率 22, 111, 166, 252, 258
蛍光励起補正 161
計数率特性 147
携帯型 185
結合エネルギー 5
結晶情報 165
結晶方位マップ 154
結像型X線顕微鏡 145
ケミカルシフト 116
健康診断 248
原子1個の蛍光X線スペクトル 192
原子番号補正 161
原子分解能元素分析 167
原子分解能元素マップ 167
検出下限 241
検出器 46
　　──の校正 115
検出限界 135, 137, 165
減衰機能 92
元素イメージング 207
元素感度曲線 105
元素感度係数 105, 240
元素マッピング 250
研磨 155
検量線法 90, 172, 240

高圧電源 34
広域X線吸収微細構造 198
硬X線 2
高エネルギー放射光蛍光X線分析 69
光学系 40
高輝度X線 234
高輝度光源 192
合金化溶融亜鉛めっき鋼 224
考古学試料分析 149
鉱山 186
高次線 91
高次線による重なり 66
高純度型（HP）検出器 50
構造物の検査 182
光電吸収 3
光電効果 2
鉱物効果 72
高分解能X線検出器 209
高分子フィルム 76
後方散乱電子 152
後方散乱電子回折 153
小型マルチチャンネル波高分析器 236
固化法 86
国際電気標準化会議 250
国際標準化機構 250

国宝 19
故障解析 149
コスター-クロニッヒ遷移 22
コスター-クロニッヒ遷移収率 22
ゴッホ 236
コーティング 155
コーデックス委員会 216
ゴニオメーター 40
個別三元法 98, 99
コリメーター 33, 58, 147
コンクリート塩害 222
混合融剤 83
コンタミネーション 71, 157, 193
コンプトン散乱 3, 10, 27, 112
コンプトン散乱線 61, 102

サ 行

再現精度 239
最短波長 11
最低励起電圧 160
サイドウィンドウ型 35
材料分析 149
サテライト線 24
サムピーク 9, 51, 67
三角関数 256
酸化剤 82
産業生成物 186
3次元分析 151
3次元分布像 206
産地推定 69
散乱X線 112
　　──の発生効率 113
散乱X線感度係数 114
散乱線 27, 101
散乱線FP法 228
散乱線内標準法 101, 113

ジオメトリ効果 76
磁気量子数 16
シーグバーン方式 21
自己吸収 161
自作蛍光X線装置 214
視射角 130
指数関数 256
自然由来 185
70 μm 線量当量 246
実効線量 246
湿式粉砕 79
実測強度 105
実用量 246
質量吸収係数 3, 111, 162, 257
質量深さ 163
自動定性分析 64, 66
シミュレーション 108
斜出射EPMA 202

斜出射PIXE 202
斜出射X線分析法 202
斜出射蛍光X線分析 202
視野制限スリット 33, 41
遮蔽板 156
ジャンプ比 111
ジャンプレシオ 163
重回帰法 98
周期 15
重元素 69, 194
集光素子 190
集束イオンビーム 156
集中光学系 41
周波数 15
樹脂包埋 155
シュバルツシルト型 146
主量子数 16
照射電流 156
蒸着装置 159
焦点距離 145
焦点深度 157
上面照射型 32
食品衛生法 216
シリコンドリフト検出器 131
試料準備法 133
試料準備方法 137
試料ステージ 146
試料調製 70
試料内部構造 148
試料への損傷 193
シルバーホワイト 237
真空 92, 105
ジンクホワイト 237
信号対バックグラウンド 192
人工累積膜 44
人事院規則 244
シンチレーション計数管 46
侵入深さ 130, 131
振幅 15

数値の丸め方 241
スクリーニング 117, 119, 217, 250
スクリーニング分析 179
スタンダードレス 185
ステップ幅 59
ストッピングパワー 161
ストレング石 191
スピン量子数 16
スペクトル 26
　　──の線幅 26
スペクトル強度 26
スペクトル形状 116
スペクトル線 20
スペクトル比 111
スムージング 64
スモールスポット 183

索　引

スリット　40, 107

正確度　92, 240
生体鉱物化　189
生体濃縮　189
制動放射　160, 203
生物濃縮　230
積算法　95
絶縁性粉体　159
石膏　221
セミファンダメンタルパラメーター法　98, 99
セメント　220, 251
遷移確率　257
全角運動量量子数　17
線吸収係数　3
選択則　17
全反射　142, 143
全反射蛍光 X 線分析装置　215
全反射蛍光 X 線分析法　130, 251
全反射現象　130, 204
全反射ミラー　196, 197
全反射臨界　131
全反射臨界角　130, 131, 143
走査型 X 線顕微鏡　146, 196
走査電子顕微鏡　152
装置の維持管理　114
相反定理　138
測定時間　59
測定深さ　224
測定雰囲気　92, 105
組成情報　153
ソーラスリット　41, 58
ゾーンプレート　145, 196

タ 行

耐火物　250, 251
大気　92, 105
対数　256
ダイス法　81
帯電現象　158
卓上型 TXRF 装置　137
多元素同時蛍光 X 線分析装置　224
多重度　20
多層薄膜　110
多層膜分光素子　44
ダメージ　159
単色 X 線　190
単色励起　211
単層薄膜　109
逐次近似計算法　105
地方公務員法　244
チャージアップ　156

超伝導単接合検出器　208
超伝導直列接合検出器　209
超伝導転移端センサー　208
超伝導トンネル接合検出器　208
直接イオン化数　161
直接励起　162
低加速電圧　164
定常状態　6
低真空 SEM　166
定性スクリーニング　118
定性分析　9, 59, 64, 68
　　——の注意点　66
定量下限　241, 242
定量元素　93
定量スクリーニング　118
定量分析　90
デコンボリュージョン　67
デジタルシグナルプロセッサ　55, 160, 215
鉄鉱石　250
デッドタイム　52
手のひらサイズ EPMA　215
電界放射型エミッター　155
電界放射型電子銃　154
電気双極子遷移　23
電子回折パターン　153
電子構造　15
電子遷移　23
電子線励起　159
電子の結合エネルギー　6
電子ビーム径　154
電子プローブマイクロアナライザー　152
点滴法　85
電離放射線障害防止規則　244, 245
透過 X 線　147
透過型 X 線管　35
等価線量　246
透過電子顕微鏡　166
動径構造関数　191
統計変動　238
同時元素分析　232
東大寺法華堂　19
特性 X 線　11, 102, 110, 257
特性 X 線スペクトル　21
特定 X 線装置　248
土砂　69
土壌汚染対策法　185
届出　244
ドービニーの庭　236
トムソン（レイリー）散乱　3, 8, 10, 112
取出角　224
ドリフト型検出器　212
ドリフト補正　95, 115

トレーサビリティー　120, 128, 242

ナ 行

内蔵検量線法　181
内標準元素　134
内標準添加法　101
内標準法　101, 134
波　15
軟 X 線　2
軟 X 線吸収スペクトル　31
2 元系検量線　93
2 次蛍光 X 線　103
2 次蛍光 X 線強度　109
2 次ターゲット　39, 62
2 次電子　152
2 重湾曲分光結晶　210
日本工業規格　250
入射 X 線　110
入射角　224
認証標準物質　120
熱伝導度　159
濃縮法　86

ハ 行

バインダー　81
（白色）X 線成分　8
白銑化　91
薄膜　103
薄膜 FP（ファンダメンタルパラメーター）法　172, 224
薄膜試料　109
薄膜分析　170
剥離剤　83
波高分析器　52, 91
波長分散型（WDX）　32
波長分散型分光器　152
波長分散型分光法　12
バックグラウンド　64, 101
バックグラウンド（BG）補正　94
発生関数　163
波動方程式　16
バランス　107
バルク　103, 243
バルク厚　73, 127
ハロゲン元素　135
ハロゲンフリー　185
半減層　74
反射電子　152
反射率　131, 139
半定量分析　119, 250
半導体検出器　46, 48, 147

半導体試料　156
ハンドヘルド型　34, 185
ハンドヘルド蛍光X線分析計　180

ピーク位置　26
ピーク強度　58
ピークサーチ　65
ピークシフト　116
ピークの重なり　66
非裁断　181
微小部蛍光X線分析装置　218
ヒ素　216
非損傷　181
非単色X線　129
ビッグバン　4
ビードサンプラー　84
非破壊多元素同時分析　13
非破壊非接触　19
被ばく量　57
非まひ型　52
ビーム径　147
標準化　115
標準試料　90
標準添加法　91, 102
標準物質　120, 134, 252
　——の検索システム　122
標準偏差　238
表面粗さ　71
表面汚染　135
微量元素分析　149
微量分析　130, 203
微量分析法　130
比例計数管　46, 47

ファンダメンタルパラメーター（FP）法　90
フィッティング法　95
フィルター　7, 226
封入型比例計数管　47
封入管　34
フェロアロイ　250
深さ方向元素プロファイル　207
深さ方向プロファイル　207
不空羂索観音菩薩立像　19
複合X線分析　191
福島第一原子力発電所事故　169
浮遊磁場　157
浮遊粒子状物質　202
ブラッグの回折条件　160
ブラッグの干渉式　142
ブラッグの条件　11
ブリケット　79
プリント配線板　170
プルシャンブルー　237
ブルースター角　41
フレーム分析　6

雰囲気　63
分解能　58
文化財応用　195
分光結晶　12, 43, 58
分光素子　91
分子軌道によるサテライト　25
分析径　107
分析深さ　73, 103, 243
粉末X線回折法　169

平滑化　64
平均イオン化エネルギー　162
平均原子番号　153
平行光　190
平行光学系　41
ベルダー　78
ペルチェ素子　33
ペルチェ冷却式小型シリコン半導体（Si-PIN）検出器　236
ペレット　79
偏光光学系　41, 63, 226, 228
変動係数　238

ボーアモデル　5
方位顕微鏡　153
方位量子数　16
宝冠　19
ホウケイ酸ガラス　166
放射光　146, 169, 190, 194
放射光蛍光XAFS法　189, 198
放射光高エネルギー蛍光X線分析　194
放射光施設　142
放射光実験施設　253
放射光μ-XRF　191
放射性同位元素（RI）　236
法令　244
補償光学　196
補正係数　184
ポータブル蛍光X線装置　222
ポータブル全反射蛍光X線分析装置　129
ホットプレス法　86
ポリキャピラリー　144, 204, 206, 234
ポリキャピラリーX線集光素子　204
ポリキャピラリーX線レンズ　204

マ 行

マイクロビーム　169, 190
マイクロビームX線膜厚測定装置　173
埋蔵品分析　150
膜厚測定　170
膜重量　104, 243
マッピング分析　231, 234

マトリックス効果　93, 96
まひ型　52
マルチチャンネルアナライザー　52
水の窓領域　146
ミニチュアX線管　34
無限厚　73, 103, 243
めっき　224, 251
　——の膜厚　170
めっき厚　183
モーズリーの法則　23
モノキャピラリー　143, 230

ヤ 行

有価元素　186
有効数字　241
ヨハンソン型　41

ラ 行

ラウンドロビンテスト　140
ラジエーティブ・オージェ効果　25
ラマン散乱　27
ランベルト-ベールの式　75
ランベルト-ベールの法則　3
リサイクル　181, 183, 186
リチウムドリフト型　49
粒度効果　72
理論強度　105
理論変動　238
臨界励起電圧　161
リング法　79
ルースパウダー法　84
励起効率　9
励起法　172
レイリー基準　196
レイリー散乱　112
レイリー散乱線　61, 102
レーザープラズマX線源　146
連続X線　11, 102, 110
労働安全衛生規則　244
労働安全衛生法　244, 245
労働安全衛生法施行令　244
ログスパイラル型　41
ログスパイラル型2重湾曲分光結晶　210

ワ 行

和歌山毒物カレー事件　194

欧 文

Be ウィンドウ　160
Bence and Albee 法　161
Castaing　160
CIGS　179
Cliff-Lorimer　167
COMAR　122
CPSC　185
de Jongh 法　96, 98
d_j 法（JIS 法）　96
DSP　55
EDS　12
EDX　12, 32, 220
EDX スペクトル　28
ELV 指令　124
EN71-Part3　185
EPMA　202
EXAFS　4
FP 法　90, 102, 181, 224, 226, 228, 240
GA 鋼　224
GI-XRF 法　138
Grazing Incidence XRF 法　138
He　92, 105
IEC　250
IEC 62495　188
IEC/PAS62596　118
IEC62321　117
ISO　139, 250
ISO 13196　185

JIS　250
K 殻　5
K 電子　5
K-factor　167
Kirkpatrick-Baez（K-B）ミラー
　　197
Kirkpatrick-Baez ミラー型　169, 190
L 殻　5
L 電子　5
LaB_6 エミッター　155
Lachance-Trail 法（L/T 法）　96, 97
Lenard 定数　162
Li イオン 2 次電池　218
M 殻　5
M 電子　5
MCA　52
Mo ターゲット X 線管　174
NaI(Tl) シンチレーター　148
NaI シンチレーター　147
Net　108
Non-Local Means Filter　231
PC　47
PHA　52
PIXE　203
PM2.5　226
PMI　182
Proportional Counter　47
PR ガス　47
Pulse Height Analyzer　52
R ファクター　161
RI　236
RMinfo　122
RoHS 規制　117
RoHS 指令　124, 185, 251
RPF　186

SC　46
Scintillation Counter　46
SDD　50, 148, 179, 180
SEM-EDS　147, 152, 232
SFP 法　98, 99, 108
Si 半導体検出器　212
Si-PIN フォトダイオード検出器　50
Si（Li）　49
S/N 比　231
Solid State Detector　48
S-PC　47
SSD　48
STEM-EDS　167
SUS310　165
TEM-EDS　166
Ti-K 吸収端 XAFS スペクトル　4
TXRF 走査法　136
TXRF 法　130, 131
Ultra Thin Window　160
UTW　160
V K-XAFS 測定　189
VAMAS　140
VPT（Vaper Phase Treatment）-
　　TXRF 法　135, 136
W ターゲット X 線管　174
W フィラメント　155
WDS　12
WDX　12, 32
WDX スペクトル　29
Wolter ミラー　197
XAFS　4
XANES　4, 31
ZAF 法　161
$\phi(\rho z)$ 法　161

編集者略歴

中井　泉
（なかい　いずみ）

1953年　東京都に生まれる
1975年　東京教育大学理学部化学科卒業
1980年　筑波大学大学院化学研究科博士課程修了（理学博士）
1982年　筑波大学化学系助手
1984年　筑波大学化学系講師
1994年　東京理科大学理学部助教授
1998年　東京理科大学理学部教授
　　　　現在に至る

蛍光X線分析の実際　第2版　　定価はカバーに表示

2005年10月20日　初　版第1刷
2013年 4月10日　　　　　第9刷
2016年 7月10日　第2版第1刷
2023年11月25日　　　　　第3刷

　　　　　　　　　　編集者　中　井　　　泉
　　　　　　　　　　監修者　（社）日本分析化学会
　　　　　　　　　　　　　　X線分析研究懇談会
　　　　　　　　　　発行者　朝　倉　誠　造
　　　　　　　　　　発行所　株式会社　朝倉書店
　　　　　　　　　　　　　　東京都新宿区新小川町 6-29
　　　　　　　　　　　　　　郵便番号　162-8707
　　　　　　　　　　　　　　電　話　03（3260）0141
　　　　　　　　　　　　　　ＦＡＸ　03（3260）0180
　　　　　　　　　　　　　　https://www.asakura.co.jp

〈検印省略〉

© 2016 〈無断複写・転載を禁ず〉　印刷・製本　デジタルパブリッシングサービス

ISBN 978-4-254-14103-0　C 3043　Printed in Japan

JCOPY ＜出版者著作権管理機構　委託出版物＞

本書の無断複写は著作権法上での例外を除き禁じられています．複写される場合は，そのつど事前に，出版者著作権管理機構（電話 03-5244-5088, FAX 03-5244-5089, e-mail: info@jcopy.or.jp）の許諾を得てください．

好評の事典・辞典・ハンドブック

物理データ事典	日本物理学会 編　B5判 600頁
現代物理学ハンドブック	鈴木増雄ほか 訳　A5判 448頁
物理学大事典	鈴木増雄ほか 編　B5判 896頁
統計物理学ハンドブック	鈴木増雄ほか 訳　A5判 608頁
素粒子物理学ハンドブック	山田作衛ほか 編　A5判 688頁
超伝導ハンドブック	福山秀敏ほか編　A5判 328頁
化学測定の事典	梅澤喜夫 編　A5判 352頁
炭素の事典	伊与田正彦ほか 編　A5判 660頁
元素大百科事典	渡辺 正 監訳　B5判 712頁
ガラスの百科事典	作花済夫ほか 編　A5判 696頁
セラミックスの事典	山村 博ほか 監修　A5判 496頁
高分子分析ハンドブック	高分子分析研究懇談会 編　B5判 1268頁
エネルギーの事典	日本エネルギー学会 編　B5判 768頁
モータの事典	曽根 悟ほか 編　B5判 520頁
電子物性・材料の事典	森泉豊栄ほか 編　A5判 696頁
電子材料ハンドブック	木村忠正ほか 編　B5判 1012頁
計算力学ハンドブック	矢川元基ほか 編　B5判 680頁
コンクリート工学ハンドブック	小柳 洽ほか 編　B5判 1536頁
測量工学ハンドブック	村井俊治 編　B5判 544頁
建築設備ハンドブック	紀谷文樹ほか 編　B5判 948頁
建築大百科事典	長澤 泰ほか 編　B5判 720頁

価格・概要等は小社ホームページをご覧ください．